重要ワードで一気にわかる

分子生物学 超図解ノート

改訂版

著／田村隆明（千葉大学大学院理学研究科 教授）

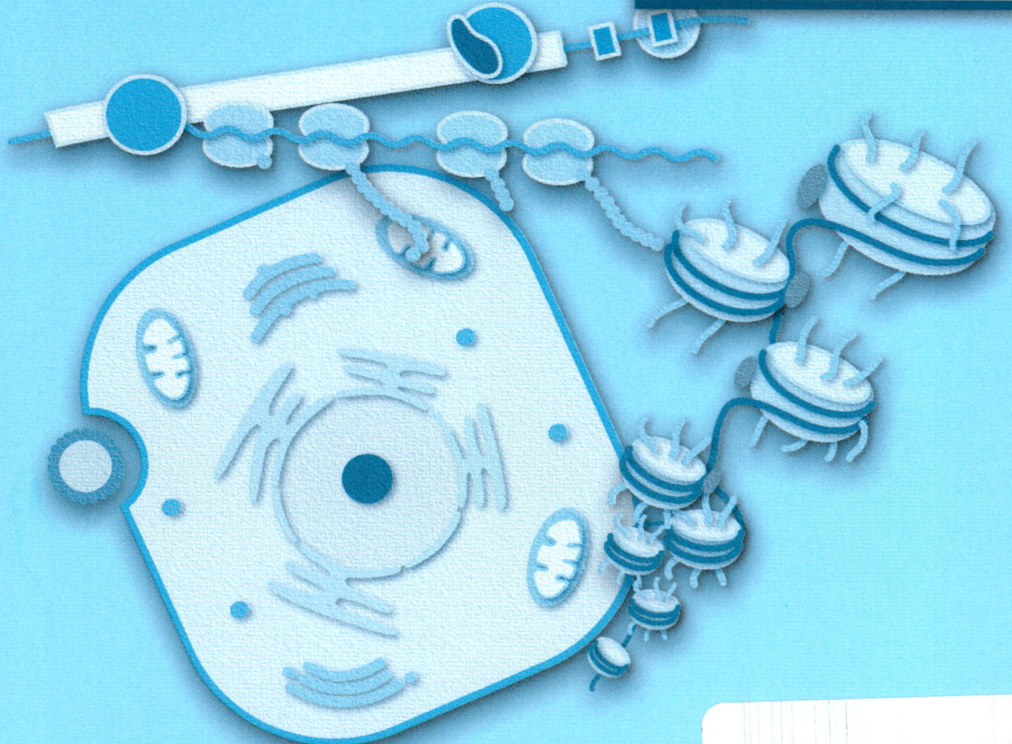

羊土社
YODOSHA

改訂版 はじめに

初版『分子生物学超図解ノート』が世に出てから5年以上経ったが，今回，前版を一新する形で『分子生物学超図解ノート 改訂版』を出版することになった．旧版同様，「分子生物学の骨格やトピックスを効率的に覚えたい」，「膨大な分子生物学の情報をコンパクトに整理したい」と考えている諸氏に，自信をもって本書を勧める．

本書最大の特徴は，分子生物学の重要キーワードを見開き2ページで掲載している点にある．このようにすることで2ページ全体を俯瞰することができ，キーワードとその周辺領域の学習ポイントが総合的に，また図を含めて視覚的に捉えられるようになり，さらには，キーワードを順に読み進めることによって理解度を段階的に伸ばしていくこともできる．本書のもう1つの特徴，それは「超図解」の名のとおり，豊富で丁寧な図説にこだわり，図だけでも内容を把握できるスタイルをとっている点である．狭い範囲にまとまった内容を収めるための苦肉の策ではあるが，新版では旧版にも増して図の充実を計った．

本書ではキーワードを13の章にまとめた．1章では生物学の基本である「細胞」，「代謝」，「分子」などについて述べ，2～4章では分子生物学の根幹である分子遺伝学領域，すなわち「複製」や「修復」といったDNAダイナミズムと，「転写」や「翻訳」といった遺伝子発現過程を解説している．5～7章では細菌の分子遺伝学，遺伝子工学，そして分子生物学的技術について述べる．8～10章は，細胞機能の基本要素であるゲノムやクロマチン，シグナル伝達，そして細胞の増殖と死について解説し，11章では，注目の再生医療にもつながる発生・分化をとりあげた．最後の12～13章はヒトの健康と疾患という観点から，癌，免疫，神経機能，神経変性疾患，生活習慣病などのトピックスを取り上げた．大きな変更点としては，「癌」を1つの章にまとめることで，癌幹細胞，癌微小環境，癌のエピジェネティクス，癌の医薬・治療法など，癌に関する特に注目度の高い分野を扱った．初版では96個だったキーワードを109個に増やし，さらなる内容の充実を計っている．

以上のように，新版は旧版以上に使い勝手のよい1冊に仕上がったのではないかと自負している．本書は大学で学ぶ分子生物学の内容をほぼ網羅しているため，ほとんどの読者にとって，授業の副読本としてのみならず，授業内容の確認や復習のための1冊として活用できるものと考えている．分子生物学を学ぶ諸氏にとって，本書がその一助になることができるならば，書き手としてこれに勝る喜びはない．最後に，本書の完成まで著者を導いてくださった羊土社の吉田雅博，中川由香の両氏に，この場を借りてお礼申し上げます．

2011年8月

震災の年の夏，節電に励むキャンパスの一室にて

田村隆明

初版 はじめに

「分子生物学の骨格やトピックスを効率的に覚えたい」,「膨大な分子生物学の情報をコンパクトに整理したい」と考えている諸氏に，自信をもって本書を勧める。

分子生物学が扱う領域は基礎生物学全般から基礎医学や臨床医学にまで及んでいるため，複製・転写・翻訳といった分子遺伝学の基本的な部分に絞るのであればいざ知らず，限られた時間でその内容をもれなく理解することは決して容易なことではない。勉強法の1つに，「索引」を手がかりに重点語句をまず覚えるという方法があるが，索引に引用された用語はその書籍の理解に必要なキーワードであり，それを覚えることが理解への近道であることは理にかなっている。本書はこのようなことを意識して企画・作成された。

本書ではまず分子生物学で重要と思われる重要語句96個を設定し，各語句に関し見開き2ページでエッセンスと基礎情報，そしていくつかのトピックスを凝縮して盛り込んだ。全体の流れがつかめるよう，それぞれの語句は，「細胞と分子に関する基本事項（第1章)」,「遺伝子の構造と発現（第2章〜第4章)」,「細菌遺伝学と分子生物学における技術（第5章〜第7章)」,「真核生物のゲノム（第8章)」,「細胞の生存と増殖（第9章，第10章)」,「発生と分化（第11章)」，そして「生体の統御とその破綻（病気）（第12章)」という流れに沿った12の章でくくられている。本書は，設定された重要語句を順番にたどることにより，自然に全体像がつかめるというような仕掛けになっており，ここを通過できれば，後はそこに新しいものを付け加えたり，深めたり，時には批判するなどして，理解を発展させることができよう。すでに基礎をマスターし，これから高度で最新の分子生物学を学ぼうという者のためというよりは，むしろ初学者のためのものであり，使いやすさを主眼につくられている。大学における生物系学部のフレッシュマンにとっては，理解を助けるためのサブテキストという役割をもち，生物学の周辺の領域で学んでいる者や，医学周辺のフィールドにいる諸氏にとっては，トピックスにも触れられる敷居の低い参考書としての性格をもつ。明解でコンパクトな記述を心がけ，また理解の助けとなるように図表もふんだんに盛り込んだ。紙面の関係で記述スペースにはかなりの制約があったが，分子生物学の重要な項目は相当数盛り込めたと自負している。知識を整理するためのホルダーとして，ステップアップのための叩き台として，ぜひ本書を活用していただければ幸いである。

最後になったが，本書は斬新で魅力的な企画と，繊細かつタフな作業によって創られたものであり，製作にあたられた島村晶子氏，中川由香氏を始めとする羊土社のスタッフ全員に，ここで改めて感謝の意を表したい。

2006年2月

豪雪の年，早春のキャンパスにて

田村隆明

重要ワードで一気にわかる

分子生物学超図解ノート 改訂版

contents

第3章 遺伝情報の発現

概　論 56

重要ワード

3-A 遺伝子発現と転写 58
3-B 転写後修飾 60
3-C RNAのつなぎかえ「スプライシング」 62
3-D 遺伝コードとアミノアシルtRNA 64
3-E 翻訳機構 66
3-F 翻訳の制御 68
3-G タンパク質の成熟，移送，分解 70
3-H 非コードRNA 72
3-I RNAサイレンシング 74

第4章 転写制御

概　論 76

重要ワード

4-A 大腸菌の転写とオペロン 78
4-B 真核生物の転写開始機構 80
4-C RNAポリメラーゼⅡと転写伸長制御 82
4-D 多様な機能をもつ基本転写因子：TBPとTFⅡH 84
4-E エンハンサーと転写制御因子 86
4-F 刺激応答と転写制御因子の活性調節 88
4-G NF-κB 90
4-H 核内受容体 91
4-I 転写制御機構 92
4-J クロマチンの修飾 94
4-K エピゲノムとDNAのメチル化 96

第5章 細菌の分子遺伝学

概　論 98

重要ワード

5-A 大腸菌 100
5-B バクテリオファージ 102
5-C プラスミド 106
5-D R因子とF因子 108
5-E 転移性DNA：トランスポゾン 110

第6章 遺伝子工学

概　論 112

重要ワード

6-A 制限酵素 114
6-B DNA組換えとベクター 116
6-C DNA組換え操作 118
6-D 遺伝子クローニング 120
6-E 遺伝子導入（トランジェニック）生物 122
6-F 遺伝子ターゲティング 124

contents

第 7 章　分子生物学的技術

概　論　126

重要ワード
7-A　核酸の抽出と分離・精製　128
7-B　核酸の標識と検出　130
7-C　ハイブリダイゼーション　132
7-D　PCR　133
7-E　塩基配列解析：DNA シークエンシング　134
7-F　ブロッティング技術：サザンブロッティング，ノザンブロッティング，ウエスタンブロッティング　136
7-G　タンパク質相互作用の検出　138
7-H　タンパク質-DNA 相互作用の検出　140
7-I　全体として解析する：オミクス　142
7-J　バイオインフォマティクス　144
7-K　細胞工学，発生工学，再生工学　146

第 8 章　真核生物のゲノムとクロマチン

概　論　148

重要ワード
8-A　ゲノム構成要素　150
8-B　真核生物のトランスポゾン　152
8-C　クロマチン　154
8-D　染色体　156
8-E　ゲノム構造解析　157
8-F　ゲノム機能解析　158

第 9 章　細胞の機能維持と情報伝達

概　論　160

重要ワード
9-A　細胞骨格系と細胞間相互作用　162
9-B　細胞間シグナル伝達　164
9-C　細胞内シグナル伝達　166
9-D　G タンパク質　168
9-E　MAPK カスケード　170
9-F　イノシトールリン脂質　172
9-G　受容体近傍にある転写制御因子の活性化　174
9-H　ストレス応答　176
9-I　核膜輸送　178
9-J　タンパク質のユビキチン化　180

第 10 章　細胞の増殖と死

概　論　182

重要ワード
10-A　細胞分裂の周期性　184
10-B　細胞周期制御とチェックポイント　186
10-C　細胞増殖抑制因子：p53 と RB　188
10-D　減数分裂　190
10-E　細胞の死　192
10-F　アポトーシス　194

第11章 発生と分化

概　論 196

重要ワード
11-A 初期発生の過程 198
11-B 体制の決定と分化の制御 200
11-C ホメオボックス遺伝子 202
11-D 幹細胞 204
11-E 再生医療とES細胞，iPS細胞，組織幹細胞 206
11-F 血球細胞の分化 208
11-G 神経系の形成 210
11-H 骨および筋肉の形成 212

第12章 癌

概　論 214

重要ワード
12-A 正常細胞から癌細胞への突然変異 216
12-B ウイルス発癌 218
12-C 発癌と癌抑制にかかわる遺伝子 220
12-D 癌と遺伝 222
12-E 癌幹細胞 223
12-F 癌のエピジェネティクスと染色体不安定性 224
12-G 癌の進展：代謝，生存・増殖，血管新生，浸潤・転移 226
12-H 癌の制圧：免疫療法，分子標的治療，遺伝子治療 229

第13章 生体制御システムとその破綻

概　論 232

重要ワード
13-A 生体防御と免疫 234
13-B 免疫における多様性の獲得と細胞応答 236
13-C 免疫のかたよりや欠陥によって起こる疾患 238
13-D 神経機能 240
13-E 記憶・学習とシナプス可塑性 242
13-F 神経変性疾患とプリオン病 244
13-G 老化と寿命 246
13-H 生活習慣病とメタボリックシンドローム 248
13-I システムバイオロジーと概日リズム 252

索　引 …… 254

Column コラム

ヒ素を利用する細菌：GFAJ-1 …… 13
岡崎フラグメント発見の経緯 …… 39
テロメア長と健康 …… 43
除去修復因子欠損病 …… 50
生命の歴史は紫外線対策の歴史 …… 53
損傷トレランス …… 53
毒キノコは転写を止める …… 81
乳癌ウイルスは
ホルモン応答性エンハンサーをもつ …… 89
１倍体と２倍体 …… 101
F因子を使って大腸菌の遺伝子地図ができる …… 109
遺伝子工学における法律用語 …… 115
植物の癌から見つかったTiプラスミド …… 123

重要ワードで一気にわかる

分子生物学 超図解ノート

改訂版

細胞を構成する要素 1章
細胞を作り上げる基本的な仕組み

DNAの複製と保持 2章
同じDNAを間違いなく合成していく

遺伝情報の発現 3章
遺伝子の情報がタンパク質合成へと伝えられる

転写制御 4章
遺伝子発現の量や時期を変化させる巧妙な仕組み

細菌の分子遺伝学 5章
実験によく使われる細菌の増殖機構や遺伝因子

遺伝子工学 6章
遺伝子の解析や操作を，試験管〜個体レベルで行う

分子生物学的技術 7章
生体内で働くDNAやタンパク質の量や機能をみる

真核生物のゲノムとクロマチン 8章
生命に必要な遺伝子セット，ゲノムの構造を知る

細胞の機能維持と情報伝達 9章
細胞同士が連絡をとり，外からの刺激に反応する

細胞の増殖と死 10章
生物の成長と維持に欠かせない，車の両輪

発生と分化 11章
1個の受精卵から生体ができあがる

癌 12章
細胞が不死化し増え続け，特別な機能を獲得する

生体制御システムとその破綻 13章
生理機能を維持する仕組みと，破綻がもたらす疾患

第 1 章

細胞を構成する要素

本章でわかる重要ワード

- **1-A** 生物の特性
- **1-B** 細胞の構造と機能
- **1-C** オルガネラの働き
- **1-D** 細菌
- **1-E** 糖と脂質
- **1-F** 代謝と酵素
- **1-G** エネルギー代謝
- **1-H** アミノ酸とタンパク質
- **1-I** ヌクレオチドと核酸
- **1-J** 核酸のトポロジー
- **1-K** RNA の機能

概　論

生物の特性（⇨1-A）は，細胞からなり，自己増殖し，自分と同じ子孫を作ることである。ウイルスは細胞をもたず，自身だけでは増えられないため，厳密には生物といえない。生物は真核生物と原核生物，そしてその中間に位置する古細菌に大別される。真核生物は古細菌様の細胞に原核生物が入り込み，共生した結果生じたと考えられる。細胞の形や役割にはそれぞれ特徴があるものの，**細胞の構造と機能**（⇨1-B）という基本的な部分は生物で共通である。カビや原生動物，そして動植物が属する真核生物は，細胞内に核やミトコンドリアなどの細胞小器官（オルガネラ）をもつ。**オルガネラの働き**（⇨1-C）は細胞機能に必須であり，その欠陥は疾患などにつながる。原核生物に属する細菌類は，核膜やオルガネラをもたず無酸素状態でも増殖できるものがあるなど，**細菌**（⇨1-D）の細胞はいくつかの点で真核細胞と異なる。

細胞は脂質二重層からなる細胞膜によって外と仕切られており，その中には炭素をもつ有機物ともたない無機物が含まれる。有機物の中心は，タンパク質，糖，脂質，核酸である。細胞に含まれる分子のうち，**糖と脂質**（⇨1-E）はエネルギー源として重要である。糖は細胞構成成分として利用される場合もあるが，多くはエネルギー源あるいはエネルギー貯蔵物質として使われる。なお，細胞内で起こる物質の変化を**代謝**（⇨1-F）といい，その反応は**酵素**（⇨1-F）によって進められる。エネルギー源となる糖の基本はグルコースである。グルコースはまず解糖系で無酸素的に分解され，その後，ミトコンドリア内のクエン酸回路や電子伝達系，そして酸化的リン酸化で処理されるが，このとき炭酸ガスや水とともに，高エネルギー物質であるATPが作られる。この過程は**エネルギー代謝**（⇨1-G）といわれる。ATPはエネルギーを必要とする化学反応，運動，能動輸送などに使われる。脂質もエネルギー物質として利用されるが，それ以外にも細胞膜構成成分になったり調節因子になるなどの働きがある。

細胞構成成分の中心をなすものは，20種類の**アミノ酸**（⇨1-H）がDNAの遺伝情報に従って結合した分子，**タンパク質**（⇨1-H）である。タンパク質はこの他にも上述の代謝，そして調節，輸送，運動など，多くの生命現象にかかわる。**核酸**（⇨1-I）にはDNAとRNAがあり，真核細胞ではDNAの大部分は核内の染色体に

概略図

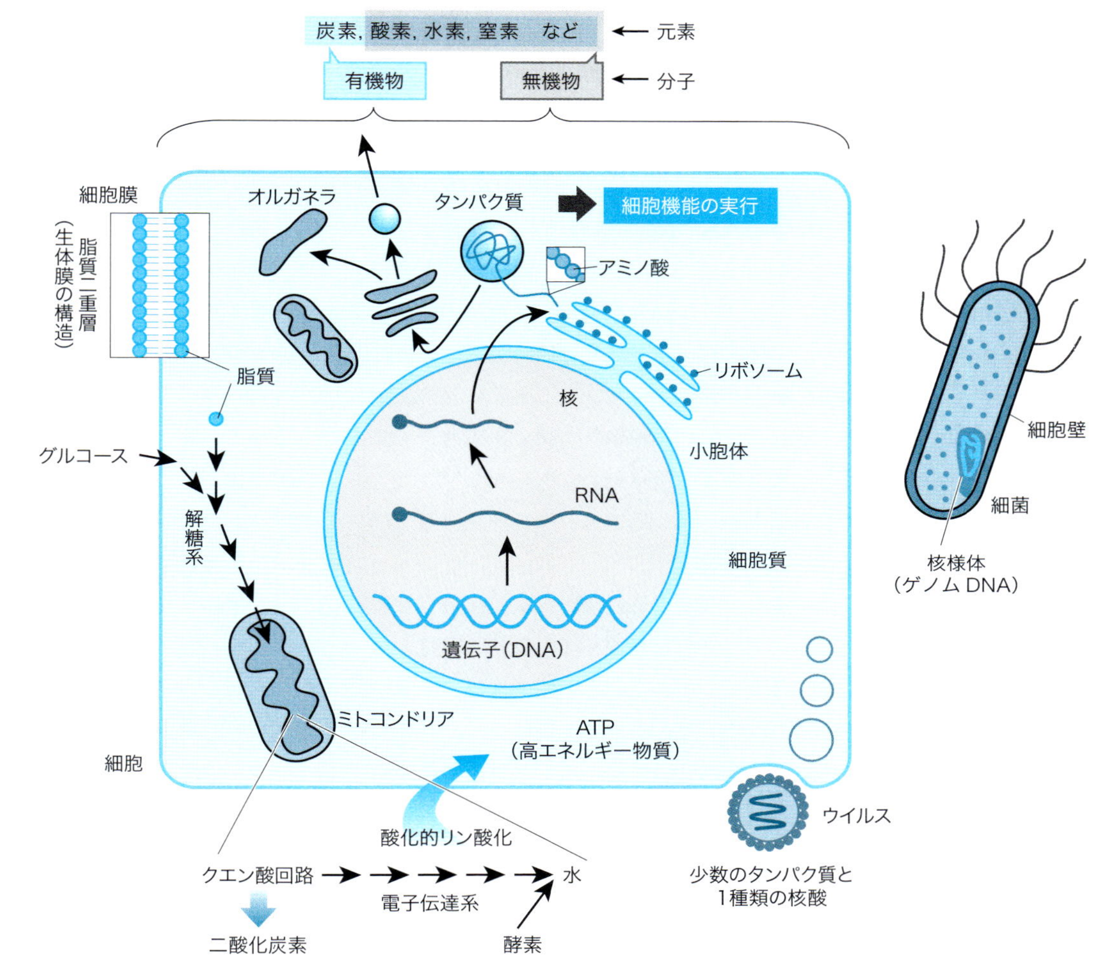

含まれる。DNAはヌクレオチドを単位とした線状分子で，**ヌクレオチド**（⇨1-I）は糖，リン酸，塩基から構成され，塩基が並んだ塩基配列には遺伝情報が含まれる。DNAは，一本鎖DNAが塩基の相補性に従って水素結合して二本鎖となり，右にねじれたらせん状の二重らせん構造をとっている。ただ，DNA二重らせんはさらにらせん状（超らせん）になったり，変性して一本鎖になったり，状況によっては特殊な二次構造をとる。RNAも部分的に二本鎖構造をとるなど，**核酸のトポロジー**（⇨1-J）は必ずしも固定したものではない。RNAはDNAに似た分子で，多様な種類が存在する。DNAを鋳型として核で作られ，細胞質に多い。**RNAの機能**（⇨1-K）としてはタンパク質合成にかかわるものが多いが，なかにはRNAの修飾プロセスや遺伝子発現の調節にかかわるもの，さらには酵素活性をもつものも存在する。

重要ワード **1-A**

生物の特性

point 生物は，細胞からなり自己増殖するが，核膜の有無や遺伝子の構成・発現様式の違いから，真核生物，原核生物，古細菌に分類される。真核生物は古細菌に近い細胞に原核生物が入り込んで生まれたと考えられる。

生物の基本を知ろう

生物は「細胞からなる」「自己（自律）増殖する」とそれに関連するいくつかの点で特徴づけられる（図1）。分子生物学では遺伝物質（すなわちDNA）の存在形態やその利用方式により，生物を3種に分類している。核膜をもつものを**真核生物**（eukaryote）といい，酵母，カビ，原生動物，そして一般の動植物がここに含まれる。これに対し，単細胞で明確な核をもたず，裸のDNAをもつものを**原核生物**（prokaryote）といい，細菌〔真正細菌（bacteria）〕とランソウ（シアノバクテリア）が含まれる（図2）。第3の生物は**古細菌**（archaea）といわれるもので，高度好塩菌や超高熱性菌，メタン細菌などが含まれるが，これらの細菌は太古の地球環境に近いところに棲んでいることからこう呼ばれる。古細菌は形態は細菌に似て遺伝子も少ないが，RNAポリメラーゼ （⇨3-A）が多数のサブユニットからなり，イントロン （⇨3-C）に似た遺伝子構造があるなど，真核生物に似た特徴ももち，他の2つの生物の中間的な性質をもつ。原核生物と古細菌がまず分かれ，その後，古細菌から真核生物が生まれたという説（図3）や，古細菌と原核生物の要素が互いに入り乱れて真核生物が生まれたという説がある。

真核生物誕生のメカニズム

古細菌は無酸素状態で生育するが，真核生物は成育に酸素を必要とし，好気呼吸でATPを産生する。真核細胞中にある**ミトコンドリア**のDNAがもつコドンは細菌のそれに近いなどの理由から，**真核細胞**は，古細菌の祖先細胞に好気呼吸をする原核細胞が侵入して生まれたものと考えられている。そのような細胞にランソウが共生して**葉緑体**となり，植物となったのであろう（図4）。このような機構を**細胞内共生**といい，その信憑性は高い。同様の理由により，真核細胞にみられる鞭毛やペルオキシソームも原核生物共生の名残と考えられる。ある種の藻類（例：ワカメ）は，**一次共生**で生じた植物が別の真核細胞に侵入（**二次共生**）して生まれたと考えられている。

ウイルスは厳密には生物とはいえない

ウイルス（virus）は細胞をもたず，遺伝子としてDNAあるいはRNAのみの核酸と少数のタンパク質をもつ。増殖や遺伝といった現象を示すものの，厳密には生物とはいえない。核酸の形態は，一本鎖（タンパク質をコードするプラス鎖をもつものや非コード鎖しかもたないものもある），二本鎖とさまざまで

図1 生物の特徴

細胞からなる	自己増殖する
●エネルギー産生・代謝	●自己増殖
●有機物	●遺伝現象
●物質の出入り	●変異
●刺激応答	●成長
●恒常性の維持	●環境に適応
●外部との隔離	

図2 原核細胞と真核細胞の主な違い

	原核細胞	真核細胞
核（核膜）	ない	ある
細胞小器官	ない	ある
DNAの存在様式	裸のDNA	タンパク質の結合したクロマチン
核相	1倍体	主に2倍体以上
遺伝子数	少ない	多い
細胞分裂	無糸分裂	有糸分裂

ある。ウイルスは生きた細胞に感染し，細胞がもつ遺伝子発現のさまざまな装置を使って自分自身を複製させ，数時間後には多数の子ウイルスが細胞を壊して出てくる（図5）。ヒトを含め，動植物や細菌〔細菌ウイルスはバクテリオファージという（⇨5-B）〕に感染するたくさんの種類のウイルスが知られている（図6）。ヒトの感染症の多くはウイルスが原因で起こる。植物病原体のウイロイドは小さなRNAのみからなり，殻はない。ウイルス感染から生体を守るタンパク質に**インターフェロン**（interferon）がある。インターフェロンにはα，β，γの3種類があり，インターフェロンγには**癌細胞増殖抑制効果**がある。

図3 生物はどう進化してきたか？

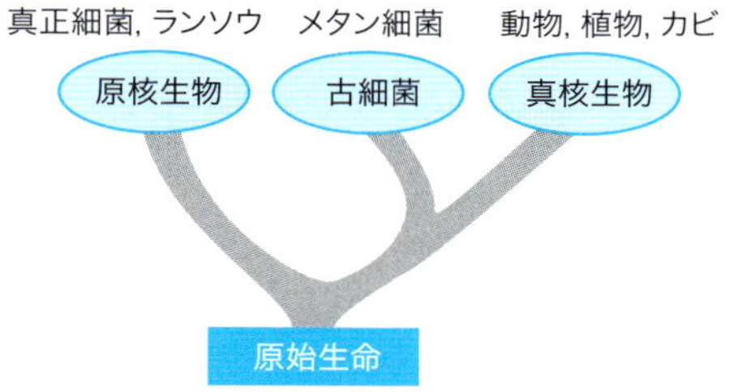

図4 細胞内共生は古細胞に原核細胞が入り込む

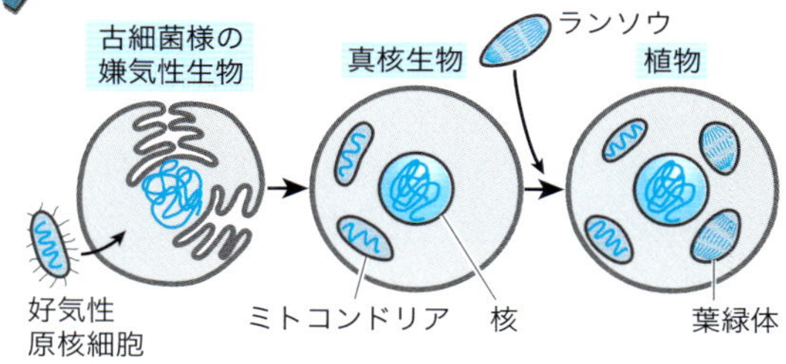

図5 細胞をのっとるウイルスの増殖

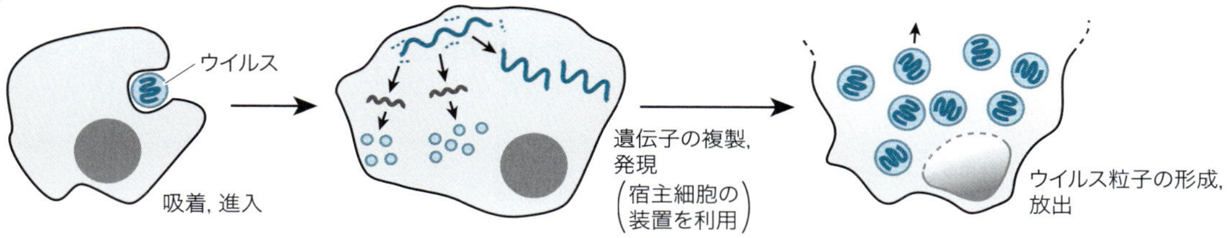

図6 ウイルスの形態と大きさ

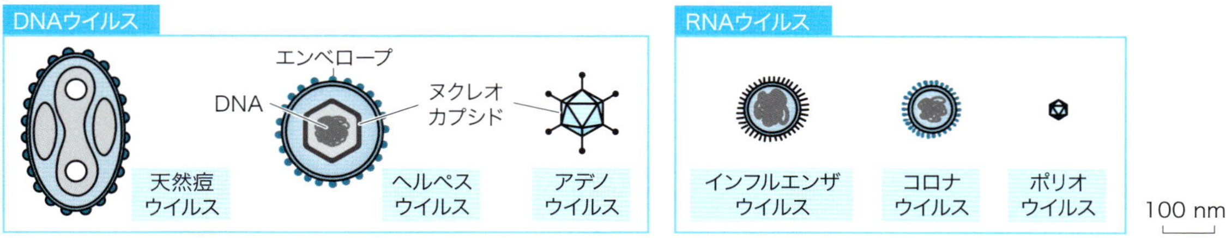

重要ワード 1-B

細胞の構造と機能

point 細胞は生物を作る基本単位で，その大きさや形はまちまちである。細胞は脂質の二重層で外界と仕切られており，中には核などの多くの細胞小器官があり，それぞれは特異的な役割を果たしている。

生物の基本単位は細胞である

細胞（cell）は生物を構成する基本単位である。真核細胞の大きさや形は，生物間でも，また生物個体のなかで比較してもさまざまだが，一般にその大きさは10〜100 μmの範囲に入る（図1）。核の大きさは10 μmとほぼ等しい。分化した細胞は特有の構造と働きをもつが，細胞活動の基本にかかわるものはすべての細胞で共通にみられる。細胞は**細胞膜**によって外界と仕切られており，その中に**細胞質**（あるいは原形質）と多くの**細胞小器官**がみられる（図2）。細胞の種類によっては鞭毛（例：精子）や微絨毛（例：小腸上皮細胞）をもつものもある。

細胞を包む細胞膜の構造をみてみよう

細胞膜（原形質膜ともいう）の主成分は水を通さないリン脂質であるが，脂質分子の親水性部分が外を向く性質があるため，**脂質二重層**（**脂質二重膜**）が形成される（図3）。細胞膜は，流動性をもつ脂質二重層にタンパク質（チャネル，受容体など）が組み込まれた構造をして，水平方向に動くことができる（**流動モザイクモデル**）。細胞膜にはコレステロールも含まれており，膜に弾力を与える。細胞質にはタンパク質を始め多くの物質が溶けているが，それ以外にも，以下に述べる膜状構造で囲まれた細胞小器官や顆粒が懸濁した状態で存在する。物質の膜透過性は物質の性質により異なる（図4）。

細胞内にはいろいろな構造体がある

細胞には脂質二重層で包まれた種々の**細胞小器官**（**オルガネラ**）が存在する。このなかには**核**，**小胞体**（endoplasmic reticulum：**ER**），**ミトコンドリア**，**ゴルジ体**（**ゴルジ装置**），**リソソーム**，**ペルオキシソーム**，初期および後期**エンドソーム**などがある。植物細胞には**葉緑体**（DNAをもち，葉緑素を含んで光合成にかかわる）などの**色素体**，**液胞**などの特有な細胞小器官がみられる。細胞のタンパク質は**小胞**（**輸送小胞**）といわれる小さな袋に包まれて移送され，細胞膜と膜融合すると内容物が細胞外に分泌される。以上の細胞小器官は**内膜系**と呼ばれる。**中心体**は膜をもたない構造体で，1対の**中心小体**とそれを取り巻く**中心体周辺物質**からなり，動物細胞の核の近くに1個だけみられる。中心体は細胞分裂時には複製して細胞の両端に分かれ，**紡錘体微小管**（紡錘糸）を束ねる**星状体**（紡錘体極）となる。

図1 真核細胞の大きさと形はさまざま

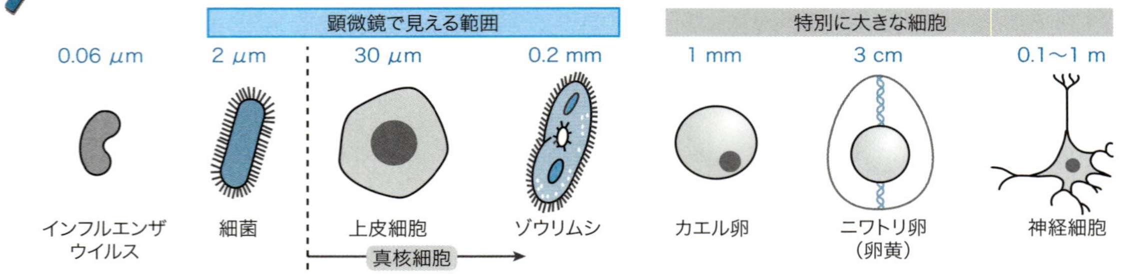

細胞にとって必須の機能を果たす核

核は最大の細胞小器官で，細胞の中央に1個だけ存在する。核には染色体（ゲノム）が含まれており，細胞の生存にとって必須である。核内基質である核質は**核膜**により区切られているが，核膜には小さな穴（核膜孔）が多数開いて細胞質と連絡しており，RNAやタンパク質は核膜孔を通って出入りする。核膜は二重になっており，外側の膜は小胞体と連絡している。細胞分裂期（M期）になると核膜は一時的に消失する。核は塩基性色素でよく染まるが，なかでも**核小体**〔リボソーマルRNA（rRNA）遺伝子が転写（⇨3-A）され，リボソームが構築される部分。仁ともいう〕は特によく染まる。核質には遺伝情報をもつDNAが**染色質**（**クロマチン**）（⇨8-C）という形で含まれているが，不均一に濃く染まる**ヘテロクロマチン**が部分的にみられる。

中心体は染色体分離に機能する

中心体は，袋状構造をもたない細胞内構造物で，動物細胞の核の近くに1組だけ存在し，十字状の**中心小体**と**中心体周辺物質**よりなる。細胞分裂時に複製した後，細胞の両端に分かれ，紡錘体微小管が集合する星状体となる（⇨10-A）（中心体は植物ではみられない）。

細胞膜の流動性による物質の取り込み

細胞膜が内側に陥入し，細胞が外にある分子を飲み込むように取り込む現象を**ピノサイトーシス**（**飲作用**），大きな顆粒〜細胞を包み込むように取り込む現象を**ファゴサイトーシス**（**食作用**あるいは**貪食**（どんしょく））といい，併せて**エンドサイトーシス**という（**図5**）。飲作用で取り込まれた物質は**初期エンドソーム**で処理されて再利用されるが，あるものは**後期エンドソーム**を経てゴルジ体の断片から形成されたリソソームに移動し，分解処理される。貪食されて**ファゴソーム**に入った異物は，リソソームと融合して**ファゴリソソーム**となり，分解処理される。

図2 真核細胞にみられるさまざまな細胞小器官

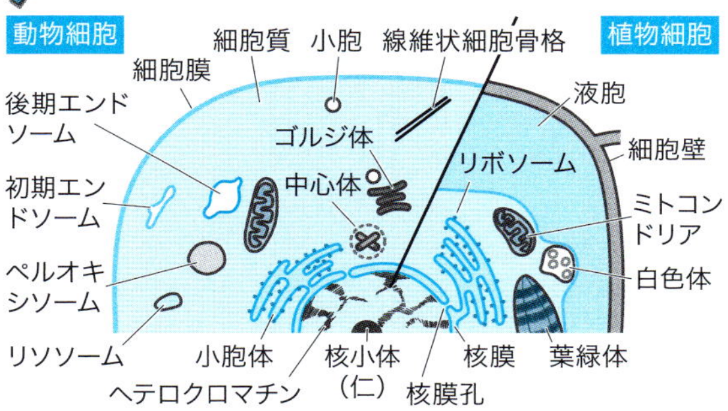

図3 細胞膜は脂質二重層になっている

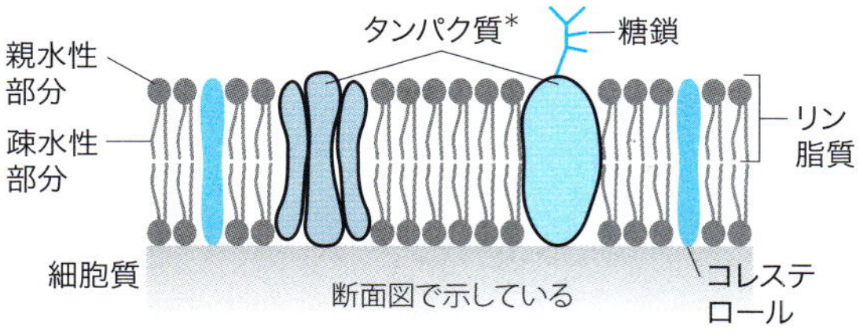

＊ チャネル，輸送体，受容体などの働きがある

図4 細胞膜を通過するものしないもの

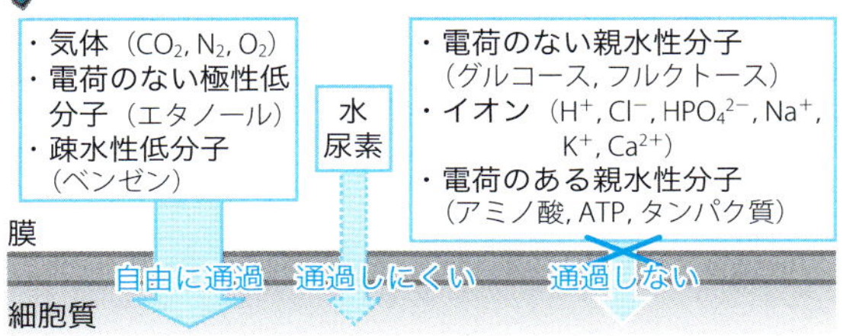

図5 エンドサイトーシスで物質を取り込む

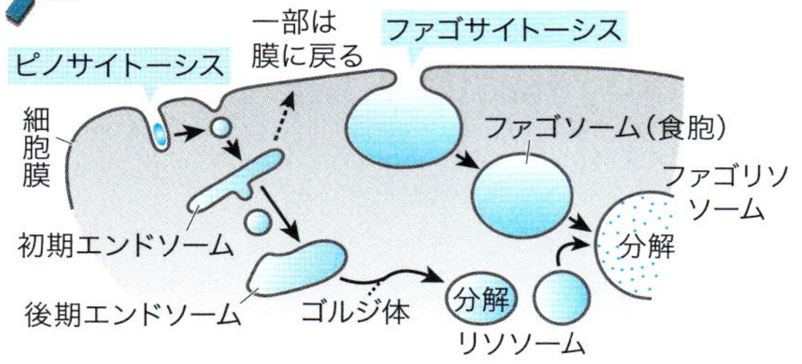

オルガネラの働き

point 小胞体ではタンパク質の品質管理が行われ，ミトコンドリアも独自の品質管理を受ける。細胞はストレスを受けてもある程度の耐性があるが，過度になるとアポトーシスを起こし，疾患につながる場合もある。

ミトコンドリアの基本機能を知ろう

ミトコンドリア（mt）は細胞に数百コピー以上あり，伸長・切断・融合といった複雑な過程を経て増殖する。環状DNAをもち，呼吸鎖関連遺伝子を含む37個の遺伝子がコードされている。mt複製にかかわる遺伝子（例：DNA pol γ）は核にコードされ，mtは自身と核の両方のDNAの支配を受ける（図1）。mtの基本機能は**好気呼吸**による**ATP合成**で，内部にクエン酸回路，電子伝達系（呼吸鎖）とATP合成系（後者2つを併せて**酸化的リン酸化**という）がある（⇨1-G）。変異をもつmtDNAが増えるとエネルギー代謝が損なわれ，エネルギーを大量に使用する器官を標的とする病気が起こる（例：**ミトコンドリア脳筋症**）。

ミトコンドリアは細胞ストレスで傷害される

ストレスがあるとmt表面で，通常は**Bcl因子**の結合で不活化している**Bax/Bak**の活性化→膜透過性の亢進（**ミトコンドリア外膜透過性遷移：MPT**）→**シトクロム*c***の漏出が起こり，**アポトーシス**が誘導される（⇨10-F）。mtは好気呼吸で発生する**活性酸素**（**ROS**）で傷害しやすいが，機能不全があるとROS処理が滞ってこの傾向は強くなる。傷害mtは**オートファジー**（**自食**。特に**マイトファジー**という。後述）により処理されるが（**ミトコンドリアの品質管理**。図2），過度の傷害や変異があるとアポトーシスが起こる。ストレスによるmtの欠陥はパーキンソン病にかかわり，機能低下は**HIF-1α**を上昇させて癌の悪性化を起こす（⇨12-G）。ROSの増加によって核遺伝子の傷害や遺伝子発現変化が起こると，悪性化がさら

図2 ミトコンドリアの品質管理

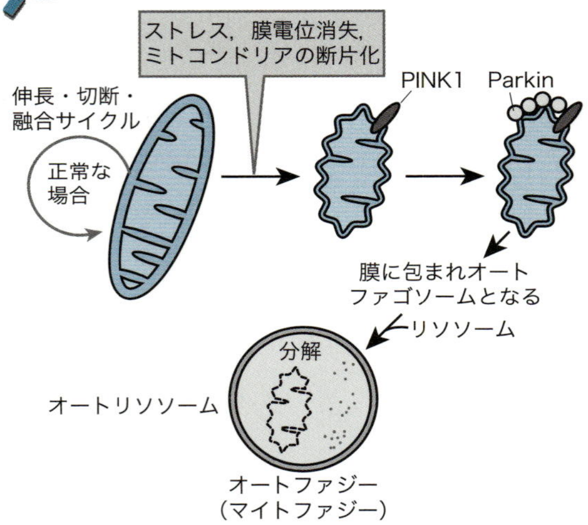

PINK1，Parkin：いずれも若年性パーキンソン病の原因因子．前者は Parkin を呼び込み，Parkin は E3 活性（⇨9-J）をもち，オートファゴソーム形成を誘導する

図1 ミトコンドリアの形態と遺伝子支配

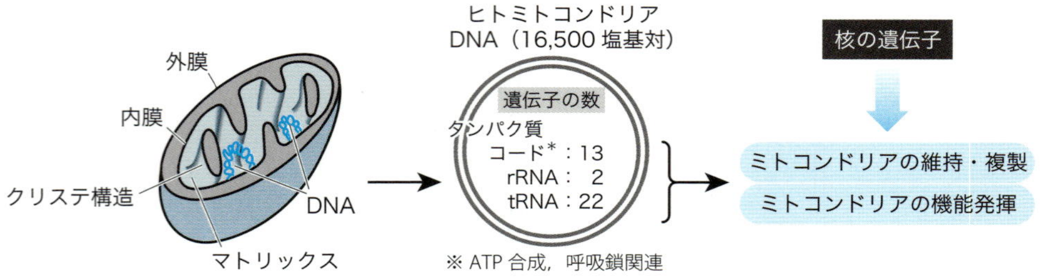

に進むと考えられる。

小胞体の働きと小胞体ストレス

小胞体（ER）の機能は脂質合成のほか，**タンパク質ダイナミクス**全般（合成・成熟・移動）にかかわる。輸送小胞などの細胞小器管で移送されるタンパク質は，小胞体付着リボソームで合成された後ER内に入って折りたたまれるが，正しく折りたたまれない場合は**ER関連分解**（**ERAD**）により分解処理される。ERが酸化・低酸素ストレス，タンパク質の大量蓄積，欠陥タンパク質出現などで機能を果たせなくなる状態を**小胞体**（**ER**）**ストレス**といい，**2型糖尿病**の原因にもなる。小胞体ストレスは通常**UPR**（**小胞体ストレス応答**）といわれるシグナル伝達系で抑えられているが，過度になるとアポトーシスに向かう（図3）。小胞体ストレスは**肥満**や**脳変性疾患**の原因タンパク質（例：**プリオン**）の蓄積でも起こる。小胞体ストレスを外部に伝えるにはPERK，IRE1，ATF6などが，その情報を標的分子に伝えるにはIKKやJNKなどの**ストレスキナーゼ**がかかわる。

細胞内タンパク質の消化：オートファジー

古くなったり機能欠損したオルガネラやタンパク質は，**オートファゴソーム**に包まれ，リソソームと融合して**オートリソソーム**で分解処理される（図4A）。この系を**オートファジー**といい，ミトコンドリアの処理では特に重要である（上述）。オートファジーはタンパク質の再利用と**細胞内環境維持**に必須で，その欠陥は多くの疾患の原因となる（図4B）。

図3 小胞体ストレスとその応答

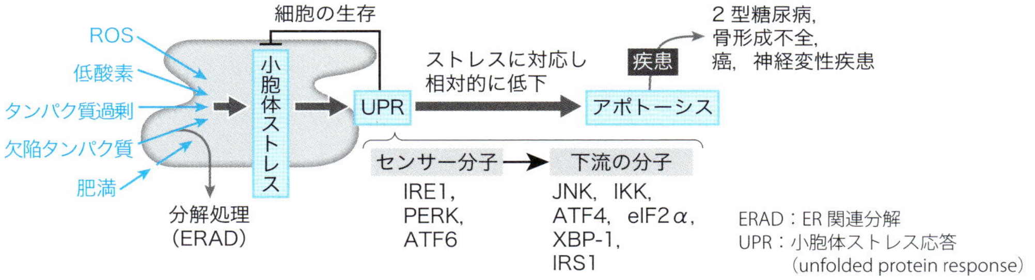

図4 オートファジーとその役割

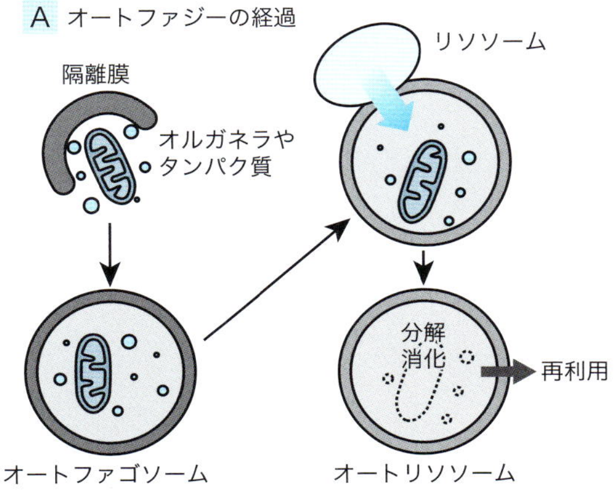

B 役割

① 生理機能
細胞内清掃，病原体の排除，免疫応答，プログラム細胞死，癌抑制，老化抑制，オルガネラの処理
② 欠陥により起こる疾患
アルツハイマー病，パーキンソン病，糖尿病，癌，炎症，感染症，クローン病，肝疾患，心不全，メタボリックシンドローム

重要ワード **1-D**

細菌

point 細菌は核膜をもたず，外側にある細胞壁で保護されており，なかにはヒトに病気を起こすものもある。栄養があると2分裂でどんどんと分裂するが，滅菌や殺菌といった操作で死滅させることができる。

細菌は核膜をもたない

細菌（古細菌と区別するため，正確には真正細菌という）は**原核生物**（⇨1-A）に属し，0.5〜5 μmの大きさで，球状（ブドウ球菌，連鎖球菌など），棒状（大腸菌，結核菌など），らせん状（梅毒トレポネーマなど）と，さまざまな形をもつ。生存能力も多様で，酸素が全く存在しない場所で増殖するもの（偏性嫌気性菌）も存在する。真核細胞のようにDNAが核膜で包まれてはいないが，DNAが密集した**核様体**という構造があり，さらにそれが細胞膜に付随したメソソームという構造が電子顕微鏡で観察できる。細胞小器官（⇨1-B）はなく，細胞膜で包まれた袋の中にリボソーム顆粒が多数浮遊している（図1）。

細菌は何層もの膜で包まれている

細菌の表面は何層にもわたる比較的堅い膜様構造からなっている。膜は内側から細胞膜，**ペリプラズム間隙**，そして**ペプチドグリカン層**からなる細胞壁となっている。細胞壁には糖と脂質が複雑に結合したリポ多糖が結合し，これが細菌の抗原性を決めている。細菌によっては，細胞壁の外に厚い粘液層（**莢膜**）をもつものがあり，肺炎球菌では莢膜が病原性と関連している。細菌の種類によっては細胞膜から**線毛**や**鞭毛**が出ているものがあり，それぞれは細胞への付着性や運動性に関与する。マイコプラズマといわれる一群の細菌は細胞壁がないため，細菌を通さない**限外濾過膜**（0.2 μmの穴をもち，ウイルスは通過する）でも通過してしまう。細菌のなかには環境が悪くなると**芽胞**（胞子）となって休眠状態に入るもの（炭疽菌，破傷風菌など）があるが，芽胞は熱に対して非常に安定である。

細菌を上手に利用する

細菌を殺すことを**殺菌**という（病原性微生物を殺すことは**消毒**，細菌の増殖を抑制することは**静菌**という）。通常は煮沸か消毒薬（70％エタノール，逆性せっけん，ヨウ素剤など）を用いる。芽胞は通常の殺菌操作では死なず，すべての生命体を死滅させる**滅菌**を行わなくてはならない。滅菌方法には121℃の高温の蒸気を20分間加える**高圧蒸気滅菌**（**オート**

図1 核膜をもたない細菌の細胞

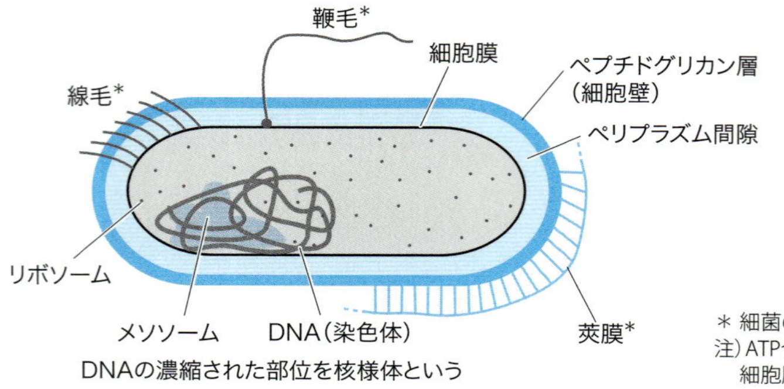

＊細菌の種類によってはない場合もある
注）ATP合成のためのプロトン移動（⇨1-G）は，細胞膜の内側と外側との間で行われる

クレーブ）や**乾熱滅菌**（180℃，30分），赤熱，あるいは **γ（ガンマ）線滅菌**などがある（図2）。水に栄養源や少数の塩類を加え，pHを中性にしてオートクレーブして**培地**（図3）を作り，そこで細菌を純粋に増やすことができる。条件がよければ20分～数時間で2倍に増える（図4）。培地に寒天を加えて固めたものに細菌を植えると，37℃，一晩の培養で1個の細菌がどんどん増えて目で見える集落（**コロニー**）となる（図5）。この方法によって細菌数を数えたり，望みの細菌を他の細菌から分離して純粋に培養することができる。このような手技は，感染症患者から原因細菌を同定することに直結し，またDNA組換え操作（⇨6-C）の基本ともなっている。

図2 細菌を死滅させる方法

- すべての生命体を死滅させる：滅菌
  - 高圧蒸気滅菌（オートクレーブ）---- 121℃, 20分
  - 乾熱滅菌 ---- 180℃, 30分
  - 赤熱（火炎滅菌），γ線滅菌
- 増殖中の細菌を死滅させる：殺菌（病原性微生物の死滅は消毒という）
  - 煮沸，70％エタノール，紫外線
  - 逆性せっけん，ヨウ素剤
- 殺しはしないが増殖を抑える：静菌
  - 高浸透圧（食塩，ショ糖），水分除去
  - 高・低pH，低温，高温

図3 代表的な培地

①半合成培地　LB培地の組成	
● NaCl	1％
●酵母エキス	0.5％
●トリプトン*1	1.0％

②合成培地　M9培地の成分

- Na_2HPO_4
- KH_2PO_4
- NaCl
- NH_4Cl
- グルコース

（$CaCl_2$，$MgSO_4$ を加える場合もある*2）

＊1 カゼインの加水分解産物
＊2 これらや微量元素は水に含まれており，あえて加えないことも多い

図4 細菌は対数増殖期に一気に増える

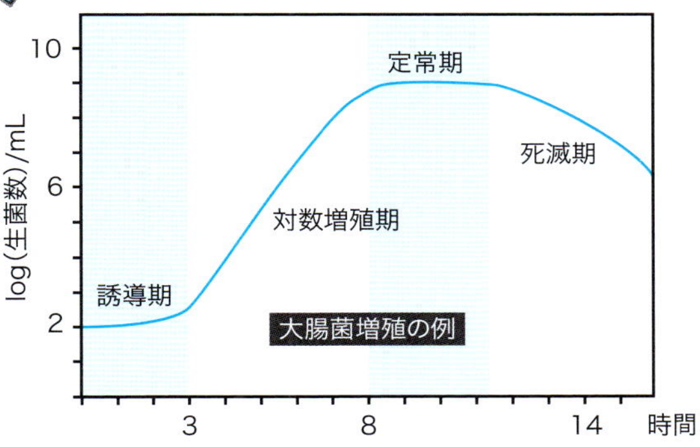

図5 1個の細菌が増えてコロニーを作る

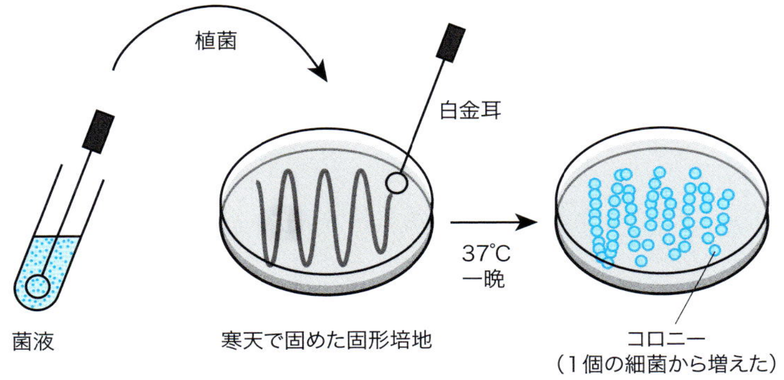

糖と脂質

point 生体を構成する分子は多くの元素からなり，炭素を含む有機物とそれ以外の無機物に大別される。有機物である糖や脂質はエネルギーを得るための主要な物質だが，それ以外の目的にも使われる。

細胞は何からできているか

細胞には酸素，炭素，水素，窒素の**主要4元素**のほか，リン，イオウ（ここまでを主要6元素という）などいくつもの元素が存在し，さまざまな**分子**を作っている（図1）。分子は炭素を含む**有機物**と含まない**無機物**に大別される（図2）。無機物には無機塩類（ミネラル），水，気体などが含まれるが，最も多いものは水である。**水**は細胞の約60～70％を占め，いろいろなものを溶かし，比熱が大きく蒸発しにくいため，生命活動の維持に適している。細胞を構成する物質の中心は有機物で，糖，脂質，タンパク質，核酸に大別される。有機物の大きさは，炭素数が20個程度までの**低分子**から，それが数十～数千個も結合するような**高分子**（**重合分子**）までさまざまである。有機物は炭素原子の骨格に酸素や水素が結合している。タンパク質はこの他に窒素と微量のイオウをもつ。核酸も窒素をもつが，ほかに多量のリンをもつ。

図1 ヒトの体に含まれる元素（重量比で示してある）

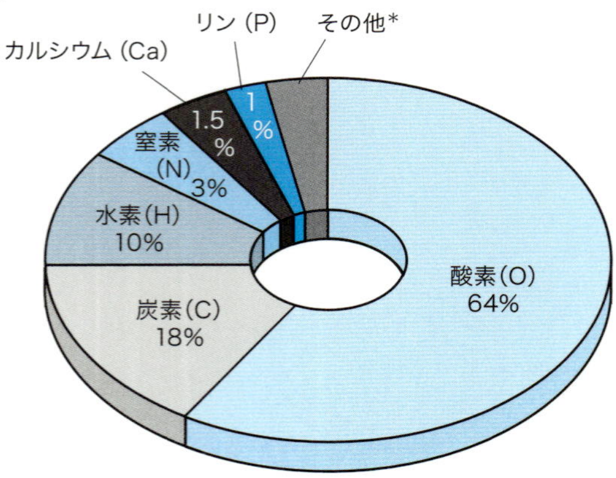

* イオウ，ナトリウム，塩素，カリウム，マグネシウム，鉄，亜鉛など

細胞で働くさまざまな糖

細胞の構成成分にもなるが，**エネルギー源**の中心となる物質に，糖と脂質がある。炭素原子を3個以上もち，そこにアルデヒド基（–CHO）かケト基（–CO–）が結合し，さらにOH基をもつものを**糖**という。基本は炭素が5個（五炭糖）か6個（六炭糖）の**単糖**で，単糖が数個結合したものを**少糖**（オリゴ糖），多数結合したものを**多糖**という（図3）。主な単糖にはグルコース（ブドウ糖）やフルクトース（果糖），2糖にはスクロース（ショ糖）やラクトース（乳糖）などがある。核酸の成分であるリボースとデオキシリボースは五炭糖である（⇨1-I）。六炭糖の中心は**グルコース**で，**インスリン**の働きによって細胞に取り込まれる。グルコース以外の単糖はインスリンによって細胞内に取り込まれた後，グルコースに変換されてからエネルギー源となる。グルコースからなる多糖には，エネルギー貯蔵物質としてグリコーゲンや植物のデンプンがある。ヒアルロン酸やコンドロイチン硫酸などの**グリコサミノグリカン**（ムコ多糖類）は細胞の構成多糖として知られている。アミノ糖（例：*N*–アセチルグルコサミン），ウロン酸（例：グルクロン酸），**アルコール**類も糖に分類される。

図2 細胞に含まれる無機物と有機物

- 分子
  - 無機物
    - 水，無機塩類
    - ガス（O_2，CO_2，NOなど）
    - アンモニア
    - その他
  - 有機物
    - 糖，アルコール類
    - 脂質
    - タンパク質，アミノ酸
    - 核酸，ヌクレオチド
    - その他

細胞で働くさまざまな脂質

有機溶媒に溶ける物質を**脂質**といい，エネルギー貯蔵物質，細胞構成成分，あるいは代謝調節因子や情報伝達因子として機能する。脂質の基本構造単位や代謝の基本形は**脂肪酸**（リノール酸やオレイン酸など）で，炭素の鎖（主に炭素16個と18個。脂肪族炭素という）に水素原子が結合して末端にカルボキシ基（–COOH）をもつ。その大部分はグリセロール（アルコールの一種）にアシル基として結合した**トリアシルグリセリド**（図4A），いわゆる中性脂肪として，油脂の成分となっている。複合脂質とは脂肪酸がアルコール類以外の成分と結合したもので，**リン脂質**（脂質二重層の成分となる）（図4B）や糖脂質などがある。動物組織には4個の環状炭素構造の骨格を基本とする**ステロイド**といわれる脂質が多数存在するが，このなかにはコレステロール（図4C）やビタミンD，性ホルモンや副腎皮質ホルモンなどが含まれる。

図3 代表的な糖の構造

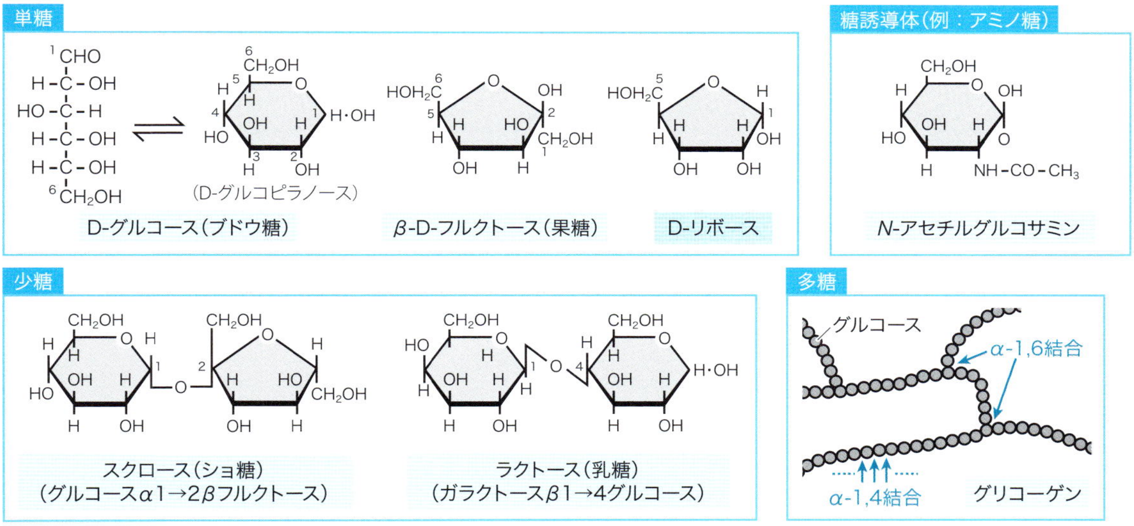

図4 代表的な脂質の構造

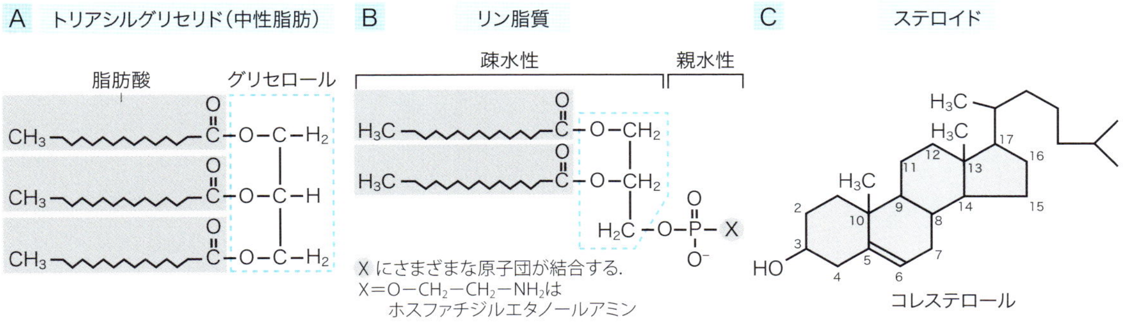

重要ワード **1-F**

代謝と酵素

point 生体化学反応「代謝」は触媒能をもつ酵素により，体温でも効率よく進む。酵素は反応ごと，あるいは基質ごとに特異的で多くの種類がある。それぞれの酵素が適切な正や負の調節を受けることにより，代謝系全体が調和をとって進行する。

化学反応には明確な原則がある

化学反応では反応の前と後で原子の増減がなく（**質量保存の法則**），各物質の濃度の積が使用濃度に関係なく一定である（**質量作用の法則**）。A→B反応はB→Aと逆へも進むことができ，両反応は一定温度では一定状態で釣り合う（**反応の平衡**）ため，反応系の物質Aを増やす（減らす）と，反応は増えた（減った）Aを減らす（増やす）方向に動く（**ルシャトリエの原理**）。

代謝は生体で起こる化学反応

生体化学反応を**代謝**という。ある目的のための一連の化学反応を**代謝経路**というが，糖，脂質，窒素化合物の代謝はそれぞれ関連性をもって進む（図1）。分解代謝を**異化**，合成代謝を**同化**というが，それぞれの反応は自由エネルギーが吸収される**吸エルゴン反応**と，放出される**発エルゴン反応**である。発エルゴン反応は自発的に起こるが，吸エルゴン反応は自由エネルギーの供給がないかぎり起こらず，通常，発エルゴン反応と同時に起こる（**反応の共役**）（図2）。自由エネルギーを必要とする反応では**ATP加水分解**という発エルゴン反応の共役が広くみられる。

代謝は酵素によって進む

化学反応を開始させるためには加熱などで**活性化エネルギー**を与える必要があるが，白金のような触

図1 代謝の概要（動物細胞を中心に示す）

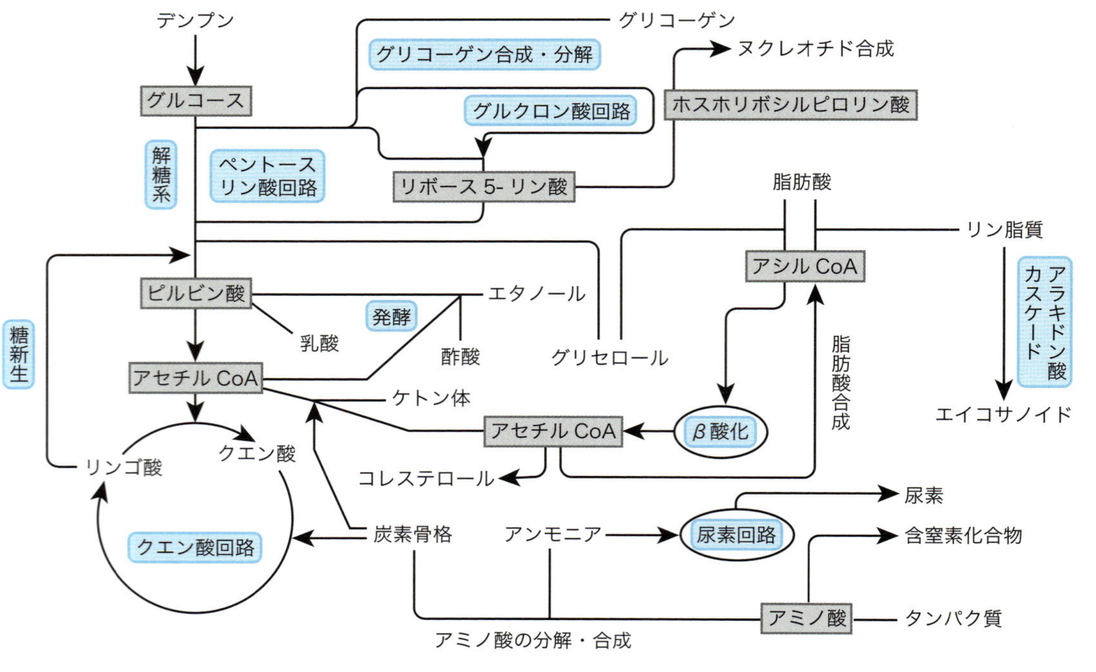

媒を加えると常温でも反応が進む。触媒は反応の前後で変化せず，反応の平衡にも影響しないが，活性化エネルギーを下げる。代謝が容易に進むためにも触媒が必要だが，生体では**酵素**（enzyme）といわれるタンパク質が使われる。酵素は作用する物質「**基質**」と特異的に結合する，**基質特異性**がみられる。酵素が逆反応の基質と結合しない場合，酵素は見かけ上，正反応にしか関与しない。酵素は反応の種類により6種類に分類される（図3）。

Memo 補酵素

補酵素は酵素反応に必要な低分子で，基質中の原子（団）との結合を通して**原子（団）の運搬**にかかわり，多くは水溶性ビタミンの成分である。NADは水素原子授受によって酸化還元反応にかかわる。還元型NADHは適当な基質に水素を移すことにより酸化型NADに戻る。CoA（補酵素A）はアシル基の運搬にかかわる。

酵素活性はさまざまなレベルで調節される

代謝調節は酵素活性の調節でなされるが，その仕組みはさまざまである（図4）。基質類似物質が酵素の**活性中心**に結合することで酵素活性を抑制する拮抗阻害や，活性部位以外の場所（**アロステリック部位**）に物質が結合し，酵素活性を調節するアロステリック調節が多く知られている。代謝経路の最終産物が経路初段階の酵素を阻害して最終産物の過剰生産を防止する**フィードバック阻害**は，代謝調節の観点で特に重要である。酵素タンパク質の化学修飾（例：**リン酸化**）や**限定分解**（例：タンパク質消化酵素，血液凝固因子，補体系，カスパーゼ活性化）は，代表的な酵素活性化機構である。

図2 代謝におけるエネルギーの移動と反応の共役

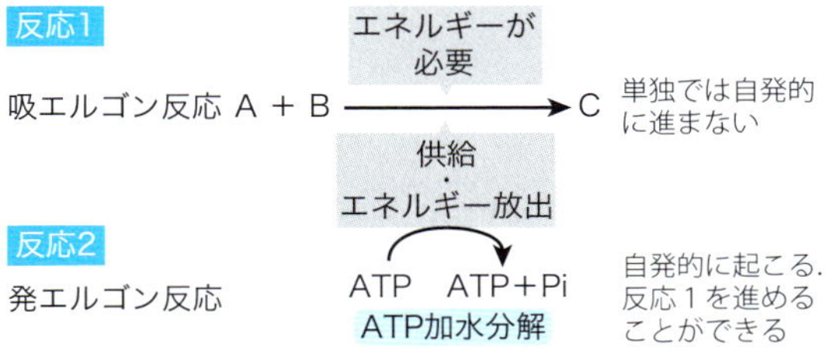

図3 酵素の種類とその作用

酵素の種類	例
①酸化還元酵素	アルコール脱水素酵素
②転移酵素	クレアチンホスホキナーゼ
③加水分解酵素	アルカリホスファターゼ
④脱離酵素	炭酸脱水酵素
⑤異性化酵素	グルコースイソメラーゼ
⑥合成酵素	アセチルCoAシンテターゼ

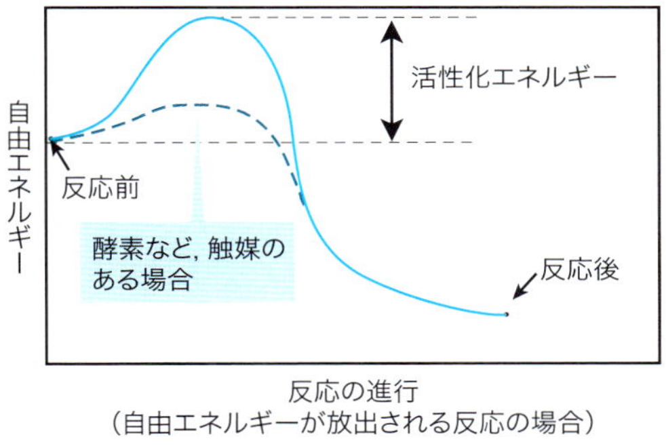

図4 酵素活性調節にはさまざまな様式がある

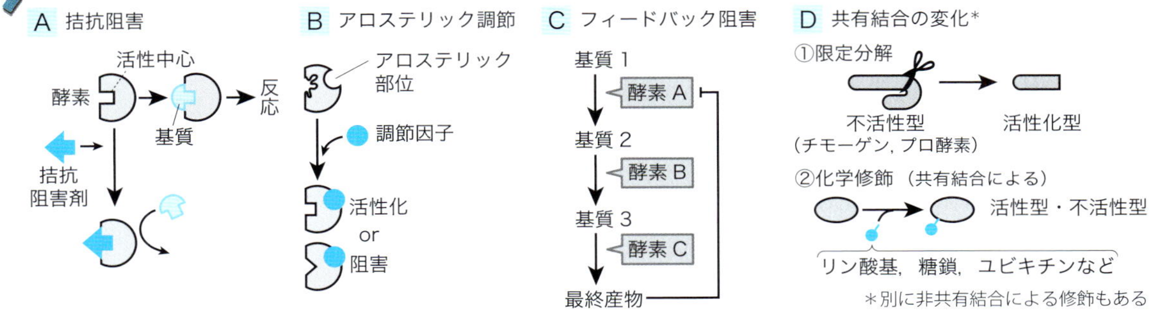

重要ワード **1-G**

エネルギー代謝

point 生体内酸化還元反応により，生命活動に必要な高エネルギー物質ATPが作られる。真核生物では，ATPの大部分はミトコンドリアで行われる好気呼吸で作られる。

エネルギーは酸化還元反応で得られる

一般に酸素と結合することや水素が除かれることを酸化というが，化学的には電子を失うことを酸化といい，逆反応を**還元**という（図1A）。両者は対で起こる。電子の移動のしやすさは**標準還元電位**で表され，電子は電位の高い方に移動する（図1B）。多くの生体酸化反応は基質からの**脱水素**で行われ，除かれた水素は**NAD**などの**補酵素**に渡される（図2A）。ピルビン酸/乳酸の間の酸化還元反応とNAD / NADHの酸化還元反応の組合わせでは前者の還元反応が起こるため，NADHは酸化されて電子を水素と放出し，それらがピルビン酸に移動して乳酸ができる（図2B）。電子が電位の高い方に移動するとき，**電位差**に相当する分の**自由エネルギー**が放出される。

生物に普遍的な高エネルギー物質：ATP

生物は得られたエネルギーをATP合成に使う。リン酸基同士の結合には多くのエネルギーが必要なため，**ATP**は**高エネルギー物質**といわれる。高エネルギー物質はATP以外にもあるが，ATPは容易に加水分解されてADPやAMPとなって自由エネルギーを放出する。すなわちATPは細胞内エネルギー通貨としての役目をもつ。ATPは**基質レベルのリン酸化**，ミトコンドリアでみられる**酸化的リン酸化**，そして光合成でみられる**光リン酸化**で合成される。

グルコースの異化：解糖系とクエン酸回路

エネルギーを得るための代謝を**エネルギー代謝**という。グルコースはまず**解糖系**によって**ピルビン酸**を経て**乳酸**となる（図3）。この過程で1モルのグルコースから2モルのATPが作られる。解糖は無酸素状態で激しく動く筋肉でみられ，また乳酸発酵そのものである。酸素があるとピルビン酸は**ミトコンドリア**に

図2 補酵素による電子の移動

A NADの構造

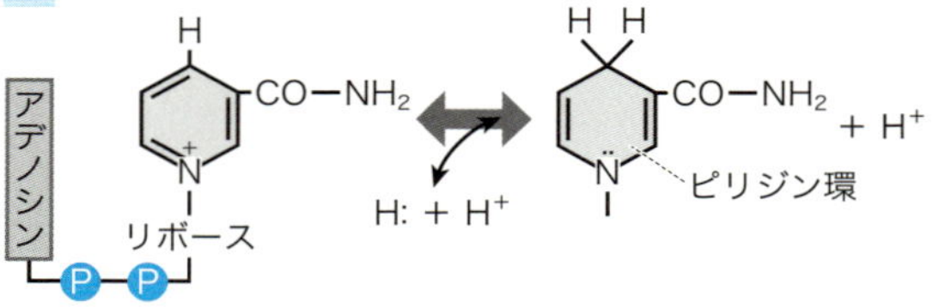

NAD^+ + H: + H^+ ⟷ NADH + H^+
（酸化型）　（還元型）

NAD：ニコチンアミドアデニンジヌクレオチド

B 乳酸脱水素酵素による反応

ピルビン酸 + NADH + H^+ ⟶ 乳酸 + NAD^+

図1 酸化還元反応

A 酸化・還元と電子の授受

Fe^{2+} + Cu^{2+} ⟶ Fe^{3+} + Cu^+
（＋値は酸化の価数）　酸化された　還元された

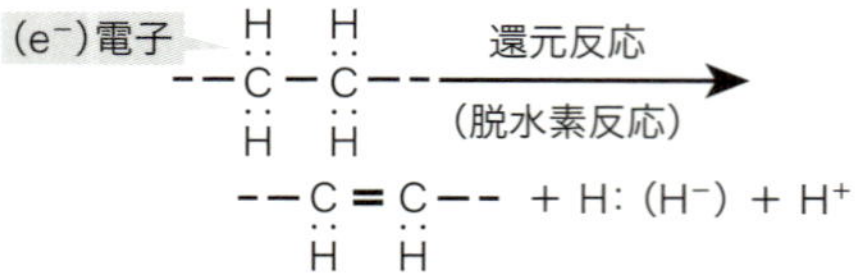

H: ：ハイドライドイオン（H⁻）

B 標準還元電位〔E´° (V)〕

還元反応	E´° (V)	電子の移動しやすさ
$\frac{1}{2}O_2+2H_2+2e^- \rightarrow H_2O$	0.816	
シトクロム*c*（Fe^{3+}）$+e^- \rightarrow$ シトクロム*c*（Fe^{2+}）	0.253	
ピルビン酸$+2H^++2e^- \rightarrow$乳酸	−0.185	
$NAD^++H^++2e^- \rightarrow NADH$	−0.320	
$2H^++2e^- \rightarrow H_2$（pH7.0）	−0.414	

入り，**アセチルCoA**を経て**クエン酸回路**（**TCA回路**，**クレブス回路**）に入って代謝されるが，ここでGTP，NADHや$FADH_2$，炭酸ガスが生成する。

電子伝達系と酸化的リン酸化

NADHや$FADH_2$中の水素にある電子（電子を失った水素は**プロトン**となる）は，ミトコンドリア内膜にある**電子伝達系**を進み酸素に到達し（図4），プロトンと結合して水になる。各酸化反応で得られたエネルギーはプロトンを膜間腔に汲み出すために使われ，プロトンがマトリックスに戻るときのエネルギーで**ATP合成酵素**が活性化され，ATPが作られる。これら全体の機構を**酸化的リン酸化**という。ATP合成に3個*1のプロトンが必要でGTPがATPと等価*2とすると，1モルグルコースから32モル（注：＊1を3.33，＊2を50％とし，約29モルという推計もある）のATPができる。

ほかの物質もエネルギー代謝にかかわる

アミノ酸は炭素骨格がクエン酸回路から糖新生経路に入ったり，ケトン体に変換されるなどしてエネルギー産生に利用される。**脂肪酸**は**β酸化**によって大量の**アセチルCoA**ができ，クエン酸回路で利用される（C16のパルミチン酸1モルからは，106モルのATPが産生される）（⇨1-F 図1）。

図3 解糖系とクエン酸回路

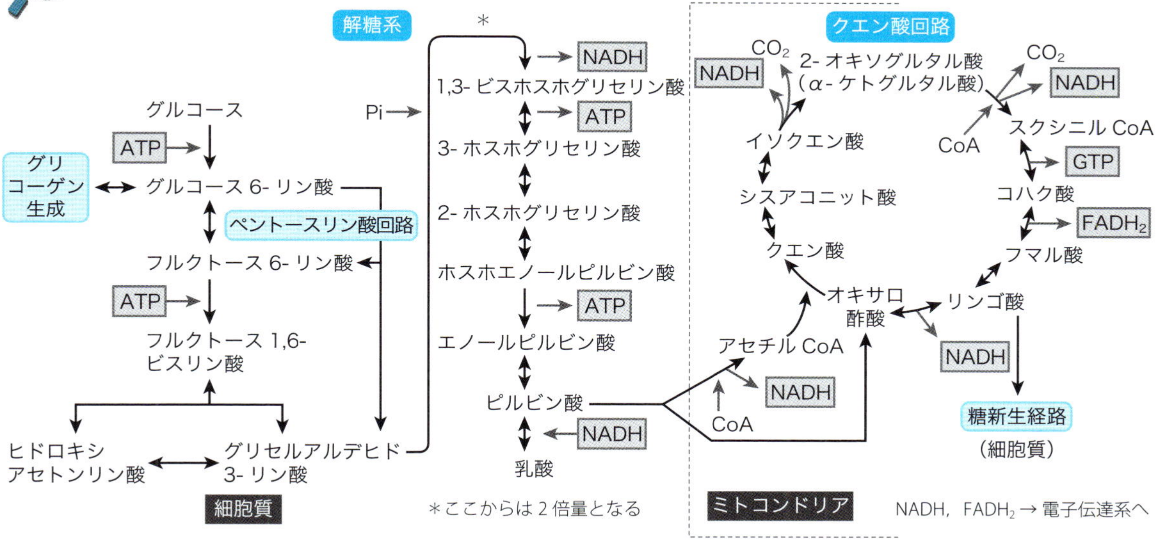

図4 酸化的リン酸化によりATPが合成される

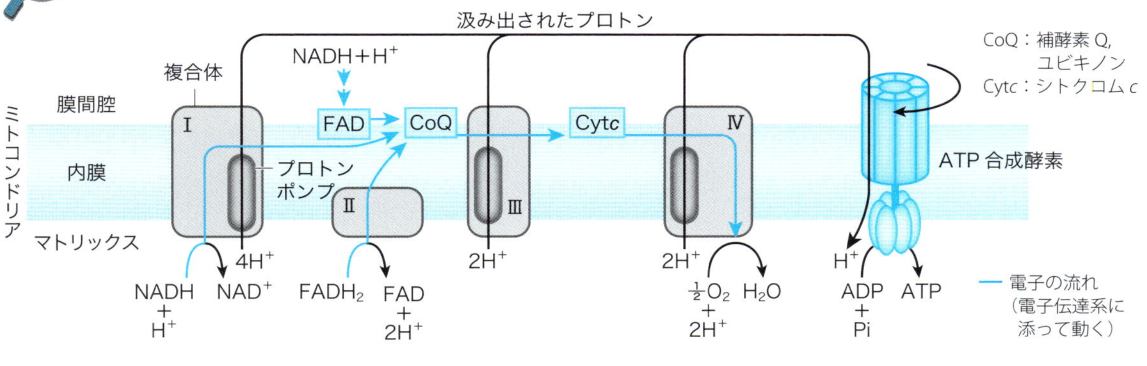

アミノ酸とタンパク質

point タンパク質は性質の異なる20種類のアミノ酸がペプチド結合で連なった分子で，その順番はDNAの塩基配列で決められる。タンパク質は特異的な高次構造をとることにより，機能を発揮できる。

細胞の基本成分はタンパク質である

細胞を形作る基本成分は**タンパク質**である。タンパク質は20種のアミノ酸（図1）が遺伝情報に従って**ペプチド結合**で連なった鎖状分子で，その種類は非常に多い（理論的に遺伝子数より多い）。大きさもまちまちで，アミノ酸数が数〜数十個程度のものは**ペプチド**（あるいはオリゴペプチド）といい，それ以上のものは**ポリペプチド**という。ポリペプチド鎖が機能できるような高次構造をとった場合，タンパク質と呼ばれる。

図1 タンパク質をつくる20種類のアミノ酸

性質		名称	3文字表記	1文字表記	側鎖の構造	等電点*
中性		グリシン	Gly	G	$-H$	
親水性	正電荷をもつ	ヒスチジン	His	H	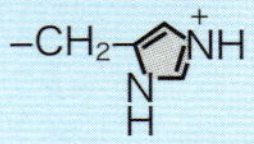	7.6
親水性	正電荷をもつ	リシン	Lys	K	$-(CH_2)_4-NH_3$	9.7
親水性	正電荷をもつ	アルギニン	Arg	R	$-(CH_2)_3-NH-C(=NH_2^+)-NH_3$	10.8
親水性	負電荷をもつ	アスパラギン酸	Asp	D	$-CH_2-COO^-$	2.8
親水性	負電荷をもつ	グルタミン酸	Glu	E	$-CH_2-CH_2-COO^-$	3.2
親水性	アミド基を含む	アスパラギン	Asn	N	$-CH_2-CO-NH_2$	5.4
親水性	アミド基を含む	グルタミン	Gln	Q	$-CH_2-CH_2-CO-NH_2$	5.7
親水性	ヒドロキシ基を含む	セリン	Ser	S	$-CH_2OH$	5.1
親水性	ヒドロキシ基を含む	トレオニン	Thr	T	$-CH(OH)-CH_3$	6.2
疎水性	芳香環をもつ	フェニルアラニン	Phe	F	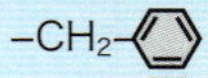	5.5
疎水性	芳香環をもつ	チロシン	Tyr	Y	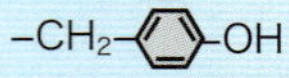	5.7
疎水性	芳香環をもつ	トリプトファン	Trp	W	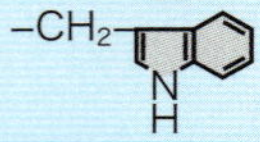	5.9
疎水性	硫黄を含む	メチオニン	Met	M	$-CH_2-CH_2-S-CH_3$	5.7
疎水性	硫黄を含む	システイン	Cys	C	$-CH_2-SH$	5.1
疎水性	脂肪族の性質をもつ	アラニン	Ala	A	$-CH_3$	6.0
疎水性	脂肪族の性質をもつ	ロイシン	Leu	L	$-CH_2-CH(CH_3)-CH_3$	6.0
疎水性	脂肪族の性質をもつ	イソロイシン	Ile	I	$-CH(CH_2-CH_3)-CH_3$	6.0
疎水性	脂肪族の性質をもつ	バリン	Val	V	$-CH(CH_3)-CH_3$	6.0
疎水性	脂肪族の性質をもつ	プロリン	Pro	P	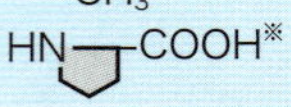 ※プロリンは全構造を示す	6.3

※ 正と負の電荷がつり合うpH

図2 ペプチド結合の形成によりアミノ酸が重合する

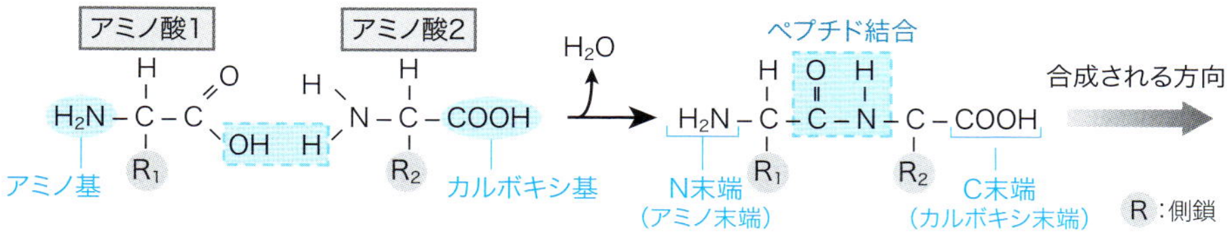

アミノ酸ごとに性質が異なる

アミノ酸は**カルボキシ基**（–COOH）のついている炭素（α炭素）に，**アミノ基**（$-NH_2$），水素，そしてアミノ酸特異的原子団（これを**側鎖**という）が結合している。水素とアミノ基の配位方向によりL型，D型の異性体があるが，天然のアミノ酸は**L型**である。アミノ基とカルボキシ基はイオン化してそれぞれ塩基性と酸性の性質を示すが，**イオン化傾向**がアミノ酸ごとに異なるため，**酸性アミノ酸**や**塩基性アミノ酸**が存在することになる。それぞれの分子の大きさ，側鎖の回転自由度，反応性，電気的性質，そして水に対する溶解度（**親水性アミノ酸**と**疎水性アミノ酸**）もアミノ酸によって異なるため，結果的にタンパク質の性質も千差万別となる。

多彩な構造と機能をもつタンパク質

アミノ酸同士の結合は，N番目のアミノ酸のカルボキシ基と，N+1番目のアミノ酸のアミノ基の間が脱水縮合したペプチド結合による（図2）。すなわち，タンパク質はアミノ酸が線状に配置された極性（方向性をもつ）分子である。アミノ酸配列（**タンパク質の一次構造**）はDNA配列によって決まる。アミノ酸の配列により，タンパク質は部分的に**αヘリックス**や**β構造**（複数集まるとβシート構造となる）などの二次構造をとり，さらにそれらが折りたたまれた（フォールディングした）三次構造をとる〔ここには**ジスルフィド結合**（S–S）も含まれる〕。複数のタンパク質が緩く結合して（四次構造）機能性タンパク質ができる場合，個々のタンパク質を**サブユニット**という（図3）。多くのタンパク質は分子全体が折りたたまれた球形で（球状タンパク質），一般に水によく溶けるが，硬タンパク質（ケラチン，コラーゲンなど）や線維状タンパク質（フィブロインなど）のように，水に溶けにくいものもある。二～四次構造を**タンパク質の高次構造**という。タンパク質は細胞を構成するばかりでなく，代謝を円滑に進めるための酵素や調節機能を示すホルモン，調節因子，また標的分子が結合する受容体や能動輸送にかかわる分子，さらには運動や運搬，そして生体防御にかかわるなど，多様な働きをもつ（図4）。

図3 タンパク質の構造

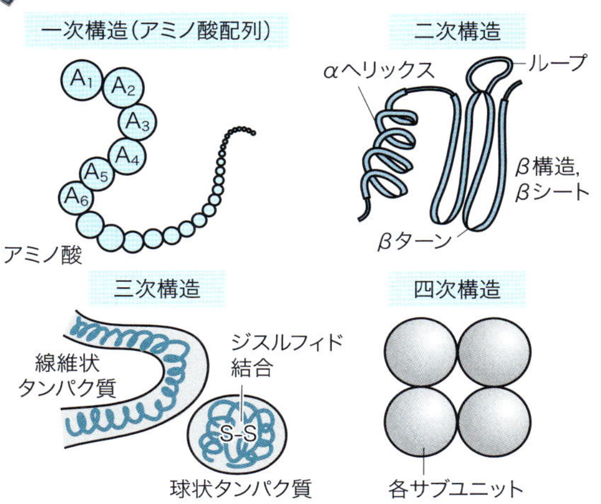

図4 ペプチドやタンパク質の多彩な機能

●酵素	●ホルモン	●受容体	●反応調節因子
●膜成分	●チャネル	●運動	●抗体
●染色体成分	●運搬	●毒	●リガンド
●成体防御	●調節因子	●細胞骨格	●その他

重要ワード 1-1

ヌクレオチドと核酸

point 核酸（DNAとRNA）は塩基・糖・リン酸からなるヌクレオチドの重合した分子で，塩基配列は遺伝情報を含む。DNAは塩基間の水素結合で二本鎖になった分子がらせん状になる，二重らせん構造をとっている。

核酸の構造をみてみよう

核酸（nucleic acid）は核に豊富に存在する酸性物質で，**DNA**（deoxyribonucleic acid：デオキシリボ核酸。ミトコンドリアや葉緑体にも存在する）と**RNA**（ribonucleic acid：リボ核酸。細胞質に多量に存在する）がある。核酸は**ヌクレオチド**（nucleotide）が多数結合した鎖状分子である。ヌクレオチドは**デオキシリボース**（DNA）か**リボース**（RNA）の1位の位置に塩基が，5位に1～3個のリン酸が結合する構造をもつ（細胞内にあるリンの大部分は核酸に含まれる）（図1）。ヌクレオチドからリン酸が除かれたものを**ヌクレオシド**（nucleoside）という（注：ヌクレオシドやヌクレオチドの糖の位置を表すとき，塩基中の原子の位置は1，2，3…となってるので，糖は1´，2´，3´…と区別して標記する）。N番目のヌクレオチドの糖の3´位とN+1番目のヌクレオチドの糖の5´位が，**リン酸ジエステル結合**（-O-P-O-）を介して結合する。核酸は糖-リン酸の鎖を骨格とする線状分子で，5´→3´という方向性をもつ（図2）。

核酸にはさまざまな種類がある

塩基は炭素，窒素，酸素，水素からなる環状物質である。核酸を作る塩基には大きく**プリン塩基**と**ピリミジン塩基**の2種類があり，前者には**アデニン**（A），**グアニン**（G），後者には**チミン**（T），**ウラシル**（U），**シトシン**（C）がある（図3）。TはDNAのみに用いられ，RNAではその代わりUが用いられる。それぞれのヌクレオシドとヌクレオチドは図4に記した名称で呼ばれる。なお，ヒポキサンチンをもつヌクレオシド（イノシン）はプリンヌクレオチドの前駆体となる。環状アデノシン一リン酸（**cAMP**）は，真核生物では情報伝達物質として，細菌では遺伝子発現

図1 ヌクレオチドの構造

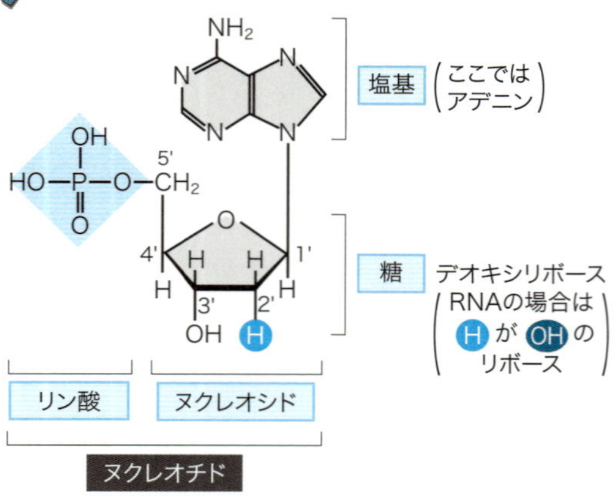

図2 DNAは5´→3´へ延びる鎖状構造をとる

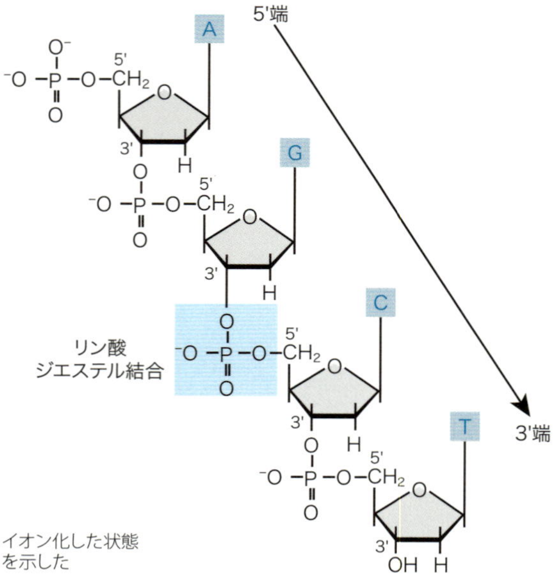

調節因子として働く。またATPは，高エネルギー物質としても働く。

DNAは二重らせん構造をとる

DNAは二本鎖で存在するが，二本鎖は糖–リン酸骨格を外側に，塩基を内側に配置し，塩基間の水素結合で緩く結合し，全体が右巻きのらせん構造をとる（ワトソン–クリックによって提唱された**DNAの二重らせん構造**）（図5）。この形を**B型DNA**というが，染色体にはわずかにZ型と呼ばれる左巻きDNAも存在する。塩基対はAにはT，CにはGと決まっている。これを**塩基対の相補性**といい，核酸の複製や転写を考えたり，実験で核酸を扱う場合の重要な性質となる。なお，それぞれの塩基対には2個および3個の水素結合が関与する。塩基配列には遺伝情報が含まれている。RNAは個々の遺伝子から転写され，一本鎖で存在する。細胞内には多くの種類のRNA分子が存在する。

図3 核酸に含まれる塩基の種類

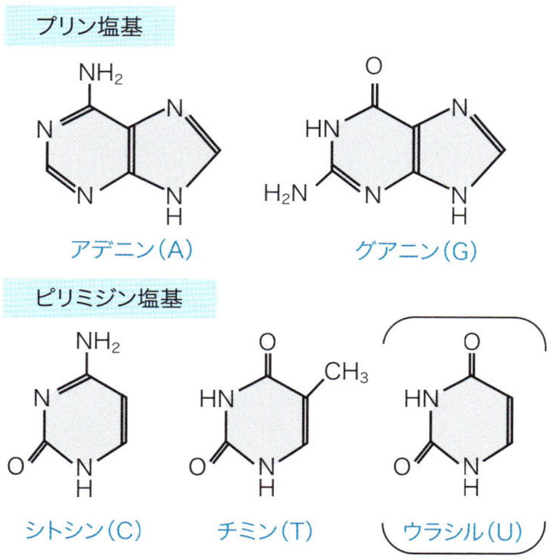

チミンはDNAに，代わりにRNAではウラシルが用いられる

図5 DNAは二重らせん構造をとる

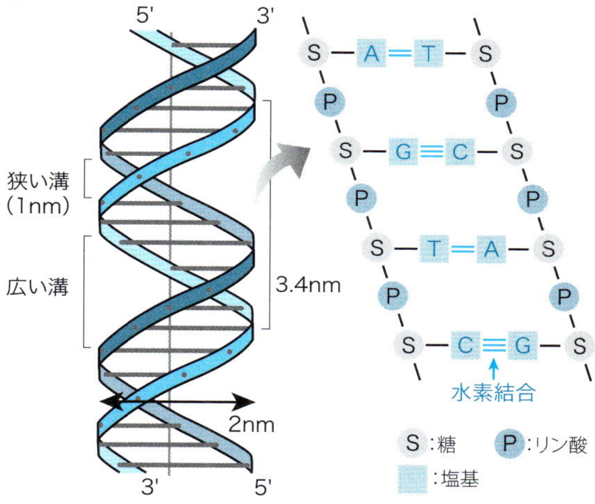

図4 ヌクレオチド，ヌクレオシド，塩基の名称と略語

		プリン塩基（R）		ピリミジン塩基（Y）	
		アデニン（A）	グアニン（G）	シトシン（C）	チミン（T）／ウラシル（U）
ヌクレオシド	(DNA中)	デオキシアデノシン	デオキシグアノシン	デオキシシチジン	(デオキシ) チミジン
	(RNA中)	アデノシン	グアノシン	シチジン	ウリジン
ヌクレオチド*	(DNA中)	デオキシアデニル酸	デオキシグアニル酸	デオキシシチジル酸	(デオキシ)チミジル酸
	(RNA中)	アデニル酸	グアニル酸	シチジル酸	ウリジル酸
ヌクレオシド一リン酸	(デオキシ型)	dAMP	dGMP	dCMP	dTMP
	(リボ型)	AMP	GMP	CMP	UMP
ヌクレオシド二リン酸	(デオキシ型)	dADP	dGDP	dCDP	dTDP
	(リボ型)	ADP	GDP	CDP	UDP
ヌクレオシド三リン酸	(デオキシ型)	dATP	dGTP	dCTP	dTTP
	(リボ型)	ATP	GTP	CTP	UTP

色文字は糖がリボース型の場合の名称　＊ 示した名称は一リン酸型であり，たとえばアデニル酸とAMPは同一のものである

複数塩基の略号　S=G+C，W=T+A，M=A+C，K=G+T，B=G+C+T，D=A+G+T，H=A+C+T，V=A+C+G　N(X)=A+C+G+T

重要ワード **1-J**

核酸のトポロジー

point 細胞にはDNAの立体的位置関係，すなわちトポロジーを変化させる種々の酵素が存在する。このうちDNAヘリカーゼはDNAの部分的変性に，トポイソメラーゼはDNAの超らせん構造の形成や解消などに関与する。

DNAは細胞内で部分的に一本鎖にもなる

二本鎖DNAは，分子がとる形や位置関係（トポロジー）をさまざまに変化させることができる。DNAは通常**B型**（右巻き）であるが，部分的には左巻きの構造（**Z型DNA**）をとる。二本鎖DNAは細胞内で，転写，複製，そして修復や組換え時に部分的に一本鎖になる。DNAが一本鎖になることを**変性**といい，熱などにより人為的に変性させることができる（⇨7-C）。DNAを変性させる酵素を**DNAヘリカーゼ**といい，ATP要求性である（図1）。大腸菌の場合，DNA複製（DnaB），組換え（RuvBなど），転写（RNAポリメラーゼ）にかかわる酵素はそれぞれDNAヘリカーゼ活性をもつ。真核生物にも修復や転写（ERCC2，ERCC3，TFⅡH），複製（**SV40 T抗原**，MCM複合体）に働くDNAヘリカーゼが知られている。大腸菌のRecQヘリカーゼに構造が類似するヒトRecQ様ヘリカーゼWrnやBLMは，それぞれウエルナー症候群やブルーム症候群といった**早期老化症**の原因遺伝子で，**DNA修復**にかかわると考えられる（⇨13-G）。

DNAはさらにねじれて超らせんとなる

DNAには3つの形態〔Ⅰ型：**閉環状**（**ccc**）**DNA**，Ⅱ型：**開環状**（**oc**）**DNA**，Ⅲ型：**線状**（**l**）**DNA**〕がある（ccc：covalently closed circular，oc：open circular，l：linear）（図2）。Ⅰ型に切れ目（**ニック**）が入るとⅡ型になる。DNAは10塩基で1回転するが，末端が拘束されているDNA（例：cccDNA）はらせんの巻き方が10.5塩基と理論値よりわずかに少なく，DNAは安定になろうと，分子全体がさらに右にらせんを巻く**負の超らせん**をとる。細胞内のDNAは結合タンパク質により多くの場所で拘束されており，また真核生物ではヒストンによっても拘束され，負の超らせん構造をとっていると考えられている。細胞には超らせんのピッチを変化させる**トポイソメラーゼ**が存在するが，その反応様式はDNA鎖の切断と再結合である。Ⅰ型トポイソメラーゼは一本鎖DNAに作用し，1回の反応で1個の超らせんを解消する（図3）。一方，Ⅱ型トポイソメラーゼは二本鎖DNAに作用し，負の超らせんを解消するのみならず，ATPのあるときは負の超らせんを形成する。Ⅱ型トポイソメ

図1 DNAヘリカーゼの作用

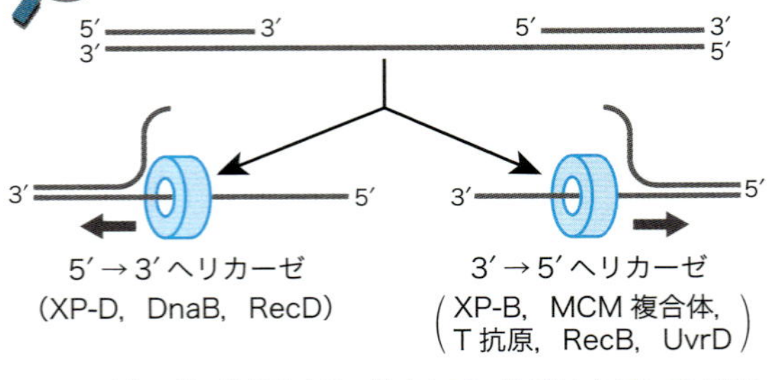

DNAヘリカーゼの進行方向は，結合しているDNAクランプ（留め金）の移動方向により決まる．基本的にATPaseを併せもつ

図2 DNAがとる三様の構造

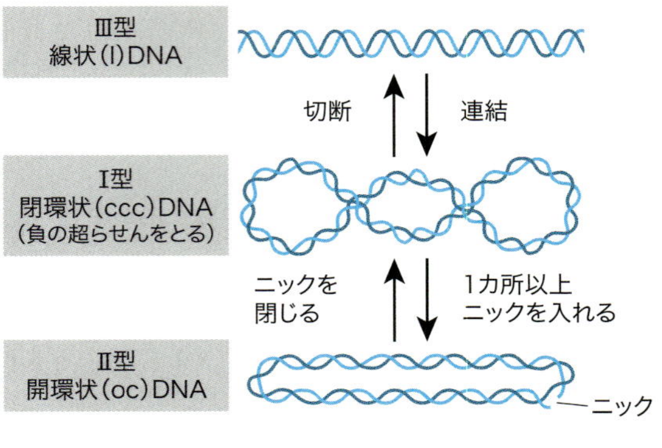

ラーゼでは超らせんの数は2個変化する。大腸菌のⅡ型トポイソメラーゼの1つであるtopo Ⅱは**ジャイレース**とも呼ばれる（図4）。トポイソメラーゼは転写や複製，染色体分配や組換えなど，DNAのらせんが詰まったり減ったりしたとき，あるいはDNA鎖が絡んだときなどに働く（図5）。超らせん構造には位置エネルギーが貯えられており，さまざまな反応が起こるときに有利に働く。

核酸は同じ鎖のなかで対合することもある

塩基配列中に図6のような**パリンドローム（回文）構造**があるDNAを部分的に変性させ，再び戻すときに，もとと異なるトポロジーをとることがある。この1つとして，同一の鎖のなかで**ステムループ**と呼ばれる構造をとる場合がある。**RNA**は通常，一本鎖として存在するが，分子内の相補的な部分と容易に塩基対を形成して多くのステム-ループ構造ができる（図7）。RNAが作る塩基対はDNAに比べて安定である。二重鎖部分（B型ではなく，水がないときにDNAがとるA型に近い太い構造をとる）は決して長くはないが，U-Gといった不規則な塩基対も作られるため，RNA分子は全体が複雑に折りたたまれた，タンパク質のような球状構造をとる。

図3 トポイソメラーゼが超らせん構造を変化させる

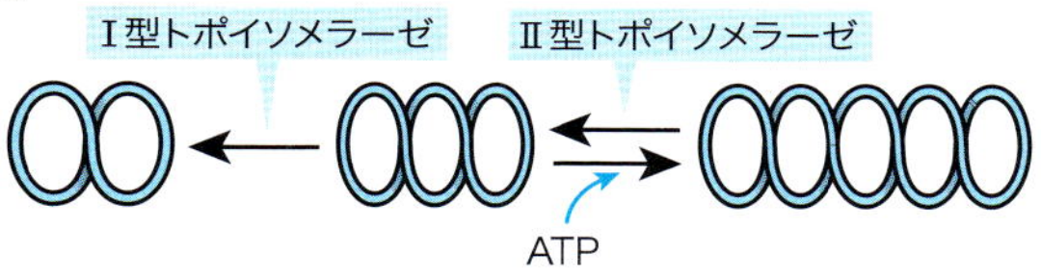

図5 トポイソメラーゼⅡの作用

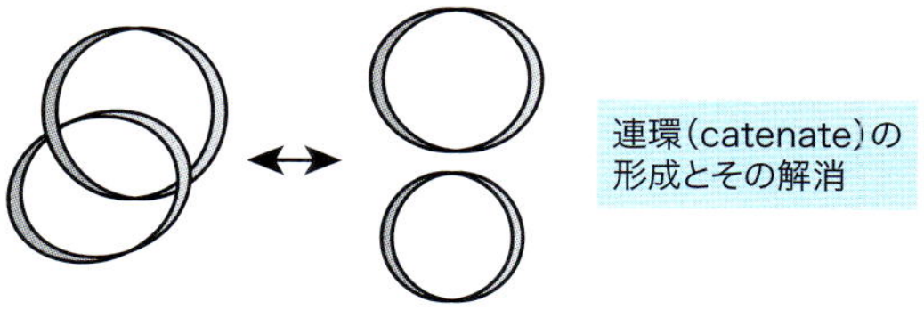

図4 さまざまなトポイソメラーゼ

	作用機構	ATP要求性	効果		大腸菌の酵素
Ⅰ型	一本鎖切断・再結合	−	1個の負の超らせんを解消，あるいは緩和する		topo Ⅰ，topo Ⅲ
Ⅱ型	二本鎖切断・再結合	＋	負の超らせん形成	超らせんの数を2個変化させる	topo Ⅱ（ジャイレース），topo Ⅳ
		−	負の超らせんを緩和		

図6 パリンドローム構造はステムループを形成する

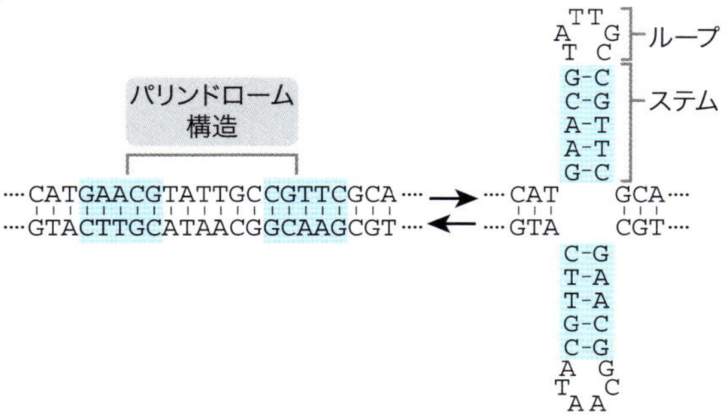

図7 RNAは球状構造をとりやすい

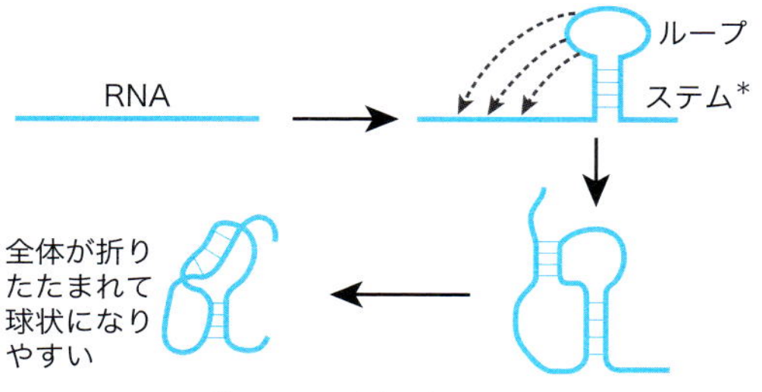

UはA以外にもGと塩基対を作りうる
＊ 二重鎖はA型DNAに近いらせん構造となる

重要ワード **1-K**

RNAの機能

point DNAの一部分から転写されてできるRNAにはさまざまな種類がある。RNAの主要な役割はタンパク質合成だが，それ以外にも酵素様の活性，遺伝子発現制御や翻訳制御など，多様な機能がある。

タンパク質合成にかかわるRNA

RNAの種類と働きはきわめて多様である（図1）。RNAの主要な役割はタンパク質の合成で，これにかかわるRNAは**m（メッセンジャー）RNA**，**r（リボソーマル）RNA**，**t（トランスファー）RNA**があり，主に細胞質に存在する。mRNAは前駆体（**プレmRNA**）がスプライシング（⇨3-C）によって成熟し，細胞質に移送されて機能するが，選択的スプライシングにより遺伝子の数を超える非常に多くの種類ができる。

mRNAの5´端にはキャップ構造があり，mRNAの安定性とスプライシングや翻訳の効率化にかかわる（図2）。また3´端の少し上流にはポリAシグナルがあり，下流にはポリA鎖が結合している。mRNAはタンパク質の鋳型となり，リボソームに結合し，アミノ酸と結合したtRNAがmRNA上のコドンに従って結合する（⇨3-E）。tRNAは70塩基長程度の小さなRNAで，少なくともアミノ酸の数だけ存在する〔注：1つのアミノ酸のためのtRNAでも，同義コドン（同じアミノ酸をコードする異なるコドン）と結合するために，アンチコドンの部分が異なる複数の分子が存在する場合もある〕。分子内にコドンと水素結合する**アンチコドン**配列をもち，また転写後修飾でできたいくつかの特殊塩基を含む（図3）。リボソームの小サブユニットには18SのrRNAが，大サブユニットには5S，5.8S，28SのrRNAが含まれる（ヒトの場合）。

Memo アイソアクセプターtRNA
同じアミノ酸を運搬するが異なるアンチコドンをもつtRNA。アイソアクセプターtRNAはそれぞれ別の同義コドンに利用されるが，必ずしもすべての同義コドン数だけアイソアクセプターtRNAが存在するわけではない。

図1 多彩なRNAの種類と機能

機能	RNAのタイプ・種類・例
タンパク質合成	mRNA（タンパク質の鋳型），tRNA（アミノ酸の運搬），rRNA（リボソームの成分）
酵素（リボザイム）	テトラヒメナ26S rRNA，RNaseP
翻訳制御，転写制御	miRNA，siRNA，種々の非コード制御RNA，転写補助因子，エンハンサー様機能
スプライシング制御	snRNA
核小体RNAの加工	snoRNA
DNA合成プライマー	プライマーRNA，tRNA
RNAエディティング	低分子ガイドRNA
アプタマー（結合性核酸）	各種RNA
ゲノム	RNAウイルスのRNA
リボスイッチ	mRNAの一部*

＊アプタマー活性ももつ

太古の昔はRNAが酵素として働いていた？

RNAには酵素活性をもつものがいくつかあり，**リボザイム**（ribozyme）と呼ばれている。RNAを分解するRNase活性をもつリボザイムには，tRNA前駆体分解酵素のRNasePに含まれるRNA（⇨3-C），グループⅠ，Ⅱの**自己スプライシング**にかかわるRNA，プレmRNAの成熟と転写終結に関与する**CoTC**（⇨4-B）などがある。アミノ酸重合反応を進める実際の活性は，リボソーム大サブユニット中の23S rRNA（大腸菌の場合）にある。リボザイムの発見により，生命はまず酵素活性をもつRNAを情報高分子として利

図2 タンパク質の鋳型となるmRNAの構造

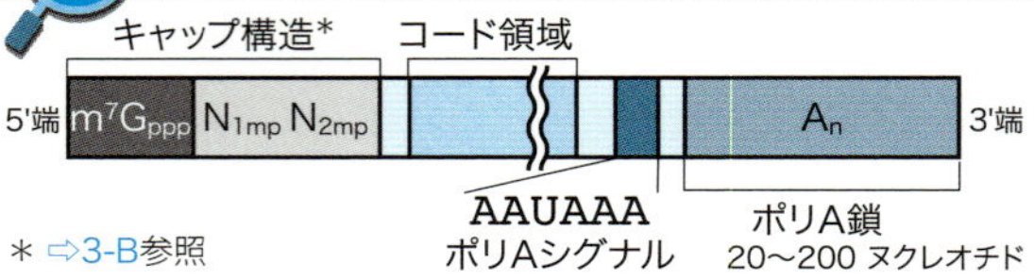

＊ ⇨3-B参照

用しはじめたという，「**RNAワールド仮説**」がたてられた（図4）。

遺伝子発現制御にかかわるRNA

近年，タンパク質をコードしないDNA領域から転写されるRNAが，tRNAやrRNA以外にも細胞内に多数存在することがわかってきたが，そのようなRNAの多くは遺伝子発現の調節（多くは抑制）にかかわり，一括して非コードRNAといわれる。特に**非コード低分子RNA**と呼ばれる小型RNAのなかには，**RNA干渉**にかかわる種々の**マイクロRNA**（**miRNA**）や，クロマチンに結合してクロマチン抑制能を発揮するものなどが含まれる（⇨3-H，3-I）。RNAにはこの他にも転写のコファクター（⇨4-I）やエンハンサー（因子）（⇨4-E）として転写活性化にかかわるものがある。

RNAにはそれ以外の働きもある

間接的に遺伝子発現に影響を与えるものとして，mRNAスプライシングにかかわるU2などの**核内低分子RNA**（**snRNA**），核小体でのRNA成熟にかかわる**核小体内低分子RNA**（**snoRNA**），**RNAエディティング**（RNAが塩基の欠失や挿入，置換を受けて成熟し，もとと異なるタンパク質が作られる現象）（⇨3-B）にかかわる**低分子ガイドRNA**がある。またRNAは複製においてDNA合成のプライマーとして使われ（⇨2-A），RNAウイルスではゲノムとしても使われる。RNAには**アプタマー**（さまざまな分子と結合する性質をもつ結合性核酸）能をもつものがあるが，この性質は標的分子に特異的に結合させ，希望どおりの配列をデザインできる**RNA抗体**の作製に応用される。mRNAの一部がアプタマーとなって代謝産物などと結合すると（アプタマー部分を**リボスイッチ**という），mRNAの二次構造変化に伴ってその機能が変化し，翻訳や転写が調節される例が細菌を中心に知られている（図5）。

図3 アミノ酸を運ぶtRNAの構造

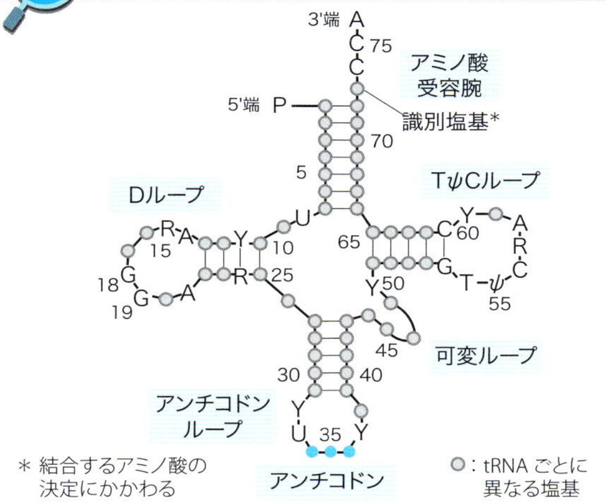

図4 RNAワールド仮説

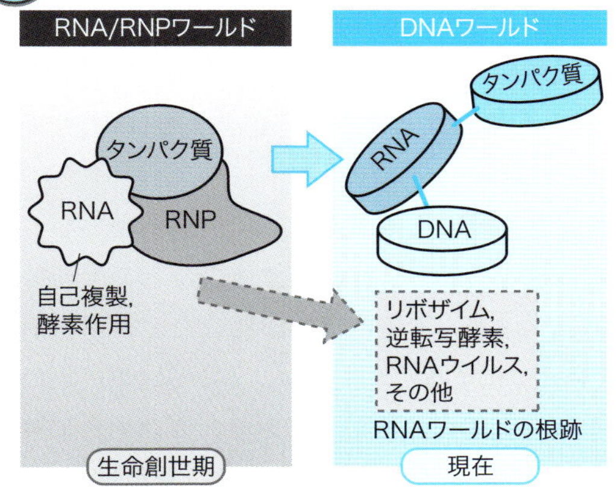

RNP：RNAとタンパク質の結合したribonucleoprotein（リボ核タンパク質）

図5 リボスイッチの作用機序

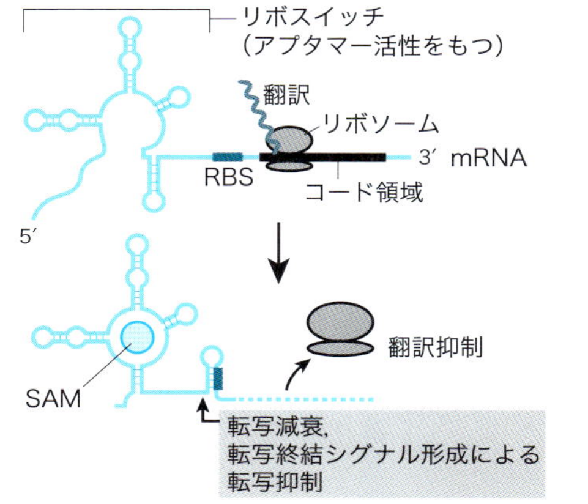

RBS：リボソーム結合部位　SAM：S-アデノシルメチオニン

リボスイッチのリガンドとなるもの
SAM，グアニン，チアミンピロリン酸，各種アミノ酸，ビタミンB_{12}，など

第 2 章

DNAの複製と保持

本章でわかる重要ワード

2-A DNA の複製

2-B 真核生物の複製

2-C DNA 合成酵素

2-D 複製における末端問題とテロメラーゼ

2-E 突然変異とその影響

2-F DNA 損傷

2-G DNA の修復①：除去修復

2-H DNA の修復②：直接修復，組換え修復，複製時修復

2-I DNA の組換え

概　論

もとと同じDNAができることを複製といい，DNAの決まった場所から両方向に起こる。原核生物での**DNAの複製**（⇨2-A）はDNAポリメラーゼにより，鋳型鎖をもとに相補的ヌクレオチドを転移・連結する形で3′端の方向に進むが，この機構は**真核生物の複製**（⇨2-B）でも同じである。

DNA合成酵素（⇨2-C）であるDNAポリメラーゼは，プライマー（鋳型鎖に水素結合で結合している短鎖のDNAやRNA）からDNAを伸ばすことはできるが，開始反応を実行することはできない。DNA複製が起こっている複製のフォークでは，合成がフォークと同じ方向に進むリーディング鎖と，反対側に進むラギング鎖で同調的に進む。しかしDNAは3′の方向にしか延びないため，ラギング鎖ではまず上流に向かって短いDNA鎖（岡崎フラグメント）が作られ，これが連結されるというラギング鎖限定なので不連続複製が起こっている。細胞内にはいくつものDNAポリメラーゼがあり，複製に関与する主要なもの以外にも，短鎖DNA合成に関与するもの，損傷部分の修復に関与するものなどといった役割分担がある。DNAポリメラーゼには3′→5′エキソヌクレアーゼ活性（ヌクレオチドを切断する活性）があるが，これは間違って取り込まれたヌクレオチドを除くための校正機構として必要である。

線状DNAの末端（テロメア）は複製されずに残るが，真核生物はこの**複製における末端問題**（⇨2-D）をテロメア複製酵素である**テロメラーゼ**（⇨2-D）を使って解決している。なおDNA合成には上記の様式とは異なる非典型的DNA合成機構がいくつか存在する。

複製を終えたDNAには，わずかだが間違った塩基を含んで突然変異となる場合がある。このような**突然変異とその影響**（⇨2-E）は決して無視できるものではない。さらに紫外線や電離放射線（X線など），あるいは化学物質などの傷害剤により，DNAの構造がいろいろなレベルで変化する**DNA損傷**（⇨2-F）が一定の頻度で起こっている。しかし細胞には損傷を直す力が備わっており，これらのDNAの傷は**DNAの修復**（⇨2-G，2-H）機構によってもとに戻される。修復反応により，異常塩基がもとに戻ったり，切断された二本鎖DNAがつなげられる。紫外線によ

概略図

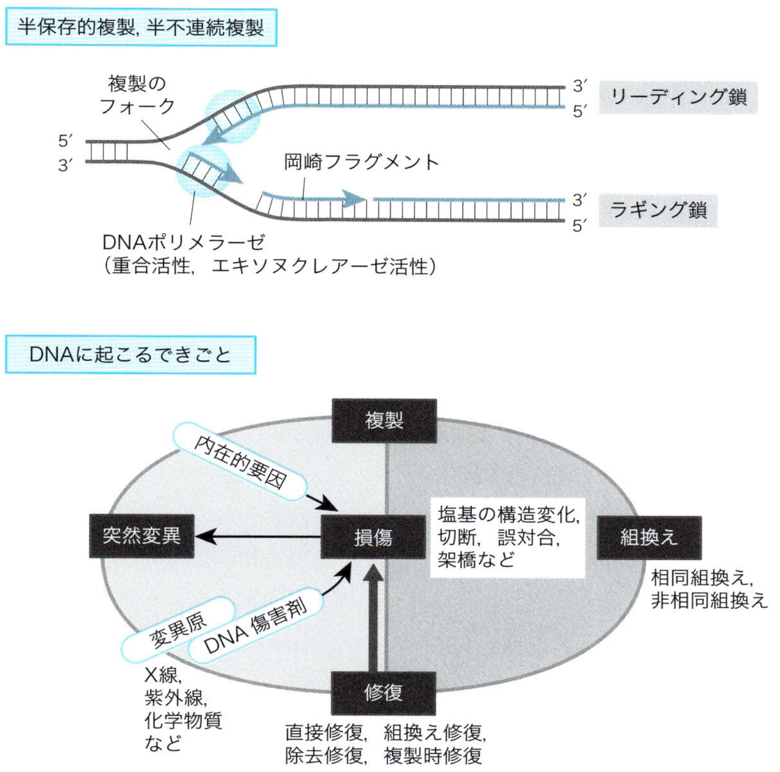

るチミン二量体の形成は細胞にとって致命的なため，細胞はそれを修復，あるいは回避する機構を何重にも備えている。DNA修復機構に欠損をもつヒトの遺伝病がいくつか知られており，関連する酵素の欠損が発癌や寿命の短縮にも関係することが明らかにされている。

細胞に相同な塩基配列が存在すると，相同なDNA間で組換えが起こることがある。**DNAの組換え**（⇨2-I）の基本は，ある部分が他の部分と相互に入れ代わる相互交換反応である。真核生物では，減数分裂時に高頻度に組換えがみられる。組換えは相同性のないところでも別の機構で起こることがあり，免疫グロブリンの遺伝子再配列やトランスポゾンの転移時などにみられる。

DNAは物質的にも生物学的にも安定な物質で，遺伝物質として適している反面，変異や組換えによって変化するという性質も持ち合わせている。生物の進化も，このようなDNAの不安定性が原因となって起こると考えられる。

DNAの複製

point 複製されたDNA中には，もとのDNAの半分が残る。複製はDNAの決まったところから両方向に向かって3′端が伸びる形で進み，一見不可能な5′端への伸長は不連続DNA合成という機構で達成される。

親と同じDNAが増えていく

もとと同じDNAができ，倍になることを**複製**（replication）という（複製のルール⇒図1）。DNA複製では二本鎖がまず部分的に一本鎖に変性し，おのおのの一本鎖の塩基配列に相補的な娘DNAが新たに作られる**半保存的複製**が起こる。DNAの複製は**ゲノム**の決まった位置（**複製起点**：*ori*）から始まって両方向に進み（二方向性複製），1回の複製で定まった範囲のDNAが複製される（図2）。1つの複製単位を**レプリコン**というが，原核生物（大腸菌）は単一レプリコン，真核生物の染色体は複数レプリコンである。

図1 複製は決まったルールに従って起こる

1. 定起点・両方向複製が起こる
2. 半保存的複製である
3. プライマー要求性（3′末端はOH）である
4. 半不連続複製である
5. レプリコンごとに複製される
6. 3′側へ伸長する
7. 基質は三リン酸型のデオキシヌクレオチドである

大腸菌における複製の開始

複製起点（***ori***）にある必須配列を**レプリケーター**といい，変性しやすいATリッチ配列と複数のイニシエーター結合配列からなる。レプリケーター配列は，酵母の自律複製配列（**ARS**）内にも含まれる。大腸菌では**イニシエーター**である**DnaA**がATPとともにDNAに多数結合し，DNAを変性させる。その後ヘリカーゼである**DnaB**，**DnaC**が結合してDNAの微小な変性構造「**複製の泡**」ができ，さらに**DnaGプライマーゼ**，**DNAポリメラーゼⅢ**（**DNA pol Ⅲ**）が結合して

図2 定まった範囲のDNAが半保存的に複製される

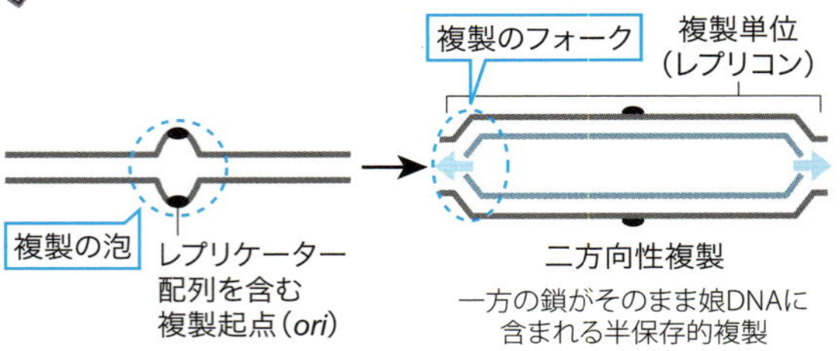

図3 大腸菌での複製開始反応

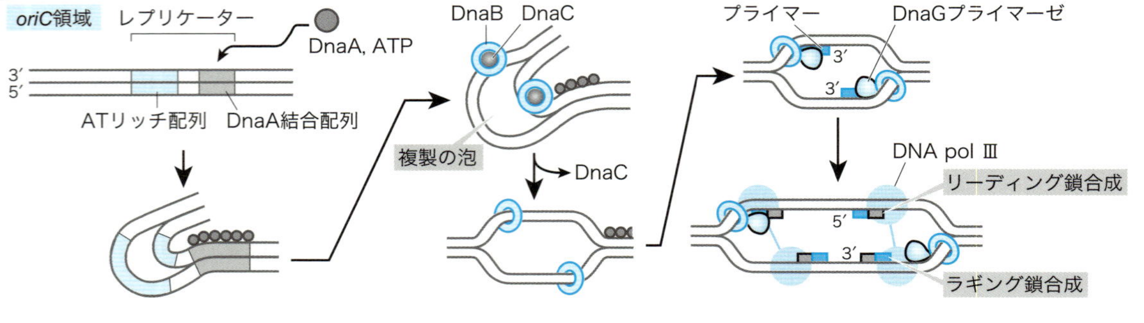

複製が両方向に進む（図3）。DnaB，DnaCは他のいくつかの因子とともに複合体（**プライモソーム**）を作り，まとまって作用すると考えらえる。

複製伸長のプロファイル

DNA複製が起こっている部分を**複製のフォーク**という（図2）。DNA合成は3′の方向にしか進まないため，娘DNAが伸びる方向が，フォークの進む方向と一致する側としない側が存在することになる。なお前者を**リーディング鎖**，後者を**ラギング鎖**という。ラギング鎖上の複製機構は複雑である。まず**RNAプライマー**（⇨2-C）からDNAが伸び，すでに存在しているプライマーに達するが，ここで前方のプライマーが除かれると同時にDNAも合成され，最後にDNAリガーゼによってDNA断片が連結される（図4）。このように，ラギング鎖では**不連続なDNA合成**が起こるが，このとき生ずる短い一本鎖DNA（大腸菌では1,000〜2,000塩基対，真核生物では数百塩対の長さをもつ）を**岡崎フラグメント**（**断片**）という。

大腸菌での複製

大腸菌での複製はリーディング鎖，ラギング鎖とも，**DNA pol Ⅲコア酵素**により行われる（図5）。コア酵素の**クランプ**（留め金）として働くβサブユニットは酵素の高速移動を可能にし，さらにコア酵素は別の複数サブユニットからなる**クランプローダー**（留め金装着装置）で連結されて二量体となっているため，DNA合成反応は両鎖で同調的に進むことができる。DnaBで一本鎖になったDNA部分には**SSB**が結合して安定化する。ラギング鎖の合成はDNAプライマーゼであるDnaGによる短鎖RNAプライマーの合成から始まり（⇒リーディング鎖にも同様の機構があると考えられる），その後，鎖伸長反応はDNA pol Ⅲに引き継がれる。ラギング鎖でのRNAプライマー除去は**DNA pol Ⅰ**（⇨2-C）やDNA：RNAハイブリッド中のRNAを分解する**RNaseH**によって行われる。

図4 ラギング鎖でみられる不連続DNA合成のアウトライン

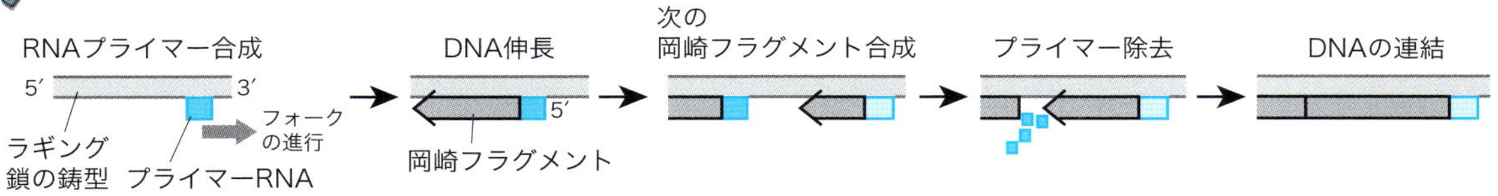

図5 大腸菌の複製のフォーク付近のできごと

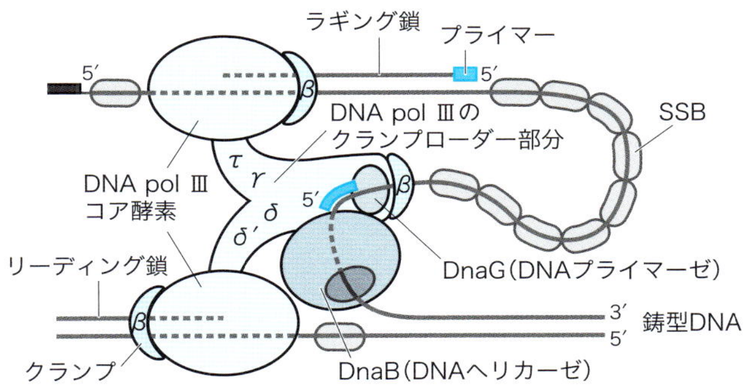

リーディング鎖：先行する鎖の意味
ラギング鎖：遅滞する鎖の意味
SSB：一本鎖結合タンパク質
βサブユニット：クランプとして効く

重要ワード **2-B**

真核生物の複製

point DNA合成は真核生物では細胞周期のS期に一度だけ起こり，ライセンス因子やプロテインキナーゼなどがその制御にかかわる。複製の開始や伸長の機構は基本的には原核生物と同じだが，使われる酵素や調節因子のより細かな役割分担がみられる。

複製開始機構

まず**レプリケーター**配列を標的に**ORC**（複製起点認識複合体。酵母では6種のタンパク質からなる）などが結合し，それをめざしてヘリカーゼ活性（⇨1-J）をもつ**MCM複合体**が結合し，**複製前複合体**（**pre-RC**）ができる（ORC，MCMなどの因子群は下記のライセンス化にかかわる**ライセンス因子**である）（図1）。その後キナーゼ複合体や**CDK-サイクリン**が結合してpre-RCの構造変化が起こるとともにMCM以外の多くの因子が解離し，代わってDNAポリメラーゼと補助因子が結合し，さらにプライマーゼが結合して複製がスタートする。

複製はS期に一度だけ起こる

真核生物の複製は細胞周期の**S期**（⇨10-A）に一度だけ起こるが，この現象を**複製のライセンス化**という。ORCはS期が終わったころにはレプリケーターに結合しているが，CDK-サイクリンが強く働くS/G_2/M期の**プロテインキナーゼ**（キナーゼ）**活性**の高い時期にはpre-RCはできない。キナーゼ活性が低いG_1期になるとpre-RCの形成は起こるが，活性化はない。しかしキナーゼ活性の高いS期に入ると既存のpre-RCの活性化が起こる（図2）。pre-RCの活性化が起こるS期では新しいpre-RCはできないため，複製が二度続けて起こることはない。

Memo 大腸菌の複製のライセンス化

大腸菌では，複製直後のDNAは**低メチル化**の状態にあり，このことがすぐに複製を開始させないシグナル，すなわちライセンス化の理由となっている。

鋳型鎖で異なるDNA合成の仕組み

真核生物の場合，複製のDNA合成に携わるDNAポリメラーゼはリーディング鎖が**DNA pol ε**，ラギング鎖が**DNA pol δ**と異なる（図3）。複製のフォークで各酵素には**PCNA**と**RFC**がそれぞれクランプとクラン

図2 複製のライセンス化のメカニズム

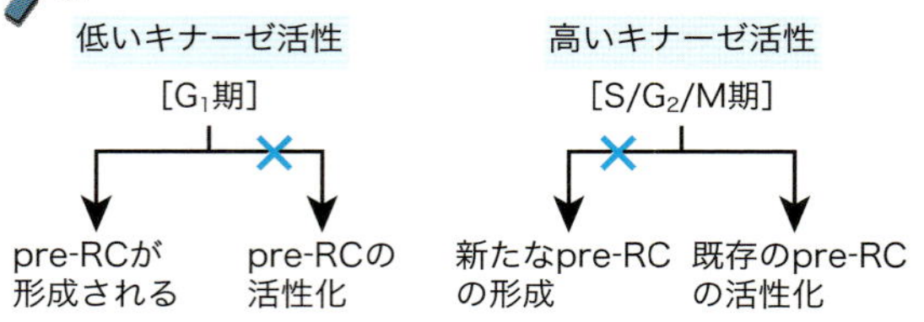

図1 複製開始のプロセス

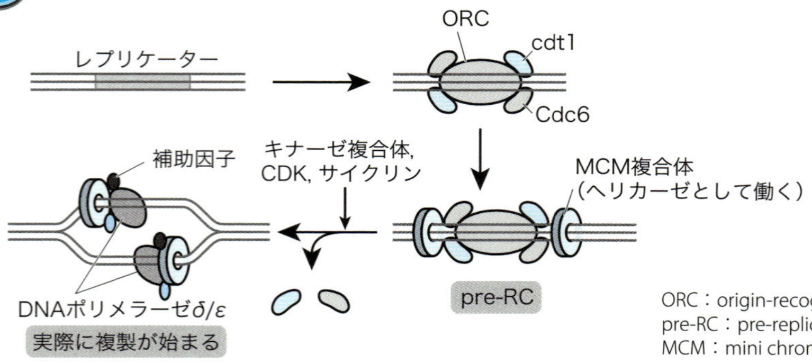

ORC：origin-recognition complex
pre-RC：pre-replication complex（複製前複合体）
MCM：mini chromosome maintenance

プローダーとしてDNA鎖を介して結合しており，またMCMで変性された一本鎖部分には**RPA**が結合する（大腸菌のSSBに相当する機能をもつ）。DNA pol δには**Fen1**エンドヌクレアーゼが付随する。

ラギング鎖でのプライマー合成

ラギング鎖の**プライマー合成**は**DNA pol α**中のDNAプライマーゼサブユニット（RNAを合成する）によって行われる（図4）。まず**プライマーゼ**がごく短いRNAを合成し，すぐにDNA pol α内のDNA重合活性に引き継がれてDNAが少しだけ合成され，その後DNA合成は高い重合活性をもつDNA pol δに引き継がれる。このように，ラギング鎖の複製開始時にはポリメラーゼが代わる**ポリメラーゼスイッチ**という現象がみられる。岡崎フラグメント連結の前に行われる前方RNAを除く活性は**Fen1**による（注：RNaseHとエキソヌクレアーゼの関与も指摘されている）。

図3 複製フォークで働いている因子

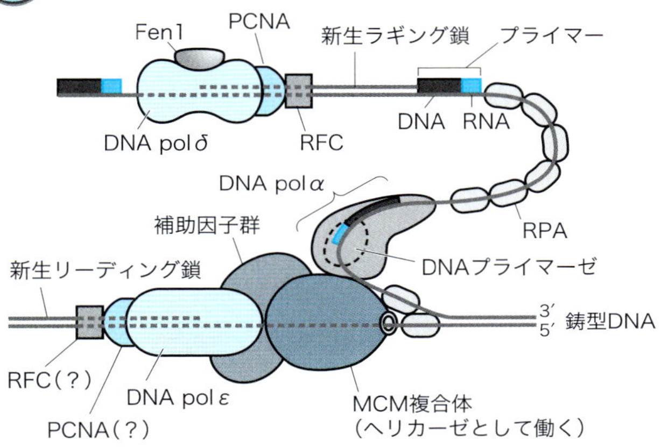

RPA：replication protein A（一本鎖DNA結合能をもつ）
PCNA：proliferating cell nuclear antigen
RFC：replication factor C
Fen1：flap endonuclease 1
？：リーディング鎖でもRFCとPCNAが使用されると推定されている

図4 ラギング鎖におけるポリメラーゼスイッチ

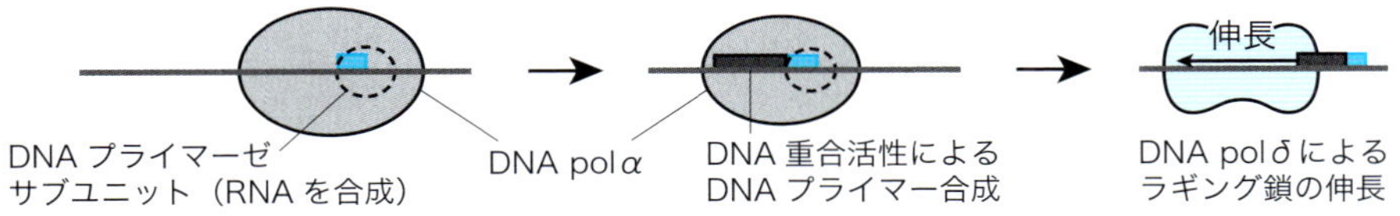

Column 岡崎フラグメント発見の経緯

1968年，岡崎令治博士はDNAの**パルス-チェイス法**〔合成されたばかりのDNAを放射能で短時間標識し，その後，各時間で細胞内のDNAを抽出し，遠心分離法で標識DNAの大きさがどのように変化するかを調べる（右図）〕により，大腸菌のDNA合成では，はじめは細胞内ではDNAが数千ヌクレオチドの断片として合成され，それがしだいに大きなサイズをもつように変化するという現象を発見した。この実験結果をもとに半不連続複製仮説が発表された。

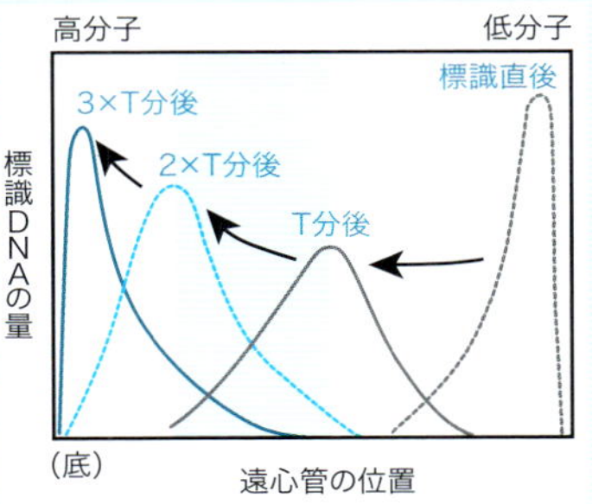

重要ワード **2-C**

DNA合成酵素

point 複製にかかわるDNA合成酵素には，合成した鎖を削る活性によって複製の間違いを直す校正機能がある。酵素にはこの他にも，修復にかかわるものや，RNAを鋳型にするものなどがある。

DNA合成はプライマーがないと始まらない

DNAポリメラーゼ（**DNA合成酵素**）は鋳型鎖の塩基に相補的なデオキシリボヌクレオチドを重合する。基質である三リン酸型ヌクレオチドのα位のリン酸はDNAに残り，ピロリン酸が放出される（図1）。DNA合成もRNA合成も3′の方向に伸びるが（**定方向合成**），DNA合成酵素はRNA合成酵素とは違って鎖合成の開始ができず，既存のRNAかDNA（**プライマー**という）の3′端を伸ばす反応しかできない。プライマーは3′-OHである必要がある（OHが基質のリン酸ジエステル結合を攻撃するため）。なお，複製に必要なプライマーはRNAである。

図1 ヌクレオチドが取り込まれる様子

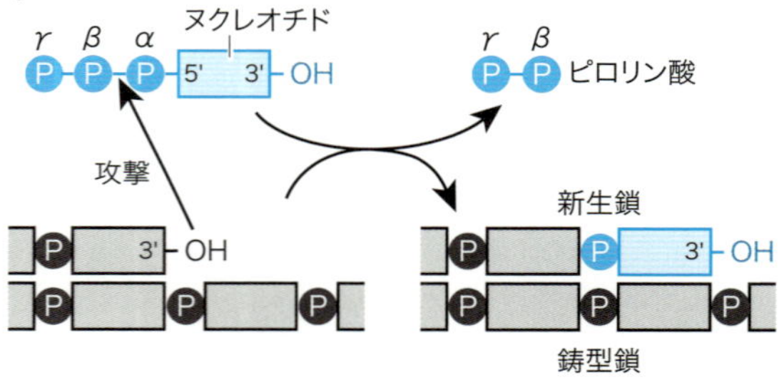

ヌクレオチドは高いエネルギーをもつ．細胞内ではピロリン酸は酵素で加水分解され，さらに自由エネルギーが放出される

まず大腸菌の複製酵素について学ぼう

複製酵素DNAポリメラーゼⅢ（**DNA pol Ⅲ**）は反応速度が大きく，持続性がある（図2）。この酵素には重合とは反対の方向に向かってDNA鎖を1個ずつ削る**3′→5′エキソヌクレアーゼ**活性がある。酵素が間違ったヌクレオチドを取り込むとヌクレアーゼ活性が働き，上流に向かってDNAを分解し，その後重合反応を再開する。これを**校正機能**という（図3）。**DNA pol Ⅰ**は**ギャップ**（二本鎖DNA中で1個だけヌクレオチドのない部分）の修復合成を行うが，3′→5′エキソヌクレアーゼ活性以外にも，DNA鎖を下流に向かって分解する**5′→3′エキソヌクレアーゼ**活性がある（同時に合成もするので，この反応を**ニックトランスレーション**という）。この活性は岡崎フラグメントの**RNAプライマーの除去**にも使われる。大腸菌にはこの他**DNA pol Ⅱ**，**DNA pol Ⅳ**，**DNA pol Ⅴ**といった酵素があり，種々の修復合成に利用される。

図2 大腸菌のDNA合成酵素

DNA pol Ⅲ	DNA pol Ⅰ	その他のDNAポリメラーゼ
3′→5′エキソヌクレアーゼ活性をもつ	3′→5′エキソヌクレアーゼ活性をもつ	【DNA pol Ⅱ】3′→5′エキソヌクレアーゼ活性をもつ．修復（ギャップを埋める）に関与 【DNA pol Ⅳ】修復（PPを通過複製してAを入れやすい）に関与．TLS活性（⇨2-H） 【DNA pol Ⅴ】修復に関与（TLS活性．フレームシフトしやすい）
●反応速度が大きく（30,000ヌクレオチド/分），持続する ●数は少ない（約10個/細胞） ●DNA複製を担う	●5′→3′エキソヌクレアーゼ活性をもつ ●反応速度は低い（600ヌクレオチド/分） ●数は多い（約400個/細胞） ●修復，RNAプライマーの除去を行う	

PP：チミン-チミン[6-4]光産物　TLS：translesion synthesis（損傷乗り越え複製）

図3 DNAポリメラーゼの校正機構

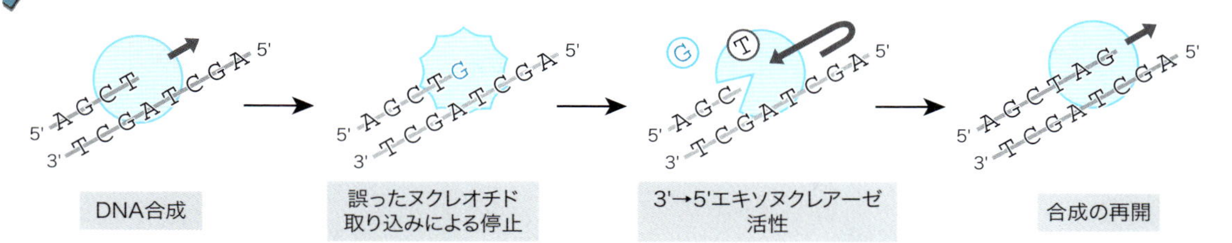

図4 真核生物はさまざまなDNA合成酵素をもつ

DNAポリメラーゼの種類	働き・特徴
DNA pol α	複製におけるプライマー合成
DNA pol β	修復（除去修復）
DNA pol γ ●	ミトコンドリアDNAの合成
DNA pol δ ●	DNAの複製（ラギング鎖）
DNA pol ε ●	DNAの複製（リーディング鎖）
DNA pol θ	架橋DNAの修復
DNA pol ζ	TLS
DNA pol λ	DNAの修復（減数分裂時）
DNA pol μ	高頻度に突然変異を起こす
DNA pol κ	TLS
DNA pol η	CPDへAを対合させるTLS
DNA pol ι	TLS，突然変異を高発する

●：3'→5'エキソヌクレアーゼ活性をもつ
CPD：シクロブタンピリジンダイマー（ピリジンダイマーの1つ）

図5 非典型的DNA合成酵素

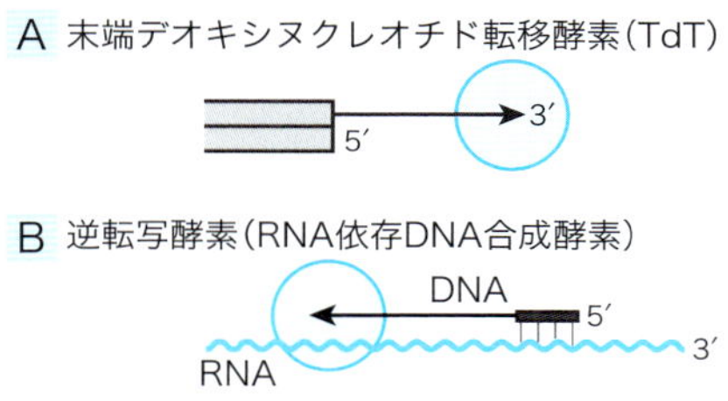

図6 DNAポリメラーゼのファミリー

ファミリー名	例	ファミリー名	例
A	DNA pol γ，DNA pol Ⅰ	E	
B	DNA pol（α，δ，ε，ζ）	X	DNA pol（β，α，λ，μ），TdT
C	DNA pol Ⅲ	Y	DNA pol（η，ι，κ），DNA pol Ⅳ，DNA pol Ⅴ
D		RT	逆転写酵素，テロメラーゼ

真核生物のDNA合成酵素

複製においてDNA鎖伸長に使われる酵素は**DNA pol δ**と**DNA pol ε**で，**DNA pol α**はプライマーの合成に効く（⇨2-B）。前者2種類の酵素には3′→5′エキソヌクレアーゼ活性もある。真核細胞にはこれ以外にも多数のDNAポリメラーゼが存在するが（図4），ミトコンドリアDNAの複製にかかわるDNA pol γ以外はすべてゲノムの**修復**にかかわる。このうちのいくつかは（**DNA pol ζ**や**DNA pol η**など）**損傷乗り越え複製**（**TLS**）にかかわる。上記のような通常タイプのDNA合成を行う酵素以外にも，真核生物には鋳型なしで3′側にDNA鎖を伸ばす**末端デオキシヌクレオチド転移酵素**（**TdT**）や，RNAを鋳型にDNAを合成する**逆転写酵素**がある（図5）〔注：逆転写酵素はレトロウイルスのものが一般的だが，真核細胞にもレトロトランスポゾン由来の同等の酵素活性の存在が示唆されている（⇨8-B）〕。**テロメラーゼ**（⇨2-D）も特殊な逆転写酵素である。生物界のすべてのDNAポリメラーゼは，反応機構などから8つのファミリーに分類される（図6）。

重要ワード **2-D**

複製における末端問題とテロメラーゼ

point 線状DNAの複製は末端が複製されないという問題があるが，細胞やウイルスにはこの問題を回避するさまざまな機構がある。真核生物の染色体末端のテロメアはテロメラーゼによって複製される。

線状DNA複製が抱える問題

環状DNAの複製では，DNA合成の**プライマー**（RNA）は複製の最終段階で除かれ，DNAとして環状化する。しかし，**線状DNA**の場合，ラギング鎖の5′末端はRNAがついたままDNAに複製されないで残り，結果的には複製のたびにDNAが末端から短縮する（図1）。これを**複製における末端問題**という。

ウイルスにみる末端問題の解決方法

【①環状化】*λ*（ラムダ）ファージは線状DNAだが，感染後***cos*部位**で二本鎖になって環状化し，その後複製する。**P1ファージ**は**Creリコンビナーゼ**による末端の***loxP*部位**での組換えで環状化し，プラスミド状で複製する（⇨5-B）。

【②コンカテマー形成】T7ファージは線状DNAのま

図1 線状DNAの5′末端は複製されない

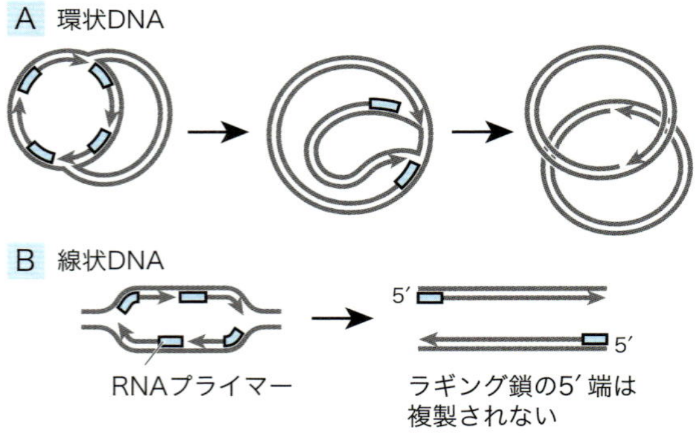

図2 T7ファージは複製で末端繰り返し配列を利用する

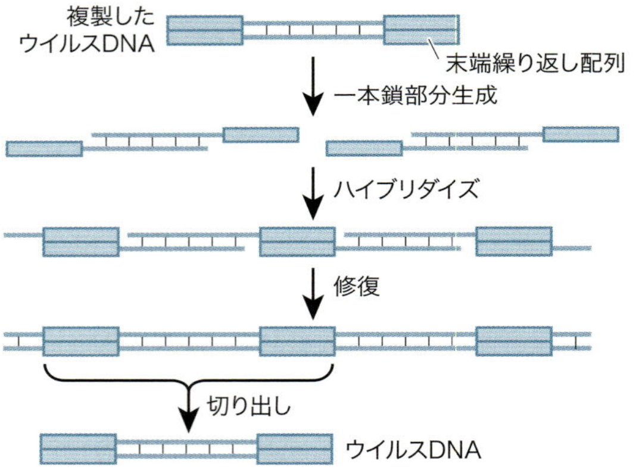

図3 アデノウイルスは複製にタンパク質プライマーを使う

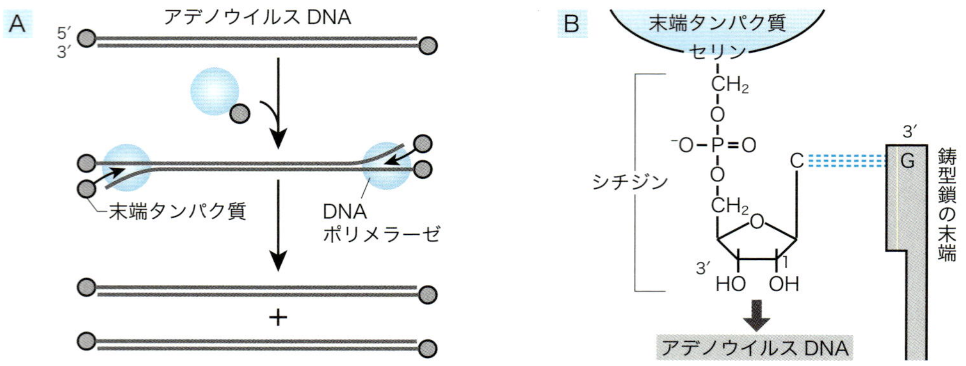

ま複製するが，末端の一本鎖部分を利用して多量体（**コンカテマー**）となり，修復後，単位ごとの長さのDNAが切り出される（図2）。

【③タンパク質プライマー】アデノウイルスでは，DNAポリメラーゼが**末端タンパク質**とともに鋳型の末端に結合する（図3A）。末端タンパク質にはシチジンが共有結合しており，複製はシチジンの3′-OHから開始する（注：アデノウイルスDNAは単方向に複製される。鋳型の3′末端はG）（図3B）。このためDNAの5′端には末端タンパク質が結合したまま残る。

テロメアの構造と機能

テロメアは真核生物の染色体末端の構造で，数塩基の短い配列の繰り返しから構成され，ヒトでは10,000塩基ほどになる。テロメアには種々のタンパク質が結合して投げ縄状の特殊な構造をとっていて，末端が保護されている（図4）。この構造のため，染色体は末端から分解されることも，染色体同士が連結されてしまうこともなく，細胞内で安定に保持される。

テロメラーゼによるテロメア伸長

テロメアは複製における末端問題により，複製のたびに短縮するが，ある範囲を超えて短くなると染色体が不安定になり，細胞は存続できない。細胞にはテロメアを伸長複製する酵素**テロメラーゼ**があり，テロメアを複製（＝修復）する。テロメラーゼはテロメア配列相補的RNAをもち，DNA合成はRNAからの**逆転写反応**の繰り返しで行われる（図5）。ヒトの場合，通常細胞にはテロメラーゼはほとんどないが，生殖細胞には高いテロメラーゼ活性があり，**テロメアのリセット**が行われる。

図4 染色体末端テロメアの構造

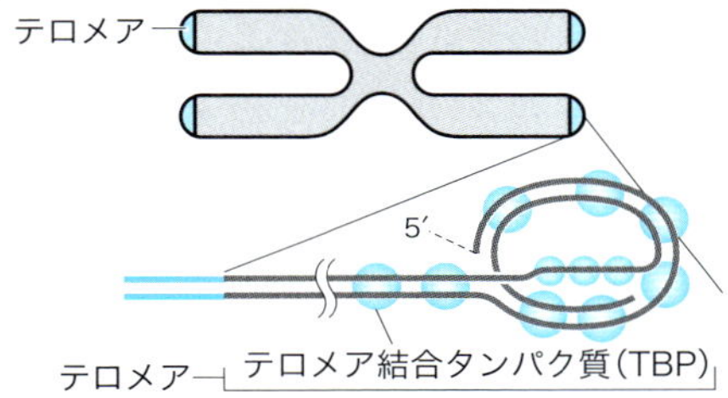

テロメアのDNA構造	
テトラヒメナ	$(5'\text{-TTGGGG})_n$
カイコ	$(5'\text{-TTAGG})_n$
シロイヌナズナ	$(5'\text{-TTTAGGG})_n$
ヒト	$(5'\text{-TTAGGG})_n$

図5 テロメラーゼによるテロメア伸長反応

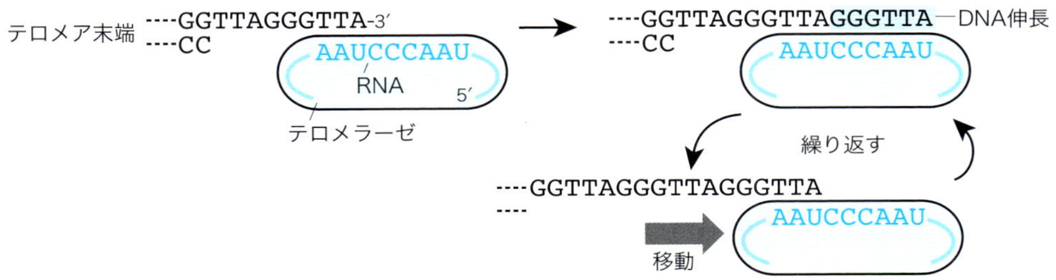

Column テロメア長と健康

テロメラーゼ活性の低いヒト通常細胞は分裂のたびにテロメアが短くなるため，ヒトでは**細胞寿命**を決定する重要な要素と考えられる。**癌細胞**は高いテロメラーゼの活性をもち，またテロメラーゼを発現させて細胞を癌化させることができる。テロメア長は個々人でサイズが異なり，また同一個人でも健康の悪化によりテロメア短縮が顕著になるという観察がある。

突然変異とその影響

point DNAの塩基配列はさまざまな原因で変化する。この突然変異という現象により，遺伝子発現，あるいはタンパク質の合成や機能が，影響ゼロ～細胞死というさまざまなレベルで変化を受ける。

突然変異とは

一般には親と異なる形質が子孫に出る現象を**突然変異**というが，分子生物学では形質とは無関係に，塩基配列の変化を突然変異，あるいは単に**変異**という。変異の規模は，個々の塩基に起こるものから遺伝子や染色体のレベルで起こるものまでさまざまだが，慣例的に，狭い範囲の変化を変異といい，**組換え**や**染色体分配異常**が原因となる広範囲な変化とは区別する（図1）。変異におけるDNAの構造変化には，塩基が置換する**点変異**（**点突然変異**），塩基が増える**挿入変異**と失われる**欠失変異**がある。

Memo 染色体異常

染色体の分配異常や組換えが原因で起こる。**ダウン症候群**は21番染色体三倍性（**トリソミー**）であり，慢性骨髄性白血病では9番と22番の染色体が組換わって**フィラデルフィア染色体**が生じる（⇨8-D）。

突然変異の原因は細胞内外にある

細胞に内因する原因として，偶然に起こるDNAポリメラーゼの機能欠陥がある。挿入や欠失は酵素の反復的複製やスキップが原因と考えられる。塩基取

図1 変異の種類

変異の起こる範囲		発生原因
1 ごく短い領域のDNA	A 点変異 B 挿入変異 C 欠失変異 （変異のタイプ）	ア 細胞内の要因による （DNAポリメラーゼのミスや細胞内物質による）
2 広い範囲のDNA 3 遺伝子，染色体レベル	組換えや染色体分配異常が原因で起こる	イ 外因性要因による （変異原・DNA傷害剤など，細胞を攻撃するもの）

1を狭義の変異という
自然に起こる突然変異はア，イ，いずれの原因でも起こる

図2 修飾塩基や異常塩基は誤対合を誘導する

異常塩基，修飾塩基	対合する塩基
ウリジン(U)＊1 →	A
ヒポキサンチン(H)＊2 →	C
アルキル化G →	T
8-オキソG →	A
ピリミジンダイマー C-C →	A-A

＊1 Cの脱アミノや酸化で生じる
＊2 Aの脱アミノや酸化で生じる

図3 タンパク質コード領域内での変異の影響

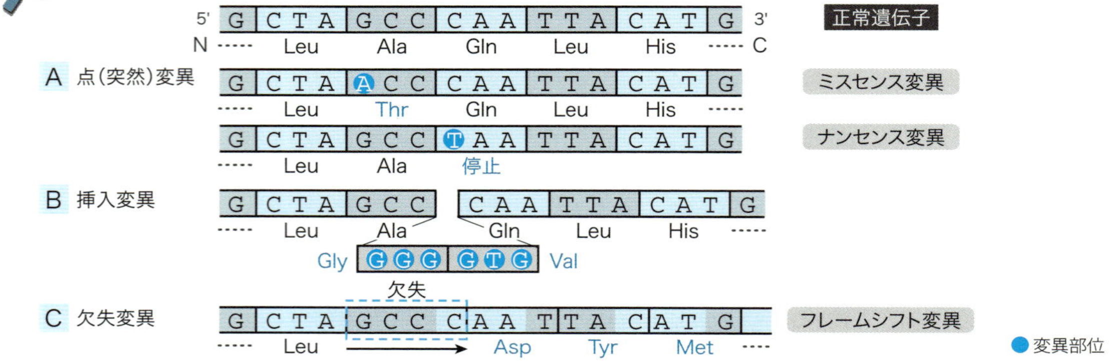

り込み間違いがあっても酵素の校正能が発揮されないと誤対合として残り，それが複製されると一方の細胞は点変異をもつ。変異は外因性の要因（**変異原**。例：亜硝酸塩，紫外線，X線）でも起こる（注：細胞内物質が変異原となる場合もある）。変異原の多くは**DNA傷害剤**だが，化学物質や紫外線の損傷で生じた修飾塩基は誤対合を誘導し（図2），X線は欠失を起こしやすく，ある種の化学物質（例：プロフラビン）のDNA結合は短い欠失や**フレームシフト変異**を招く。

変異でタンパク質合成がどう変化するか？

変異がタンパク質コード領域に起こるとさまざまな影響が出る（図3）。変異があっても同じアミノ酸を指定する**同義コドン**（**同義語コドン**）に変化すると影響は出ないが（**サイレントな変異**），変異でアミノ酸が変化すると（**ミスセンス変異**），タンパク質の性質や機能がさまざまなレベルで変化する（例：高温感受性）。変異により**終止コドン**（**ナンセンスコドン**という）が生ずると（**ナンセンス変異**）タンパク質は作られない（翻訳が不安定になり，またタンパク質もすぐ分解される）。挿入や欠失が3の倍数で起こると（ナンセンスコドンが出現しなければ）変異タンパク質が作られるが，3の倍数でない場合（**フレームシフト変異**）は，やがて下流にナンセンスコドンが現れる。

Memo 点変異における転移と転換

プリン塩基同士やピリミジン塩基同士の置換を**転移**（transition）といい，両者の間の置換を**転換**（transversion）という。前者の例が多い。

サプレッサー変異は変異を抑える

ある変異による表現型を抑えるように，同一あるいは別の遺伝子に起こる変異を**サプレッサー変異**（**抑圧変異**）という（図4）。サプレッサー変異は変異したタンパク質の機能をもとに戻すもの，あるいはもとの遺伝子と同等機能の遺伝子やもとの遺伝子の発現や機能を調節する遺伝子に起こることが多く，変異体は遺伝子の協調や相互作用の解明の格好の材料になる。**サプレッサーtRNA**はナンセンスコドンに適当なアミノ酸をあててナンセンス変異をなくすように働く。

非コード領域に起こる変異

非コード領域の変異はほとんど形質に影響を与えないが，転写・スプライシング・翻訳の調節配列が変異して調節タンパク質が結合できなくなり，変異形質が現れる場合がある（図5）。

Memo 体細胞変異

多細胞生物の体細胞に起こる変異で，ホクロ，癌などがある。生殖細胞を経由しないかぎり遺伝しない。

図4 サプレッサー変異の働く例

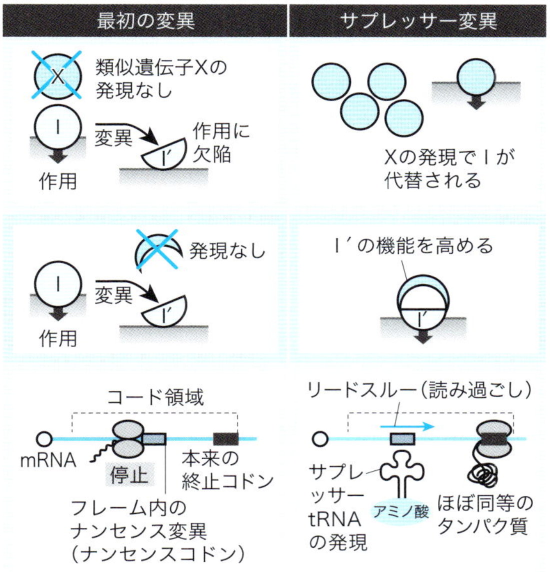

図5 制御領域の変異も遺伝子の働きに影響を与える

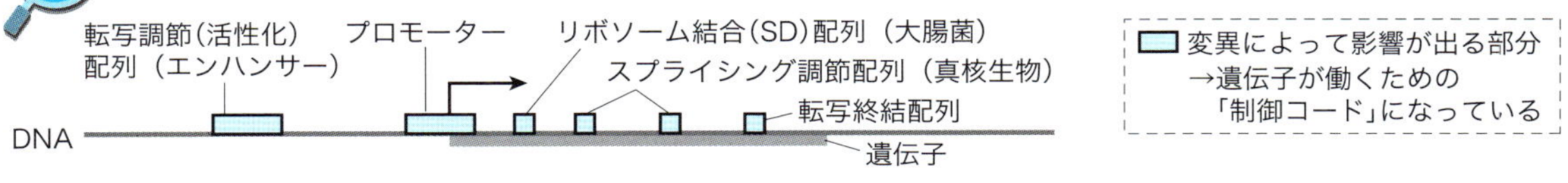

重要ワード **2-F**

DNA損傷

point 安定であるべきDNAも，紫外線などの外的ストレスや種々の物質によって化学構造が変化して傷となることがある。傷・損傷はDNAの働きを阻害し，ときとして突然変異を誘発する。

DNAの損傷とその影響

DNAの共有結合が変化して異常な状態になることを**DNA損傷**（傷害）といい，自然にも起こるが，**DNA傷害剤**でも起こる（図1）。損傷には**塩基除去**，**塩基修飾**，**鎖切断**，**架橋**がある。損傷DNAは複製や転写に使えないため，そのままだと細胞死に至る。損傷が**癌化**を含む**突然変異**を誘発することもある。

図1 DNA損傷の種類とDNA傷害剤

損傷	例	傷害剤
塩基除去	*N*-グリコシド結合の切断	高温，酸，アルキル化剤*1
塩基修飾		
▶脱アミノ	C→U，A→H	亜硝酸塩
▶アルキル化	G→*O*-アルキルG	アルキル化剤
▶酸化	G→8-オキソG，C→U，A→H	水酸化ラジカル*2
▶ピリミジンダイマー	CPDや6-4PPの生成	紫外線
▶その他	フルオレイン付加	アセチルアミノフルオレイン
鎖切断	一本鎖切断と二本鎖切断	電離放射線*3，DNase，重金属，ブレオマイシン
架橋	鎖内，鎖間での共有結合	シスプラチン，二価アルキル化剤，マイトマイシンC，ソラーレン

*1 ニトロソ化合物，ニトロジェンマスタードガス
*2 電離放射線による水の分解などで生ずる
*3 IRと略．γ線，X線

塩基は除去や修飾を受ける

アルキル化剤や高温などにより*N*-グリコシド結合が切れて塩基が除かれることがあり（図2A），塩基除去に伴って鎖切断も起こる。酸処理でプリン塩基が除かれても鎖が切断される。また，塩基はさまざまに修飾される（図2B）。CとAは**亜硝酸塩**などによって誘導される脱アミノ反応によってそれぞれUとヒポキサンチン（H）となり**誤対合**の原因になる。アルキル化は**ニトロソ化合物**などによって主にプリン環に起き，またGは酸化で8-オキソグアニン（8-オキソG）となる。

DNAは紫外線を吸収する

DNAには**260 nm**付近の**紫外線**を特異的に吸収する性質がある（図3）。太陽光の紫外線のうち，タンパク質変性効果をもつ波長の長い紫外線A（**UVA**）は**オゾン層**を通過するが，波長の短い**UVB**は一部が地上に届き，DNAを攻撃する。より波長の短い**UVC**は

図2 塩基除去と塩基修飾の様子

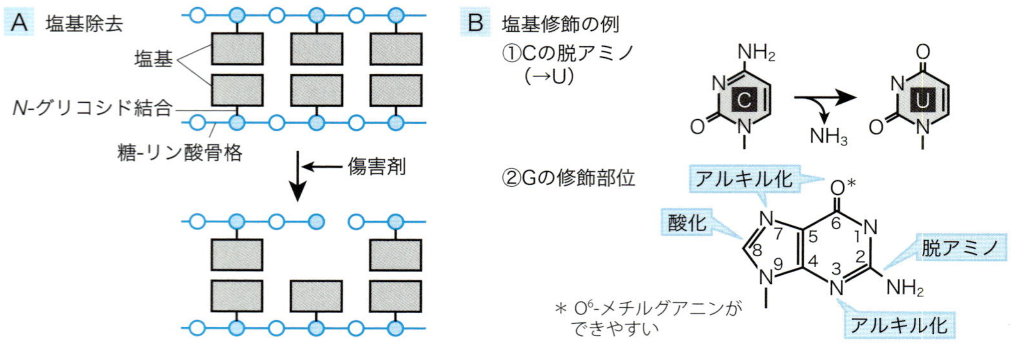

図3 DNAの紫外線吸収特性と紫外線の種類

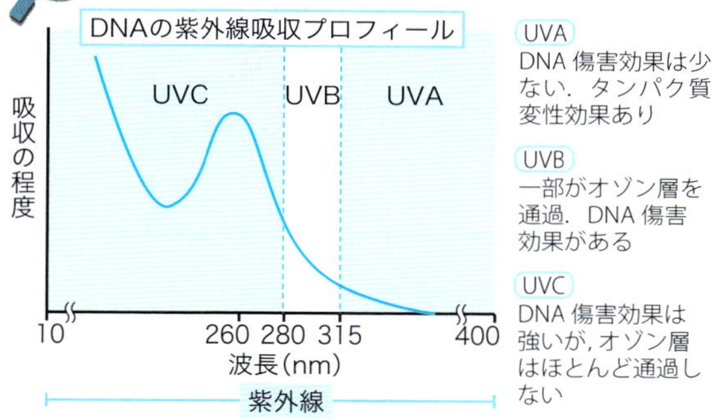

図4 紫外線によりピリミジンダイマーが形成する

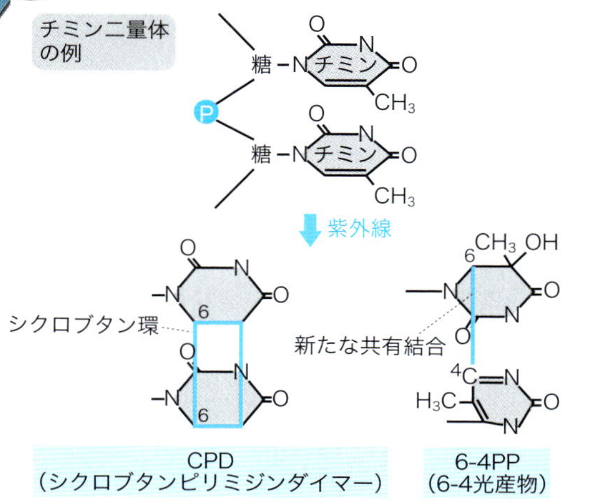

図5 二本鎖切断DNAが生じる仕組み

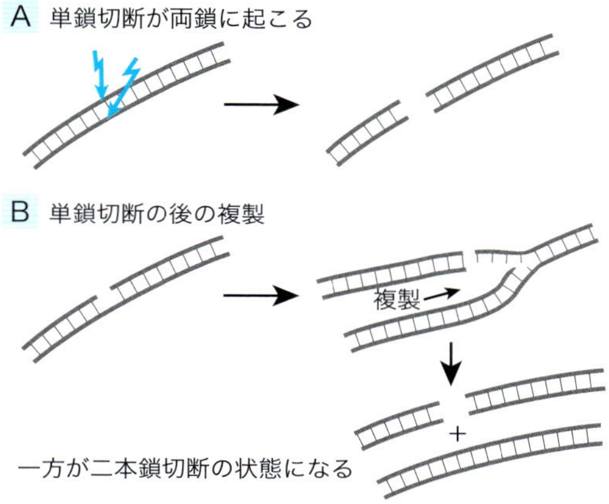

図6 ヌクレオシド誘導体

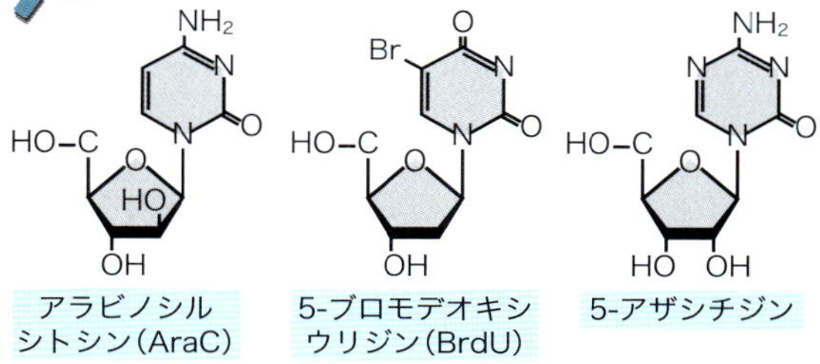

DNA攻撃能が非常に高いが，大部分オゾン層で吸収され，地上にはほとんど届かない。

紫外線によるDNAの損傷

DNAに吸収された紫外線は，ピリミジンが隣り合う部分でピリミジン環同士を共有結合させるタイプの損傷を生む〔**ピリミジンダイマー**（二量体）の形成。チミンが多い〕。損傷の多くは**シクロブタン環**が形成される**CPD**（シクロブタンピリミジンダイマー）だが，ほかに6-4PP（**6-4光産物**）もできる（図4）。

DNA鎖は切断や架橋を受ける

リン酸ジエステル結合の切断は**電離放射線**のほか，力学的，化学的，酵素的にも起こる。切断は通常，一方の鎖に起こるが，偶然両鎖に起こると**二本鎖切断**となる。単鎖切断DNAが複製されても二本鎖切断DNAができる（図5）。なお，DNA鎖同士の共有結合を**架橋**といい，同一鎖内で起きる場合と鎖間で起きる場合がある。

ヌクレオシド誘導体は細胞増殖を止める

ヌクレオシド誘導体が細胞に入り，リン酸化後にDNAに取り込まれると，DNA合成は停止する。これらヌクレオシドは**細胞増殖停止**の目的で使われたり（例：BrdU）するが，**抗癌剤**としても使われるものもある（例：AraC）（図6）。

Memo エイムステスト
ヒスチジン要求性サルモネラ菌の復帰変異の頻度から，変異原性を推測する方法。

重要ワード **2-G**

DNAの修復①：除去修復

point 細胞はDNA損傷をさまざまな方法で修復したり，回避する手段をもつ。この項では，その欠損が病気の原因にもなっている除去修復について述べる。

DNA修復とは

DNAの損傷は，正常な転写や複製を阻害して細胞に重大な影響を与えるため，細胞は傷を直したり回避するさまざまな**修復系**を備えている。**DNA修復**には**除去修復**，**直接修復**，**組換え修復**，**複製時修復**の形式があり，損傷の種類と細胞の状況により使い分けている（図1）。修復のなかでも多くの損傷に対応して行われるものが除去修復である。除去修復は損傷部分の除去，DNAポリメラーゼによる**ギャップ**（DNA中の短い一本鎖部分）**の修復**と**リガーゼ**によるDNA骨格の連結からなる。

図1　DNA修復の種類

機構	例
除去修復	●塩基除去修復（BER） ●ヌクレオチド除去修復（NER） （全ゲノム修復（GGR） 転写共役修復（TCR） ●ミスマッチ（不対合塩基）修復
直接修復 （⇨2-H）	●光修復，一本鎖切断修復 ●脱メチル化など
組換え修復 （⇨2-H）	●二本鎖切断修復 （二本鎖切断修復（DSBR）モデルによる 非相同末端結合（NHEJ）モデルによる
複製時修復 （⇨2-H）	●損傷乗り越え修復*，SOS修復 ●相同組換えを利用する修復 ●テンプレートスイッチ

＊ 損傷乗り越え複製（TLS）と同一の反応

不都合塩基の修復：塩基除去修復（BER）

ウラシル（U）がDNA中に出現したり，あるいは小さな損傷をもつ塩基がDNAに生じると，**DNAグリコシラーゼ**によって塩基が切り取られ，塩基のないDNA骨格に**ニック**（リン酸ジエステル結合の切断）を入れる**APエンドヌクレアーゼ**が働き，ニック部分からエキソヌクレアーゼが糖–リン酸を除いて（注：他の機構も示唆されている）1塩基分のギャップを作り，その後の仕上げの過程が進む（図2）。大腸菌ではDNAポリメラーゼⅠが使われる。

ヌクレオチド除去修復（NER）

ピリミジンダイマーやアルキル基のような大きな置換基をもつ塩基は，そこで生じるDNA二重らせんのゆがみを認識して進行する**ヌクレオチド除去修復**がみられる（図3）。大腸菌の場合，UvrA，UvrB，UvrCエンドヌクレアーゼ，**UvrDヘリカーゼ**が順番に働く（最初の3種をまとめて**UvrABC**という）。ニックの幅は12〜13塩基である。

図2　塩基除去修復（BER：base excision repair）の仕組み

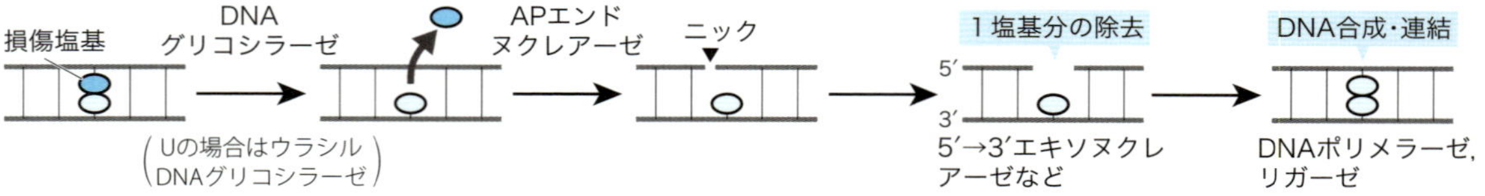

真核生物のヌクレオチド除去修復

真核生物では，通常の**全ゲノム修復**（**GGR**）と，反応の速い**転写共役修復**（**TCR**）に分けて論じられる（図4）。GGRではまずXP–E，XP–Cなどが損傷部分を認識して結合する。その後XP–G，XP–A，XP–F，さらにはRPAと基本転写因子**TFⅡH**（XP–B，XP–Dを含む）が結合し，エンドヌクレアーゼであるXP–GとXP–F，そしてヘリカーゼであるXP–BとXP–Dが働き，最後にDNAポリメラーゼとリガーゼが作用する。TCRでは転写を行っている**RNAポリメラーゼⅡ**が損傷認識にかかわり，それを標的にCS–AとCS–Bが働き，後はGGRと同様のルートを進む。

除去修復はミスマッチ塩基にも対応する

大腸菌の場合，誤対合（**ミスマッチ塩基**）があると，MutS，MutL，MutHエンドヌクレアーゼがその近くに存在する片方鎖のAのみがメチル化された$GA_{me}TC$配列に結合し，**MutH**エンドヌクレアーゼが誤対合側のDNAにニックを入れる（図5）。エキソヌクレアーゼにより塩基がある程度の長さで削り取られ，DNAポリメラーゼ，リガーゼで修復が完了する。大腸菌では複製直後のDNAはメチル化がまだ十分ではないため，この複製直後の低メチル化状態がエンドヌクレアーゼ攻撃の標的となる。動物細胞では修復酵素自体に誤対合塩基を判断する能力が備わっていると考えられている。たとえばGT対がある場合，酵素はTを誤対合と認識する。

《次ページに続く☞》

図3 大腸菌のヌクレオチド除去修復（NER：nucleotide excision repair）の仕組み

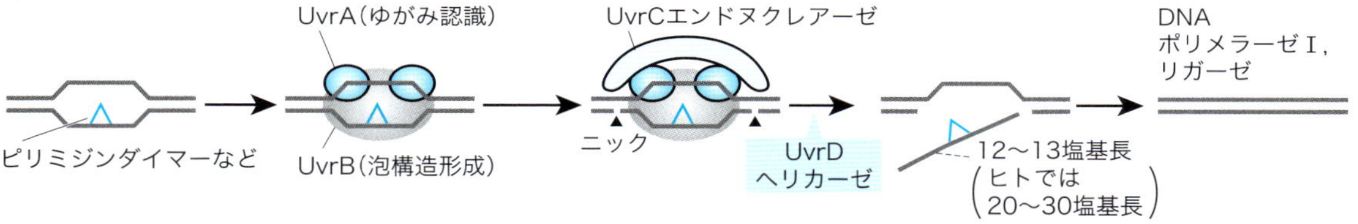

図4 真核生物には2種類のヌクレオチド除去修復がある

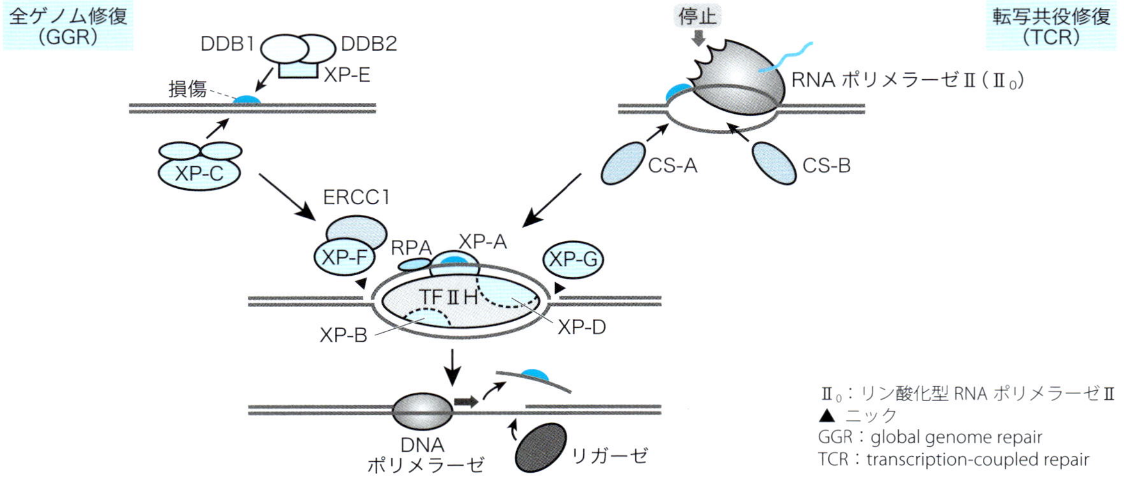

図5 大腸菌のミスマッチ修復の仕組み

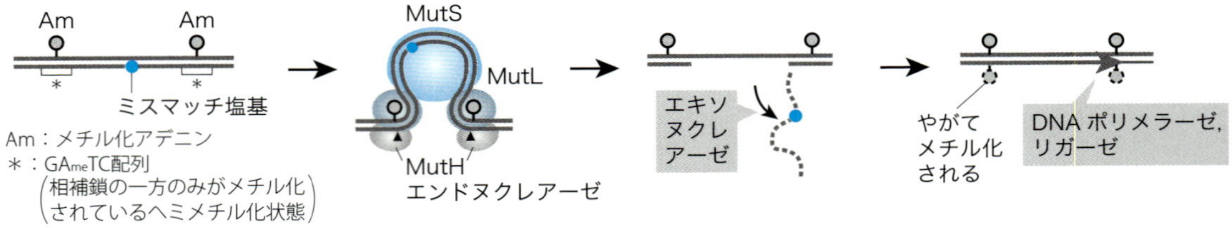

Column 除去修復因子欠損病

色素性乾皮症（XP），**コケイン症候群**（CS），**硫黄欠乏性毛髪発育異常症**（TTD）は除去修復酵素に欠陥をもつ遺伝病で，遺伝的に複数の相補群に分けられる（下図）。相補群のうちXP-A～XP-G，CS-AとCS-B，TTD-Aは除去修復因子の遺伝子に欠陥をもち，このうちXP-B，XP-D，TTD-Aは基本転写因子の1つであるTFⅡHの成分でもある。

相補性群の名称	遺伝子名	疾患*1	欠損でのNER活性 GGR	TCR	機能
XP-A	*XPA*	X	−	−	損傷DNA結合
XP-B*2	*XPB*	X，C，T	−	−	3′→5′ヘリカーゼ，ATPase
XP-C	*XPC*	X	−	＋	損傷認識
XP-D*2	*XPD*	X，C，T	−	−	5′→3′ヘリカーゼ，ATPase
XP-E	*DDB2*	X	△	＋	損傷認識，ユビキチンリガーゼ
XP-F	*XPF*	X	−	−	5′エンドヌクレアーゼ
XP-G	*XPG*	X，C	−	−	3′エンドヌクレアーゼ
CS-A	*CSA*	C	＋	−	ユビキチンリガーゼ（polⅡ排除？）*3
CS-B	*CSB*	C	＋	−	DNA依存ATPase*3
TTD-A*2	*p8*	T	−	−	TFⅡH安定化

＊1 X：色素性乾皮症(XP)，C：コケイン症候群(CS)，T：硫黄欠乏性毛髪発育異常症(TTD)
＊2 TFⅡHの成分
＊3 クロマチンリモデリング活性が示唆されている (⇨4-J)

重要ワード **2-H**

DNAの修復②：直接修復，組換え修復，複製時修復

point 修復には直接修復，組換え修復，複製時修復などもあり，複製時修復では損傷を残しながらも一組の正常DNAが複製される。大腸菌ではさらに多様な修復機構もみられる。

損傷部位を直接直す：直接修復

直接修復は損傷形成反応を化学的に戻す形で進む。紫外線によってできるピリミジンダイマーの共有結合を，可視光のエネルギーを使って解裂させる**光修復**には，**フォトリアーゼ**がかかわる（図1A）。多くの生物でみられるが，植物ではこの方式が重要である。なお，ヒトのフォトリアーゼは修復に関与しない。メチル化塩基では**メチルトランスフェラーゼ**により脱メチル反応が起き（図1B），一本鎖切断の場合は3′−OH，5′−Pなど，まずリガーゼが働けるような構造に改変される（図1C）。

二本鎖切断DNAの連結：組換え修復

DNAにとって最も深刻な損傷である二本鎖切断の修復には，**組換え機構**がかかわる。これには相同組換えがかかわる**二本鎖切断修復（DSBR）モデル**（⇨2-I）と，切断末端がそのまま結合する**非相同末端結合（NHEJ）モデル**がある。後者は動物細胞では一般的であるが（⇒おそらく相同鎖を見つけて捕捉するのが困難なため），修復反応は末端部分の欠失が伴うため，変異が起きやすい。

複製しながら直す：複製時修復

複製時修復では複製反応の障害となる**複製ブロック**を回避してDNAポリメラーゼが複製を継続する。一方のDNAは修復されるが，片方には傷が残る。以下の3つの機構がある（図2）。

【① 損傷乗り越え修復】 損傷乗り越え複製（**TLS**：translesion synthesis）と同じ反応で修復を行う。傷害部分に塩基を強引にあてるため突然変異が起こりやすい。大腸菌の**DNA pol Ⅳ**や**DNA pol Ⅴ**，真核生物では**DNA pol η**などのTLS特異的Yファミリー DNAポリメラーゼ（⇨2-C）は，比較的正しい塩基対合を行う。

【②相同組換えを利用する修復】 損傷部分下流から複製が再スタートし，その後，無傷な鎖との間で相同組換えを起こして正常配列を確保する。

【③ テンプレートスイッチ】 複製途中に鋳型鎖が異性化し，新生鎖が一時的に鋳型として機能する。

《次ページに続く☞》

図1 直接修復のいろいろ

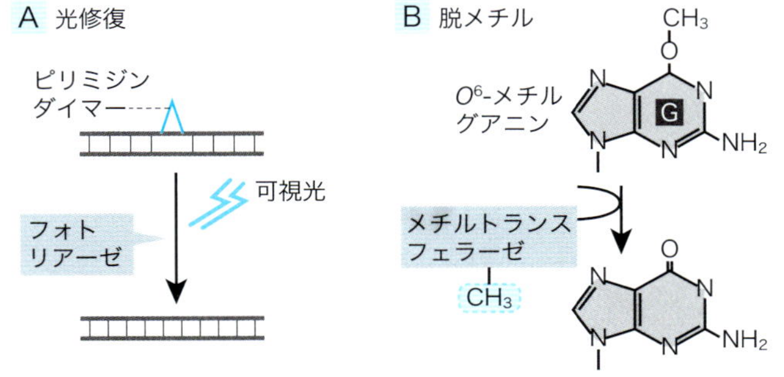

大腸菌におけるピリミジンダイマーの修復

CPD（シクロブタンピリミジンダイマー）に代表される**ピリミジンダイマー**（⇨2-F）は大腸菌において光修復，除去修復（主にNER），複製時修復（相同組換えを利用する修復とTLS）で修復される（図3）。

また，大腸菌が紫外線を浴びて大量にCPDができると，**SOS応答**という遺伝子誘導を経てTLSによる独特な複製時修復（**SOS修復**）が起こる（図4）。SOS修復では活性化された**RecA**（紫外線抵抗性や組換えにかかわる因子）のタンパク質分解能によって**LexAリ**

図2 複製時修復には3種類ある

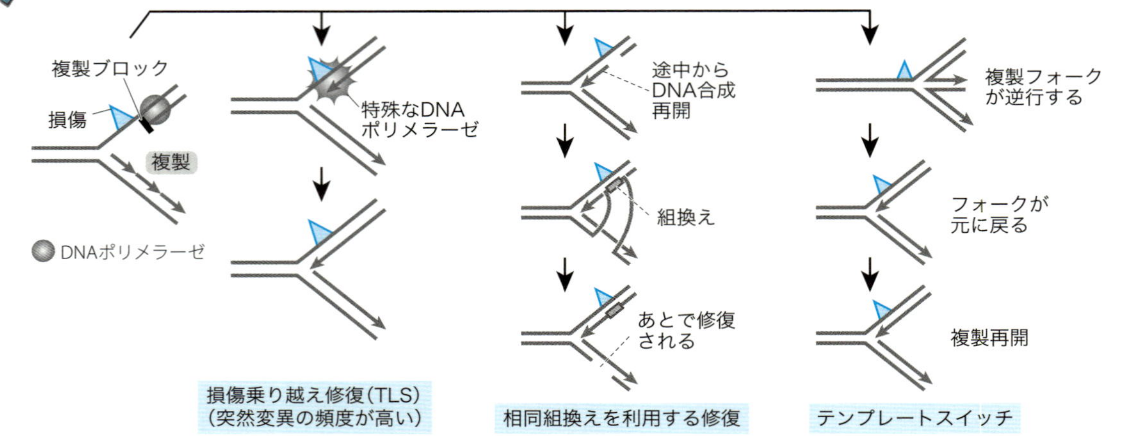

図3 大腸菌でみられるピリミジンダイマー修復のさまざまな機構

①光修復	②ヌクレオチド除去修復（NER）
③複製時修復（相同組換えを利用する修復）	④TLS, SOS修復

②：塩基除去修復は少ない
③：単に組換え修復ともいわれる．大腸菌では最も重要
③④：RecAが必要

図4 SOS応答とDNAの修復

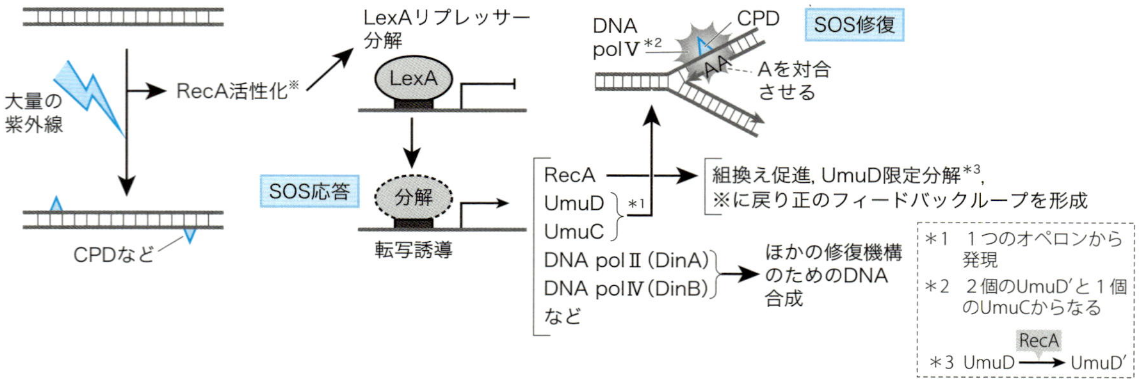

プレッサーが分解され，遺伝子発現が誘導され，**DNA pol V**が下記メモのような巧妙な仕組みで生成する。DNA pol VはCPDに主にAを対合させるが，間違いも生ずる（**間違いがちな複製**）。

Memo DNA pol V生成の仕組み

DNA pol Vには**UmuD′二量体**，**UmuC**が含まれる。UmuD′はUmuDのRecA依存性限定分解（決まった場所で切断される）で生じ，UmuDとUmuCは単一オペロン （⇨4-A） にコードされ，発現はLexAで抑えられている。DNA pol Vが普段から働くと突然変異が起きやすいため，通常は発現が抑えられている。しかし，この仕組みにより，DNA pol Vは細胞が極度のストレスにさらされ，RecAが十分に生産されたときにのみ働くようにプログラムされている。

Column 生命の歴史は紫外線対策の歴史

生物は紫外線による損傷を抑えるように進化してきた。植物出現以前はまだ大量の紫外線があり，生物は水中でしか生きられなかったが，植物の出現で酸素が増えて成層圏にオゾン層ができ，しかもピリミジンダイマー修復能を獲得してからは，地上で生きることも可能となった。

Column 損傷トレランス

修復を完了してからでないとDNA合成を開始できないというのでは，スムーズなDNAや細胞の複製は現実的には不可能である。しかし細胞には損傷があってもDNA複製を開始し継続するという性質がある。この性質を**損傷トレランス**という。過度な損傷があった場合は，**DNAチェックポイント**が働いて細胞周期を止める （⇨10-B）。

重要ワード 2-1

DNAの組換え

point 一般に細胞に相同なDNA配列があるとその間で組換えが起き，真核生物では減数分裂時に高頻度にみられる。ただ，相同性がないDNAでも，別の機構で組換えが起こることがある。

📎 相同な配列が組換わる：相同組換え

DNA鎖の交換などで新たな構成のDNAができる現象を（遺伝的）**組換え**といい（図1），見かけ上は鎖の切断と再結合によって起こる。細胞内に十分に長い相同な塩基配列をもつDNAが2本あると，両者の間で組換えが起こる（**相同組換え**）。**F因子**に依存する宿主ゲノム同士の組換えや（⇒5-D），**減数分裂**時にみられる。組換えの型には「A→a」・「B→b」という**相互組換え**が起こる**交差型**と，一方のDNA内部が他のものに置き換わる**遺伝子変換型**などがある（図2）。

📎 相同組換え機構：DSBRモデル

まず一方のDNAの**ホットスポット**（メモ参照）で二本鎖切断が起こるが，大腸菌ではさまざまな酵素活性をもつ**RecBCD**が切断部分に結合し，一本鎖部分を生成する（図3）。真核生物では**Rad50**や**Mre11**などが働く。この後，一般的には**二本鎖切断修復（DSBR）**モデルが働く（図4）。大腸菌では，一本鎖に結合した**RecA**によって相補鎖に誘導されて**ヘテロ二本鎖**が形成されるが，その後，両DNAはX字状構造（**ホリデイ構造**：HS）で連結する。減数分裂時にみられる染色分体間の交差像（**キアズマ**）はHSを反映すると考えられる（図5）。HSが解離して組換え体ができるが，解離方式によって遺伝子変換型，交差型のいずれかになる。**RuvA**（HSに結合して**RuvB**を呼び込む），**RuvB**（ヘリカーゼ），**RuvC**（ヌクレアーゼ）によってHSの位置が変化（分岐鎖移動）してから切断・連結されるため，自由な位置で組換わったDNAが生成しうる。

> **Memo ホットスポット**
> 組換えの起こりやすい部位。大腸菌では8塩基のχ（カイ）配列（5,000～10,000塩基対に1回出現する），減数分裂ではSpo11結合配列。

🔍 図2 相同組換えのパターン

```
 A   B   C
     ×
 a   b   c
   組換え ↓
```

	組換えの種類
A b C + a b c	遺伝子変換型
A B c + a b C	交差型 (相互組換えによる)
A b c + a b c	複合型

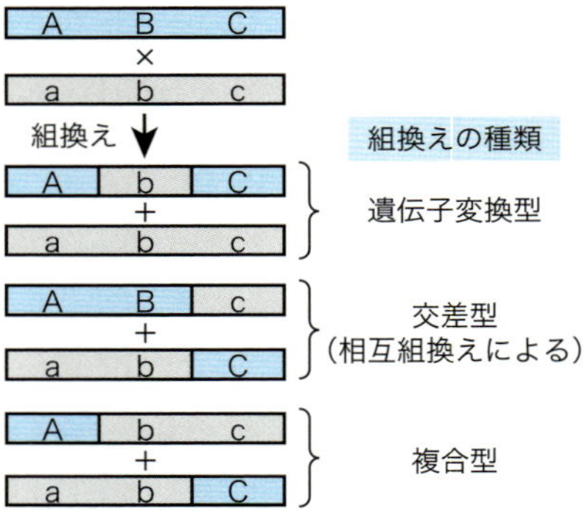

🔍 図1 DNA組換えの種類

種類		例
相同組換え		●F因子で誘導されるゲノム間組換え　●減数分裂時の乗り換えによる組換え　●細胞に導入されたゲノム断片とゲノムとの間の組換え（遺伝子ターゲティング時など）　ファージ同士の組換え
非相同組換え	【部位特異的組換え】 組換え部位 ｛双方が特異的 　　　　　　片方が特異的	●λファージの染色体の組み込みと切り出し　●P1ファージのloxPでの組換え ●トランスポゾン型組換え（IS，トランスポゾン，レトロトランスポゾン，Muファージ）
	【ランダムな組換え】	●細胞に入り込んだ外来DNAのゲノムへの挿入　●免疫グロブリン遺伝子再編成 ●非相同末端結合（NHEJ）による修復　●特殊形質導入ファージの生成 ●偶発的な欠失変異体の生成

図3 大腸菌組換え反応の初期過程

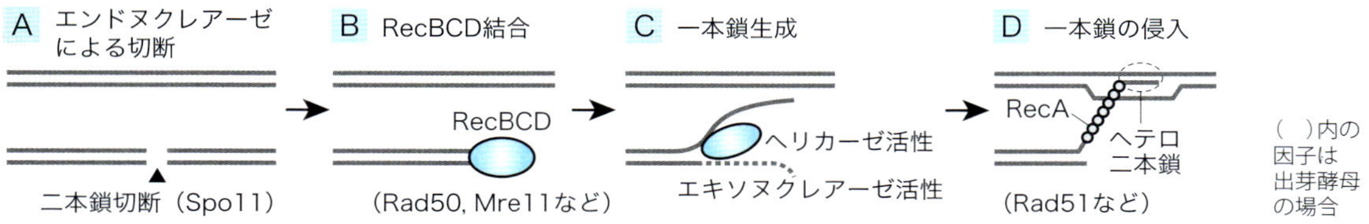

図4 相同組換えの全体像

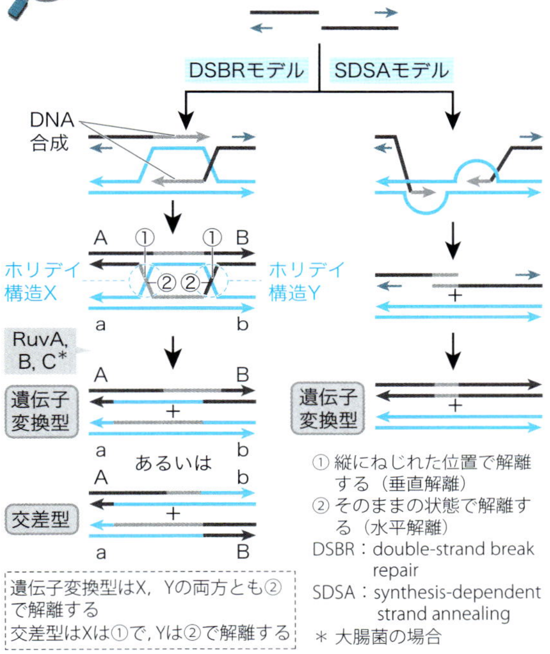

図5 減数分裂時にみられる組換え

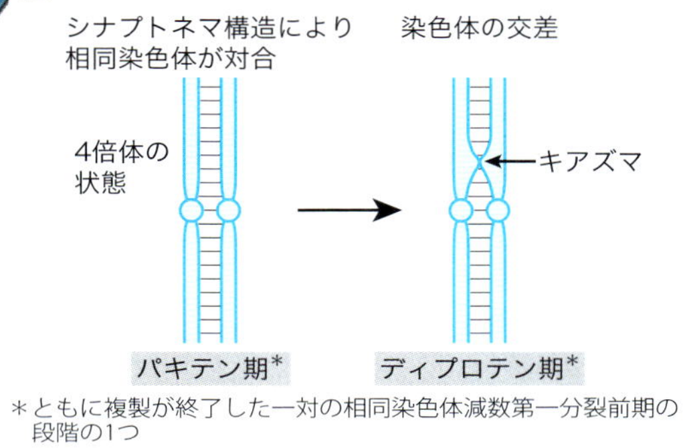

図6 ファージの部位特異的組換え

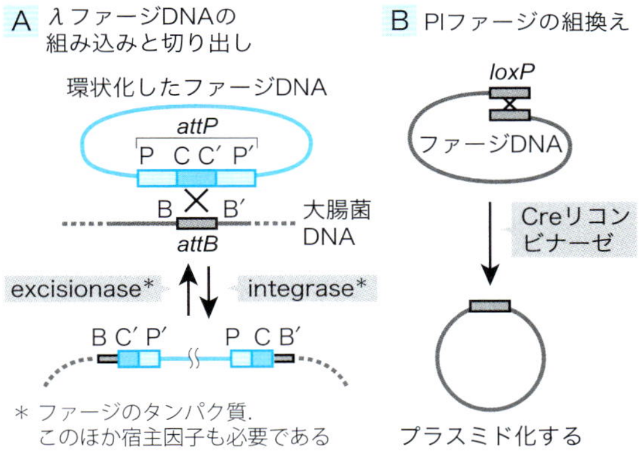

もう1つの組換え機構：SDSAモデル

遺伝子変換型しか生成しない酵母の接合型変換での組換えを説明するために提唱された仮説で，**DNA合成依存性アニーリング**（**SDSA**）といい，ホリデイ構造はできない。この方式では一本鎖が両方とも相手鎖に入ってから短いDNA合成が起こり，その部分同士がアニールした後，修復的DNA合成が起こる。

相同性がなくても組換わる：非相同組換え

相同性がほとんどない場合にみられる組換え。組換えが決まった部分で起こる**部位特異的組換え**には，特異的配列が双方のDNAにある場合と（例：ファージでみられる組換え）（図6）と，片方にある場合（例：**トランスポゾン型組換え**）（⇨5-E）がある。これに対し，外来DNAのゲノムへの挿入，免疫グロブリン遺伝子の再編成，二本鎖切断DNAの**NHEJ**による連結（注：ヒトでは**Ku80**，**Ku70**，**DNAプロテインキナーゼ**が関与）などはランダムに起こる。

第 3 章

遺伝情報の発現

本章でわかる重要ワード

3-A 遺伝子発現と転写
3-B 転写後修飾
3-C RNA のつなぎかえ「スプライシング」
3-D 遺伝コードとアミノアシル tRNA
3-E 翻訳機構
3-F 翻訳の制御
3-G タンパク質の成熟，移送，分解
3-H 非コード RNA
3-I RNA サイレンシング

概　論

DNA中の遺伝情報は転写から翻訳という順番で発現するが，**遺伝子発現と転写**（⇨3-A）は密接に連動しており，遺伝子発現制御の大部分も転写レベルで行われる。転写はRNAポリメラーゼが鋳型鎖に相補的なリボヌクレオチドを3´の方向に重合する反応であるが，DNA合成と違い，RNAポリメラーゼは鎖の合成をプライマーなしで開始することができる。真核生物では個々の遺伝子が単独に転写されるが，原核生物では関連遺伝子がまとまって転写されるポリシストロニック転写という現象がみられる。

転写されたばかりのRNAは種々の**転写後修飾**（⇨3-B）を受ける。真核生物のmRNAでは，mRNA前駆体内部のイントロンが除かれる**RNAのつなぎかえ「スプライシング」**（⇨3-C）が起こるが，mRNAの3´端にあるポリA鎖と5´端にあるキャップ構造は，RNAの安定化とともに効率的なスプライシングや翻訳に関与する。スプライシング反応にはさまざまなsnRNAを含むスプライソソームがかかわり，またRNA自身のリボザイム活性でRNAがつなぎ換わる，自己スプライシングという現象もみられる。その他，RNAが限定分解されたり，成熟RNA中の塩基が修飾されたり，また塩基が転写後に変換される，RNAエディティングという現象も存在する。

mRNAと結合したリボソーム上では，tRNAによって運ばれたアミノ酸の重合反応が起こるが，塩基配列とアミノ酸の対応，すなわち**遺伝コードとアミノアシルtRNA**（⇨3-D）の対応は，mRNA中のコドンとtRNA中のアンチコドンとの相補性に従って正確になされる。**翻訳機構**（⇨3-E）はrRNAや多くの翻訳開始因子や伸長因子がかかわる複雑な反応である。翻訳開始は開始コドンから始まり，どのアミノ酸も指定できない終止コドンで終わる。アミノ酸を指定するコドンは61通り存在するが，アミノ酸が20種類しかないため，コドンには縮重がみられる。縮重はコドンの3番目に位置する塩基とtRNA中の塩基との水素結合の厳密性が弱いために起こる現象である。また翻訳機構もさまざまなところで調節されており，**翻訳の制御**（⇨3-F）という現象がいろいろな段階でみられる。

翻訳されたタンパク質は自身がもつ移行シグナルに従って標的の細胞小器官に移動したり，小胞体やゴルジ体に入り，糖付加や切断といった修飾を経た後，小胞輸

概略図

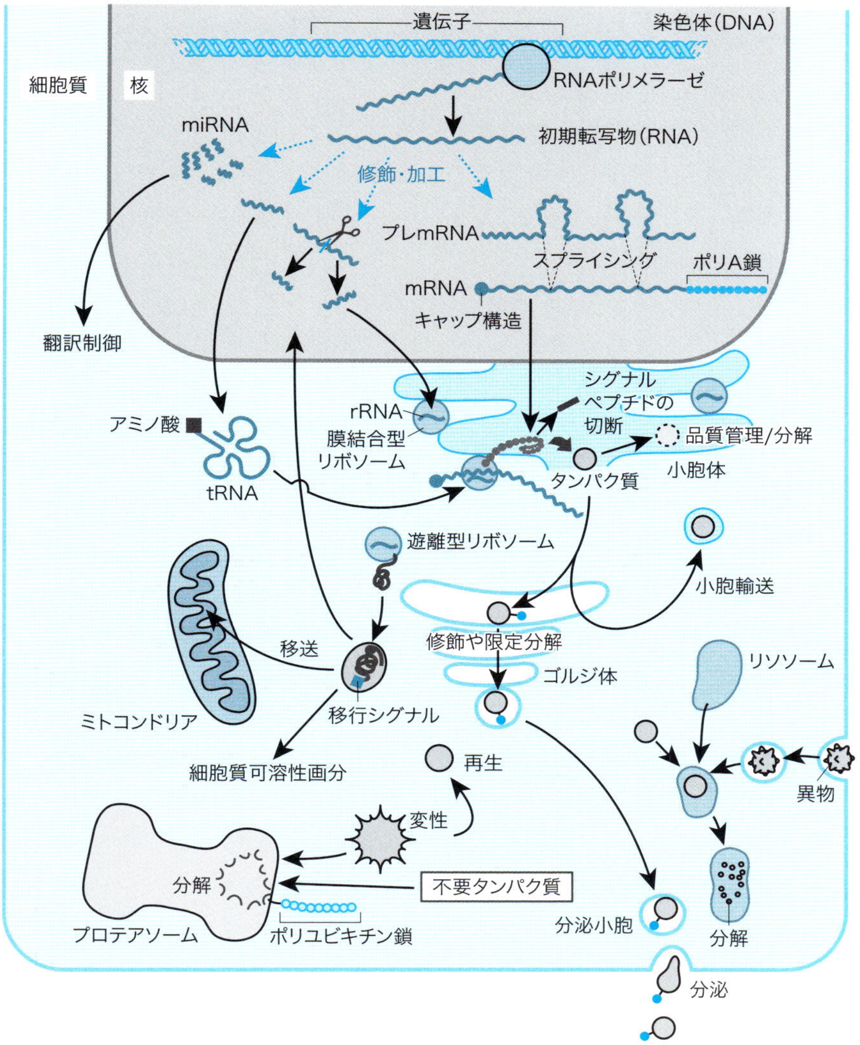

送等によって必要とされる部位に移送されるなど，細胞内では**タンパク質の成熟，移送，分解**（⇨3-G）が広くみられる。なお，折りたたみ（フォールディング）に失敗したり熱変性したタンパク質は，シャペロンの作用によって再生されるが，それがうまくいかない場合はユビキチン-プロテアソーム系によって分解される。

RNAにはタンパク質合成以外にもさまざまな機能があるが，特にmiRNAなどの**非コードRNA**（⇨3-H）がかかわる**RNAサイレンシング**（⇨3-I）は，細胞の機能維持や発生・分化にとって重要な役割を果たしている。

重要ワード **3-A**

遺伝子発現と転写

point 遺伝子発現はDNA→RNA→タンパク質というセントラルドグマに従って起こり，その制御の中心にあるものはRNAポリメラーゼによってRNAが作られる転写である。転写は二本鎖DNAの一方を鋳型とし，鎖は3´側の方向に伸びる。

セントラルドグマに従って遺伝子が発現する

分子生物学の中心命題「**セントラルドグマ**」によると，遺伝子情報の流れはDNA→RNA→タンパク質とされ，この原則はRNAウイルスを除けば普遍的にみられる（ただし細胞にもごく弱いが，RNA→DNAや，RNA→RNAという過程がある）（図1）。

Memo
RNAからRNAが作られるRNA複製はRNAウイルスにみられるもので，これにかかわる酵素はRNAレプリカーゼという。

セントラルドグマに従って遺伝情報が利用される過程を**遺伝子発現**といい，**転写**（RNA合成：transcription）と**翻訳**（タンパク質合成：translation）が含まれる。原核生物ではRNA合成後すぐに翻訳が始まるが（**転写–翻訳の共役**），真核生物では転写は核で起こり，その後mRNAが細胞質に移送されてから翻訳が起こる。転写が起こると一定の速度で翻訳が起こるため，転写が遺伝子発現の律速段階になり，転写を遺伝子発現ということが多い。タンパク質をコードしない遺伝子では，転写＝遺伝子発現である。

複数の遺伝子が1回で転写されることもある

転写はRNA合成酵素「**RNAポリメラーゼ**」によって行われる。RNAポリメラーゼが転写する範囲を**転写単位**という。個々の遺伝子（そのなかのコード領域を指す場合もある）を**シストロン**ということがある。真核生物の転写単位は基本的にシストロンと一致する（**モノシストロニック転写**）。しかし，原核生物では1つのプロモーター（下記参照）の支配下に複数の関連遺伝子が並ぶことがあり〔例：オペロン（⇨4-A）〕，それらがまとめて転写される**ポリシストロニック転写**が多くみられる（図2）。

図1 セントラルドグマに従って遺伝子が発現する

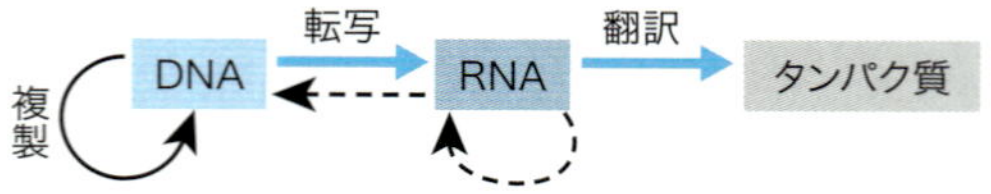

点線は主に一部のウイルスにみられる

転写反応はどう起こるか

転写は二本鎖DNAの一定の範囲で起こり（一本鎖DNAは転写の鋳型にならない），**鋳型鎖**をもとにRNA分子（鋳型鎖に相補的な配列をもつ）が作られる。転写の方向，すなわちどちらが鋳型鎖になるは，RNAポリメラーゼが結合して転写が開始される付近のDNA配列（**プロモーター**）に依存する。このため，1個の転写単位のなかに複数の，ときとして逆方向の転写がみられる場合がある。転写反応はDNA合成と同じように4種類のリボヌクレオシド三リン酸を基質に，リン酸ジエステル結合を作りながらRNA鎖が3´側に伸びるように進む（図3，図4）。DNA合成と異なり，RNA合成にはプライマーは不要で，酵素はいきなり鎖の合成開始ができ，このためRNAの5´端は三リン酸となる。

Memo RNAウイルスにおけるRNA鎖の発現
RNAウイルスのゲノムは基本的に一本鎖である。ゲノムRNAあるいはその相補鎖がタンパク質をコードする場合，それぞれのウイルスRNAをプラス鎖，マイナス鎖と定義する。前者にはポリオウイルス，後者にはインフルエンザウイルスが含まれる。ウイルスによっては二本鎖RNAをもつものもある。

ゲノムには遺伝子以外の暗号も隠れている

転写はタンパク質合成時のDNAへの負担を減らし，しかもそのコピー数をダイナミックに変化させるシステムである。転写される量や時期，あるいは細胞の種類などは遺伝子特異的であるが，これはプロモーターを含む転写制御領域の構造が遺伝子特異的であることに起因する（転写の制御）(⇨4-E)。このため，ゲノムには遺伝子やタンパク質を指定する暗号のほかに，転写さらにはスプライシング（⇨3-C）や翻訳（⇨3-E）を制御する別の暗号が存在すると考えることができる。

図2 複数の遺伝子が1回で転写されることもある

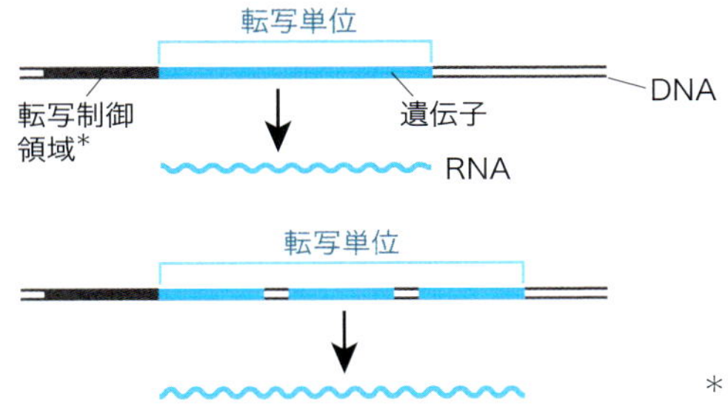

図3 転写反応の特徴とDNA合成との比較

項目	内容	DNA合成反応の場合
鎖伸長の方向	RNAでみて3'の方向	新生DNAでみて3'の方向
プライマー	不要	必要
基質	リボヌクレオシド三リン酸	デオキシリボヌクレオシド三リン酸
塩基	鋳型のG, A, T, Cそれぞれに C, U, A, Gが対合する	鋳型のG, A, T, Cそれぞれに C, T, A, Gが対合する
酵素	RNAポリメラーゼ	DNAポリメラーゼ
鋳型用核酸	二本鎖DNA（一方が実際の鋳型として機能する）	一本鎖DNA（まれになし，あるいはRNA）
鋳型鎖の選択	酵素の進む方向で決まる	二本鎖DNAの両鎖が鋳型となる
鋳型の範囲	DNA中のごく一部分，シストロン	レプリコン全域（⇨2-A）
反応の頻度	一定期間中に複数回起こる	1回の細胞分裂で1回だけ起こる

図4 転写ではDNA鋳型鎖をもとにRNA鎖が合成される

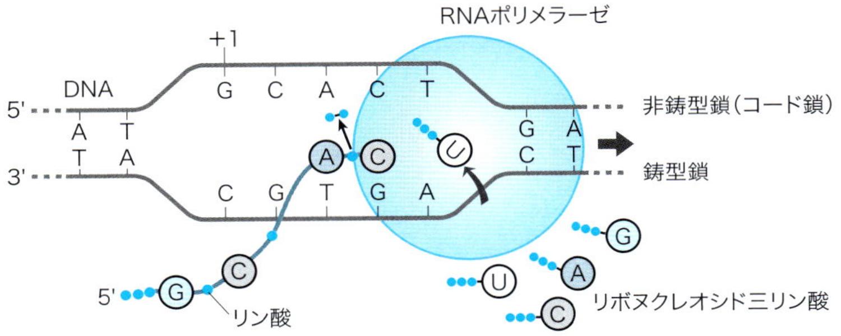

重要ワード **3-B**

転写後修飾

point 限定分解，塩基修飾，エディティング，スプライシングといったRNAの成熟プロセスが存在するため，多くの場合，合成されたばかりのRNAと成熟RNAとの間にはさまざまな点で違いがみられる。

RNAは修飾されて成熟する

作られたばかりのRNAと成熟RNAで構造が異なることは特別な現象ではなく，限定分解（決まった場所で切断されること）や修飾といった加工が加えられるのが一般的である（図1）。動物細胞の45S rRNA前駆体は数段階の限定分解を経て28S，18S，5.8S rRNAに成熟する（図2）。不要RNA部分の除去は**トリミング**ともいわれ，マイクロRNA（miRNA）(⇨3-H)の成熟過程でもみられる。真核生物のmRNAの前駆体である**プレmRNA**の集団は，核内では不均一でサイズの大きい**hnRNA**〔不均一（ヘテロ）核RNA〕として存在し，スプライシング（⇨3-C）を経て成熟型となる。

mRNAの両端に受ける修飾

プレmRNAが合成されると，5′端には**7-メチルグアノシン**からなる**キャップ構造**〔m7G(5′)pppN-〕が複数のキャッピング酵素で付加され（**キャッピング**）（図3），3′端では，**ポリAシグナル**（AAUAAA）の約30塩基下流に，約50～250個のアデニル酸からなる**ポリA鎖**が付加される。キャップ構造は効率的なスプライシングと翻訳（⇨3-E）に必要である。転写が下流まで進んだあと，**CoTC配列**で自己切断され（⇨4-B），ポリA合成酵素によりポリA鎖が付加される。mRNAの修飾にかかわる因子群はRNAポリメラーゼⅡ最大サブユニットのC末端繰り返し領域（**CTD**）（⇨4-C）に集合し，**スプライシング**と共役して起こる。

修飾により別種の塩基が出現する

成熟RNAに“見なれない”塩基が含まれるケースがある。**tRNA**や**sno**（**核小体内低分子**）**RNA**には，**シュードウリジン**，ジヒドロウリジン（図4），そしてメチル化塩基など，通常にはない**特殊塩基**が高頻度にみられるが，これらは転写後に塩基の化学修飾によって生じたものである。また，RNA塩基配列の中にゲノムにはない塩基の挿入あるいは欠失がみら

図1 RNAが転写後に受ける修飾

1 限定分解，トリミング，塩基修飾

2 スプライシング（切断と内部除去後の再結合）

3 キャッピングとポリA鎖付加（真核生物mRNAの場合）
→mRNAの安定化，スプライシングと翻訳の効率化

4 RNAエディティング

図2 切断されて成熟するRNA

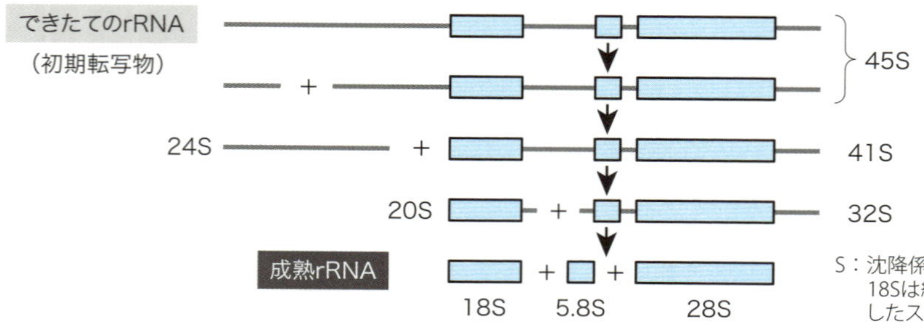

S：沈降係数（RNAサイズを表す目安になる．18Sは約1,900塩基長）．超遠心機を発明したスベドベリ（Svedvery）に由来

れたり，塩基が置換されたりする，**RNAエディティング**（RNA編集）と呼ばれる現象がある。はじめトリパノソーマなどのミトコンドリアDNAの遺伝子で見つかったが，その後，高等植物や高等動物でも発見された。RNAエディティングにはC→UやA→I（イノシン）といった脱アミノ反応，あるいはアミノ基付加といったもの，RNAポリメラーゼがスリップして数塩基が挿入されるもの（パラミクソウイルスでみられる），あるいはmRNAの切断再結合時にUが挿入される例などがある（図5）。

RNAは修飾されて丈夫になる

mRNAに付加されるポリA鎖やキャップ構造は**mRNAの安定性**に寄与する。mRNAの分解はキャップ構造の除去やポリA鎖の短小化が原因となり，そこにエンドヌクレアーゼも関与する。このような欠陥構造をもつmRNAやその断片は，エキソヌクレアーゼにより速やかに分解除去される。**mRNA安定化シグナル**があったり，ポリA結合タンパク質があると，それらがキャップ除去酵素を抑えてmRNAを安定化させるが，逆に不安定化シグナルや異常な停止コドンが出現するとキャップ除去酵素の機能が発揮される。

図4 RNA中の特殊塩基

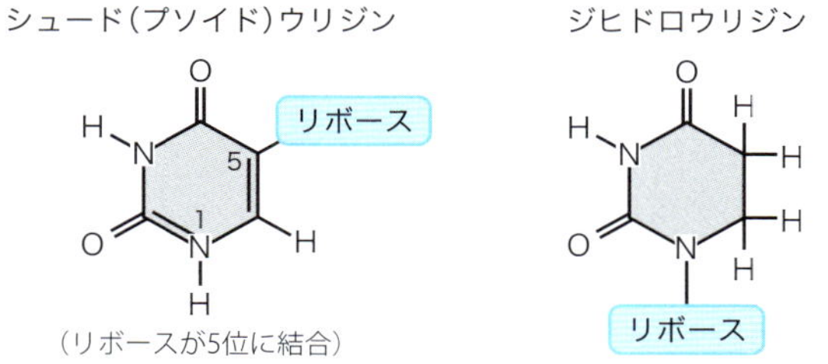

図3 mRNAの5′端に7-メチルグアノシンが付加されてキャップ構造ができる

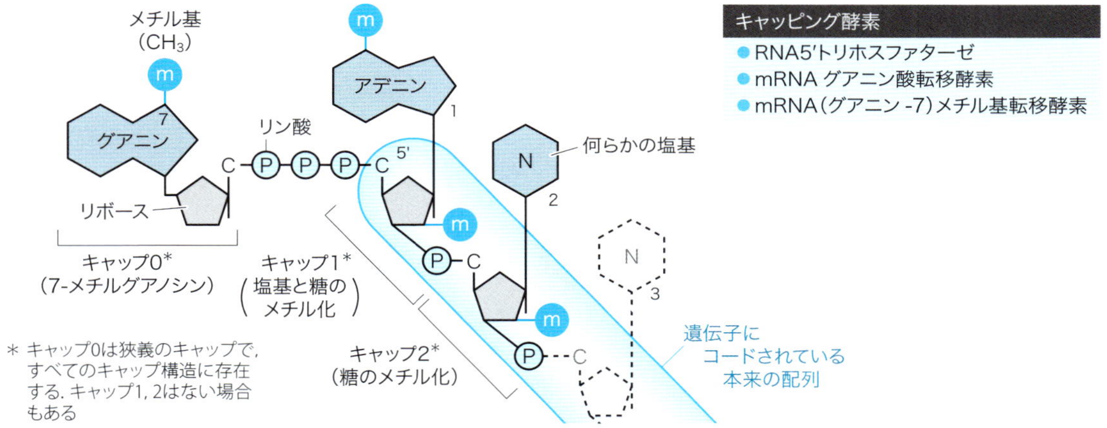

＊ キャップ0は狭義のキャップで，すべてのキャップ構造に存在する．キャップ1，2はない場合もある

図5 RNAエディティングでは本来とは違う塩基が出現したり，塩基の挿入，欠失が起こる

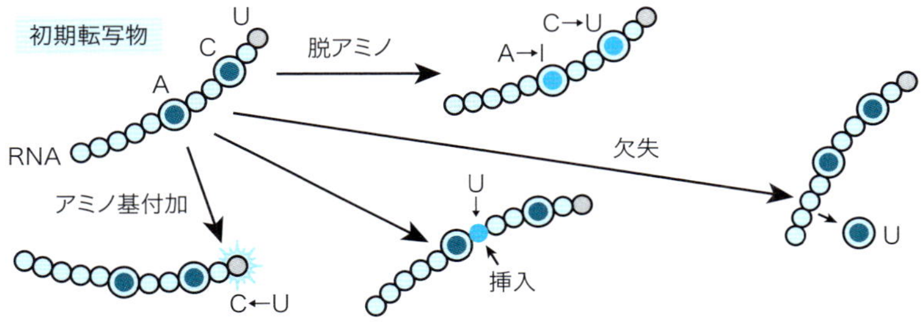

重要ワード 3-C

RNAのつなぎかえ「スプライシング」

point RNA加工のなかに，RNAの内部を除き，残った部分をつなぐスプライシングという様式があり，反応は特異的制御因子あるいはRNA自身で起こる。つなぎ換えパターンを変えることにより，遺伝子配列の多様な利用が可能となる。

スプライシングで短くなって成熟するmRNA

スプライシング（splicing）は，切断と再結合が関与する真核生物に特有なRNA加工プロセスで，DNA上にもともとあった内部配列が除かれる（図1）。切り出しと再結合は，RNAの加水分解とリガーゼがかかわる反応で起こるのではなく，ATP要求性エステル結合の転移反応によって起こる。成熟RNAから除かれる領域を**イントロン**，残る領域を**エキソン**という。内部エキソンの特定のものが使用されたり使用されなかったりする**選択的スプライシング**という機構がmRNAに多くみられるが，これは単一転写単位から複数の遺伝子産物を作る機構として重要である（図2A）。

投げ縄になって切り出されるイントロン

プレmRNA中でイントロンが占める割合は高く，多くは遺伝子の50％以上を占める。スプライシングは**スプライソソーム**といわれる複合体により起こり，なかに複数の**sn（核内低分子）RNA**（例：U1，U2，U4～6）と多くのタンパク質が含まれる（図3）。エキソンの3´側（供与部位）にはCAG配列，5´側（受容部位）にはG配列が保存され，イントロンは5´-GT…AG-3´構造をもつ（**GT-AGルール**）。しかし，なかに

図1 真核生物mRNAはスプライシングで短くなって成熟する

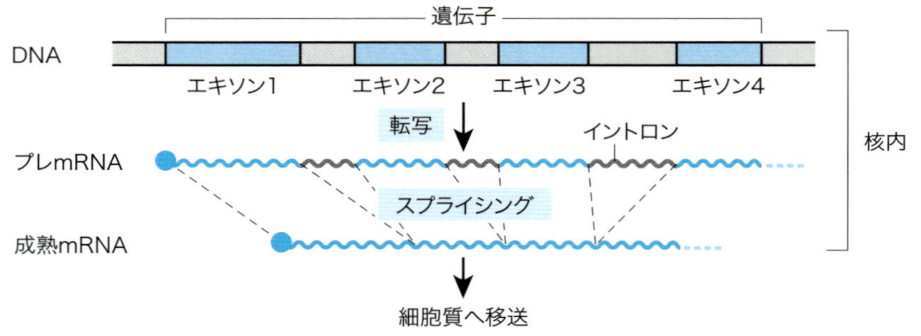

図2 スプライシングのバリエーション

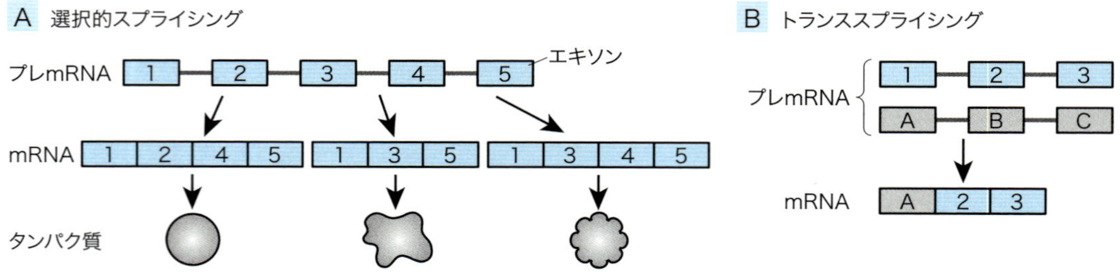

5´–AT… AC–3´構造をもつ場合があり，この場合は，別のsnRNAが使われる。イントロンの3´端上流数十塩基には，切り出されるイントロンとの間で**ラリアット（投げ縄）構造のブランチ（枝分かれ）部位**のA塩基が存在する。**キャップ構造**や**ポリA鎖**はmRNAの安定性にかかわるだけでなく，効率的なスプライシングに必要である。異なったRNA分子間（同一RNAと異種RNAの2種類がある）で起こる**トランススプライシング**という機構もある（図2B）（注：これに対し，通常のスプライシングを**シススプライシング**という）。

図3　mRNAのスプライシング機構（DNA配列として示した）

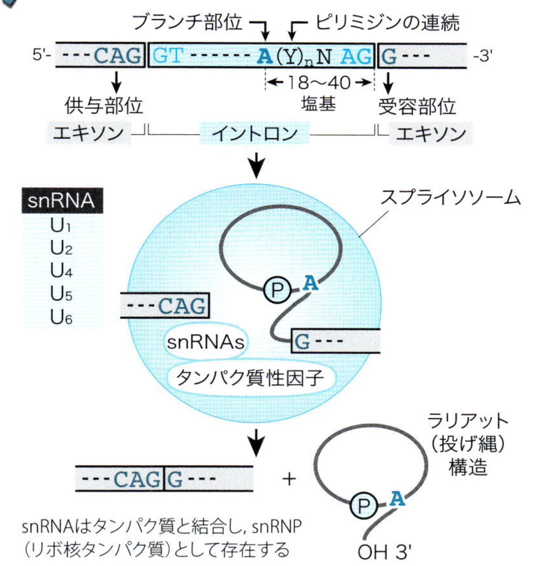

自分の力で切り出されるイントロン

グループⅠイントロンあるいは**グループⅡイントロン**は自身の一部分が除かれるタイプのスプライシングで，植物や原生動物などのtRNAやrRNA遺伝子などでみられる。この反応はRNAだけで起こる**自己スプライシング**である。グループⅠではグアノシンが補助因子として使われ，グループⅡはmRNAのスプライシングに類似しており，ラリアット構造のイントロンが切り出される（図4）。

非典型的なスプライシング

典型的スプライシングと異なり，RNAエンドヌクレアーゼとRNAリガーゼによってRNAのつなぎかえが起こる機構がある。1つはtRNA前駆体からアンチコドンループ付近のイントロンが切り出されるもので，**RNaseP**（実際にはそのなかの**リボザイムRNA**）がこの反応にかかわる。酵母小胞体で起こるER関連分解（⇨1-C，3-G）で転写制御因子HAC1の発現が活性化する場合，前駆体mRNAがやはり非典型的なスプライシング反応で生成される。

図4　イントロンRNA（リボザイム）自身で切り出すスプライシング

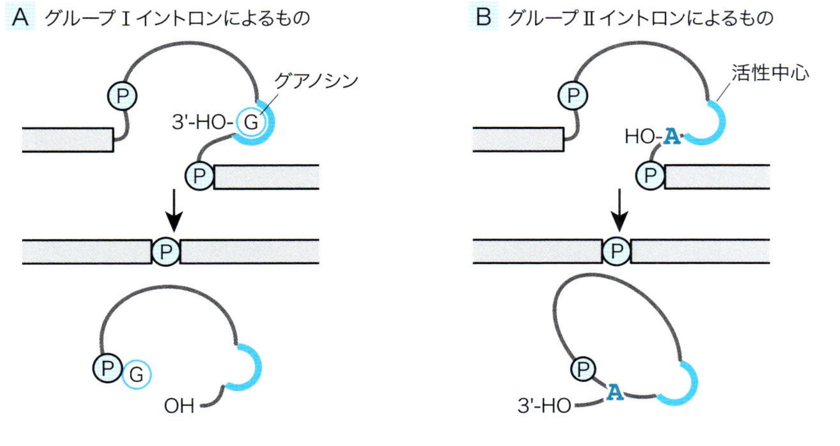

遺伝コードとアミノアシルtRNA

point mRNAはタンパク質のアミノ酸配列をもち，各アミノ酸は塩基の3つ組「コドン」で指定される。アミノ酸は固有のtRNAと結合した後，mRNAの結合するリボソームに運ばれる。

mRNAの構造を見てみよう

mRNAはアミノ酸配列を指定する**コード領域**と，その両端の5´**非翻訳領域**（**UTR**）と3´非翻訳領域をもつ（図1）。**翻訳**（translation），すなわちタンパク質合成は**リボソーム**上で起こるが，原核生物の5´UTRにはリボソームの小サブユニット中の16S rRNA（⇨3-E）と相補的な配列〔**シャイン・ダルガルノ（SD）配列**〕があり，ここでrRNAと結合する。真核生物には決まった配列はなく，キャップ構造がリボソームの認識部位となる。

塩基は3つ組で1つのアミノ酸を指定

mRNAがコードするアミノ酸は連続する3つ組塩基，すなわち**コドン**（codon）で指定され，**遺伝暗号表**（普遍暗号表）にまとめられている（図2）。遺伝暗号は無細胞翻訳系と合成RNAを用いた翻訳実験や，アミノアシルtRNAの構造分析によって解読された。64通りのコドンのうちUAA，UAG，UGAはコードするアミノ酸をもたない**ナンセンスコドン**で，**終止コドン**としても使われる。翻訳**開始コドン**AUGはメチオニンを指定するが（原核生物はホルミルメチオニン），大腸菌では開始コドンにバリン（GUG）が使われることもある。生物界では普遍暗号表にない**非普遍暗号**がいくつか存在し，特にミトコンドリアに多い（例：AUA→Met，UGA→Trp，AGG→終止）。コドンのとり方は自由なため，mRNA配列には3種の**読み枠**（**リーディングフレーム**）が存在しうるが，実際にはリボソーム結合後の最初のAUGに依存した読み枠が使われる。

アミノ酸が活性化してtRNAにつく

アミノ酸が20種類しかないため，多くのアミノ酸はそれぞれに複数のコドン（**同義語コドン**）がある（これを**コドンの縮重**という）。コドンの3番目の塩基とtRNAアンチコドンの塩基との間の対合のあいまいさ（**コドンの揺らぎ**という）が縮重の原因で（図3），遺伝子の塩基配列が変化してもアミノ酸配列が変化しない多くはこの理由による。**tRNA**は約75塩基長の長さをもち（⇨1-K 図3），アミノ酸は**アミノアシルtRNA合成酵素**（ARS）によってその3´端に結合する。

図1 塩基配列からアミノ酸配列へ翻訳される仕組み

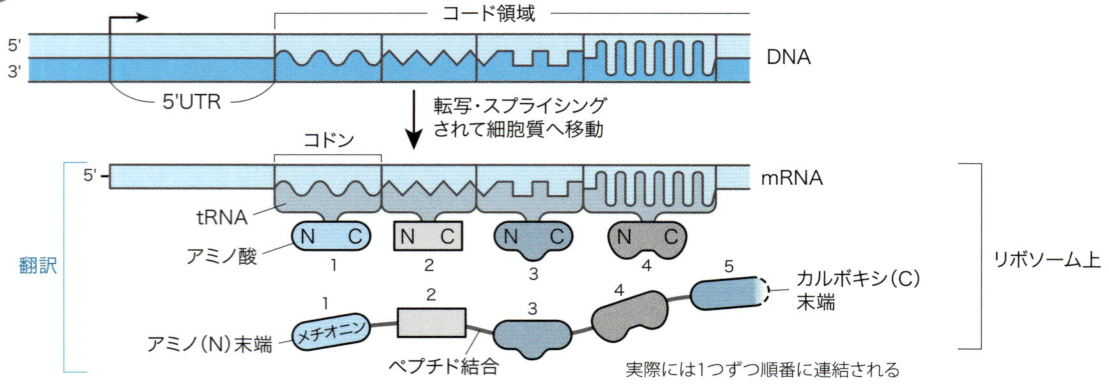

図2 mRNAのヌクレオチド配列からアミノ酸への遺伝暗号解読表（コドン表）※

第1塩基	第2塩基 U		第2塩基 C		第2塩基 A		第2塩基 G		第3塩基
U	UUU	Phe	UCU	Ser	UAU	Tyr	UGU	Cys	U
	UUC	Phe	UCC	Ser	UAC	Tyr	UGC	Cys	C
	UUA	Leu	UCA	Ser	UAA	オーカー*3	UGA	オパール*3	A
	UUG	Leu	UCG	Ser	UAG	アンバー*3	UGG	Trp	G
C	CUU	Leu	CCU	Pro	CAU	His	CGU	Arg	U
	CUC	Leu	CCC	Pro	CAC	His	CGC	Arg	C
	CUA	Leu	CCA	Pro	CAA	Gln	CGA	Arg	A
	CUG	Leu	CCG	Pro	CAG	Gln	CGG	Arg	G
A	AUU	Ile	ACU	Thr	AAU	Asn	AGU	Ser	U
	AUC	Ile	ACC	Thr	AAC	Asn	AGC	Ser	C
	AUA	Ile	ACA	Thr	AAA	Lys	AGA	Arg	A
	AUG	Met*1	ACG	Thr	AAG	Lys	AGG	Arg	G
G	GUU	Val	GCU	Ala	GAU	Asp	GGU	Gly	U
	GUC	Val	GCC	Ala	GAC	Asp	GGC	Gly	C
	GUA	Val	GCA	Ala	GAA	Glu	GGA	Gly	A
	GUG	Val*2	GCG	Ala	GAG	Glu	GGG	Gly	G

※ 普遍暗号表について示した．多くのアミノ酸にコドンの縮重（ダブリがあること）がみられる
＊1 開始コドンとしても用いられる．大腸菌ではホルミルメチオニン
＊2 大腸菌では開始コドンとして用いられることがある
＊3 ナンセンスコドンであり，終止コドンとして用いられる

図3 アンチコドンの揺らぎ

アンチコドン 5′側の塩基	右に対合できるコドン中の塩基
G	U，G
C	G
A	U
U	A，G
H*	A，U，C

＊アンチコドンにはAが脱アミノされたヒポキサンチン（H）が含まれる場合がある

図4 アミノ酸が活性化されtRNAに結合する

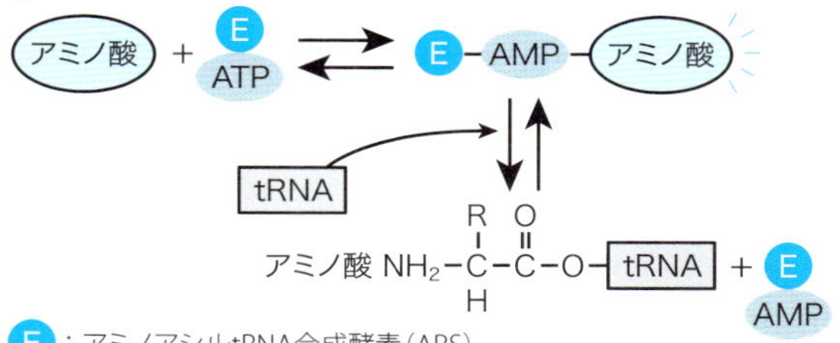

E：アミノアシルtRNA合成酵素（ARS）．
tRNAの3′端の2′-OHか3′-OHにアミノ酸を結合させる

図5 サプレッサーtRNAの働き

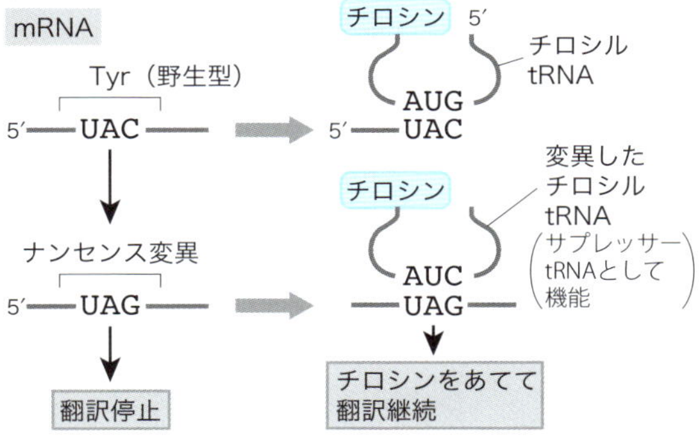

まずアミノ酸がATP存在下でARS–AMP–アミノ酸複合体となり，続いてこの活性化アミノ酸がtRNAに転移される（図4）。アミノ酸が誤ったtRNAと結合すると，ARS自身がアミノアシルtRNAを分解する（**アミノアシルtRNAの校正機能**）。

ナンセンスコドンを読み過ごす

ナンセンスコドンを抑えるサプレッサー変異で働くサプレッサーtRNA（sup-tRNA）（⇨2-E）はアンチコドンに変異をもつ（注：tRNA遺伝子は1つのアミノ酸に関して複数ある）。sup-tRNAはナンセンスコドンに相当するアミノ酸をあてて翻訳を継続させ，変異を抑える（図5）（注：ただし，働きが強すぎると正常な終止コドンも影響を受けてしまう）。

重要ワード **3-E**

翻訳機構

point リボソームが特異的構造を認識してmRNAに結合した後，翻訳因子，GTP，rRNAなどの働きで，メチオニンを先頭にペプチド結合が次々に形成され，アミノ酸重合反応がC末端に向かって進む。

翻訳は巨大粒子リボソーム上で起こる

翻訳はmRNAが**リボソーム**に結合することから始まる。リボソームは容易に解離会合する**大サブユニット**と**小サブユニット**よりなる（図1）。哺乳類の60Sの大サブユニットは，3種類のrRNAと50種あまりのタンパク質から構成される。40Sの小サブユニットは1種類のrRNAと約30種のタンパク質からなり，mRNA結合能と翻訳開始能をもつ。mRNAに多数のリボソームが結合したものを**ポリソーム**という。

翻訳の仕組みを原核生物でみてみよう

原核生物の翻訳開始では，まずリボソームの小サブユニット中に**開始因子**IF1，IF3が結合する。IF2とGTP，そして開始ホルミルメチオニンをもつホルミルメチオニル（fMet）tRNA存在下で16S rRNAにmRNAの**SD配列**が結合する。そこに1番目の**アミノアシルtRNA**（ここではfMet tRNA）が結合し，その後開始因子が解離すると同時に大サブユニットが結合する（図2）。fMet tRNAは大サブユニットの**P部位**（**ペプチジル部位**）に納まる。伸長反応が起こるときは，まずGTP依存的に（2番目の）アミノアシルtRNAと**伸長因子**（EF-Tu）の複合体が形成され（注：EF-Tuの再生にEF-TsとGTPがかかわる），続いてアミノアシルtRNAが**A部位**（**アミノアシル部位**）に納まり，**ペプチジルトランスフェラーゼ**活性によりペプチド結合が形成される。fMetがtRNAから外れ，GTPと伸長因子（EF-G）の働きでtRNAがmRNAから離れると同時に，アミノアシルtRNAがA部位からP部位に移動，ホルミルメチオニルtRNAは**E部位**（**exit部位**）に移動する。このようなプロセスを繰り返すことにより，ペプチド結合が伸長する。なお**ペプチド伸長**に必要な活性は23S rRNAが担う〔つまりrRNAは**リボザイム**（⇨1-K）である〕。抗生物質の多くは翻訳機構を抑えることにより細菌の増殖を抑える。

翻訳終結はどう起こる？

翻訳終結時は，**解離因子**（RF1）がリボソームに結合し，RF3とGTPの働きでペプチド鎖がリボソームから離れる。次に**RRF**（**リボソームリサイクル因子**），EF-G，GTPの作用で2個のtRNAがリボソームから離れるとともに，リボソームもmRNAから解離する。

真核生物でも類似の仕組みで起こる

真核生物でも，より複雑だが類似の機構がみられ

図1 リボソームの構造と機能

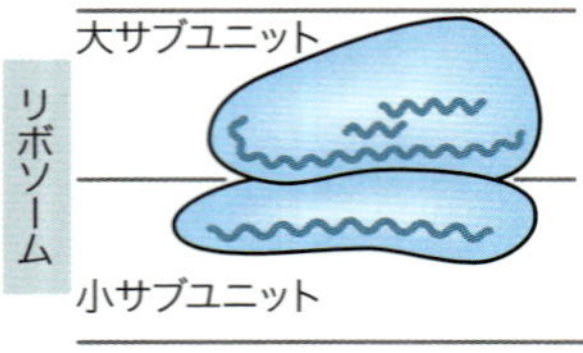

S：沈降係数

細菌	哺乳類	機能
50S rRNA……23S，5S タンパク質……34種	60S rRNA……28S，5.8S，5S タンパク質……49種	いくつかの活性中心をもち，ペプチド重合反応の場になる
30S rRNA……16S タンパク質……21種	40S rRNA……18S タンパク質……33種	mRNAに結合し，その上を移動する 翻訳開始反応にかかわる
70S（分子量250万）	80S（分子量420万）	

る。通常のmRNAではキャップ部分にeIF4A，eIF4G，eIF4Eosが結合し，eIF4F，eIF4Bの関与を受け，eIF3を介して小サブユニットに結合する。これが**キャップ依存的翻訳開始**であるが，キャップ非依存的な小サブユニット結合機構もある。これには**IRES**（internal ribosomal entry site）が関与する機構が知られており，ストレスや発生・分化で発現するある種の遺伝子にみられる。リボソームは5′キャップに結合した後，下流に移動し，**コザック配列**（RccAUG G）などをもつAUGコドンから翻訳を開始するが（スキャニングモデル），翻訳開始因子eIF4Gは，キャップ構造やポリA鎖，そしてリボソームとの相互作用を介してこの翻訳開始に関与する（図3）。フェリチン遺伝子のように，鉄調節タンパク質がmRNA 5′付近のIRESに結合するという特殊な機構もある。

図2 原核生物の翻訳の仕組み

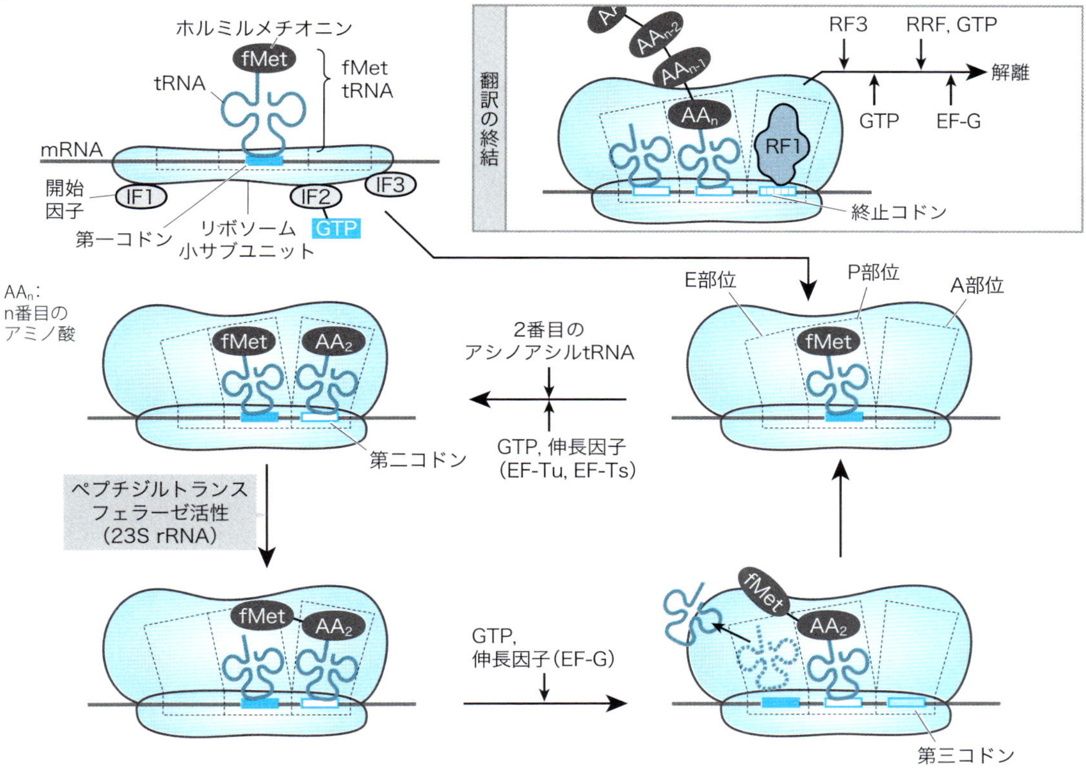

図3 原核生物と真核生物で異なる翻訳開始の仕組み

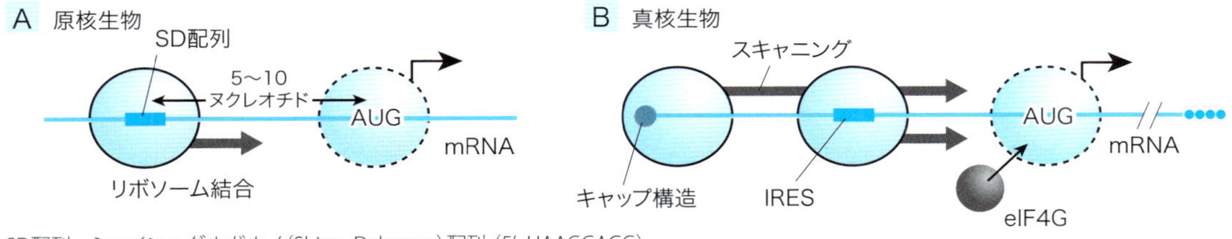

SD配列：シャイン・ダルガルノ（Shine-Dalgarno）配列（5′-UAAGGAGG）

重要ワード **3-F**

翻訳の制御

point 翻訳にはナンセンスコドンを読み過ごしたり，逆に終止コドンがなくなったmRNAの翻訳を調節する機構がある。翻訳抑制には独特なmRNA分解機構もかかわる。

mRNAの分解を介する翻訳抑制

翻訳を抑制する最も単純な方法は**mRNAの分解**である。mRNAの分解はポリA鎖の短小化が主要な原因であり，さらにキャップ構造の除去もmRNA分解を促進する。エキソヌクレアーゼを含む因子群がRNAと結合して凝集した**P-ボディ**（processing body）がmRNA分解にかかわる。最近，RNAポリメラーゼⅡのRpb4，Rpb7が，mRNAのリボソーム結合と分解の両方に効いていることが明らかにされた。

異常終止コドンをもつmRNAを分解する

未成熟終止コドン（**PTC**）をもつmRNAは**NMD**（ナンセンスコドン介在mRNA分解）機構により，タンパク質はほとんどできない（図1）。この機構の1つは**スプライシング**が関与する。エキソン結合部位の20塩基ほど上流にはexon junction complex（**EJC**）が結合しているが，通常は最初の翻訳でリボソームにより外される。しかしPTCがあると翻訳がより上流で終結し，**ペプチド鎖解離因子**（eRF）がリボソームに結合して，NMD誘導因子の**Upf複合体**がeRF，EJCなどと結合する。この機構が働くには，PTCがエキソン結合部の約50塩基以上上流にある必要がある。

スプライシングに依存しないNMDもある。eRFはポリA鎖上にある**PABP**と結合するが，PTCがポリA鎖から離れた位置にあるとPABPとeRFとの結合が弱くなり，eRFはUpf複合体と結合する。Upf複合体はmRNA分解酵素などを集め（P-ボディも関与？），

図1 PTCをもつmRNAは分解される

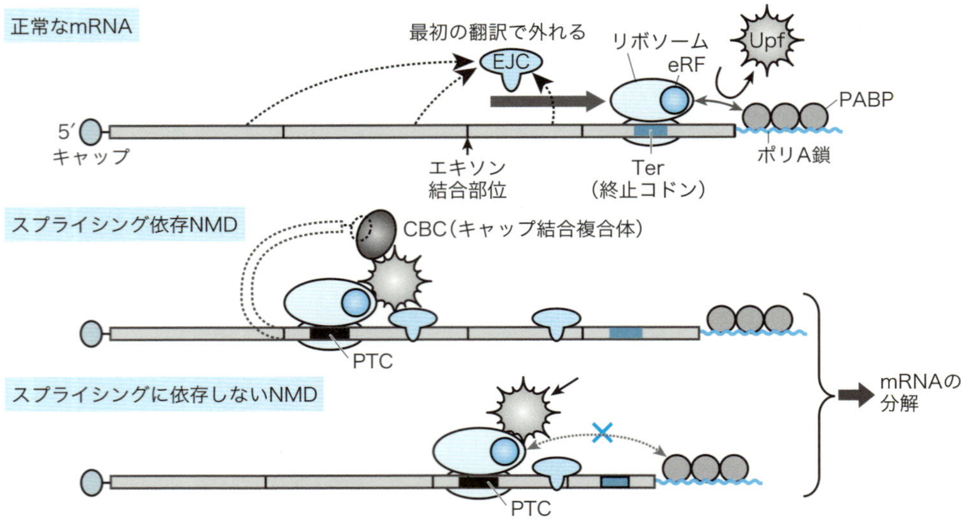

PABP：ポリA結合タンパク質　PTC：premature termination codon（ナンセンスコドンなど）
Upf：Upf複合体　NMD：nonsense-mediated decay

mRNAが分解される。

翻訳が止まらないmRNAはどうなる？

ポリA鎖が終止コドン位置の上流についたり，終止コドンがセンスコドンに変化した構造をもつなどして翻訳が停止しない**ノンストップmRNA**は，ポリA鎖翻訳がPABPを遊離させるため，速やかに分解される（図2A）。さらに，ポリA鎖から翻訳された**ポリリジン**がリボソームと結合して翻訳自体も抑制される。これらはポリA鎖による**mRNA品質管理**の1つである。原核生物では，tRNAに似た**tmRNA**がリボソームに結合して翻訳をmRNAからtmRNAにスイッチさせ，tmRNA上の終止コドンで翻訳を停止させる**トランス翻訳**という機構が働く（図2B）。異常ポリペプチドはその後分解される。

翻訳停止を抑える工夫：リコーディング

翻訳制御の特殊な事例として，翻訳停止になるのを抑えて翻訳を完結させる**リコーディング**（recoding）という現象があり，リボソームが翻訳読み枠を前や後に1個ずらす**フレームシフト**（例：**レトロウイルス**の*gag-pol*遺伝子の連結部分を1フレームシフトさせて融合タンパク質を合成する）（図3A）や，終止コドンの**読み過ごし**（**リードスルー**）〔例：解離因子eIF1がtRNA様機能を発揮して終止コドンを読み過ごしたり，UGA終止コドンに**セレノシステイン**（硫黄の代わりにセレンの入ったシステイン）をあてて翻訳する（図3B）〕といった機構がある。

図2 ノンストップmRNAでの翻訳抑制

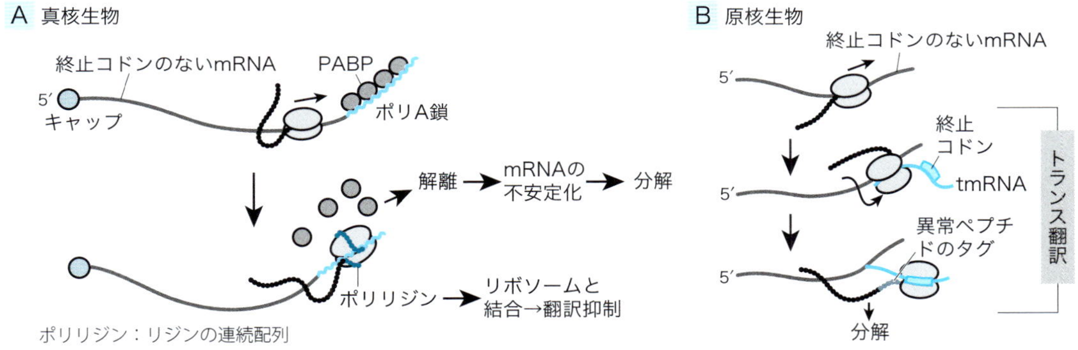

ポリリジン：リジンの連続配列

図3 翻訳におけるリコーディング

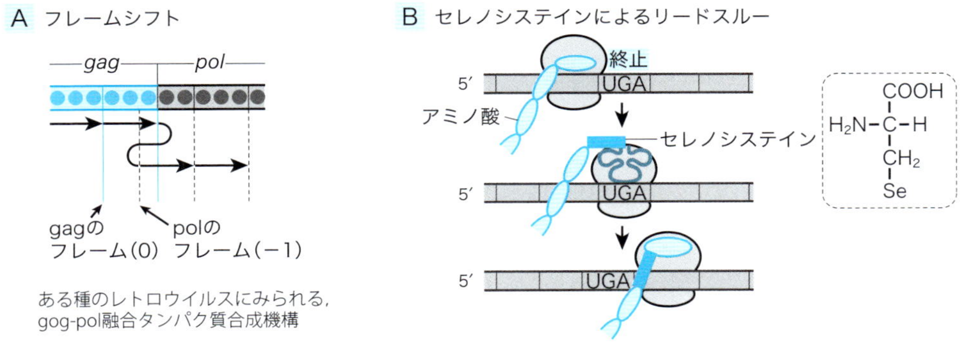

ある種のレトロウイルスにみられる，
gog-pol融合タンパク質合成機構

重要ワード 3-G

タンパク質の成熟，移送，分解

point タンパク質は限定分解や化学修飾を受けて成熟し，さまざまな方式で必要な部位に移送される。一方，不要になったり機能を失ったタンパク質は，リソソームやプロテアソームによって分解される。

タンパク質は修飾されて成熟する

タンパク質の多くは限定分解や修飾を経て成熟し（図1），必要な場所に移送されて機能を発揮する。真核細胞のタンパク質の多くは**糖付加**を受けるが，この反応ははじめ小胞体，次に**ゴルジ体**で起こる。タンパク質はこの他にも脂質付加（小胞体内で起こる）やリン酸化などの化学修飾を受ける。

必要な場所へ移動させる配列がある

タンパク質はさまざまな様式で**局在化**の制御を受ける。タンパク質のなかには核やミトコンドリア，あるいは葉緑体（植物の場合）に局在するための**移行シグナル**（**局在化シグナル**）〔例：**核移行シグナル**（**NLS**）〕をもつものがある。このようなタンパク質は遊離リボソームで翻訳され，その後それぞれの部位に移動する（図2A）。

膜に包まれて運ばれる

タンパク質のなかには翻訳と共役して局在化するものがあるが（例：分泌タンパク質），この場合，翻訳されたポリペプチドはまず小胞体に入る（図2B）。ポリペプチド鎖はN末端に存在する疎水性の**シグナルペプチド**（あるいは**シグナル配列**，**リーダー配列**）

図1 タンパク質の成熟様式

プロセシング	● 限定分解 ● リーダー配列除去 ● タンパク質スプライシング
化学修飾	● SS結合形成 ● 原子団の付加 　〔リン酸化，メチル化， 　アセチル化，ほか〕 ● 糖付加 ● 小型タンパク質結合 　〔ユビキチン化， 　SUMO化〕

図2 必要な場所へ運ばれるタンパク質

A 翻訳後，局在化することが決まっているタンパク質は，遊離型リボソームで合成される

B 翻訳と共役して局在化するタンパク質は，膜結合型リボソームで合成され，小胞体に入る

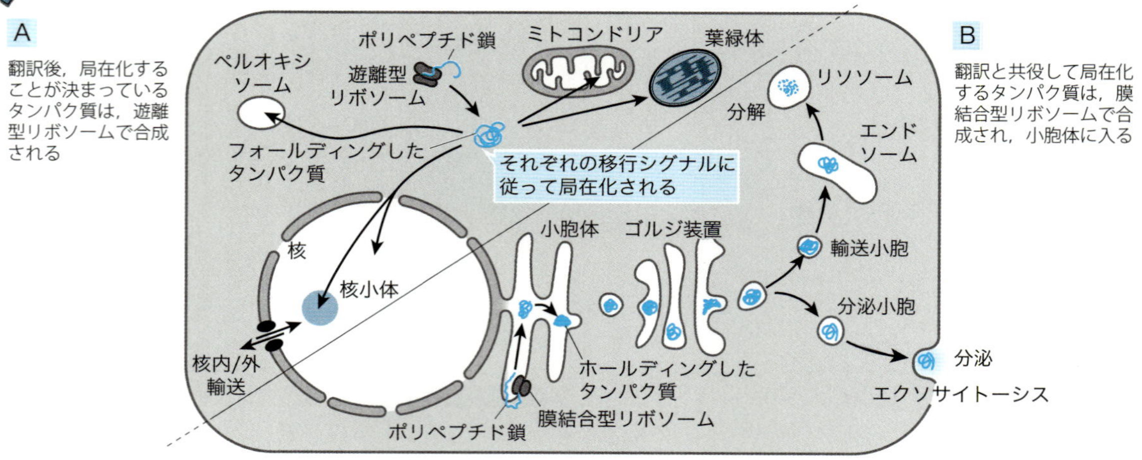

図3 翻訳と共役して局在化するタンパク質は，シグナルペプチドに先導されて小胞体へ入る

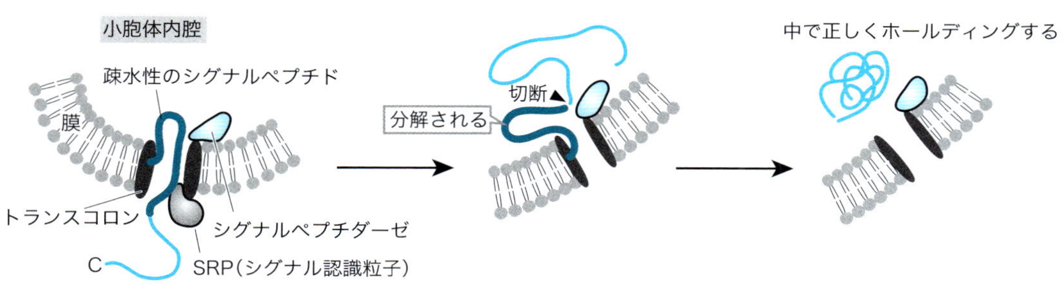

図4 オートファジーによる不要タンパク質の処理

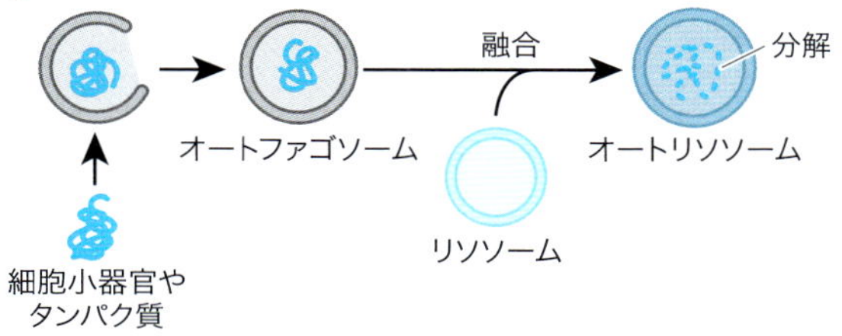

図5 不要タンパク質や変性タンパク質は分解される

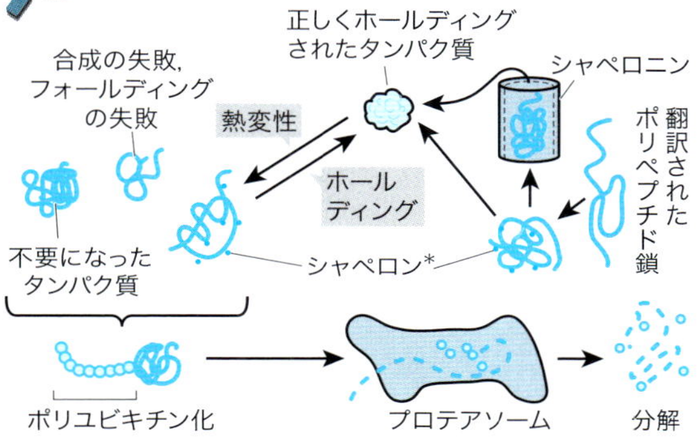

＊ ATP存在下でタンパク質のフォールディングやその解除を行う．hsp70など

に先導されて小胞体内部に入り，シグナルペプチドはその後切断・分解される（図3）。小胞体にあるタンパク質がほかの部分に移動する場合は，膜に包まれた輸送小胞となり，**小胞輸送**で移動する（図2B）。分泌タンパク質の場合，タンパク質は膜から出芽のようにして生ずる分泌小胞（顆粒）に包まれ，細胞膜と融合した後，細胞外に放出される。

不要なタンパク質は処理される

細胞小器官がリソソーム酵素で分解される場合，タンパク質は周囲を膜で包まれ（**オートファゴソーム**の形成），これにリソソームが融合して内部タンパク質が分解される機構がある（**オートファジー**，**自食**，ミトコンドリア消化の場合は**マイトファジー**）（図4）。類似機構は用済みとなった半減期の長いタンパク質や，外部から侵入した異物の分解などでもみられる。

寿命の短いタンパク質などは**ポリユビキチン化**された後，**プロテアソーム**で分解される（**ユビキチン–プロテアソーム系**）（図5）。合成や**フォールディング**（鎖の折りたたみ）に失敗したり，熱変性したタンパク質は，**シャペロン**（例：真核生物の**hsp70**）によってフォールディングされ直して再生されるが，再生しなかったものはやはりプロテアソームで分解される。翻訳されたばかりのポリペプチド鎖のフォールディングや，タンパク質が狭い通路を通るときのフォールディグ解除にもシャペロンや**シャペロニン**（例：真核生物の**CCT**，大腸菌の**GroEL**）が関与する。小胞体に入ったタンパク質に不都合があると，細胞質に出され，プロテアソームで分解される**ERAD**（**ER関連分解**）という機構が働く。

非コードRNA

point mRNAだけではなく，それ以上の数のRNAがゲノムの広い範囲から転写されている。そのような非コードRNAは，遺伝子発現制御を含むさまざまな過程にかかわることにより，細胞機能の維持に効いている。

トランスクリプトームの全容と非コードRNA

ゲノム解読後，細胞内全RNA（**トランスクリプトーム**）の分析が進み，ゲノムの70％以上の領域が転写されていることが明らかとなった。古典的な主要RNAであるmRNAに対し，新たなRNAは**非コードRNA**（**ncRNA**）といわれ，全RNA分子種の大部分を占める（図1）。この発見により，ゲノムには従来の遺伝プログラムに加えて，ncRNAという別の遺伝プログラムがあり，その両者が共同で細胞を維持・制御するという考え方が生まれた（図2）。

図1 非コードRNA（ncRNA）は広範囲な領域から転写されている

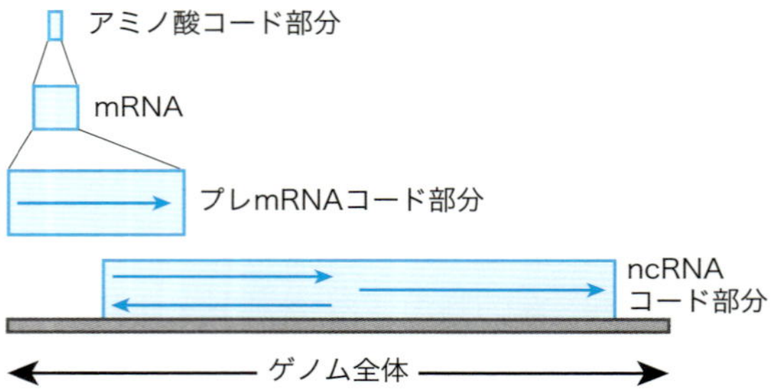

生物機能をもつ多様な非コード低分子RNA

ncRNAはmRNA以外のRNAの総称で，これまでもtRNAやrRNAを含む多くのものが明らかになっており，タンパク質合成，スプライシング調節など，多様な機能をもつ（図3）。rRNA以外のncRNAは塩基数およそ300以下の**非コード低分子RNA**で，基本的にRNAポリメラーゼⅢ（**RNA pol Ⅲ**）で転写される。非コード低分子RNAとして比較的新しく同定された**マイクロRNA**（**miRNA**。RNA pol ⅢかRNA pol Ⅱで転写される）やpiRNAといったncRNAは，標的RNAの分解などを通して遺伝子の特異的抑制にかかわる［注：**siRNA**〔small（short）interfering RNA〕は人為的なもの］。非コード低分子RNAのなかには繰り返し配列〔例：**rasiRNA**（repeat-associated siRNA)〕やヘテロクロマチン〔例：**hc-siRNA**（heterochromatin-

図2 ncRNAも細胞活動を制御する

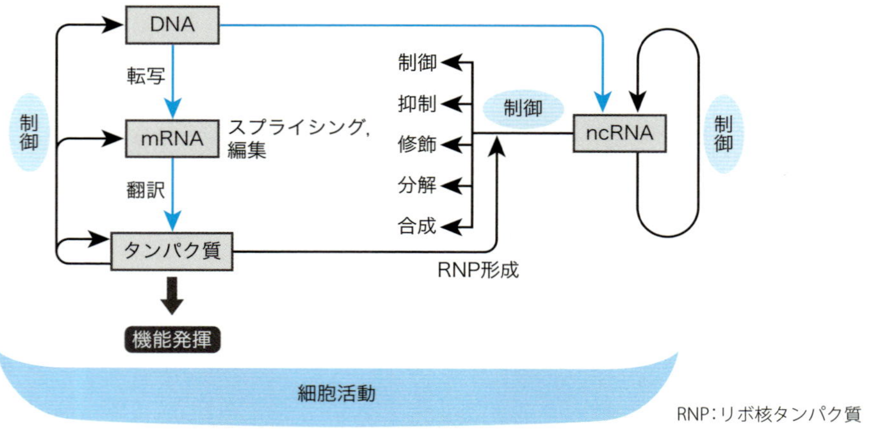

derived siRNA)〕から転写されたmiRNA以外のncRNAも見つかっており，上の機構とは別に，RNAがクロマチン成分となって染色体の一定の範囲をグローバルに抑制する機構が示唆されている。

mRNAタイプの非コードRNAもある

理化学研究所が行ったFANTOMプロジェクト（mRNAタイプRNAの網羅的解析）により，典型的な約2万種のmRNA以外にも，同数以上の高分子非コードRNAが同定され，**mlncRNA**（**長鎖ncRNA**）と呼ばれている（注：RNA pol Ⅱで合成されたもの。キャップやポリA鎖をもつが，ないものも存在する）。興味深いことにこれらのRNAの約半数ではアンチセンス鎖も見つかっている。このようなmlncRNAも，クロマチンレベルの遺伝子発現制御にかかわる可能性がある。

X染色体の不活化に効く非コードRNA

上記mlncRNAのなかで最も良く研究されているものに**Xist**（X-inactive specific transcript）がある。Xistはいずれか一方のX染色体の**X染色体不活化センター**（**XIC**）領域から転写され，**シス**に（そのDNA上で）X染色体全体に結合し，ポリコームタンパク質を引き寄せて当該X染色体を不活化する（図4）。Xistのアンチセンス側からはやはりncRNAである**Tsix**が発現し，Xistの発現をシスに抑える。他方，XIC内部から発現する他のncRNAである**Jpx**と，Xist側DNAでコードされるタンパク質の**RepA**は，おそらくシスに効いてXist発現を増強させる。

図3 さまざまなncRNA（哺乳類の場合）

種類	長さ（塩基長）	機能
5.8S，18S，28S，5S RNA（rRNA）	160，1,900，4,700，400	リボソーム形成，アミノ酸重合，翻訳制御
U1，U2，U4，U5 snRNA	20～100	スプライシング制御
U6 snRNA	100	スプライシング制御
U7 snRNA	300	ヒストンmRNAのプロセシング
snoRNA	60～150	rRNAの塩基修飾
mlncRNA	100～100,000	多様な働きがあると考えられる
miRNA	22	翻訳抑制，RNA分解？
piRNA	30	トランスポゾン抑制
7SK RNA	300	転写因子の活性を制御
7SL RNA	300	タンパク質局在化シグナル認識
RNaseP RNA	300	tRNAのプロセシング，リボザイム
tRNA	70～90	アミノ酸結合，翻訳
テロメラーゼRNA	380～560	テロメア複製の鋳型，テロメラーゼの成分

mlncRNA：mRNA-like ncRNA（mRNA様非コードRNA）

図4 X染色体不活化の仕組み

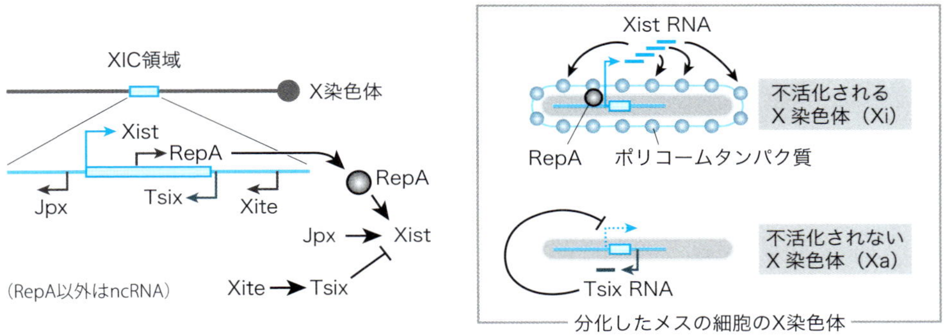

重要ワード **3-I**

RNAサイレンシング

point 非コード低分子RNAの機能の1つに，特定の遺伝子発現を抑えるRNAサイレンシングという機構がある。この機構を利用したRNAiは遺伝子抑制法として広く用いられている。

RNAサイレンシングの主役AGOファミリー

約20塩基長の非コード低分子RNAが特定の遺伝子を抑える**RNAサイレンシング**という現象がある。そのようなRNAには人為的な**siRNA**〔small（short）interfering RNA〕，ゲノムから発現する**miRNA**（**マイクロRNA**）や**piRNA**（PIWI-interacting RNA）などがあり，標的RNAを分解する**スライサー活性**をもつ。サイレンシングの主体となる因子は**AGOファミリータンパク質**（**AGOサブファミリー**と**PIWIサブファミリー**がある）（図1）で，RNA結合活性のほかにRNaseH様エンドヌクレアーゼ活性があり，複数の因子とともに**RISC**（RNA-induced silencing complex）を形成する。

RNAiは人為的に遺伝子を抑える〔RNA interfernce（干渉）〕

遺伝子の特異的抑制方法には遺伝子ターゲティング法など種々のものがあるが（図2），**RNAi**は一般的な**遺伝子ノックダウン法**としてよく使われる。標的配列をもつ二本鎖RNA（**dsRNA**）を細胞に入れると，二本鎖RNAの内部を切断するRNaseⅢ活性をもつ**Dicer2**により21塩基長のdsRNA（**siRNA**）ができ，その後一方の鎖（**パッセンジャー鎖**）が除かれる（図3）（注：パッセンジャー鎖の選択はsiRNA末端の安定性による）。AGO2を含むRISCに取り込まれた一本鎖RNAが**ガイドRNA**となって標的RNAに結合し，標的を分解する。mRNAでは翻訳が阻止される。RNAi実験ではsiRNAを細胞に入れるが，恒常的発現のためには転写後にヘアピン状二本鎖となるshort hairpin RNA（**shRNA**）が発現するDNAをゲノムに組み込ませる。

miRNAは翻訳を阻害する

ゲノムからRNAポリメラーゼⅡによって（場合によってRNAポリメラーゼⅢ）転写されたステム-ループをもつ**pri-miRNA**が，RNaseⅢ活性をもつ**Drosha**と二本鎖RNA結合ドメインをもつPashaの作用でトリミングされて**pre-miRNA**ができ，その後細胞質に移行し，**Dicer1**によって二本鎖RNAの**miRNA**となる（図4）。miRNAの一方の鎖は**スライサー活性**をもつAGO1～4（ショウジョウバエはAGO1）に取り込まれて**miRISC**が形成され，それが適当なRNAとハイブリダイズする。完全に相補的でないためRNAは分解されず，miRISCは主に翻訳開始を阻害するが，リボ

図1 AGOファミリータンパク質

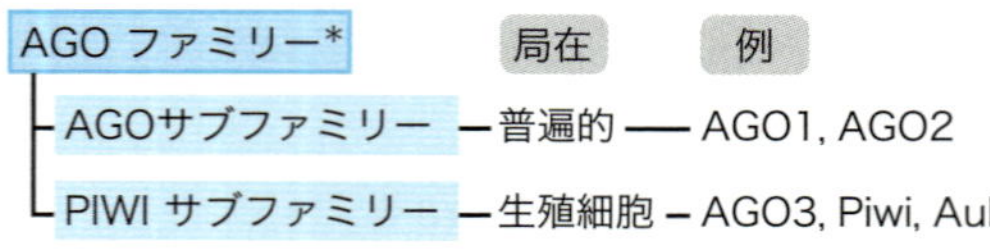
AGO ファミリー*
局在
例
AGOサブファミリー
普遍的
AGO1, AGO2
PIWI サブファミリー
生殖細胞
AGO3, Piwi, Aub

＊RNA結合活性のほか，RNaseH様エンドヌクレアーゼ活性によりRNA切断活性（スライサー活性）をもつ

図2 遺伝子を特異的に抑制する方法

A ゲノム（DNA）レベル
遺伝子ターゲティング法（⇨6-F，ゲノム編集）

B 転写/RNAレベル
RNAi（siRNA, miRNA）
▶siRNAを細胞に入れる
▶siRNA発現ベクターを染色体に組み込む
転写因子抑制，RNAi？
特異的阻害物質
ハンマーヘッド型リボザイム

C 転写後～翻訳レベル
RNAi，アンチセンスRNA活性化因子の不活化，抗体や特異的阻害物質
ドミナントネガティブ

図3 RNAiのメカニズム

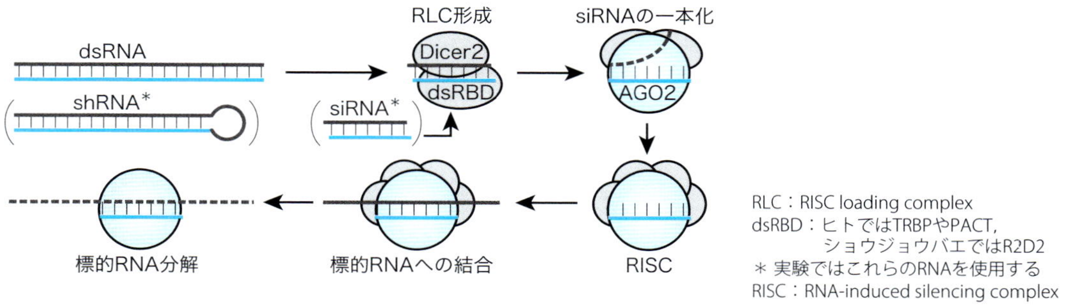

図4 miRNAによる翻訳阻害効果（ショウジョウバエの例）

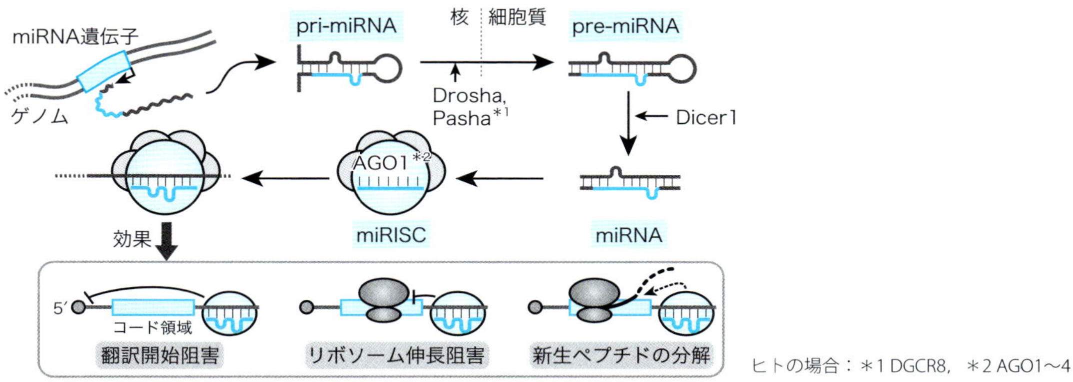

図5 piRNAはトランスポゾンを抑える

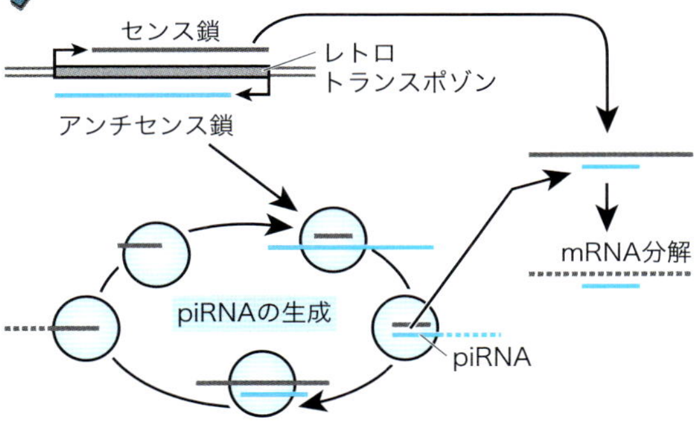

ショウジョウバエでのプロセス．マウスではpiRNAを含むMILI（Miwi like）やMIWI（mouse piwi）がレトロトランスポゾンのメチル化機構を活性化する．piwiはP-element-induced wimpy testis in *Drosophila*からつけられた

ソーム伸長阻害や新生ペプチド分解を介する翻訳抑制もみられる。miRISCの結合したRNAはP-ボディ（⇨3-F）で分解される。miRNA遺伝子はゲノム中に数百あり，細胞や生理機能の維持（例：癌抑制，インスリン分泌，脂肪細胞分化），あるいはウイルス抵抗性にかかわる。

piRNAは生殖細胞で働く

生殖細胞でのRNAサイレンシングには，トランスポゾン（⇨8-B）由来の25〜30塩基長のpiRNAがかかわる。**トランスポゾン**（主に**レトロトランスポゾン**）からはアンチセンスRNAも転写されるが，それから低分子化した**piRNA**が生成する（図5）。piRNAと結合するPIWIサブファミリーAGOタンパク質は，ショウジョウバエではトランスポゾンのmRNA分解に働き，マウスではトランスポゾン遺伝子のメチル化を高めて遺伝子発現を抑える。piRNAはトランスポゾン抑制に働く。

第4章

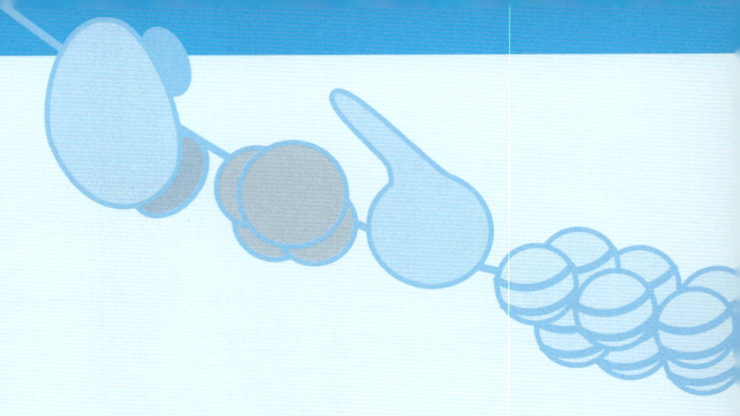

転写制御

本章でわかる重要ワード

概 論

RNAポリメラーゼだけでは必要に応じた個々の遺伝子に特異的なレベルの転写ができないため，細胞はRNAポリメラーゼの働きや，プロモーターへのアクセスを直接あるいは間接的に制御することによって，転写量を制御している。この制御が遺伝子特異的に起こるのは，プロモーターを含む転写制御領域の構造の特異性に起因する。**大腸菌の転写**（⇨4-A）ではRNAポリメラーゼがプロモーターに結合し，さらにその周辺のさまざまな因子と機能的に相互作用するために，遺伝子や**オペロン**（⇨4-A）の発現が特異的に制御される。真核細胞は3種類のRNAポリメラーゼをもつが，いずれの酵素もそれぞれに特異的な基本転写因子の助けを必要とする。mRNAを合成する**真核生物の転写開始機構**（⇨4-B）では，**RNAポリメラーゼⅡ**（pol Ⅱ）（⇨4-C）や**転写伸長制御**（⇨4-C）がよく研究されている。pol Ⅱ系プロモーターでは，TATAボックスに**TBP**（⇨4-D）あるいはTFⅡDが結合し，その後TFⅡBをはじめとするいくつかの基本転写因子が集結して転写開始前複合体が形成され，転写開始反応が起こる。**TFⅡH**（⇨4-D）はDNAヘリカーゼ活性とプロテインキナーゼ活性をもち，pol ⅡのCTDリン酸化を含む転写開始前複合体の活性化にかかわり，さらにDNAの修復にも関与する。

転写活性化は活性化配列である**エンハンサーと転写制御因子**（⇨4-E）が相互作用することで起こる。転写制御因子にはDNA結合領域と転写制御領域からなるモチーフ構造がみられる。エンハンサーは時期・組織特異的に転写を活性化するが，これはそこに結合する転写制御因子の活性化や局在変化が特異的に誘導されることで説明できる。細胞内外の刺激が最終的に転写制御因子を活性化する**刺激応答と転写制御因子の活性調節**（⇨4-F）経路が多数知られており，**NF-κB**（⇨4-G）では随伴する抑制因子IκBがリン酸化依存的に分解され，その後核移行するが，**核内受容体**（⇨4-H）は細胞内に直接入ったリガンドによって活性化される。**転写制御機構**（⇨4-I）には，転写制御因子がコアクチベーターの作用を介して転写を活性化する機構も存在する。コアクチベーターのあるものは転写活性化に働くヒストンアセチル化活性をもつ。転写活性化は最終的には，転写制御因子，基本転写因子，pol Ⅱが，キナーゼ活性をもつメディエーターと結合することで達成される。

概略図

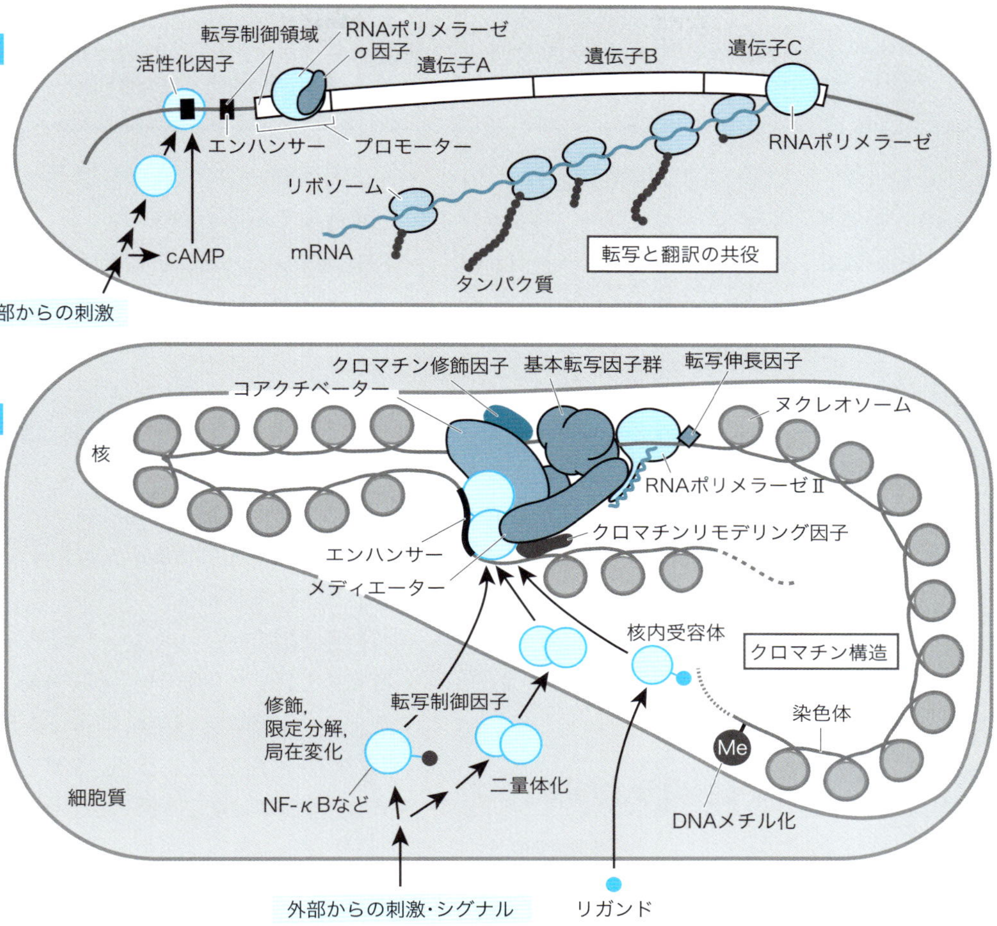

真核細胞では**クロマチンの修飾**（⇨4-J）とエピジェネティクスが染色体レベルの転写制御に深くかかわる。クロマチンが主に転写抑制的に働くため，遺伝子の発現はおおむね抑えられているが，細胞にはクロマチンを化学修飾したり，ヌクレオソームの位置を変えるクロマチンリモデリング因子が存在し，転写活性化にかかわっている。クロマチン構成要素であるヒストンは，転写制御にかかわるさまざまな化学修飾を受けている。**DNAのメチル化**（⇨4-K）などの修飾は細胞増殖の過程を通して保存され，塩基配列によらないさまざまなエピジェネティックな効果を発揮するが，細胞の分化や癌化においてはその修飾パターンが変化する。このように，真核生物の遺伝子発現の制御は修飾されたゲノム，すなわち**エピゲノム**（⇨4-K）が主体となって行われる。

大腸菌の転写とオペロン

point 大腸菌ではRNAポリメラーゼがプロモーターに結合し，ヌクレオチドによる活性化を経て転写が開始されるが，オペロンに含まれる複数の遺伝子の転写がまとめて制御される機構も発達している。

プロモーターには特徴的な構造がある

プロモーター（⇨3-A）の中には共通（**コンセンサス**）配列があり，それらはRNAポリメラーゼが結合する部位として機能する。代表的なプロモーター配列にはATに富む**−10領域**（**プリブノウボックス**ともいう）と**−35領域**がある（転写開始部位を+1とする）（図1）。遺伝子発現を制御するこのようなDNA配列を**シス配列**（**領域**）といい，通常はそこには**トランスに働く因子**として**転写制御因子**（**転写調節タンパク質**ともいう）が結合する。

Memo シスとトランス
連結した関係（同一線上）で作用する場合をシス，連結しなくとも拡散して働く場合をトランスという。

図1 プロモーターには特徴的な構造がある

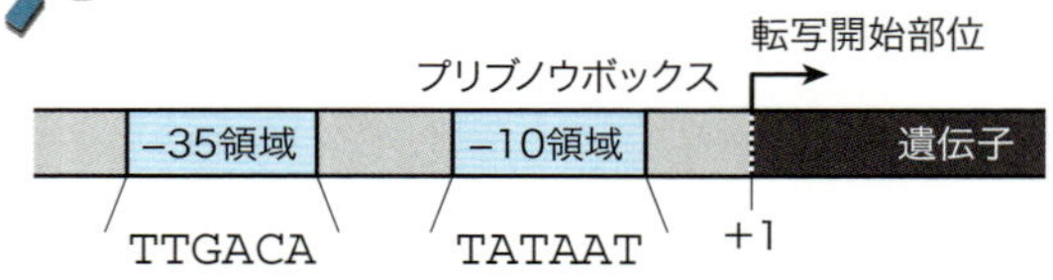

図2 RNAポリメラーゼは複数のサブユニットからなる

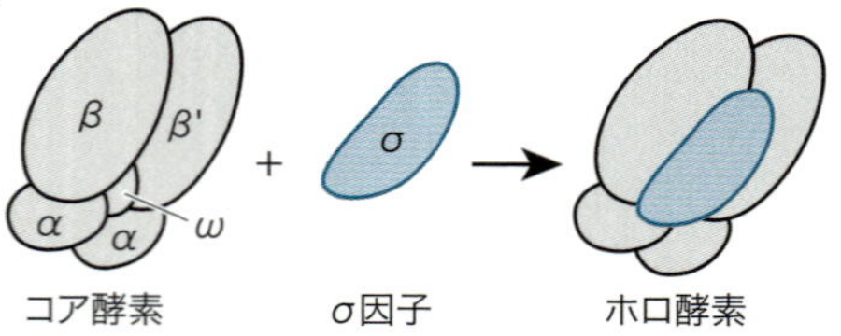

サブユニット	機能
σ因子	プロモーター認識（σ^{70}など）
コア酵素	
α	β, β'の集合, プロモーター認識
β	触媒活性
β'	DNA結合, σ因子結合
ω	サブユニットの集合, 酵素の成熟

σ因子をもつRNAポリメラーゼが結合して転写が始まる

RNAポリメラーゼコア酵素は**σ**（**シグマ**）**因子**と結合してRNAポリメラーゼホロ酵素となり（図2），プロモーターに結合して**閉鎖型複合体**を形成するが，そこに基質ヌクレオチドが加えられるとDNAが一部変性して活性化型の**開放型複合体**となり，RNAポリメラーゼによる最初のリン酸ジエステル結合ができる（図3）。これを**転写開始**といい，それ以降の重合反応，すなわち**転写伸長**と区別される。伸長後まもなくσ因子は解離するが，RNAポリメラーゼはそのまま伸長反応を行い，**ρ**（**ロー**）**因子**の結合により転写を終えて鋳型から離れる（**転写終結**）。σ因子はプロモーター認識および結合に関与する。通常はσ^{70}（シグマ70）が利用されるが，窒素飢餓や高温など，特殊な環境下では別のσ因子が使われ，別のプロモー

図3 転写開始の基本過程

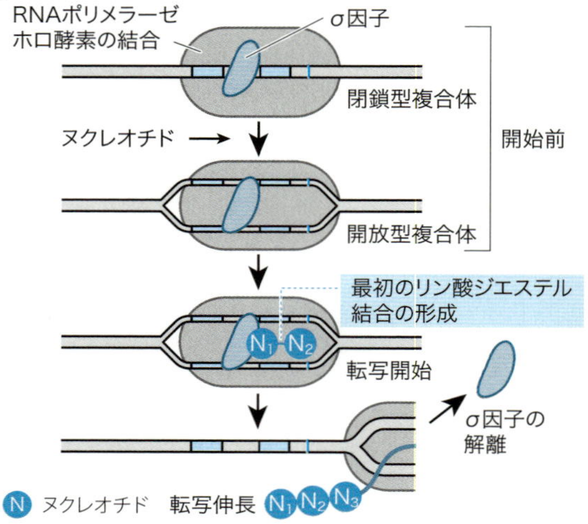

図4 ラクトースオペロンの構造とその制御

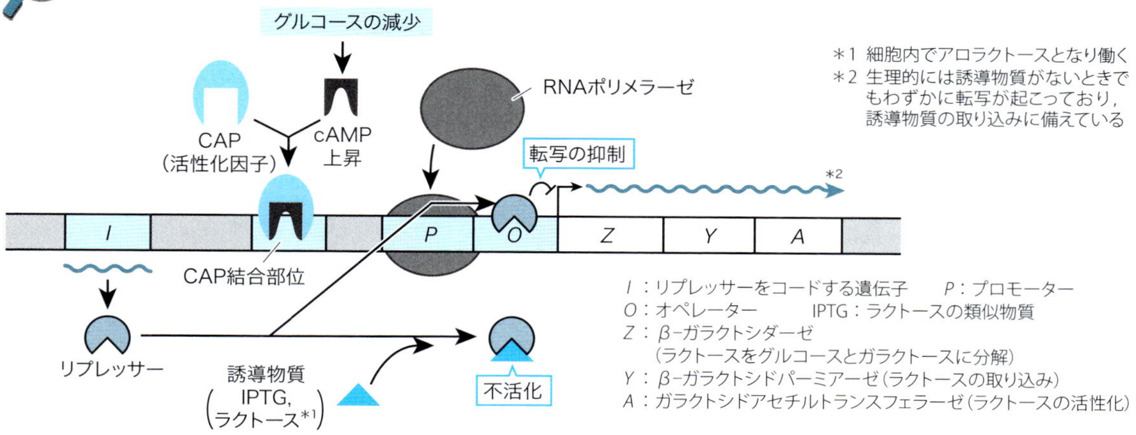

図5 他にもあるオペロンの制御様式

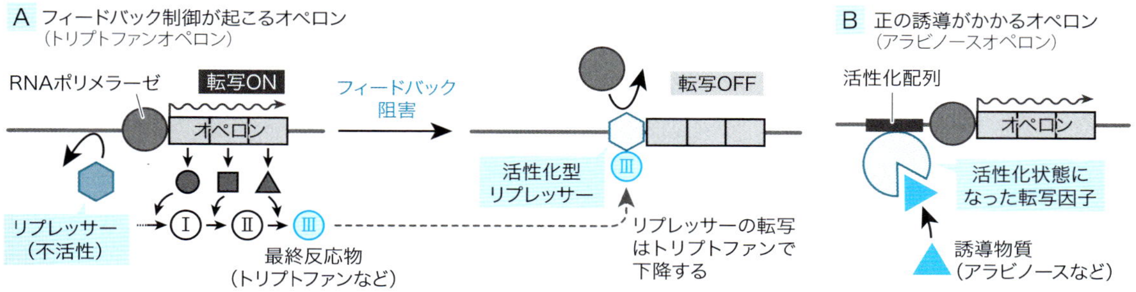

ターが認識される。なお，RNAポリメラーゼは一般的に**校正機能**（⇨2-C）をもつ。

関連遺伝子をまとめて制御するオペロン

関連遺伝子が1つのプロモーターからポリシストロニックに転写される場合，プロモーターとその近傍の**オペレーター**（転写を最終的にON/OFFする配列）を含む転写制御配列を**オペロン**（operon）と呼ぶ。**ラクトース（乳糖）オペロン**では，通常，抑制因子「**リプレッサー**」が転写開始部位直上のオペレーターに結合して開放型複合体の形成を阻害し，転写は抑制されている（図4）。ここにラクトースなどの誘導物質が入ると，リプレッサーに結合してそれを不活化するので転写が起こる。転写により**β-ガラクトシダーゼ（*lacZ*）遺伝子**を含む3種類の遺伝子が発現し，ラクトースの利用が可能になる。このとき，培地にグルコースがないと**cAMP**（環状AMP）が上昇し，cAMPで活性化される転写活性化因子**CAP**（**CRP**ともいう）がプロモーター上流に結合して，転写を活性化する。この理由により，ラクトースがあってもグルコースがあると，効率のよいグルコースを優先的に使うので，ラクトースオペロンはあまり働かない（**カタボライトリプレッション**，あるいは**グルコース効果**）。オペロンにはリプレッサーの分解に基づくもののほか，トリプトファン合成の**トリプトファンオペロン**のように，最終代謝物のトリプトファンがオペロンを抑制するもの（負のフィードバック）（図5A），さらには**アラビノースオペロン**のように正の制御を基本とするものなどがある（図5B）。特定の要因（リン酸塩や熱ショックなど）や特定の転写制御因子によって制御される一群のオペロン，あるいは遺伝子群を，**レギュロン**という。

重要ワード 4-B

真核生物の転写開始機構

point 真核生物に存在する複数のRNAポリメラーゼは合成するRNAの種類が異なるが，自身だけでは転写を開始することができず，基本転写因子を必要とする。転写の開始，伸長，終結にはそれぞれに特徴的な制御機構がある。

真核生物のRNAポリメラーゼは3種類

真核生物のRNAポリメラーゼには，**RNAポリメラーゼⅠ（pol Ⅰ）**，**RNAポリメラーゼⅡ（pol Ⅱ）**，**RNAポリメラーゼⅢ（pol Ⅲ）**の3種類があり，それぞれ，rRNA，mRNA/snRNA，そして5S RNA/tRNA/miRNA/一部のsnRNAなどを合成する。植物にはpol Ⅳも存在する（図1）。真核生物のRNAポリメラーゼは単独で特異的プロモーターへの結合や転写開始（場合によっては伸長も）を行うことができず，それぞれの酵素に特異的な**基本転写因子**（群）が必須である。

図1 真核生物のRNAポリメラーゼ

種類	合成するRNA
pol Ⅰ	rRNA前駆体
pol Ⅱ	プレmRNA，snRNA， mlncRNA，ある種のmiRNA
pol Ⅲ	tRNA，U6-snRNA，5S rRNA，miRNA， 7SK RNA，7SL RNAなど
pol Ⅳ（Ⅴ） ［植物］	miRNAなどの抑制性RNA

pol Ⅱだけでは転写できない

pol Ⅱ系遺伝子の**コアプロモーター**（⇨4-E）には基本転写因子が認識する，ゆるい共通配列が存在する（図2）。pol Ⅱで転写される遺伝子には，転写開始部位約30塩基長上流にATに富む**TATAボックス**（配列）をもつものがある（図3）。このタイプのプロモーターの場合，まず基本転写因子の1つ**TFⅡD**がTFⅡAの助けでTATAボックスに結合する。結合にはTFⅡDのなかの一成分である**TBP**（TATA結合タンパク質）が中心的な役割を担っており，TFⅡD中のほかの因子**TAF**（TBP-associated factor）はプロモーター識別や転写制御（HAT活性，コファクター能）にかかわる。その後**TFⅡB**，そして**TFⅡF**の結合したpol Ⅱが結合し，転写可能な複合体「**転写開始前複合体**」が作られる。より効率的な転写のためには，そこに**TFⅡE**とともに**TFⅡH**が結合する。転写制御因子の多くは転写開始前複合体を標的とする。

基本転写因子が担っている働き

TFⅡHは2種類の酵素活性をもつが，そのうちのDNAヘリカーゼは開放型複合体様構造の形成にかかわり，プロテインキナーゼはpol Ⅱの**C末端繰り返し**

図2 pol Ⅱ系遺伝子のコアプロモーターに含まれるシスエレメントとそこに結合する基本転写因子

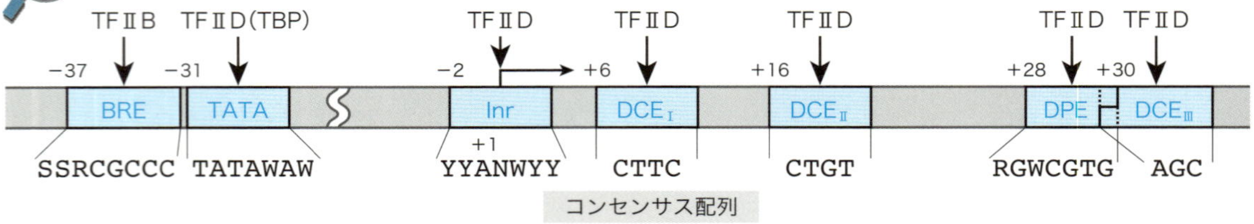

BRE：B-recognition element　TATA：TATA-box　Inr：initiator　DCE：downstream core element　DPE：downstream promoter element
TFⅡD：transcription factor ⅡD　S：G+C，R：A+G，W：A+T，Y：T+C，N：A+T+G+C
注）プロモーターにより含まれる配列の種類は異なる

領域（**CTD**）のリン酸化を介して，転写の開始効率や伸長効率の上昇に寄与する。転写開始後，TFⅡD（TFⅡBも？）はプロモーターに残り，次の転写に備える。polⅠとpolⅢにも，おのおの特異的な基本転写因子群が用いられる（図4）。

polⅡ系ではpolⅡを選択する因子はTFⅡBであるが，polⅠ系，polⅢ系ではそれぞれSL1とTFⅢBである。

転写はどのように伸び，どのように止まるのか

リン酸化されたpolⅡが移動してプロモーターの拘束から開放されると（**プロモータークリアランス**あるいはプロモーターエスケープという。＋10〜＋15の位置でみられる），安定な**転写伸長**に移行するが，伸長速度も**伸長促進因子**や抑制因子により調節される。polⅡは特定の場所で**転写終結**を行わず，mRNAの**ポリAシグナル**（AAUAAA）を通過しても止まらない。しかし，プレmRNAのポリAシグナルの下流には**CoTC**（転写共役的切断）と呼ばれる配列があり，それによってCoTCの上流が切断され，続いてエキソヌクレアーゼによって下流のプレmRNAが分解され，結果的にpolⅡが鋳型から離れる（図5）。すなわち，CoTCは**リボザイム**である。

図3 polⅡの基本転写因子

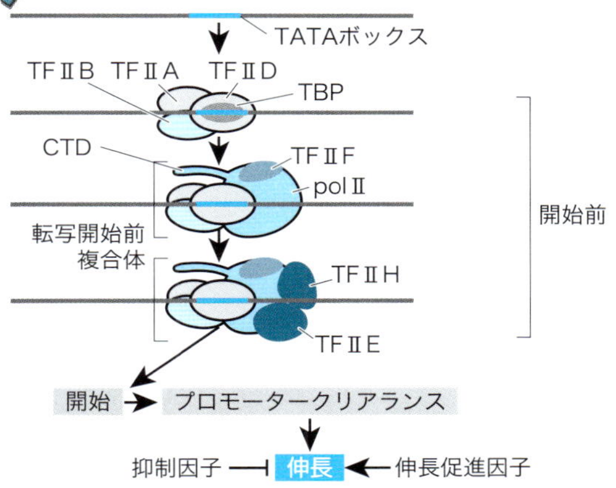

図4 他のRNAポリメラーゼの転写開始複合体

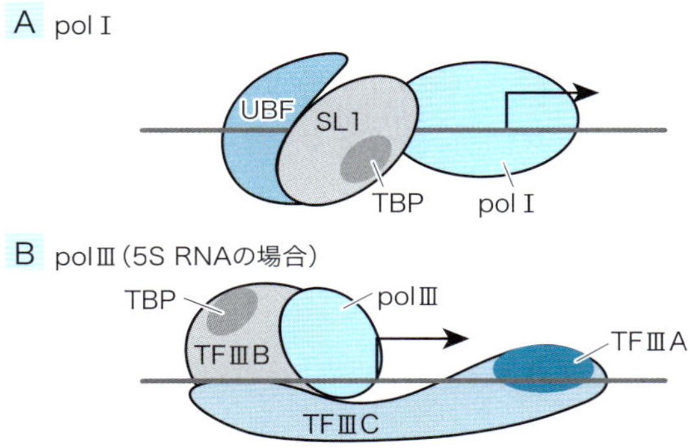

図5 CoTCがpolⅡの転写を終結させる

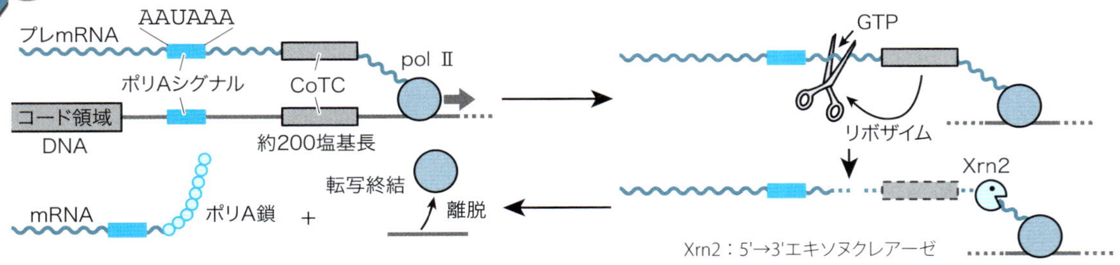

Column 毒キノコは転写を止める

毒キノコであるタマゴテングダケでハエを駆除していた時代があった。毒の成分はαアマニチンで，青酸カリにも増して強力な毒性をもつ。この物質はpolⅡに結合して伸長を止める働きがある。

重要ワード 4-C

RNAポリメラーゼIIと転写伸長制御

> **point** mRNAを合成するRNAポリメラーゼIIの最大サブユニットはC末端に繰り返し配列（CTD）をもつが，転写の活性化やmRNAの転写後修飾は，CTDのリン酸化を通して行われる。

📎 RNAポリメラーゼIIの構造

出芽酵母のRNAポリメラーゼII（pol II）は12個のサブユニットからなるが，そのなかには大腸菌のRNAポリメラーゼのサブユニットの機能に相当するものがすべて含まれる（図1A）。大腸菌の酵素のβ'に相当するpol II最大サブユニットは，C末端に7アミノ酸の繰り返し構造**CTD**（C-terminal domain）が存在する。リン酸化CTDは，pol II特異的転写制御とmRNA特異的修飾の必須要素である。

📎 CTDがリン酸化すると転写が促進される

CTDはYSPTSPSを単位として，出芽酵母で26，ヒトで52回繰り返している。CTDが短縮した酵母は増殖が悪い。CTDはリン酸化されるが，リン酸化はSer2（2番目のセリン）とSer5に起こる（図1B）。ここをリン酸化する酵素は**TFIIH，メディエーター**（⇨4-I）そして**P-TEFb**中のCDK-サイクリン複合体（⇨10-A）で，前者2つはSer5を，後者はSer2をリン酸化し，Ser2リン酸化はSer5リン酸化の後に起こる（図2）。リン酸化によりpol IIは**プロモータークリアランス**が可能となり，ヌクレオチド重合速度が上昇する。これが転写活性化の最終的で具体的な効果である。

📎 転写伸長に働くさまざまな因子

pol IIの進行速度は脱リン酸化などによって次第に遅くなるが，**P-TEFb**はそのような酵素をリン酸化して伸長を促す（図3A）。pol IIの校正機能は**SII**により促進されるため，SIIは**転写伸長**に効く（図3B）。伸長促進因子**SIII**（エロンギン）のAサブユニットは，通常は**VHL**（フォン・ヒッペル・リンドウ）病（癌）タンパク質に置き換えらえているが，VHL遺伝子（癌抑制遺伝子）が変異するとSIIIが本来の活性をもつので，転写亢進→発癌となると考えられる（図3C）。白血病関連遺伝子**ELL**あるいは**MEN**も伸長促進因子で，過剰発現は発癌に結びつく。クロマチンリモデリング因子**FACT**（facilitate chromatin transcription）はpol II進行をスムーズにして転写伸長に効く（図3D）。

> **Memo　転写伸長抑制因子**
> **DSIF**と**NELF**はP-TEFbによるCTDのリン酸化を抑制して伸長を抑える（図4）。

📎 mRNAの合成と転写後修飾は共役する

プレmRNAの末端修飾やスプライシングは，pol II

図1　pol IIのサブユニットとCTD

A サブユニット

サブユニット名（別名）	相当する大腸菌のサブユニット
B220（Rpb1）[*1]	β'
B150（Rpb2）	β
B44（Rpb3）	α
B12.5（Rpb11）	α
B32（Rpb4）[*2]	
B16（Rpb7）[*2]	
B12.5（Rpb9）[*3]	
ABC27（Rpb5）[*3]	
ABC23（Rpb6）[*3]	ω
ABC14.5（Rpb8）[*3]	
ABC10β（Rpb10）[*3]	
ABC10α（Rpb12）[*3]	

A，B，Cはそれぞれ含まれる酵素の種類，pol I（A），II（B），III（C）を示す
[*1] CTDをもつ
[*2] 解離しやすい．翻訳制御にもかかわる
[*3] 3種の酵素で共通のサブユニット

B CTD

　　YSPTSPS
　　　＊　　＊　　　　＊リン酸化されるセリン

で転写されるRNAに特異的に起こる。リン酸化CTDは，キャッピング酵素，ポリA付加酵素，そしてsnRNAを含むスプライシング因子複合体（**スプライソソーム**）をリクルートさせて**CPSF複合体**を形成し，合成と共役するRNAの修飾を行う。リン酸化CTDは**mRNAファクトリー**（工場）として機能する（図5）。

図2　CTDがリン酸化されると転写が促進される

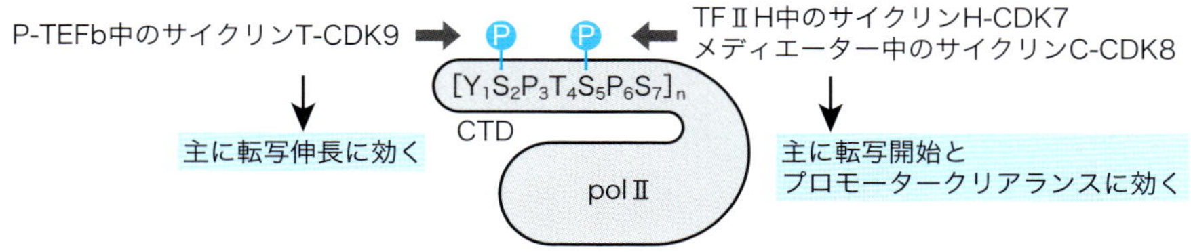

図3　転写伸長に働くさまざまな因子

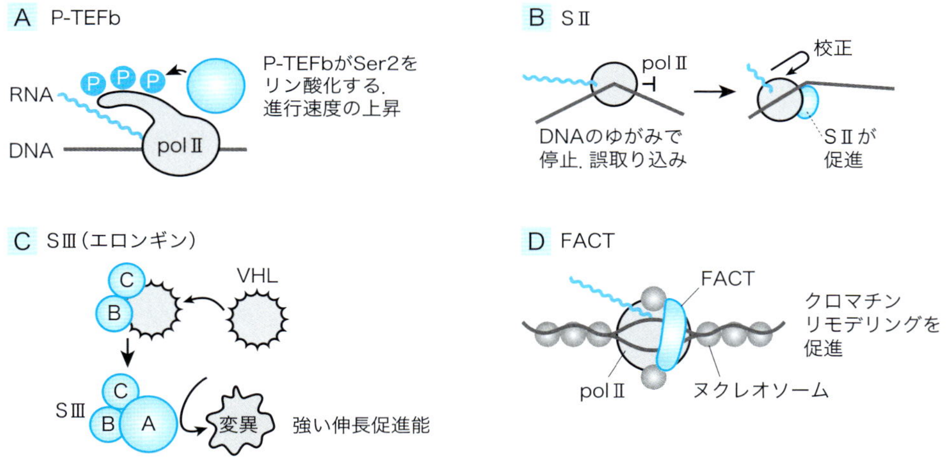

図4　NELFとDSIFはP-TEFbに拮抗する

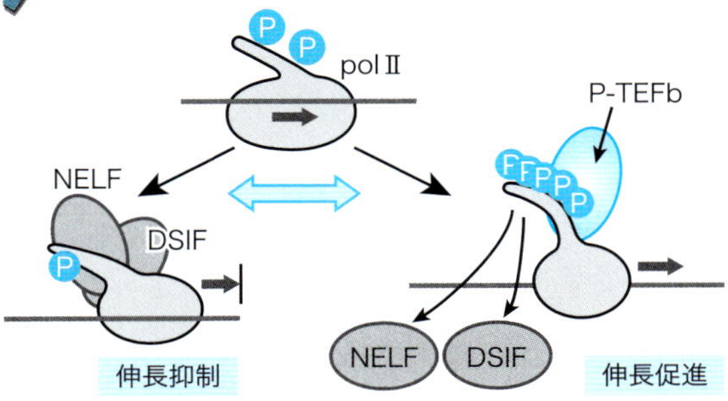

NELF：negative elongation factor
DSIF：DRB-sensitivity inducing factor
〔DRBはP-TEFbの活性を抑えるキナーゼ阻害剤
（5, 6-ジクロロ-1-β-リボフラノシルベンズイミダゾール）〕

図5　mRNAファクトリーの概念図

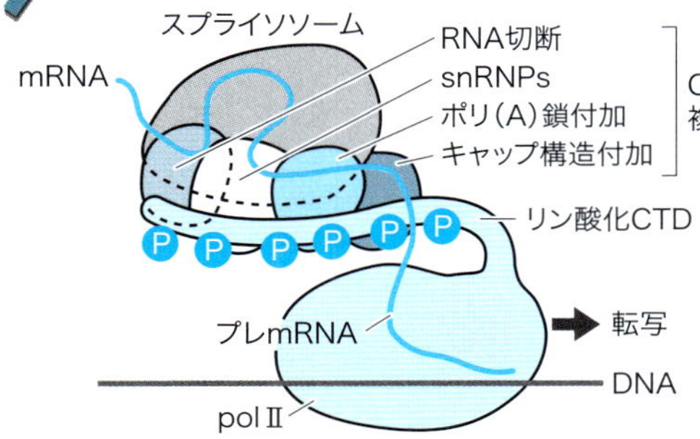

snRNPs：snRNAを含むリボ核タンパク質
CPSF：cleavage-polyadenylation specificity factor

重要ワード 4-D

多様な機能をもつ基本転写因子：TBPとTFⅡH

point TBPはDNA結合性の基本転写因子で，TAFなどと複合体を作ってRNAポリメラーゼの機能に普遍的にかかわり，また複数の類似因子が存在する。TFⅡHは2種類の酵素活性によって転写開始や伸長を促進するが，DNA修復にもかかわる。

TBPとTFⅡDの発見

TBP（TATA結合タンパク質）はプロモーター中の**TATAボックス**に結合（副溝に結合する）して転写開始前複合体の形成反応を先導する（⇨4-B）。TBPの活性の大部分は，**C末端保存領域**に含まれている（図1）。TBPは細胞内では複数の**TBP随伴因子**（**TAF**：TBP-associated factor）と**TFⅡD**を形成している（図2）。TAFは分子量の大きな順にTAF_1，TAF_2，…と十数種同定されており，あるものは組織特異的である。TAFはヒストン様構造，HAT活性（⇨4-J），DNA結合能，転写制御因子結合能によって，プロモーター認識能，転写活性化能，コアクチベーター能（⇨4-I）を発揮することができる。TAFはコアクチベーターのPCAFや，クロマチンリモデリング因子のSAGAにも含まれている。

TBPはすべての転写系に必要

TBPはRNAポリメラーゼⅠ（polⅠ）の基本転写因子**SL1**，polⅢの基本転写因子**TFⅢB**といったRNAポリメラーゼ選択因子のなかにも含まれている。すなわち，TBPは**普遍的転写制御因子**である。SL1，TFⅢBはTBPを含んでいるにもかかわらずTATAボックス結合能はないことから，TBPは複合体の成熟にかかわると考えられる。

TBPにはいくつかの類似因子がある

TBPは古細菌にも存在するが，真核生物にはTBPと構造の似る因子（TRF：TBP-related factor）が4種類見出されている（図1A）。**TRF1**はショウジョウバエに存在し，TFⅢB中ではTBPの代わりに使われる。**TRF2**は**TLP**（TBP-like protein）とも呼ばれ，後生動物に存在する。TLPはTBPのC末端保存領域と約40％しか相同性がなく，TATAボックス結合能はないが，緩いDNA結合能やコファクター能を介して転写を活性化し，分化，チェックポイント，アポトーシス促進効果や，増殖抑制効果を発揮する。**TRF3**

図1 TBPの構造とファミリー因子との類似性

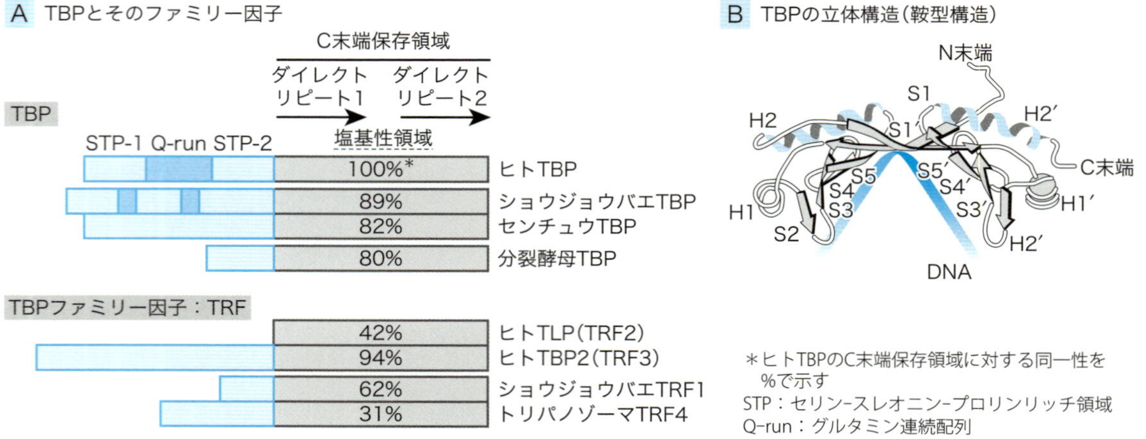

＊ヒトTBPのC末端保存領域に対する同一性を％で示す
STP：セリン-スレオニン-プロリンリッチ領域
Q-run：グルタミン連続配列

図2 TFⅡDには多くのTAFが含まれる

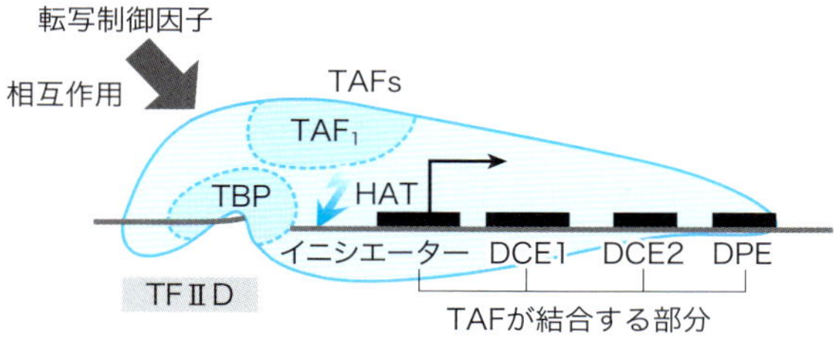

TAFを含む因子
ポリコーム
PCAF（コアクチベーター）
SAGA（コアクチベーター）

HAT：ヒストンアセチル化酵素
TAF_1：HAT活性，キナーゼ活性，ユビキチンリガーゼ活性をもつ
ヒストン様構造をもつTAF：$TAF_{4, 6, 9, 10, 12, 13}$

図3 TFⅡHの構造と機能

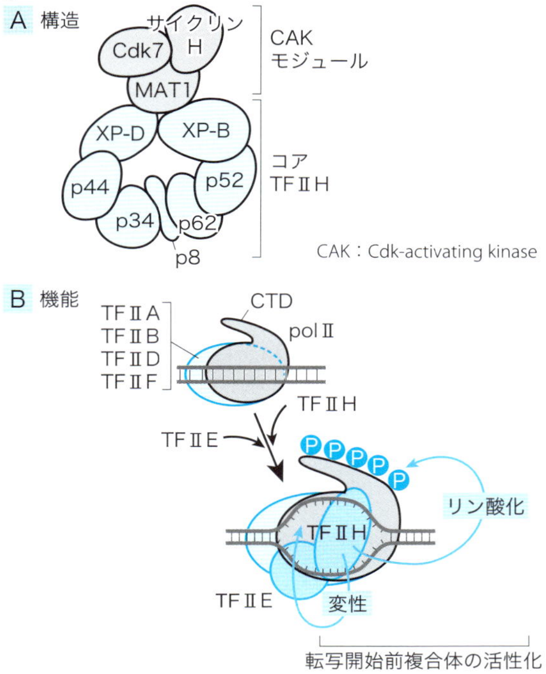

図4 TFⅡH各サブユニットの働き

	サブユニット名	機能/活性
コアTFⅡH	XP-B（ERCC3）*1	3′→5′ヘリカーゼ
	XP-D（ERCC2）	5′→3′ヘリカーゼ
	p62	—
	p52	—
	p44	DNA結合
	p34	DNA結合
	p8（TTD-A）*2	TFⅡHの成熟・安定化
CAKモジュール	Cdk7	キナーゼ(CTDキナーゼ)*3
	サイクリンH	Cdk制御
	MAT1	CAKの安定化

＊1 XP：色素性乾皮症，
ERCC：excision repair cross complementation
＊2 TTD：硫黄欠乏性毛髪発育異常症
＊3 セリン-スレオニンキナーゼ

（**TBP2**）は脊椎動物に存在するが，TBPとほぼ同じ構造をもち，プロモーター選択性を示す。**TRF4**はトリパノゾーマで見つかった，TBPのC末端保存領域と31％の相同性をもつ因子だが，すべてのクラスのRNAポリメラーゼに必要である。植物は非常によく似た2個のTBP遺伝子をもつ。

TFⅡHは酵素活性で転写開始を促進する

10個のサブユニットをもつ**TFⅡH**は，7個のタンパク質がリング状に連結したコアTFⅡHと，付随する**CAKモジュール**からなる（図3A）。前者は**ヘリカーゼ活性**をもち，後者はCAK〔**CDK活性化キナーゼ**（**Cdk7＋サイクリンH**）〕とMAT1からなる（図4）。TFⅡHは**TFⅡE**の助けで転写開始前複合体に結合するが，それによってDNAが部分変性し，複合体が活性化する（図3B）。TFⅡHのキナーゼ活性は**CTD**中のSer2のリン酸化を介して転写開始やプロモータークリアランスの促進に効く。

TFⅡHは修復にも必要である

ヌクレオチド除去修復の過程でもTFⅡHが使われる（⇨2-G）。TFⅡHはDNA損傷部に結合し，傷害をもつ鎖を変性させて外すが，このときにTFⅡHのヘリカーゼが使われる。ヘリカーゼ活性をもつ**XP-B**と**XP-D**は，色素性乾皮症（XP）の原因遺伝子産物である。

重要ワード **4-E**

エンハンサーと転写制御因子

point 遺伝子の周囲には，転写の活性化や遺伝子の特異的発現や誘導的発現にかかわる固有の制御配列，すなわちシス配列「エンハンサー」があるが，そこには特徴的なモチーフ構造をもつ転写制御因子が結合する。

転写を制御するプロモーター中の配列

基本転写因子とRNAポリメラーゼの標的部分は**コアプロモーター**といわれ，pol II系遺伝子の場合，コアプロモーターを含む約100塩基対の領域を**プロモーター**という。そこにはプロモーター活性を上昇させるシス配列（**GCボックス**や**CCAATボックス**）が存在する場合がある（図1）。GCボックスは，TATAボックスのない**ハウスキーピング遺伝子**（細胞の維持に必要な遺伝子群）などのコアプロモーターによくみられる。

プロモーター以外にも転写を活性化する配列がある

プロモーターからの転写をさらに高めるため，多くの遺伝子はその上流（場合によっては遺伝子の内部や下流）に，**エンハンサー**といわれる活性化シス配列（4〜10塩基長程度）をもつ（図1）。このことから遺伝子は通常の遺伝コードのほかに，発現を制御するコードをもつとみなすことができる。エンハンサーの構造は遺伝子に特異的であり，その実体は配列特異的な**転写制御因子**〔**転写活性化（調節）タンパク質**ともいう〕の結合部位である（図2）。複数のエンハンサーからなる制御領域は，転写活性化因子が複合体（**エンハンスソーム**）となり，因子の相乗効果によってより強い転写活性化効果を発揮する。**サイレンサー**という，転写抑制に働くシス配列も存在する。エンハンサーはプロモーターから数千塩基離れても作用し，その機能が細胞内でみられることから，クロマチンの構造変化や，途中の鎖を外に押しやって遠くの部分を近くにもってくるDNAのループアウトなどを介して，基本転写装置と相互作用すると考えられる（図3）。エンハンサーは**誘導的転写**や**組織特異的転写**，あるいは**時期特異的転写**などの作用を発揮するが，それは結合する転写制御因子の存在や活性化に依存している。

図1 転写を制御するさまざまなシス配列

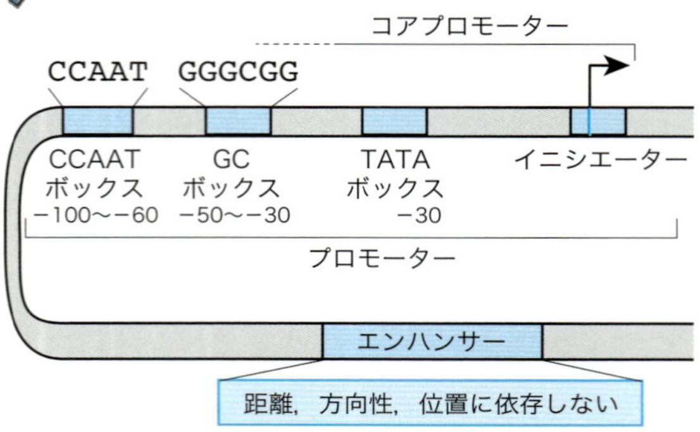

図2 転写制御因子は独自のDNA配列に結合する

転写因子名	結合配列
Sp1	KGGGCGG(GGC/AAT)
オクタマー因子	ATTTGCAT
E2F	TTTSCGC
CREBあるいはATF	TGACGTCA
TBP	TATAWA
AP-1	TGACTCA
HSF	CtNGAAtNTtCtaGa
SRF	CCATATTAGG
ホメオドメインタンパク質	TAATTG
NF-κB	$GGGN_2$(YYC)C
IRF-1および2	AAGTGA
MyoDファミリー	CAGGTG
GATA因子	WGATAR
エストロゲン受容体	AGGTCA$(N)_3$TGACCT
レチノイン酸受容体	PG(G/t)TCA$(N)_5$AGKCA

K：G＋T，W：T＋A，S：G＋C，Y：C＋T，R：G＋A
大文字（小文字）は共通性の高い（低い）塩基を示す

転写制御因子は異なる機能領域が組合わさったタンパク質

転写制御因子の数はヒトで2,000個以上と非常に多いが，基本的に**DNA結合領域**と**転写制御領域**をモジュールとする**モチーフ構造**からなっているため，転写制御因子を限定的な数のモチーフで分類することができる（図4）。それぞれの機能領域は独立して働くことができるため，組合わせて新たな因子を作ることもできる。代表的なモチーフとしては，**ヘリックス・ターン・ヘリックス**，塩基性領域・ロイシンジッパー（**b–Zip**）（図5），**ジンク**（Zn）**フィンガー**，**ヘリックス・ループ・ヘリックス**などがある。DNAと相互作用する部分としてはαヘリックス，塩基性領域，β構造の集合など，**転写活性化領域**としては酸性アミノ酸領域，プロリンに富む領域，セリン・スレオニンに富む領域などが知られている。転写制御因子の機能領域には，この他にもほかの転写にかかわる因子と結合する**タンパク質相互作用領域**をもつもの，リガンド（結合して生理活性を発揮する低分子物質）となる金属やホルモンと結合する**リガンド結合領域**をもつものなどがある（図6）。二量体を作る転写制御因子では，パートナー因子により転写制御能が修飾される。転写制御因子のなかには，シグナル伝達経路の標的となってリン酸化され，機能修飾，核移行，限定分解，パートナー因子との解離会合の状態を変化させるものが少なくない （⇨4–E）。

図3 エンハンサーはプロモーターと接近する

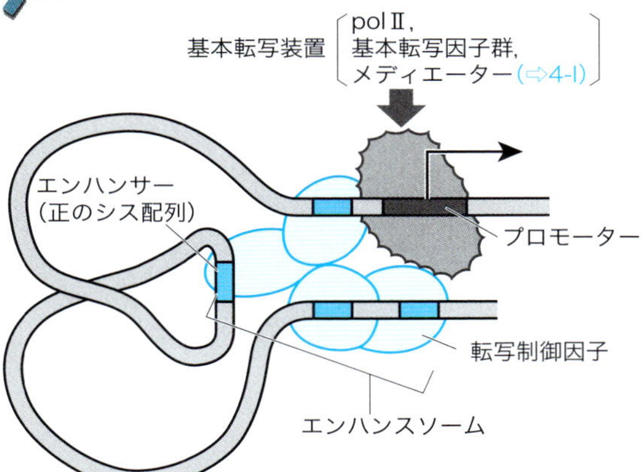

図4 転写制御因子には特徴的構造がみられる

- **ヘリックス・ターン・ヘリックス（HTH）** CAPなど，原核生物でみられる転写制御因子にはこのタイプが多い．真核生物の場合ではPOUドメイン転写因子やホメオドメインタンパク質などがこのモチーフをもつ
- **b-Zip** 2種類のタンパク質間で，平面に並んだロイシン同士がジッパーのように機能して，タンパク質を結合させる．その先（N末端）に塩基性アミノ酸に富む部分があり，ここでDNAに結合する．AP-1（c-Jun/c-Fos），ATFなどがこのモチーフをもつ
- **ヘリックス・ループ・ヘリックス（HLH）** MyoDやc-Mycなどにみられるモチーフで，HLHの上流側に塩基性アミノ酸に富んだDNA結合領域があり，bHLHモチーフを作っている．二量体となってDNAに結合する
- **POUドメイン** POU特異的ドメインと，ホメオボックスに類似するPOUホメオドメインに分けられる．DNA結合領域はヘリックス・ターン・ヘリックス構造をとる
- **ジンク（Zn）フィンガー** Sp1，核内受容体群など，多くの因子がこのモチーフをもつ．亜鉛（Zn）と結合するアミノ酸残基に，Cys_2-His_2タイプ（TFⅢAやSp1など）とCys_2-Cys_2タイプ（核内受容体など）の2種類がある
- **Relドメイン** NF-κBやc-Rel癌原遺伝子産物にみられる
- **鞍型構造** TBPのDNA結合ドメインにみられる
- **Etsドメイン** Etsファミリーにみられる80アミノ酸に及ぶモチーフで，GGA（A/T）配列に結合する
- **フォークヘッドドメイン** 肝臓特異的HNF-3にみられる

図5 転写制御因子の代表的モチーフ構造

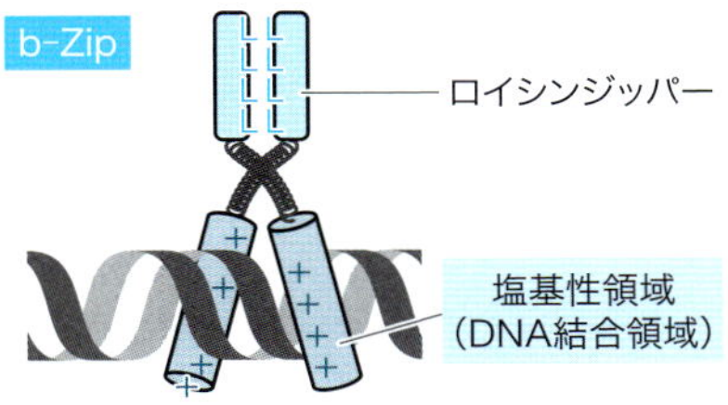

図6 転写制御因子がもつ基本ドメイン（領域）

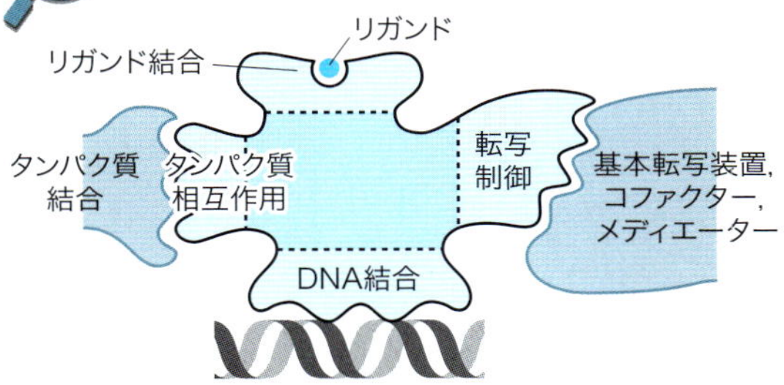

重要ワード 4-F

刺激応答と転写制御因子の活性調節

point 遺伝子のなかには刺激に応答して発現が誘導されるものがある。細胞内では刺激を源にするシグナルが最終的に転写制御因子を活性化し，その因子が応答配列に結合して転写量を上昇させる。

外からの刺激は転写制御因子へ

遺伝子のなかには細胞外からの刺激（生理活性物質，物理的要因，低分子物質など）（図1）を受けて活性化するものがあり，そこには刺激依存的に活性化される転写制御因子が関与する。**誘導的遺伝子発現**にかかわる細胞内シグナルは最終的に転写制御因子に届き，活性化を引き起こす。外的刺激によって**転写誘導**が起こり，その活性化に特定の**エンハンサー**がかかわる場合，そのエンハンサー配列を**応答配列**〔例：熱ショックエレメント（HSE），cAMP応答配列（CRE）〕という（図2）。

刺激が転写制御因子を活性化する仕組み

転写制御因子がシグナルを受けて活性化する機序にはいくつかのパターンがある（図3）。第1は細胞自身からの刺激を受けて活性をもつ場合で，p53などがこれにあたる。第2は物理的要因が構造・化学変化を誘導するもので，熱に対する熱ショック転写因子や，酸素に応答して修飾酵素が働き転写因子（HIF1など）が分解に向かう例，活性酵素や酸化剤などによる酸化ストレスに応答してKeap1から解離し転写活性をもつNrf2の例など，ある種の**ストレス応答性転写制御因子**にみられる（⇨9-H）。第3は核内受容体にみられるもので，低分子化学物質であるシグナルが，リガンドとして転写制御因子を直接活性化する場合である（⇨4-H）。

図1 転写は細胞内外のいろいろな要因で変化する

- 低分子物質　無機塩（リン酸塩など），(重)金属（Hg, Cdなど），cAMP（飢餓状態で上昇），薬物・毒（PCB，ダイオキシンなど），栄養因子（アミノ酸，糖など），気体（NO，酸素など）
- 物理的要因　熱（高温・低温），光（可視光・紫外線），電離放射線（X線，γ線など），浸透圧，力学的ストレス
- 生理活性物質　ビタミン（ビタミンA，Dなど），ホルモン（ステロイド，インスリンなど），増殖因子（PDGF，NGFなど），サイトカイン（IL-2，INFなど）
- 生物学的要因　ウイルス，細菌，細胞（接触など）

リン酸化による活性化機構は多様である

第4は細胞表面の受容体・リガンド結合を介して制御を受ける転写制御因子で，非常に多くの種類があり，結果的に**プロテインキナーゼ**による**シグナル伝達経路**が転写制御因子のリン酸化・活性化に関与する。これらの活性化機構を，転写制御因子がもともとどこにあるか，**プロテインキナーゼ**がどのアミノ酸を標的にするか，セカンドメッセンジャーが関与するかなどによって分類することができる。そのなかの1つ目は，もともと核に定住している転写因子（CREB，c-Fosやc-Junなど）を直接リン酸化する**プロテインキナーゼA**やJNKなどのプロテインキナーゼが関与するものである。2つ目は，細胞質にある因子がリン酸化を受けて核に移行するもので，これはさらにいくつかの類型に分けることができる。

- 細胞表面の受容体，あるいはそれと密接に会合しているものが直接リン酸化されるもので，これにはセリン残基のリン酸化が関与する**SMAD因子群**やチロシン残基のリン酸化が関与する**STAT因子群**がある。
- 細胞質においてセリン残基がリン酸化されるもので，NF-κB，Ci，β-カテニン，Notchなどが含まれ，リン酸化の部分切断などを経てパートナー因子と解離・会合するものが多い。

●セカンドメッセンジャーが関与して活性化が起こるもので，Ca^{2+}，**PKC（プロテインキナーゼC）**を介するものとしてはNFATが，**イノシトールリン脂質，PLC**（ホスホリパーゼC）を介するものとしてTubbyが知られている。

図2 応答配列は細胞外からの刺激を受けて転写活性化に働く

応答配列	（略語）	コンセンサス配列	結合因子
cAMP応答配列	（CRE）	TGACGTCA	CREBあるいはATF
TPA応答配列	（TRE）	TGACTCA	AP-1（c-Jun+c-Fos）
ステロイド応答配列	（ERE）	AGGTCAN$_3$TGACCT	ER，RAR
熱ショックエレメント	（HSE）	CtNGAAtNTtCtaGa	HSTF
グルココルチコイド応答配列	（GRE）	AGAACAN$_3$TGTTCT	GR，MR
金属応答配列	（MRE）	Y C/G C/g G/Y CYC	MTF
外来薬剤応答配列	（XRE）	CACGC	AhR
血清応答配列	（SRE）	CCATATTAGG	SRF

コンセンサス配列の大文字/小文字の違いについては⇨4-E 図2を参照
TPA：ホルボール12-O-テトラデカノエート-13-アセテート
（発癌プロモーターであるホルボールエステルの一種）

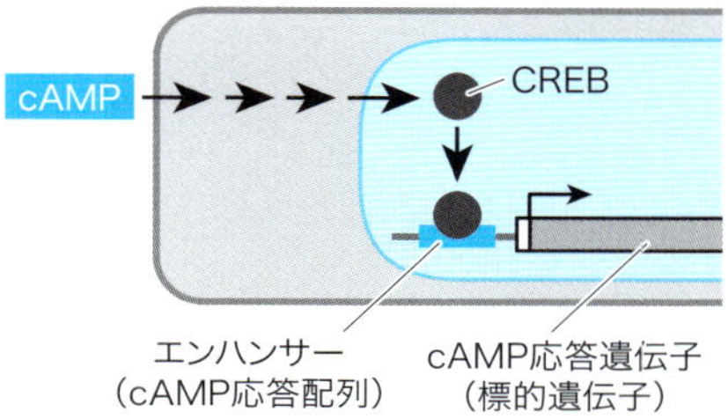

CREB：CRE結合因子

図3 刺激が転写制御因子を活性化するさまざまな経路

（例）
- 細胞内のシグナル → 細胞内転写因子の活性化 ― p53
- 細胞外からの刺激やストレス → 転写因子の化学変化 → 活性化 ― HIF1
- 細胞外からの低分子リガンド → 直接細胞質・核へ → 転写因子と結合 → 活性化 ― 核内受容体
- 細胞外からの刺激 ― プロテインキナーゼによる修飾
  - → 核にある転写因子を直接リン酸化 ― CREB
  - → 細胞質から核に移動
    - 受容体関連因子のセリンのリン酸化 ― SMAD
    - 受容体関連因子のチロシンのリン酸化 ― STAT
    - 細胞質因子のセリンのリン酸化 ― NF-κB
    - Ca^{2+}, PKCを介する ― NFAT
    - イノシトールリン脂質, PLCを介する ― Tubby

Column 乳癌ウイルスはホルモン応答性エンハンサーをもつ

マウスのレトロウイルス（⇨12-B）の一種に乳癌を起こす**マウス乳癌ウイルス**があるが，このウイルスはステロイドホルモンで増殖し，細胞を癌化させる（ヒトの乳癌発症にも同様のホルモンが関与する）。ウイルス遺伝子はエンハンサーをもつが，そのなかにステロイド応答配列が存在している（左図）。ホルモンを加えるとホルモン結合性の転写制御因子（核内受容体の一種）がそこに結合するのでウイルスRNAが大量に作られ，ウイルス増殖が活性化する。

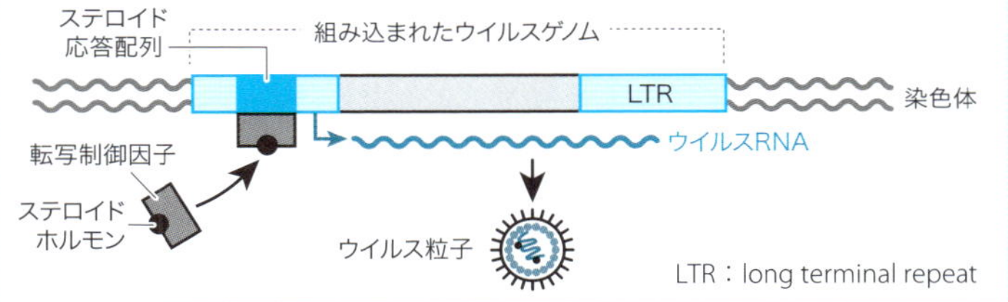

LTR：long terminal repeat

重要ワード 4-G

NF-κB

point NF-κBファミリーは免疫，増殖，アポトーシス，炎症にかかわる転写制御因子である。

NF-κB（nuclear factor-κB）は，免疫グロブリンκ鎖のエンハンサーであるκB配列結合因子として見つかったが，癌原遺伝子産物**c-Rel**のN末端側と類似性があり，NF-κB1，RelAなど5種類の**NF-κBファミリー**因子（Relファミリー因子ともいう）が知られている（図1）。

活性型NF-κBはヘテロ二量体で，その一方はNF-κB1あるいはNF-κB2，他方はそれぞれRelA，RelB（ともに活性化能がある）である。細胞質では，NF-κB1には**IκB**，NF-κB2には前駆体の**アンキリンリピート**部分が結合して不活化されている。シグナルが入るとIκBが分解されたりして不活化部分が除かれ，活性型NF-κBが**核移行**して機能を発揮する（図2）。

マクロファージが異物を認識・貪食したり，細胞が**TNF-α**などのリガンドで刺激されると，**IKK複合体**（IκB kinase複合体）や**NIK**（NF-κB inducing kinase）が活性化され，それがそれぞれのNF-κBを活性化し，**免疫系**で働くサイトカインやケモカイン，分化や増殖，あるいはアポトーシスや**炎症**に関する遺伝子の発現を制御（多くは活性化）する。

図1 NF-κBファミリーとIκBファミリーの構造（哺乳類）

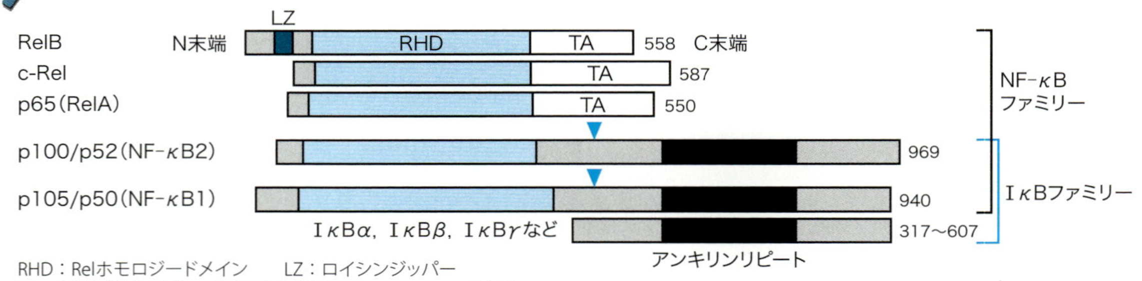

RHD：Relホモロジードメイン　LZ：ロイシンジッパー
TA：転写活性化領域　▼：限定分解位置，p50, p52のC末端

図2 NF-κBの活性化経路

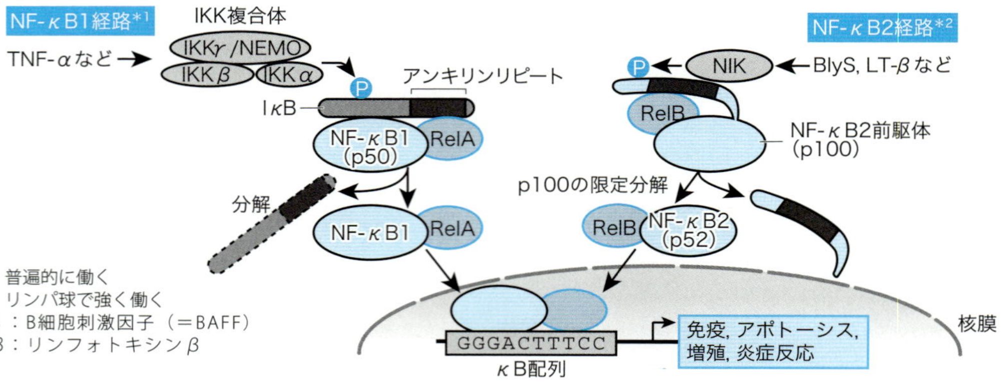

＊1 普遍的に働く
＊2 リンパ球で強く働く
BlyS ：B細胞刺激因子（＝BAFF）
LT-β：リンフォトキシンβ

核内受容体

point 脂溶性リガンドは，細胞内に直接入り，転写制御因子である核内受容体に直接結合して転写を活性化する。

リガンドが核内の受容体に直接結合する

脂溶性リガンドが膜を通過し，**核内受容体**といわれる転写制御因子を活性化する機構がある。核内受容体は非常に多くの分子が存在するが，5つのサブファミリーに分類でき（図1），ジンクフィンガーモチーフをもつ（図2）。リガンドとなるものの生理活性としては，**ステロイド**（**グルココルチコイド**，**ミネラルコルチコイド**，**性ホルモン**）と非ステロイド（**レチノイン酸**，**甲状腺ホルモン**，**ビタミンD**）に分けられる。

転写活性化の仕組み

リガンドが結合すると核内受容体から**HDAC**や**コリプレッサー**（⇨4-I）が外れ，代わりに**コアクチベーター**（**LXXLL配列**を共通にもつ）が結合する（図3）。コアクチベーターには**HAT活性**があり転写活性化に効く。**環境ホルモン**（農薬やプラスチックの原料になる物質。ビスフェノールAなど）は核内受容体と結合して内分泌の状態を撹乱する。

図1　核内受容体はサブファミリーに分類できる

サブファミリー	受容体名　（略語）
1	甲状腺ホルモン受容体（TR） レチノイン酸受容体（RAR） ビタミンD受容体（VDR）
2	レチノイドX受容体（RXR） HNF4，coup-TF
3	エストロゲン受容体（ER） グルココルチコイド受容体（GR） ミネラルコルチコイド受容体（MR）
4	NGF1-B
5	Ad4BP/5F-1，FTZF1

図2　核内受容体の基本的な構造

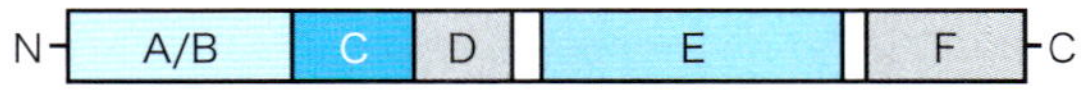

A/B：転写活性化領域 AF-1 を含む
C：DNA 結合（ジンクフィンガー）
E：リガンド結合領域，転写活性化領域 AF-2 を含む

図3　核内受容体はリガンドと結合することで転写を活性化できる

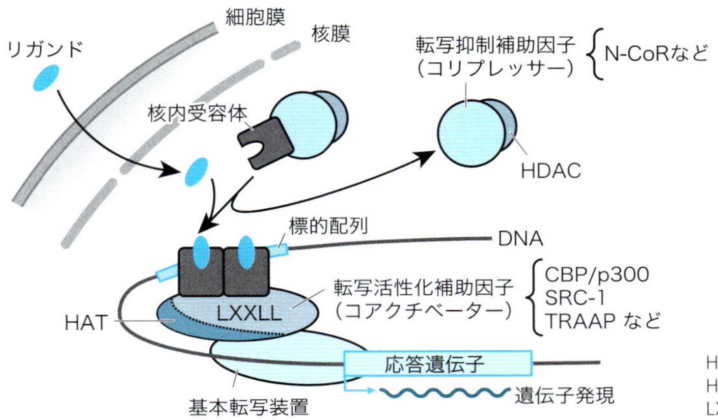

HAT：ヒストンアセチル化酵素
HDAC：ヒストン脱アセチル化酵素
LXXLL：核内受容体結合モチーフ

転写制御機構

point 転写活性化では，転写制御因子自身の活性化やコアクチベーターとの相互作用もみられるが，最終的にはそれらの因子とRNAポリメラーゼⅡを結ぶメディエーターの働きが必要である。

転写制御因子自身も活性化される

転写が活性化される要因は複数存在するが，その中心的役割をなすものはDNA結合性の配列特異的転写制御因子（⇨4-E）である。転写制御因子が細胞内で活性をもつには，因子が細胞で発現することが前提となるが，このレベルでの制御が働く因子としては，発生特異的因子（Hoxなど）や組織特異的因子（Pit1など）がある。転写制御因子の活性化経路にはこの他にも，因子の化学修飾（リン酸化など），二量体化やリガンドの結合，そして局在変化（核移行など）等がある（図1）。なおプロモーター近傍に結合するSp1やNF1などのように，常に発現している因子（**構成的転写制御因子**）もある。

転写制御にかかわる補助因子：コファクター

コファクター（**転写補助因子**）は，転写制御因子と結合することで転写制御因子の機能を引き出す因子の総称である（図2A）。コファクターが転写の正あるいは負の制御にかかわるとき，そのおのおのを**コアクチベーター**あるいは**コリプレッサー**という。転写制御因子CREBの機能発現に必須な**CBP**（CREB結合タンパク質）はよく知られたコアクチベーターの1つである。コファクターは，基本転写装置との一時的な相互作用を介して機能を発揮するものがある。

コファクターにはアセチル基の付加や除去にかかわるものもある

コファクターのなかにはヒストンにアセチル基を

図1 転写制御(活性化)因子が活性を獲得する機構

転写因子の変化
●タンパク質の合成（転写因子の発現）
●化学修飾 リン酸化・脱リン酸化，メチル化， アセチル化，ユビキチン化
●リガンドの結合
●複合体からの離脱
●阻害因子の解離・分解
●局在変化
●二量体化

図2 コファクターは転写を正/負に制御する

A さまざまなコファクター

CBP/p300　PCAF　SAGA　N-CoR*　SMRT*

＊ 抑制的に働く

B 甲状腺ホルモンの有無によるコファクターの使い分け

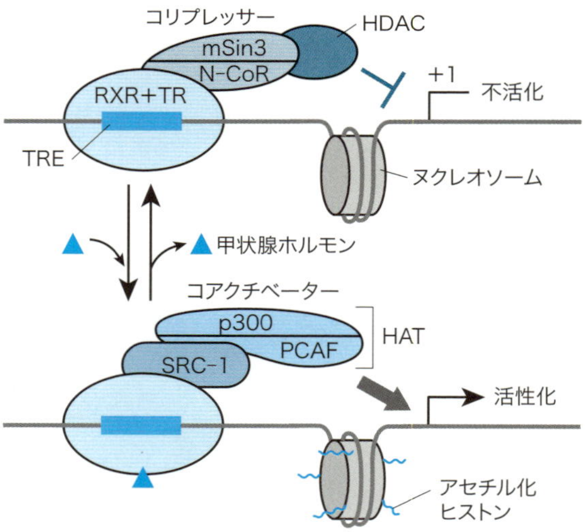

RXR：レチノイドX受容体
TR：甲状腺ホルモン受容体
TRE：甲状腺ホルモン応答配列

つけたり除去したりする，それぞれ**HAT**（**ヒストンアセチル化酵素**）活性や**HDAC**（**ヒストン脱アセチル化酵素**）活性をもつもの，あるいはそれを含む複合体となっているものがある（図2B）。これらの酵素はヒストンのみならず，さまざまな転写制御因子に対しても作用し，アセチル基の移動を介して機能修飾を行い，転写制御にかかわる。HDACのなかには転写制御因子に結合し，因子のDNA結合を妨害するものもある。

転写活性化の最終段階で働く因子：メディエーター

RNAポリメラーゼⅡ（pol Ⅱ）の最大サブユニットにある**CTD**の短縮による増殖悪化を抑制する遺伝子の検索（例：*Srb4*），コアクチベーターの検索（例：**Gal11**），そして種々の転写制御因子が結合したホロRNAポリメラーゼⅡ（**ホロpol Ⅱ**）の解析から，**メディエーター**（**転写メディエーター**ともいう）が発見された。メディエーターは3つのモジュールからなる**コアメディエーター**に**CDK–サイクリンモジュール**が結合したもので，約30個のサブユニット（例：MED1）からなる（図3）。メディエーターには転写制御因子結合能とpol Ⅱ結合能，そしてキナーゼ活性がある。CDK–サイクリンモジュールにある**サイクリンC**と**CDK8**（CDK19を含むものも見出されている）により**CTD**のSer5がリン酸化され，転写開始〜プロモータークリアランスが促進される。メディエーターは転写制御因子やコアクチベーターとpol Ⅱの間に介在することによって（基本転写因子と機能的な相互作用があるという観察もある），転写活性化情報をリン酸化という形でpol Ⅱに伝える。

活性化経路の阻害で転写が抑制される

細胞内で誘導的に**転写抑制**が起こる場合，転写抑制因子自身による活性化経路の阻害や分解がよくみられる。図4に示したような，活性化にかかわる経路や因子を物理的・機能的に阻害，拮抗する因子（転写抑制因子）は転写抑制に働く。

図3 メディエーターのモジュール構造と機能

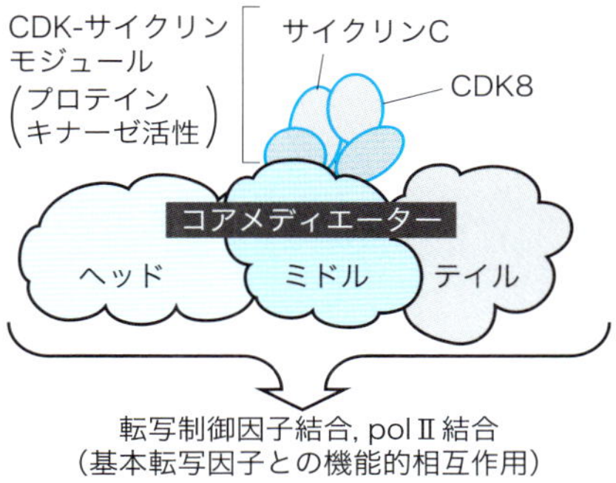

図4 転写活性化機構の全体像

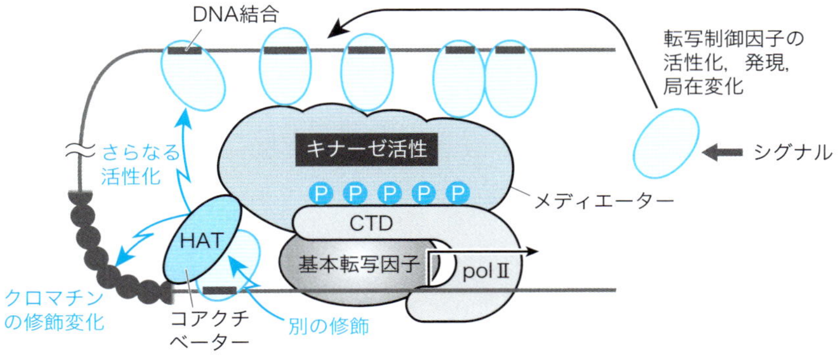

クロマチンの修飾

point クロマチンの修飾は転写制御に直結するが，修飾状態は娘細胞にも伝わる。ヒストンに起こる修飾にはアセチル化などの化学修飾のほか，ヌクレオソーム位置の変更という機構もある。

クロマチン修飾はエピジェネティックな効果を生む

ヌクレオソームが密に凝集している**30 nm線維**（⇨8-C）では転写は完全に阻止されている。しかしそれがほどけた部分では転写制御因子のDNA結合が可能となり，遺伝子発現が起こりうるが，実際に転写が起こるためにはその構造がさらに修飾される必要がある。

クロマチン修飾はDNAとタンパク質のいずれでもみられるが，本稿ではヒストンあるいはヌクレオソームの修飾について述べる。**ヒストンの修飾**は，共有結合を介する化学修飾と，ヌクレオーム位置の変更に大きく分けられる。クロマチンに生ずる化学修飾は遺伝子発現調節につながり，塩基配列によらない遺伝現象，すなわち**エピジェネティクス**（**後成的遺伝**）の主要な要因となる（図1）。

図1 エピジェネティクスはいろいろな要因で起こる

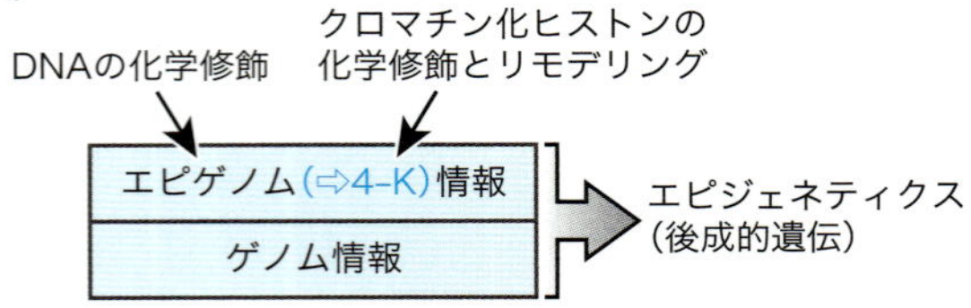

ヒストンには転写制御情報が書き込まれている

コアヒストンのN末端領域（**ヒストンテイル**）は多様な化学修飾を受ける（図2）。修飾にはアセチル化，メチル化のほか，**ユビキチン**，**SUMO**といった低分子タンパク質が結合するものなどがある。ヒストンテイルの修飾パターンは遺伝子領域ごとに異なり，細胞分裂後も維持されるため**ヒストンコード**といわれ，近傍の遺伝子発現を制御する。アセチル化といくつかのメチル化（MLLやSET1などによる）やリン酸化は転写活性化，SUMO化は転写抑制に効く。**メチル化**は転写活性化〔例：**H3K4**（ヒストンH3の４番目のリジン），H3K36，H3K79〕を起こすのみならず，抑制的〔例：**H3K9**（**HP1**が結合して**ヘテロクロマチン化**（⇨8-C）する），H3K27，H4K20〕にも働く。

ヒストンアセチル化酵素と転写活性化

ヒストンのアセチル化にかかわる酵素を**HAT**（**ヒストンアセチル化酵素**）といい，多くの転写関連因子にその活性がみられる（図3）。コアクチベーターに属するものとしてp300あるいはCBP，GCN5，PCAFなどがある。HAT活性をもつものはこの他にも基本転写因子，転写活性化因子や核内受容体に属するも

図2 ヒストンテイルの化学修飾・ヒストンコード

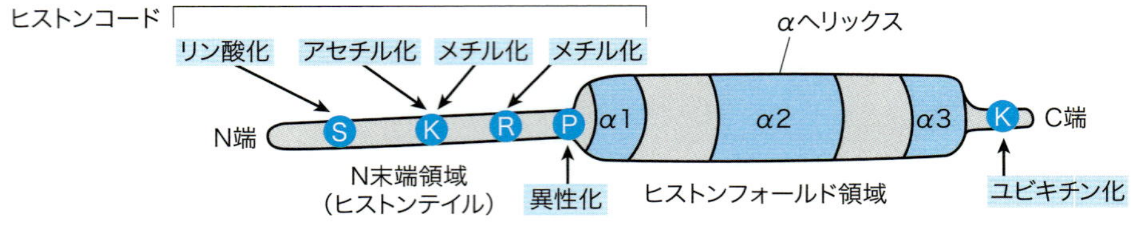

図3 HAT活性をもつタンパク質

● GCN5に関連する構造をもつ*

PCAF（PCAF複合体）
GCN5（STAGAあるいはTFTC，SAGA，ADA）
p300あるいはCBP
Tip60

● DNA結合性転写活性化因子

ATF1，ATF2

● 核内受容体コアクチベーター

SRC1 / ACTR

● 基本転写因子関連

TFⅡB
TAF1（TFⅡD）
TFⅢC90（TFⅢC）
Nut1（メディエーター）

● その他

HAT1

＊ はじめ，コアクチベーターとして見出された
（ ）内はそれを含む複合体名

図4 ヒストンのアセチル化が転写を活性化する

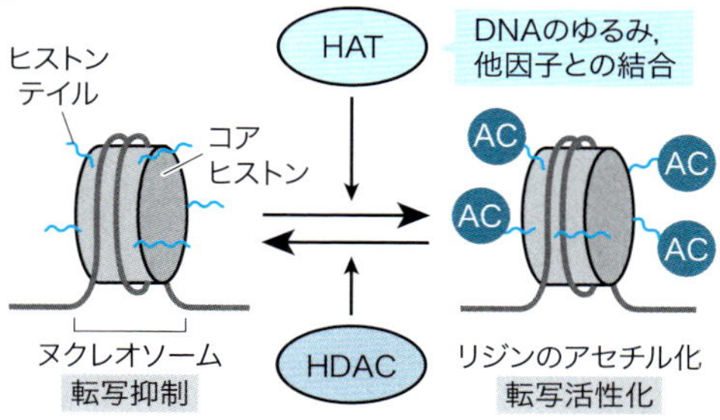

図5 HDACの分類

群	例
Ⅰ*1	HDAC1, 2, 3
Ⅱ*1	HDAC4, 5, 6
Ⅲ*2	SIRT1, 2
Ⅳ	HDAC11

＊1 TSA（トリコスタチンA）で阻害される
＊2 NAD依存性

のがある。ヒストンがアセチル化されることにより，DNAとの結合の弛緩や転写制御因子が接近しやすくなるなどの効果があり，それによって近傍の遺伝子の転写が活性化する（図4）。HATには基質となるヒストンの特異性があり，また通常の転写制御因子も基質になりうる。アセチル基を除く脱アセチル化酵素は**HDAC（ヒストン脱アセチル化酵素）**といい，Ⅰ～Ⅳ群に分けられるが（図5），Ⅰ群とⅡ群の酵素は**トリコスタチンA**によって阻害され，Ⅲ群のSIRTはNAD依存性である。多くのHDACは**転写コリプレッサー**との結合を通して転写を抑える。

ヌクレオソームの再構成

ヌクレオソームの位置を変化させてクロマチンを再構成させる因子が存在する。これらは**クロマチンリモデリング因子**といい，**SWI / SNFサブファミリー**，**ISWIサブファミリー**，**CHDサブファミリー**，**INO80サブファミリー**に分類される（図6）。クロマチン構造が転写制御因子の結合性に影響することから，リモデリング因子も転写に影響を与え，分化においても重要な働きをもつ。リモデリング因子は，ヌクレオソームをほぐす必要上エネルギー依存性で，機能サブユニットはATPase活性をもつ。

図6 クロマチンリモデリング因子

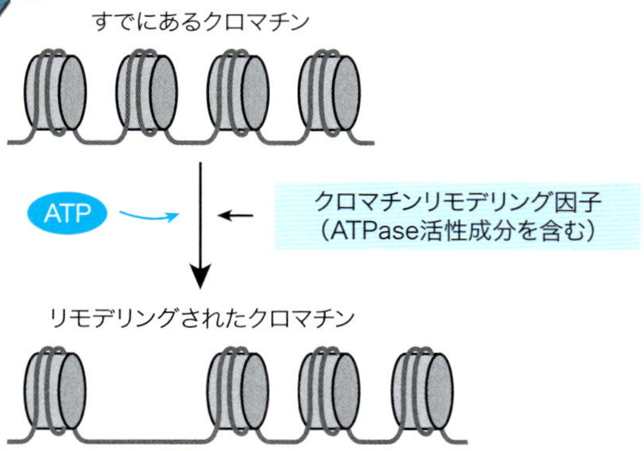

SWI / SNFサブファミリー	ISWIサブファミリー
SWI / SNF*1（Swi2 / Snf2） BAP（Brahma）*2 BAF（Brg1 / hBrm）*3	ISWI（Isw1） NURF（ISWI）*2 RSF（hSNF2h）*3
INO80サブファミリー	**CHDサブファミリー**
yIno80（Ino8） hIno80（hIno80）*3	CHD1（Chd1） Mi2（Chd4）*2 NuRD（Chd3 / Chd4）*3

＊1 2つの別々の研究により同定されたため名称を併記する
＊2 ショウジョウバエ　＊3 ヒト，ほかは酵母の例
（ ）内はATPase活性をもつサブユニット

重要ワード 4-K

エピゲノムとDNAのメチル化

point 「修飾されたゲノム＋クロマチン」であるエピゲノムにはDNAのメチル化がみられる。メチル化はCpG配列に起こり，それが引き金となって転写が抑制されるが，その異常は癌化とも関連がある。

エピゲノムの構成要素

エピジェネティクスを駆動させる主体を**エピゲノム**といい，DNA塩基の修飾やヒストンの修飾（⇨4-J）といった化学的マーキングのほか，タンパク質結合などの多くの要素を含む（図1）。ゲノムは基本的に不変で均一であるが（注：むろん，細かくみると変動もある），エピゲノムの要素は時間的，空間的，そして個体間でダイナミックに変動する。また，エピゲノムは分化の決定にもかかわる。

CpG配列がメチル化される仕組み

エピゲノムの主な要素として，脊椎動物DNA中の**シトシンのメチル化**がある（注：酵母にはない）。**メチル化**は**CpG配列**のCに起こる（5-メチルシトシンの生成）が，通常両鎖でみられ，片方だけの場合は**ヘミメチル化**という。プロモーター付近にはCpG配列が密集している部分（**CpGアイランド**）（図2）があり，その大半はメチル化されている。DNAメチル化酵素（**DNMT：DNAメチル化酵素**）は，新規にメチル化してヘミメチルCpGを作る**新規メチル化酵素**（例：DNMT3）と，ヘミメチルを効率的にフルメチルにする**維持メチル化酵素**（例：DNMT1）に分けられる（図3）。

メチル化CpGには転写阻害効果がある

転写はメチル化により抑制される。これには転写活性化因子がメチル化CpGに結合できなくなる場合と（例：CREB，E2F），**メチル化DNA結合タンパク質**が関与するものがある（図4）。メチル化DNA結合タンパク質には**MBDタンパク質**や**MeCP2**などがある。MBDタンパク質はヒストン修飾酵素やクロマチン結合タンパク質を引き寄せて不活性なクロマチンを誘導する。MeCP2には転写コリプレッサー–HDAC複合体が結合して，転写の積極的抑制が起こる。

癌ではメチル化の異常がみられる

新規メチル化酵素は遺伝子発現パターンの変化を介して増殖や分化に影響するため，メチル化の異常は**癌**とも関連する。とりわけ癌抑制遺伝子の制御領域に起こる**高メチル化**→発現抑制は発癌と強く相関し，癌抑制遺伝子上流のCpGのメチル化亢進と発癌の相関を示す例は非常に多い。逆にメチル化の低下

図1 エピゲノムを構成する要素

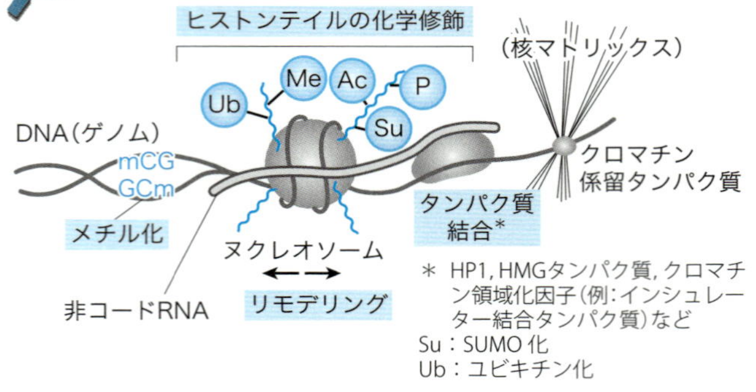

図2 CpGアイランド

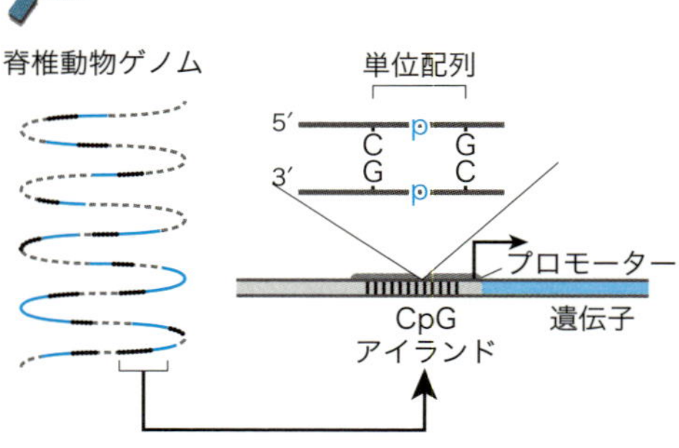

が癌と関連する例もあり，繰り返し配列（例：LINEやSINE，セントロメア）の**低メチル化**は癌の誘因である**染色体不安定性**を引き起こす（図5）。

ゲノムインプリンティングとメチル化

父親由来，あるいは母親由来の対立遺伝子のいずれかの遺伝子が優先的に発現する現象を**ゲノムインプリンティング**（**ゲノム刷り込み**，**遺伝子刷り込み**）といい，エピジェネティクスの１つの表現型で，**非メンデル遺伝**の代表的なものである。インプリンティングの主要な機構はDNAのメチル化だが，**非コードRNA**がクロマチンに結合するという機構（例：**X染色体不活化**）もある （⇨3-H）。

Memo 「刷り込み」の本来の意味

動物の発育のごく初期に即時的に成立し，永続する学習様式。孵化したアヒルが最初にみた動くものを親と認識する例がよく知られている。

図3 シトシンはメチル化酵素によりヘミメチル→フルメチルとなる

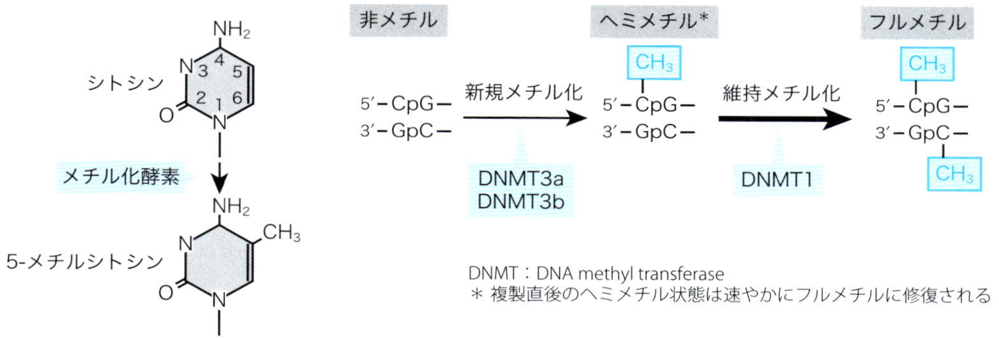

図4 DNAメチル化が転写を抑制する機構

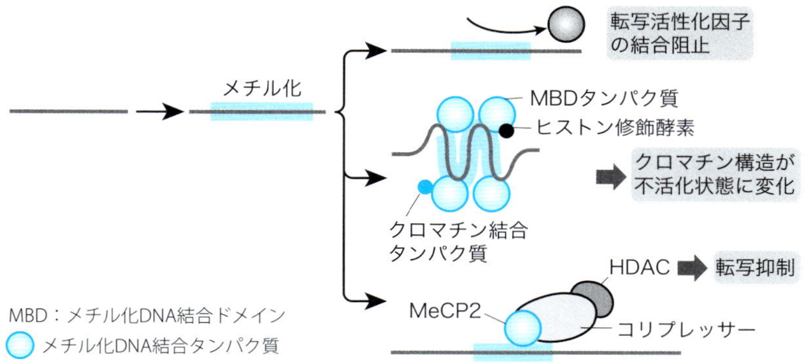

図5 DNAメチル化の異常が発癌にかかわる

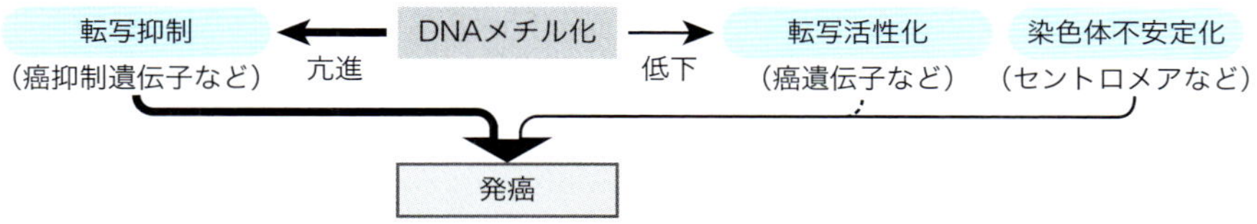

第 5 章

細菌の分子遺伝学

概　論

大腸菌（⇨ 5-A）は約465万塩基対の環状DNAをゲノムにもつ桿状の細菌で，K-12株を中心に分子生物学では非常によく使われている。大腸菌が分子生物学で使用される理由は，扱いやすくよく増えるという以外に，さまざまな遺伝因子が存在するため，それらを用いた遺伝学的研究が可能だという点があげられる。

原核生物にはいろいろな染色体外遺伝因子（エピソーム）があるが，代表的なものは遺伝子（核酸）が殻で包まれているウイルス，すなわちバクテリオファージ（単にファージともいう）と，プラスミドといわれる低分子の核酸である。ファージもプラスミドも数～数十個という限定的な数の遺伝子しか含んでおらず，その複製や遺伝子発現のほとんどを宿主細菌の機能に依存している。ある種のトランスポゾンもエピソームに含まれる。

バクテリオファージ（⇨ 5-B）（あるいは単にファージ）には一本鎖環状，二本鎖線状などさまざまなものがあり，なかにはRNAを遺伝子としてもつRNAファージも存在する。ファージが細菌に感染すると，複製→遺伝子発現→形態形成が起こり，細菌を殺して外に出てくる。これによって細胞は溶ける（溶菌する）が，溶菌の様子をプラークアッセイという手法でみることができる。一本鎖DNAファージは感染後に二本鎖DNAの複製中間体ができるが，このDNAはローリングサークルといわれる様式で複製する。このグループの1つM13ファージは，DNA塩基配列分析で必要な一本鎖鋳型DNAを調製するために利用されていた。λ（ラムダ）ファージもDNAクローニングのベクターに使われるが，このファージには，自身のDNAが宿主染色体に組み込まれてファージが一時的にみえなくなる溶原化といわれる生活環も存在する。溶原化したファージのDNAは宿主染色体の中で潜伏し，宿主とともに増えるが，溶原化維持因子の不活化に伴って誘発され，ファージ粒子が形成される。P1ファージはプラスミド状になって溶原化する。ファージが宿主DNA断片を運んで感染菌に入れる形質導入という現象もある。

プラスミド（⇨ 5-C）は細胞に有利な性質を与えるため，細胞はこれを排除しようとはせず，細胞と同調的に増える。大腸菌にはほかの細菌を殺すコリシンを作るColE1など，いくつかのプラスミドの存在が知られている。R因子（⇨ 5-D）は薬剤に対する抵抗性を細菌に与える遺伝子をもつ。R因子は耐性伝達因子と耐性遺伝

本章でわかる重要ワード

- 5-A 大腸菌
- 5-B バクテリオファージ
- 5-C プラスミド
- 5-D R因子とF因子
- 5-E 転移性DNA：トランスポゾン

概略図

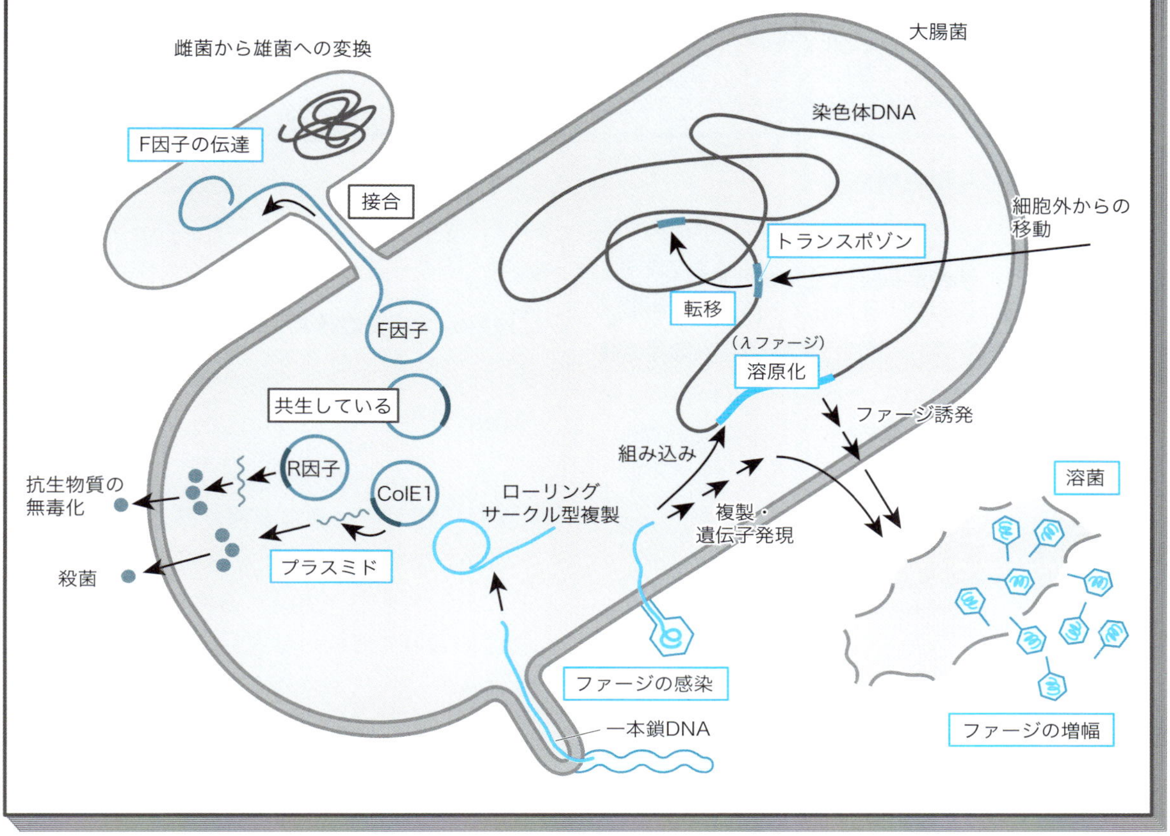

子を含む耐性決定因子といわれるDNAが合わさったものだが，後者はトランスポゾンという動くDNAによって運ばれる。このため，多数の薬剤に対して抵抗性を与える多剤耐性因子と呼ばれるR因子が生成し，医療上の問題となっている。**F因子**（⇨5-D）は細菌に性の性質を与えるプラスミドである。F因子をもつ雄菌からもたない雌菌にプラスミドが複製して移るが（雌菌から雄菌への変換），F因子が染色体に組み込まれてHfrとなることがある。Hfrも F因子と同様の挙動を示し，接合により染色体DNAを雌菌に移入させるため，受容菌の中で相同組換えが起こる。

あるDNAが別の場所に移動したり細胞外から入り込むことがあり，そのような**転移性DNA**（⇨5-E）を一般に**トランスポゾン**（⇨5-E）という。このなかには挿入配列（IS），Muファージ，そして狭義のトランスポゾンが入り，転移に必要な酵素遺伝子をもつ。トランスポゾンはこの他に薬剤耐性遺伝子ももつ。転移には複製を伴うものと伴わないものがあるが，いずれの場合も，非常に短い標的DNAとトランスポゾン末端との間での非相同組換えがかかわる。トランスポゾンは転移によって遺伝子・DNAの破壊や発現，運搬といった多彩な効果を現す。

大腸菌

point 大腸菌は安全でよく増殖し，ファージやプラスミドを使って多様な遺伝学に利用できるので，分子生物学上，最もよく使われ，最も理解されている生物となっている。遺伝子工学にとってもなくてはならない生物である。

大腸菌はどんな細菌だろう

大腸菌（*Escherichia coli*：*E. coli*）は，現在，地球上でその性質が最もよくわかっている生物である。*Escherichia* 属は赤痢菌やサルモネラ菌という性質が似た腸内細菌科のグループの1つで，**グラム陰性**の**通性嫌気性桿菌**（大きさは0.5× 2～4 μm）である。鞭毛をもって運動するが，鞭毛を欠くものもある（図1）。

Memo グラム染色
細胞壁の成分の違いによる染色性の違いにより，細菌をグラム陽性細菌（ブドウ球菌，炭疽菌など）とグラム陰性細菌（大腸菌や緑膿菌など）に大別することができる。グラム（Gram）により発明された。

Memo 通性嫌気性
酸素要求性の高い順に偏性好気性，通性好気性，通性嫌気性，偏性嫌気性菌に分類される。偏性嫌気性菌（破傷風菌など）は酸素があると増殖できない。

動物の大腸（直腸に近い部分）に生息し，一般に非病原性であるが〔場合により**日和見感染症**（どこにでもいる菌で普段は病原性はないが，抵抗力低下などによって病原性が出てしまい，それで起こる一群の病気）を起こす〕，なかにいくつかの**病原性大腸菌**〔例：ベロ毒素を作り出血性大腸炎などを起こすO（オー）-157など〕がある。大腸菌はペプチドグリカン層のリポ多糖（⇨1-D）に依存するO抗原，莢膜に依存するK抗原，鞭毛に依存するH抗原の型で分類され，多くの型（株）がある。

Memo 大腸菌の環境汚染
大腸菌はヒト腸内の常在菌でもある。このため自然界で見つかるときは，そこが糞便で汚染されていることを示し，汚染の指標となる。

実験に活用される大腸菌がある

大腸菌は図2の理由により広く研究に使用されている。分子生物学で使用される菌の系統（菌株）としては**K-12株**が最も一般的で，その他B株やC株などもあるが，すべて非病原性である。K-12株は1922年，アメリカのスタンフォード大学で分離されたもので，F^+のλファージ溶原菌である（⇨5-B，5-D）。およそ465万塩基対，長さ約1.5 mmの巨大な環状DNAをゲノムにもつ。野生型大腸菌は，グルコースと数種類の無機塩類しか含まない**最少培地**で増殖させることができる。

使い方によってはとても役立つ

大腸菌が分子生物学の材料に適しているのは上のような特徴もさることながら，1倍体であるために変

図1 大腸菌の性質はよく解明されている

●大きさ	0.5×2～4 μm（桿菌）
●遺伝子数	約4,300個（465.5万塩基対，環状）
●染色性	グラム陰性
●酵素要求性	通性嫌気性
●病原性	ない～ある（株により異なる）
●鞭毛	ない～ある

図2 大腸菌が研究に使われる理由

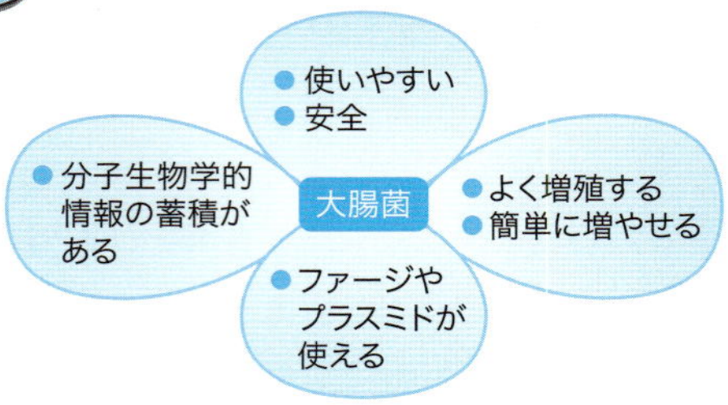
大腸菌
●使いやすい
●安全
●よく増殖する
●簡単に増やせる
●ファージやプラスミドが使える
●分子生物学的情報の蓄積がある

異体が得やすいことがあげられる。また，さまざまな種類の**エピソーム**（染色体外遺伝因子）が存在するため，それらを細胞に導入して部分2倍体を作り，遺伝解析を行うことができる。形質転換によって細胞の性質を変化させることも簡単にできる。大腸菌には非常に多くの変異体（株）があり，実験目的に合わせて用いられる。遺伝子工学実験では，このような大腸菌の性質をフルに利用し，遺伝子の増幅，あるいは遺伝子産物の大量生産が行われている。

大腸菌は簡単に増やせる

水に適当な栄養素を加えた**培地**に細菌を接種し，温度と酸素供給条件を整えることにより，細菌を簡単に**培養**することができる。野生型大腸菌はグルコースと数種の無機塩類を含む**最少培地**でも増殖するが，さまざまな株の大腸菌を単に増やすだけであれば，有機物やビタミンを豊富に含む**半合成培地**を用いる（図3）。大腸菌は15分に1回，2個，4個，8個，…と指数的に分裂するので，一晩の培養で十分に増えるが，容器の中で十分に増えると栄養素の枯渇などで増殖は止まり，やがて死滅する（図4A）。寒天で固めた培地に菌を接種すると，1個の細菌から殖えた菌が目でみえる集団（**コロニー**）を形成する（1つのコロニーは遺伝的に均一なクローンである）（図4B）。このようにすると複数の細菌を別々のコロニーとして培養でき（**分離培養**），**純粋培養**も可能となる。

図3 大腸菌は簡単に増殖できる

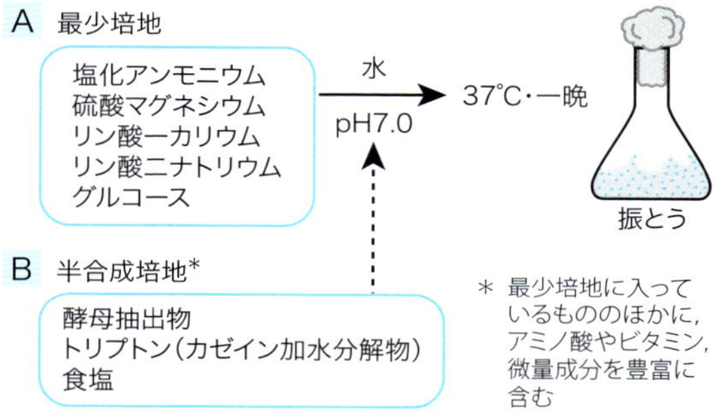

図4 大腸菌増殖の様子

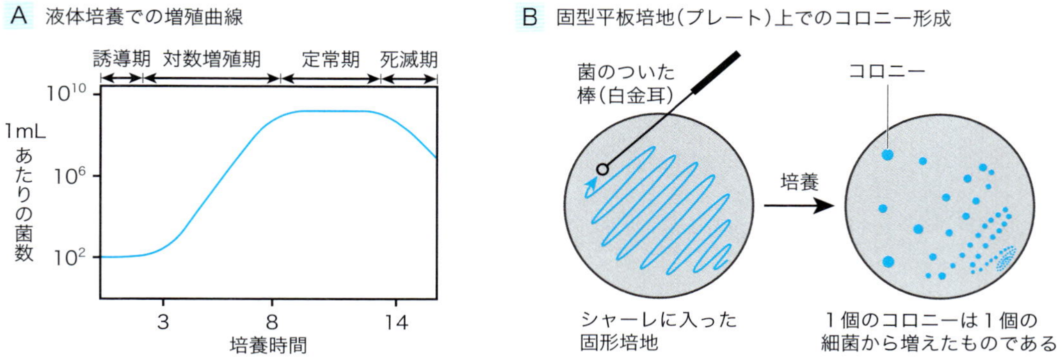

Column 1倍体と2倍体

ゲノムが一組あるか二組あるかで，1倍体と2倍体（生物によってはそれ以上もつ多数体もある）に分けることができる。原核生物は1倍体であるが，真核生物は主に2倍体である。2倍体はスペアを1つもっていることになり，一方に突然変異が起こってタンパク質が変異したり作られなくなっても，もう1つの遺伝子から正常なタンパク質が作られるため，突然変異の影響を抑えることができ，野生型（正常）の状態を維持できる。1倍体生物では変異がそのまま表現型に出てしまう。

バクテリオファージ

point 細菌ウイルスをバクテリオファージ（ファージ）という。大腸菌のファージの種類は非常に多く，ゲノムも二本鎖線状・一本鎖環状DNAから一本鎖RNAまでさまざまである。M13ファージ，λファージ，P1ファージなどは遺伝子組換え実験でも使われる。

多彩なバクテリオファージ

バクテリオファージ〔細菌を食べるものの意味。単にファージ（phage）ともいう〕は細菌のウイルスで，多くの種類がある。遺伝子としても二本鎖線状DNA，一本鎖環状DNA，さらにはRNAをもつファージもある（図1）。形態も遺伝子が収納されている頭部と尾部，そして細菌に付着する尾部線維に分化しているものから，尾部線維のないもの，さらには単なる線維状のものまでさまざまである（図2）。

ファージが感染すると菌が溶ける

ファージが細菌に感染するとDNAが注入され，やがてDNA複製，そして転写や翻訳が起こる。この過程は細菌の因子を利用して行われるが，ウイルス由来酵素が働く場合もある。形態形成が進みウイルス粒子が作られると，細菌を殺して（**溶菌**）大量に放出される〔1回の増殖（**1段増殖**）に要する時間はおよそ1時間程度〕。軟寒天培地いっぱいに大腸菌が生えているところに1個のファージがあると，溶菌しながらファージが周りに広がり，やがて肉眼でみえる**溶菌斑**〔**プラーク**（plaque）〕ができるので，ファージの定量ができる（**プラークアッセイ**）（図3）。

ファージによってDNAが運ばれる

ファージの中に宿主DNAが入り，それが感染菌に移入される現象を**形質導入**という。ファージDNAに宿主DNAが組み込まれたものを**特殊形質導入ファージ**といい，できたDNAには感染性と増殖性がある（例：λbio）。これに対し，ファージの殻に異種DNAが入り込んだものを**普遍（一般）形質導入ファージ**といい，かなり長いDNAも入り込む。このようなファージは感染性はあるが増殖性はない（図4）。

細菌内でプラスミド状で増える一本鎖ファージ

M13のような一本鎖環状DNAファージ（約7,250塩基長）の増殖では，まず二本鎖環状DNAができる〔このプラスミド状DNAを**複製中間体**（**RF**）という〕（図5）。RFは**ローリングサークル型複製**によって線状二本鎖DNAとなり，再び環状となって大量のRFが作られる。一方，RFからは一本鎖環状DNAを放出するようにしてファージDNAが作られる。このためファージ感染細胞にはプラスミド状の環状二本鎖と環状一本鎖DNAの両方が存在する。**M13ファージ**は

図1 大腸菌のさまざまなバクテリオファージ

核酸の種類	ファージ
一本鎖環状DNA	φX174，M13，f1，fd
二本鎖線状DNA	T7，T4，λ，P1，Mu*
一本鎖線状RNA	MS2，Qβ

＊：トランスポゾンでもある

図2 さまざまなバクテリオファージの形態

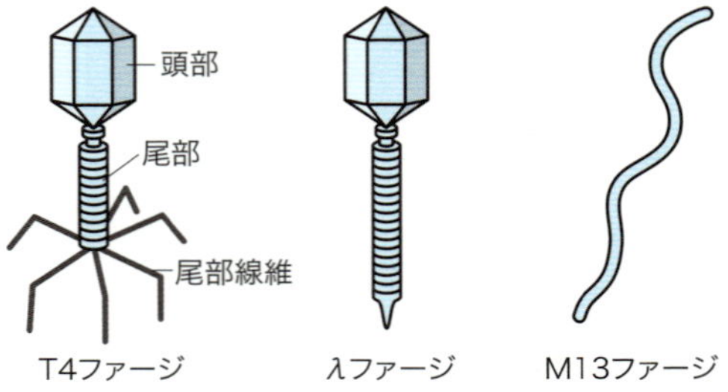

ジデオキシ法によるDNAシークエンシングの鋳型として使われる（⇨7-E）。この場合は，DNA組換え操作にはRFを使い，DNA合成反応の鋳型には一本鎖のファージDNAを用いる。

λファージは環状化してから増える

λ（ラムダ）ファージは大腸菌K-12株（⇨5-A）の溶原菌から発見された。48,502塩基対の二本鎖線状DNAをもつ比較的大型のファージで，遺伝子構造

《次ページに続く☞》

図3 プラークアッセイでファージの定量ができる

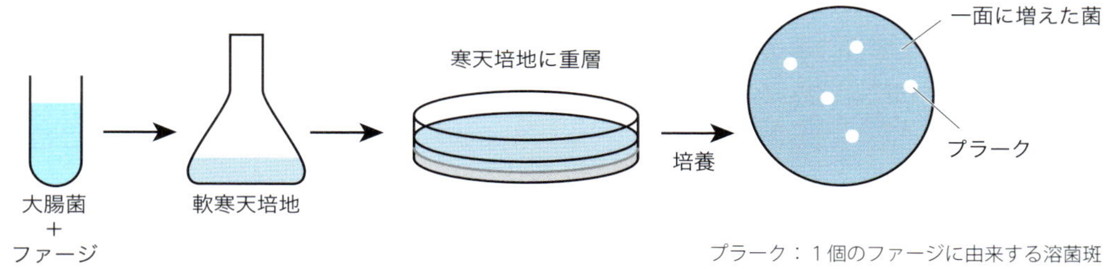

図4 ファージとともに異種DNAが細胞に入ることがある

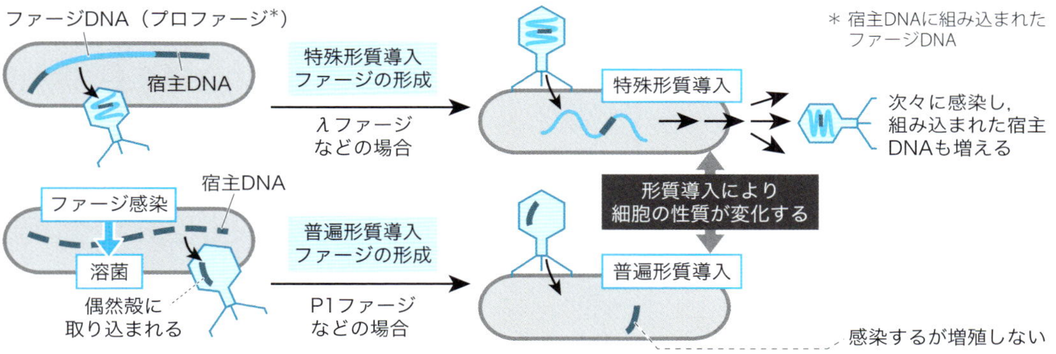

図5 一本鎖環状DNAファージは二本鎖環状状態を経由してどんどん複製される

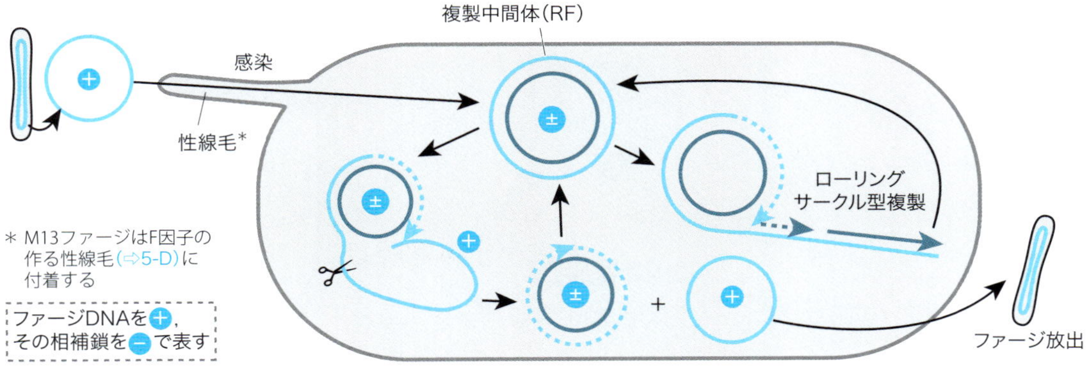

5-B バクテリオファージ

と機能は非常によくわかっている。感染すると（細菌のもつマルトース輸送タンパク質に吸着する），まずファージDNAが***cos*部位**にある一本鎖の付着末端の相補的構造を利用して環状化する（図6）。その後は通常のように菌を殺しながらファージが増え，増えて多量体化したDNAは*cos*で切られてファージ頭部に入る。

大腸菌ゲノムに潜むことができるλファージのDNA

このような**溶菌サイクル**以外に，λファージは**溶原化**と呼ばれる過程をとることがある（図7）。溶原化とは感染後，ファージ増殖がみられなくなる現象であるが，λファージの場合，まずファージDNAは大腸菌染色体DNAの特定部位（*gal*と*bio*の間）に組み込まれる。組み込まれたファージDNAは**プロファー**

図6　λファージDNAは環状化して染色体へ組み込まれる

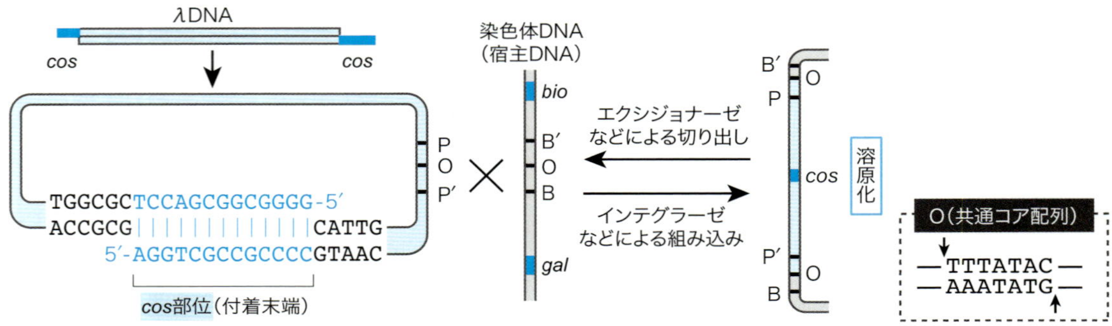

図7　λファージは2つの生活環をもつ

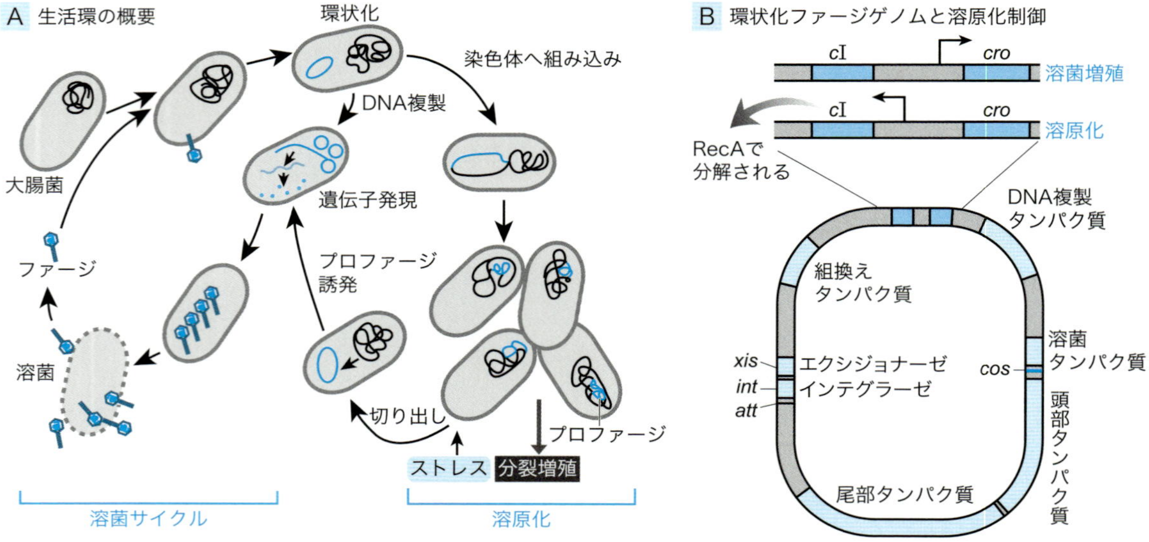

CI，CroはともにDNA結合性タンパク質で，一方の発現が他方によって抑えられている

ジといわれ，そのまま菌（**溶原菌**）と一緒に増殖し続ける。溶原化はファージの作る**CⅠ**リプレッサータンパク質（**λリプレッサー**）で維持される。

Cro（溶菌化に働く）と**CⅠ**は相互に発現を抑制し，ファージがどちらのサイクルに向かうかは両者のバランスで決まる。熱処理などのストレスによってこの制御が失われるとRecAがCⅠを分解し，Croが優先して働くためプロファージは溶菌サイクルに向かう。まず切り出し酵素（**エクシジョナーゼ**）などによってプロファージが染色体から切り出され（**プロファージ誘発**），溶菌サイクルに入ってファージが増殖する。溶菌しか起こさないファージを**ビルレントファージ**（T系ファージなど），溶原化することもできるファージを**テンペレートファージ**という（λファージやP系ファージ）。テンペレートファージが感染しても，溶原化は通常低い頻度でしか起こらないため，濁ったプラークが形成される。プロファージ切り出しの際に，宿主ゲノムの近傍の遺伝子（*gal*や*bio*）を含む特殊形質導入ファージ（前述）が形成される場合がある。

図8 λファージはクローニングベクターとして利用できる

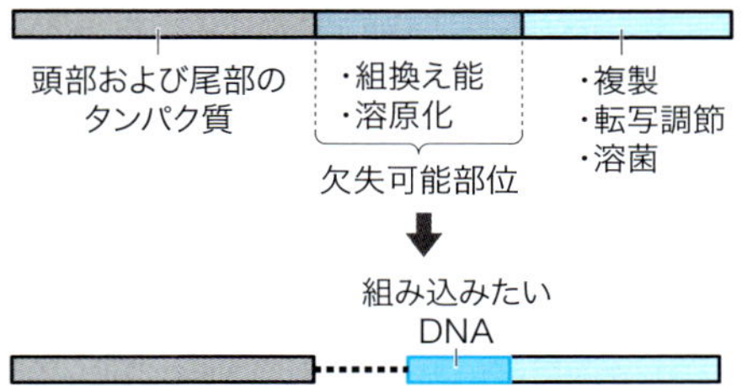

λファージは遺伝子工学に利用される

λファージは遺伝子工学におけるDNAクローニングベクター（⇨6-B，6-D）として，主に遺伝子ライブラリーの作製に用いられる。ファージ遺伝子は端にファージ形態形成に必要な遺伝子群，反対側の端に複製などの初期機能に必要な領域および溶菌にかかわる領域が存在する（図8）。一方，組換えや溶原化の調節にかかわる遺伝子群は，DNAの中央部分にまとまってあり，この部分はファージの溶菌的増殖には必須ではない。そこで中央部分を除いたファージを作ることができ，その部分に最大約2万塩基対長までの異種DNAを組み込むことができる。

別の溶原化形式を示すP1ファージ

P1ファージは二本鎖線状DNAをもつ大腸菌ファージである。ファージDNAには末端重複部位があり，ここが***loxP***として**Creリコンビナーゼ**（ファージ由来の組換え酵素）による**部位特異的組換え**の標的となる（図9）。組換えによって環状化したファージDNAはプラスミドとして増幅し，**溶原化**する。時期・組織特異的遺伝子ノックアウト実験で使用される**Cre-*loxP*システム**は，P1ファージに由来する（⇨6-F）。

図9 P1ファージはCre-*loxP*により溶原化する

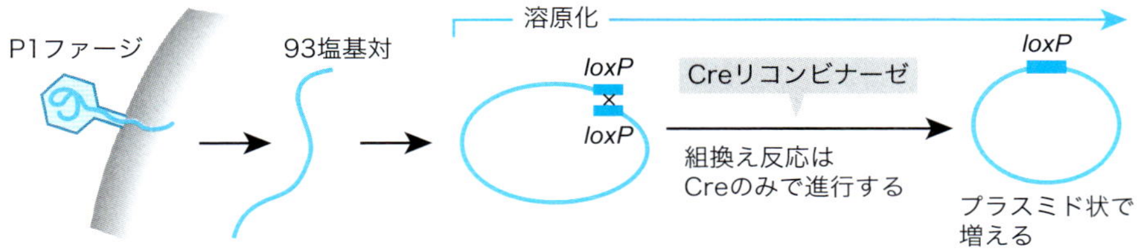

loxP：locus of crossing of phage（末端にある重複配列）

5-B バクテリオファージ

重要ワード **5-C**

プラスミド

point 細菌などがもつ染色体外の小さなDNAをプラスミドといい，細胞に複数コピー存在する。プラスミドは細菌にとって有益な遺伝子をもつため，細胞から排除されることはなく，共存している。

細胞に共生する小さな核酸，プラスミド

細胞に存在し，細胞とともに安定に増える低分子環状DNA（まれにRNA）を**プラスミド**（plasmid）という。大腸菌をはじめとして多くの細菌にプラスミドが見つかり，細胞にDNAを導入して増幅・発現させるためのベクターとして繁用される（⇨6-B）。酵母の**自律複製配列**（**ARS**）を含む複製起点をもつ短いDNAを，プラスミド化してベクター（**YAC**）として利用することができる。植物細胞に寄生するアグロバクテリア中には**Tiプラスミド**が存在し，感染後染色体に組み込まれるので，遺伝子導入のツール（ベクター）として使われる。真核生物にもプラスミドが存在する〔例：酵母の**2μm DNA**や**キラー因子**（RNA）〕（図1）。

プラスミドは細胞に利益をもたらす

プラスミドは1個の複製起点（*ori*）と少数（1～数十個）の遺伝子を含む。プラスミドを保持する細胞においては，プラスミドが自身の生存に有利に働くため（例：外敵を殺す。増殖性や適応性を高める）（⇨5-D），細胞がプラスミドを積極的に排除することはなく，共存関係を保っている。

プラスミド数の調節

二本鎖環状DNAのプラスミドの複製も，基本的に大腸菌ゲノムDNAと同じ機構で複製される。細胞あたりのプラスミド数を**コピー数**といい，通常複数である。低コピープラスミド（**ストリンジェント型プラスミド**）は細胞あたり1～数個，多コピープラスミド（**リラックス型プラスミド**）は数十個以上であるが，いずれも染色体と同調的に増える（図2）。一般にプラスミドDNAのサイズが大きくなるほどコピー数は減る。多コピープラスミドはタンパク質合成を止めることで，コピー数を高めることができる。低コピープラスミドの娘細胞への分配は厳密に制御されているが，多コピープラスミドは確率的に分配される。ColE1の場合，プラスミドから発現するRNA Ⅰ，RNA Ⅱ，Romタンパク質が*ori*付近に図3のように作用することにより，複製が自己制御され，結果的にコピー数が一定数に保たれる。

プラスミド同士には相性がある

2種類のプラスミドが1つの細胞で同時に複製できる場合，それらを和合性であるという。逆に複製できない場合は**不和合性**であるといい，プラスミドをいくつかの**不和合性グループ**に分けることができる（図4）。あるプラスミドは自身の複製を抑えるタンパク質を作るが，その因子はほかの複製機構を阻害し

図1 主なプラスミド

●大腸菌	ColE1	コリシン産生
	R因子	薬剤耐性付与（R1など）
	F因子	接合と遺伝子導入
●アグロバクテリア		Tiプラスミド
●酵母		2μmDNA, キラー因子（RNA）

図2 細胞あたりのプラスミド数（コピー数）

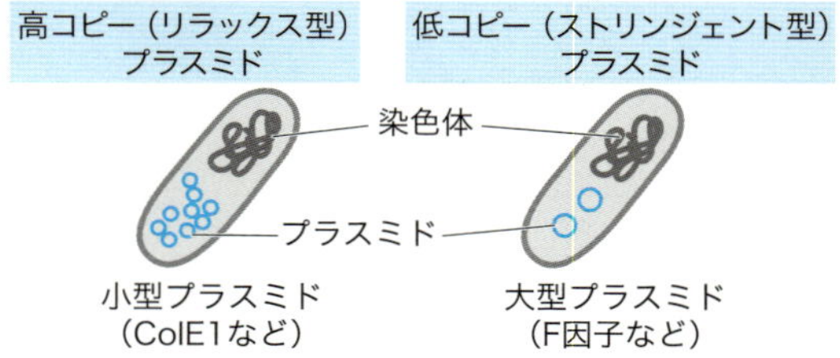

ないため和合性となる。一般に同種*ori*をもつプラスミドは不和合性を示すが，これは複製のタイミングのズレと娘細胞への分配が同一にならないブレの結果生じる現象である（図5）。このことはプラスミドによる遺伝子クローニング，すなわち単一DNA断片のみを純粋に増やすのに好都合である。

大腸菌に有利な性質をもたらすプラスミド

大腸菌では3種類のプラスミドがよく知られている（図1）。ColE1は**コリシン**〔大腸菌が作るバクテリオシン（他の細菌を殺す毒素）〕を作る小型のリラックス型プラスミドで，その誘導体は遺伝子工学で使われるプラスミドベクターの中心をなしている。

図3 ColE1のコピー数が一定に保たれる仕組み

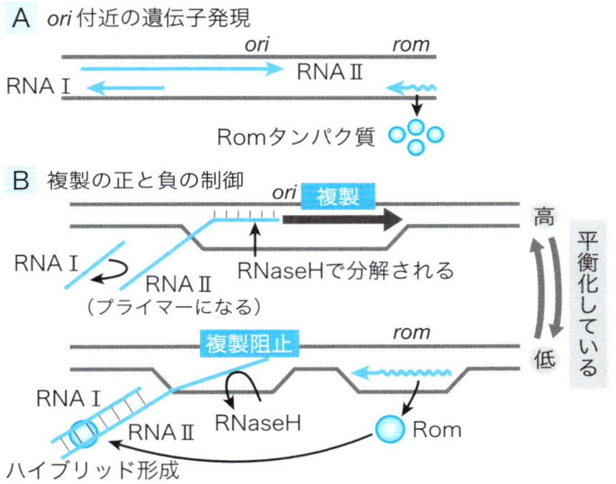

図5 1つの菌に1種類のプラスミドしかない理由

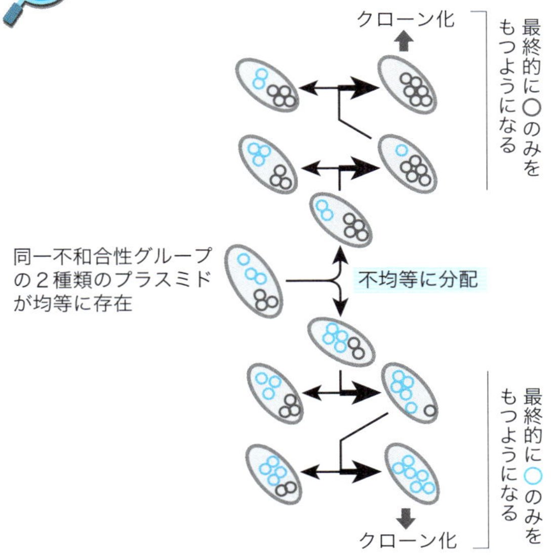

DNAを細胞に入れる方法

ウイルスによる**感染**やファージによる**形質導入**（⇨5-B）もあるが，プラスミドの場合は細菌と接触させるか（**トランスフェクション**）電気的に入れ（**エレクトロポレーション**），プラスミドの遺伝子で細胞の形質を変化させる。これを**形質転換**（**トランスフォーメーション**）といい，細胞は金属イオンなどで処理してDNAを取り込みやすくした**コンピテントセル**を使う。動物細胞にプラスミドを入れる方法として，**微量注入**（**マイクロインジェクション**）や人工脂質二重膜（リポソーム）を使う**リポフェクション**がある（図6）。

図4 不和合性プラスミドは共存できない

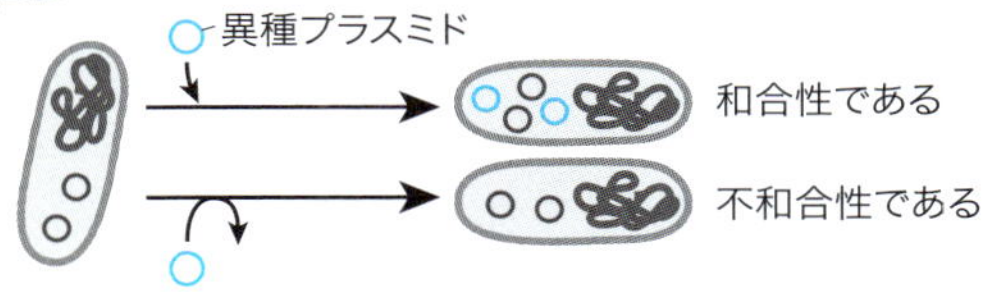

図6 DNA導入のさまざまな方法

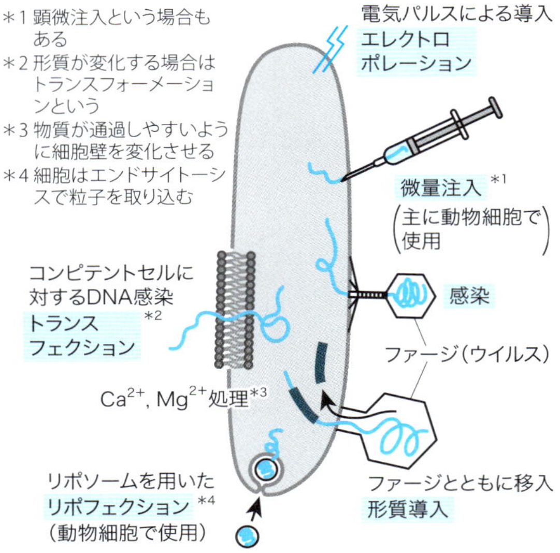

重要ワード 5-D

R因子とF因子

point R因子は薬剤耐性遺伝子をもつため，宿主菌は抗生物質などに対して耐性となる。F因子をもつ雄菌はそれをもたない雌菌にF因子を移すことができ，また宿主染色体に入ったF因子は染色体DNAを雌菌に移し，そこで組換えを誘発させることができる。

薬剤に対して抵抗性をもつR因子

R因子（**R プラスミド**）は**耐性因子**ともいわれ，薬剤耐性遺伝子を運ぶが，複数の種類がある。プラスミドの基本形は**RTF**（**耐性伝達因子**）で，ここに**耐性遺伝子**を含む**耐性決定因子**が入り込んで多様なR因子が構築される（図1）。耐性因子をもつ細菌は該当する薬剤に対する抵抗性を獲得するため，細菌にとって有利となる。細菌細胞壁の合成阻害剤であるアンピシリン（ペニシリンの一種）に対する抵抗性遺伝子は，**ペニシリン**のβラクタム環を分解する**βラクタマーゼ**をコードする（図2）。

多剤耐性因子の出現

耐性遺伝子は**トランスポゾン**（⇨5-E）で運ばれるために伝達されやすく，野外で見つかるR因子は通常，複数の薬剤（主に抗生物質）に対する耐性遺伝子をもつ**多剤耐性因子**である。多剤耐性菌にも効く**メチシリン**や**バンコマイシン**といった抗生物質が作られたが，すでにそれらに抵抗性を与える耐性因子をもつ細菌が出現し，どの薬も効かないといった問題が起こっている〔例：メチシリン耐性ブドウ球菌（**MRSA**），バンコマイシン耐性腸球菌（**VRE**）〕。

図1 R因子の構造とそれが細菌を多剤耐性にする仕組み

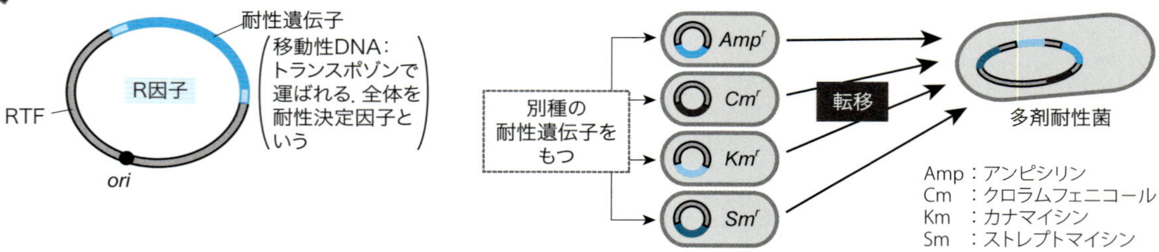

図2 アンピシリン（ペニシリン）の作用とその抵抗遺伝子

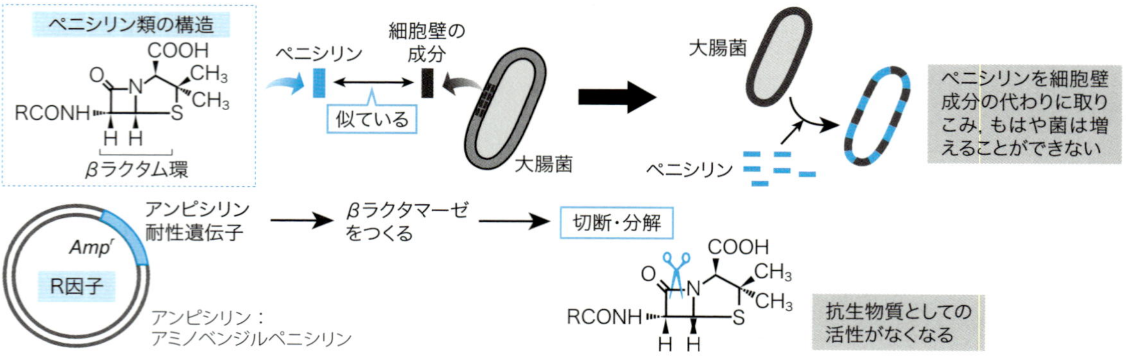

大腸菌の性を決めるF因子

F（fertility：稔性）因子（Fプラスミド）は約10万塩基対長の大型プラスミドで，**性線毛（F線毛）**の形成やDNA移入に関する多数の遺伝子をもつ。F因子をもつF^+菌（**雄菌**）がもたないF^-菌（**雌菌**）と出会うと，雄菌は性線毛を作って雌菌と接合し，F因子が**ローリングサークル型複製**で複製しながら*tra*オペロン〔伝達能（transfer）に関係する〕の一方の鎖からF^-菌に移動し，移入されたDNAが複製されるため，F^-菌がF^+菌に変わる（図3A）。ただ，F因子は不安定で排除されやすいため，雄菌ばかりになることはなく，両者はバランスがとれている。

図3 F因子が大腸菌の性を雌から雄に変える

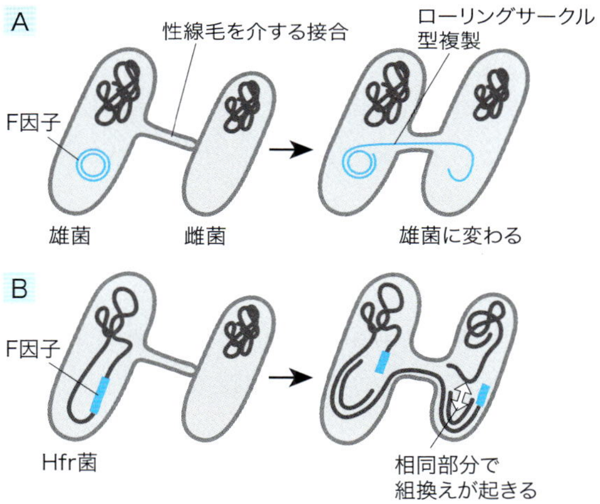

F因子は染色体組換えを誘発する

F因子は複数の**挿入配列**（IS）（⇨5-E）をもつため，大腸菌ゲノムに散在するISとの間で組換えを起こして染色体に組み込まれる場合があり，そのような菌は**Hfr**（high frequency of recombination）**菌**と呼ばれる。Hfr菌もF^+菌の性質を示し，F因子内の*oriT*を先頭に染色体DNAがF^-菌に移入される（図3B）。移入されたDNAは複製して細胞内で部分二倍体になるため，受容菌染色体DNAとの間で**組換え**を起こす（Hfr菌からの全DNA移入には90分を要するが，通常全部移入されることはない）。この性質を利用して染色体上の**遺伝子地図**を作ることができる。組換えによって遺伝子を交換することは有性生殖の性質そのものであり，それがF因子が捻性因子といわれる理由である。Hfr菌中のF因子が宿主染色体DNAの一部を取り込んで切り出されることがあり，こうしてできたF因子を**F′（Fプライム）**という（例：F′*lac*）（図4）。

図4 F因子の3つの形態

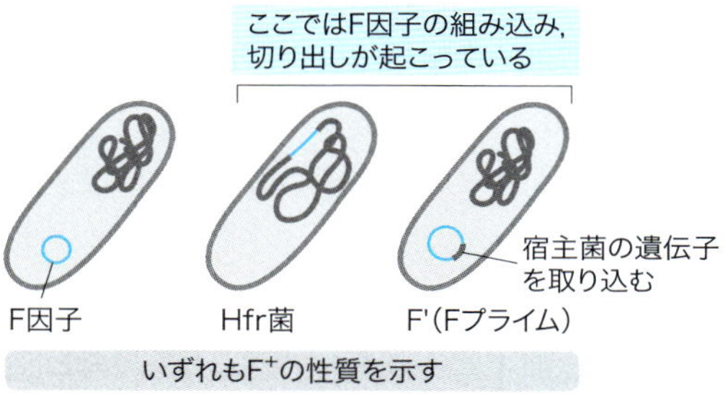

Column F因子を使って大腸菌の遺伝子地図ができる

F因子によって供与菌遺伝子が受容菌に入ると組換えが起こるが，目的遺伝子の表現型が両菌で識別できれば，供与菌遺伝子移入を実験的に確認できる。DNAを移入し終わる時間は90分なので，90分以内に時間を決めて接合を行わせ，その後の遺伝子解析によって，時間経過に沿った遺伝子地図をつくることができる（右図）。

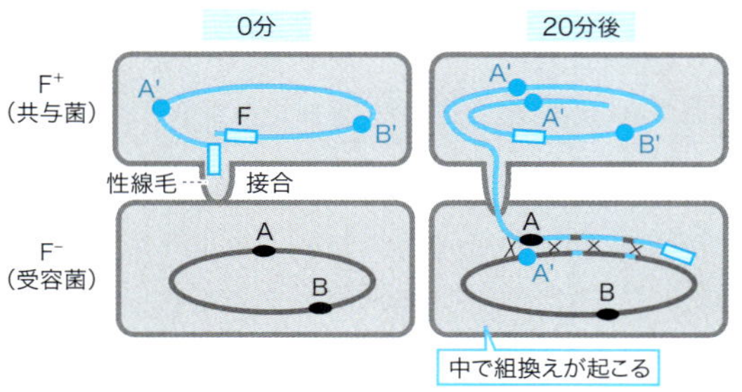

重要ワード **5-E**

転移性DNA：トランスポゾン

point 大腸菌などにはトランスポゾンといわれるDNA間を動き回る転移性DNAが存在する。非相同組換えによって起こる転移にはトランスポゾンがコードする酵素が関与するが，転移によりDNAに突然変異や発現の変化など，さまざまな効果が現れる。

どこにでも移動できるDNAがある

ある部位から他の部位に移動（転移）する**トランスポゾン**といわれるDNAが存在する（図1）。**非相同組換え**（⇨2-I）様式によってどのような部位にも移動することができ，大腸菌のみならず真核生物（⇨8-B）にも多くの種類が存在する。トランスポゾンは末端に正（→ →），あるいは逆向き（→ ←）の**繰り返し配列**をもち，そのなかに転写の**プロモーター**が存在する（図2）。転移の標的となる配列は数塩基長と短く，特に決まった配列はない。**標的配列**はトランスポゾンが転移した後，その両端に現れる（すなわち複製する）という特徴をもつ。このため，複製した配列から結果的にそこが標的とわかる。

移動性DNAの構造をみてみよう

トランスポゾンは一般的に転移のための酵素（**トランスポザーゼ**）遺伝子をもつ。大腸菌における最も小さな移動性DNAは**挿入配列**（**IS**：insertion sequence）（700〜1,500塩基長。例：IS1，IS2）で，中央に**トランスポザーゼ**遺伝子をもつ。より大きなものはいわゆる狭義の**トランスポゾン**（transposon：**Tn**）で，2,000〜10,000塩基長の長さをもつ。トランスポゾンは内部に薬剤耐性遺伝子や毒素産生遺伝子を含む。Tn3型トランスポゾンでは内部にアンピシリン耐性遺伝子，トランスポザーゼ，そして**解離酵素**（**リゾルベース**）遺伝子をもつ。Tn9は**複合型トランスポゾン**の1つで，内部にクロラムフェニコール耐性遺伝子をもち，末端繰り返し配列はIS1そのものである（図2）。**Mu**（**ミュー**）**ファージ**は両端に繰り返し配列をもち，内部にトランスポザーゼ遺伝子をもつ，トランスポゾンの性質を有するファージである。

DNAはどのように移動するのか

転移反応はトランスポゾンの両末端にニックが入り，また標的部位にもずれてニックが入り，続いてお互いのニックの端がつながるというもので，トポイソメラーゼが起こす反応に近い（図3A）。トランスポゾンは転移の形式によって，**複製型トランスポゾン**（Tn3，Mu，γδなど）と**保存型トランスポゾン**あるいは**非複製型トランスポゾン**（Tn10など）の2つのタイプに分けられる。**複製型転移**ではトランスポゾンが複製しながら供与体DNAとともに受容DNAに入り，いったん2個のトランスポゾンと両DNAが融

図1 たくさんある大腸菌のトランスポゾン

- IS（挿入配列）── IS1，IS2，IS10-R
- トランスポゾン ── Tn3，Tn5，Tn10
- Mu（ミュー）ファージ*

＊ Mu：mutation

図2 移動性DNAは両端に繰り返し配列をもつ

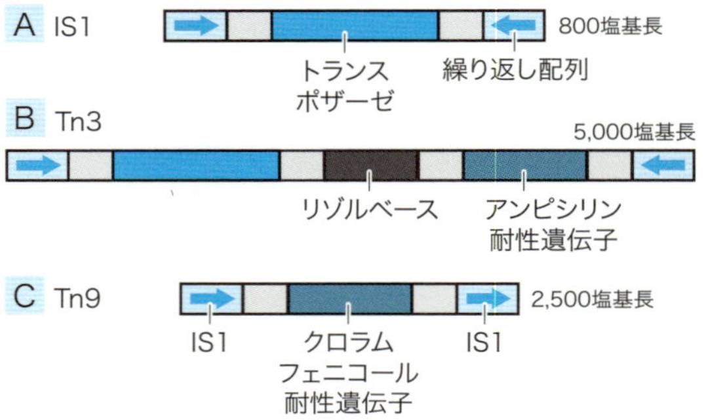

合した**共挿入体**ができる。この分子にリゾルベースが働くと組換え反応で**解離**が起こり，もとと同じ供与体DNAと標的にトランスポゾンが入った受容DNAの2つができる（図3B）。複製型トランスポゾンは増幅するためエピソーム（⇨5-A）とみなされる。

ほかの遺伝子を巻き込むこともある

トランスポゾンは標的DNAに対し，遺伝子の不活化やプロモーター挿入などの効果を与えるので，**変異誘発効果**がある（注：Muファージは増殖性もあり，その性質が強い）。DNA中に2個のトランスポゾンがあると，トランスポゾンの配列を利用して周囲DNA配列の逆位，欠失，組換えなどが起こる（図4）。トランスポゾンは染色体DNAとは無関係に転移するため，**利己的**（**selfish**）**DNA**と比喩され，内部に入る遺伝子もいろいろなものがなりうる（例：レトロウイルスに取り込まれた原癌遺伝子DNA）（⇨12-B, 10-C）。

図3 トランスポゾンの転移

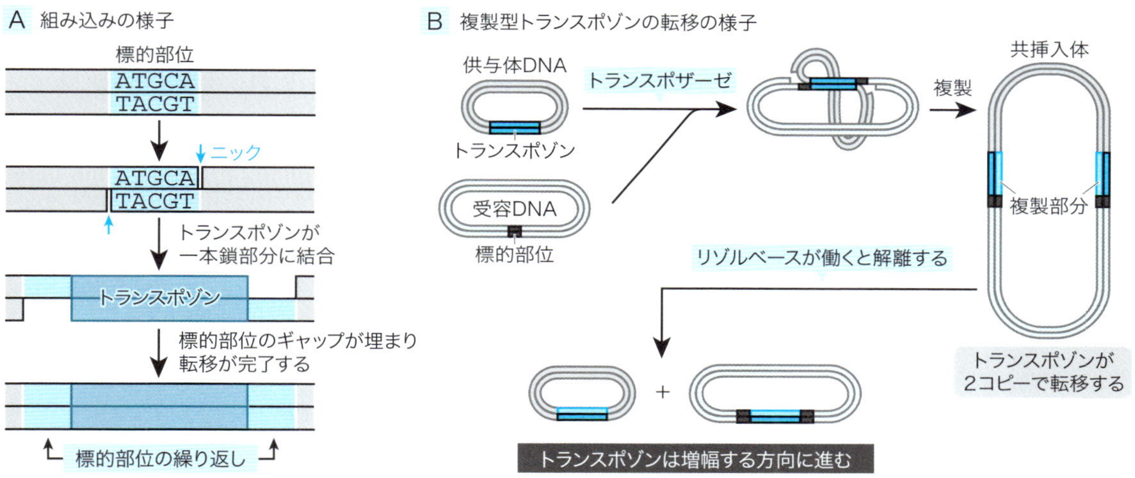

図4 トランスポゾンの効果

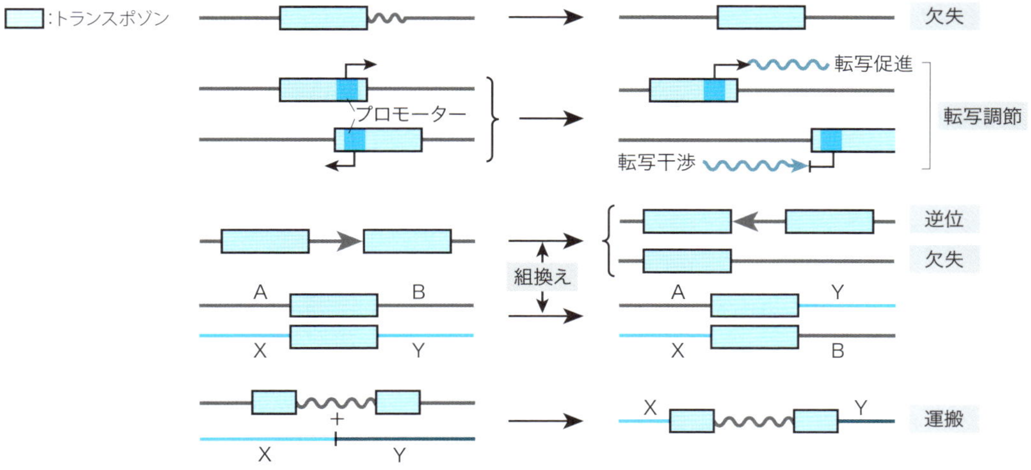

第 6 章

遺伝子工学

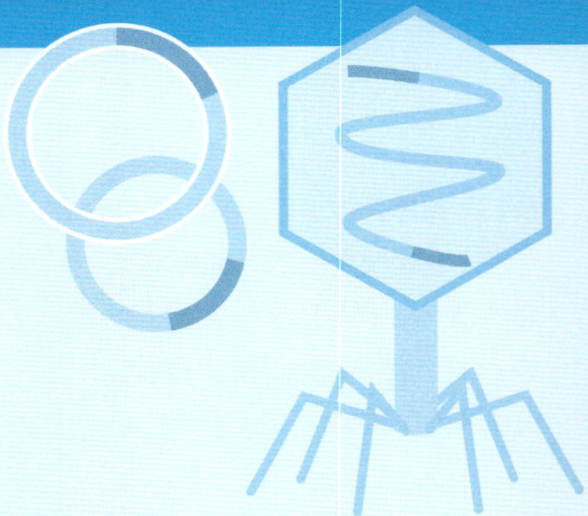

概論

遺伝子工学あるいはDNA組換え操作はバイオテクノロジーのなかで最も重要なもので，それが分子生物学の進展と社会に及ぼしたインパクトは計り知れないほど大きく，20世紀を代表するバイオ技術の1つとなった。

DNA組換え操作が行えるようになったきっかけは，細菌が外来性DNAの侵入から自身を守るための防衛システムである「制限修飾」という現象の研究によって，配列特異的エンドヌクレアーゼである**制限酵素**（⇨6-A）が発見されたことによる。制限酵素の使用により，末端のそろった均一なDNA断片が大量に得られ，また制限酵素がDNA末端に一本鎖部分を生じることから，DNA断片の連結操作が容易になった。**DNA組換え**（⇨6-B）ではDNAを増やすためのDNA，すなわち**ベクター**（⇨6-B）の使用が不可欠である。ベクターのもとになるものはプラスミド，ウイルス（あるいはファージ）由来のDNA，あるいは染色体の複製起点（*ori*）をもつDNA断片である。ベクターは単に複製させるだけではなく，選択性遺伝子を組み込ませたり，制限酵素部位を人為的に作るなど，使いやすいようにいろいろと工夫されている。**DNA組換え操作**（⇨6-C）の基本は，DNAの切断とリガーゼによるDNA鎖の結合，そしてそれに続く組換えDNA分子の細胞内での増幅（複製）である。DNA組換え操作に使用される酵素には，この他にもさまざまなDNA合成酵素，核酸分解酵素，DNA修飾酵素などがあり，目的に合わせて使用される。RNAは不安定で適切な酵素がないため，そのままでは遺伝子工学の材料にはならないが，逆転写酵素でcDNA（相補的DNA）にすれば，あとはDNAとして操作することができる。

遺伝子（DNA）を単離して純粋に増やすことを**遺伝子クローニング**（⇨6-D）というが，このためにはまず遺伝子ライブラリーなどの不特定多数のDNA集団を用意し，そこからハイブリダイゼーションやPCRを用いた方法で，目的のDNAクローンを選択する。タンパク質の鋳型そのものの配列をもっているcDNAを用いると，目的タンパク質を標的とした抗体や結合因子，あるいは特異的な活性検出法を用いて，cDNAを探し出してクローニングすることができる。インスリンや成長ホルモンなどのタンパク質製剤は，クローニングされたcDNAをもとに作られているが，これらのタンパク質は，遺伝子構造を改変させるタンパク質工学的技術により，より付加価値の高いタンパク質に作り替えることができる。

本章でわかる重要ワード

- 6-A 制限酵素
- 6-B DNA組換えとベクター
- 6-C DNA組換え操作
- 6-D 遺伝子クローニング
- 6-E 遺伝子導入（トランスジェニック）生物
- 6-F 遺伝子ターゲティング

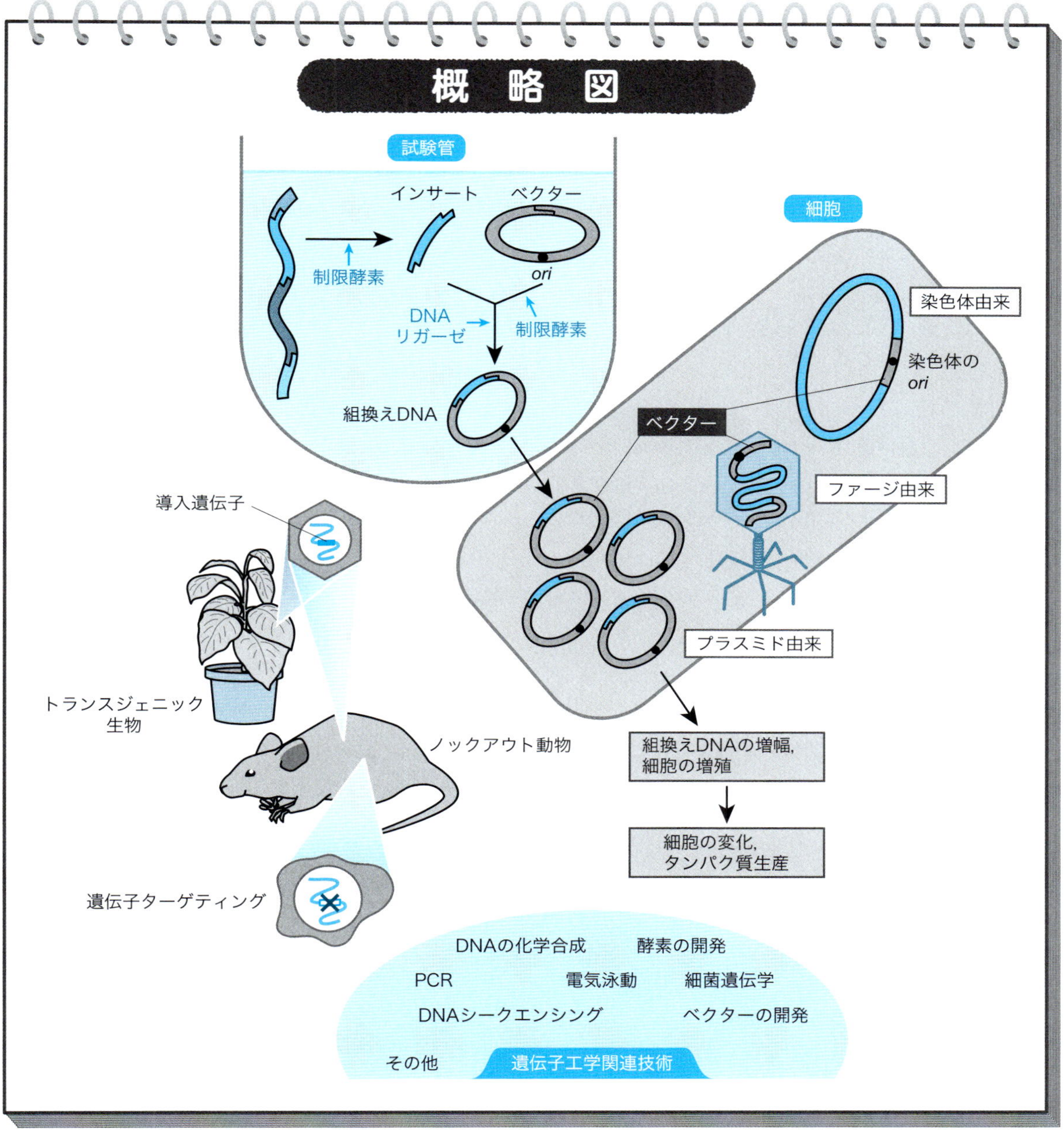

高等真核生物を対象にしたDNA組換え操作には，受精卵に目的遺伝子を注入し，最終的に全身の細胞に導入遺伝子をもつ個体を作る**遺伝子導入（トランスジェニック）生物**（⇨6-E）作出や，特定の遺伝子を変異あるいは欠失させた細胞や個体を作る**遺伝子ターゲティング**（⇨6-F）などの方法がある。いずれの方法も遺伝子機能を細胞レベル，個体レベルで解析する有効な方法だが，前者は有用個体作出にも利用されている。なおDNA組換え操作は危険ではないかという危惧があるが，組換えDNA分子を物理的あるいは生物学的に封じ込める何重もの安全措置により，安全性が保たれている。

制限酵素

point 組換えDNA操作を可能にしたものの1つに，DNAを特定の配列で切断する細菌の酵素「制限酵素」がある。制限酵素により希望のDNA断片を得たり，それらを連結することが容易になった。

制限酵素とは？

遺伝子工学（**DNA組換え操作**，**遺伝子組換え実験**ともいう）の基本は①DNAを切る，②つなぐ，③細胞内で増やす，の3つであるが，この「切る」に使用される酵素が**制限酵素**（restriction enzyme）である（**制限エンドヌクレアーゼ**ともいう）。制限酵素は細菌が作る酵素で，DNAの内部を配列特異的に切断する。細菌はファージの感染を制限してその侵略から免れるため，外来性DNAの特定配列を切断する制限酵素をもつと同時に，自身の染色体にあるその特定配列を**メチル化酵素**（**メチラーゼ**）により修飾し，切断されないように保護している（図1）。メチル化されたDNAは，制限酵素で分解されない。細菌がもつこの仕組みを**制限修飾系**という。制限酵素にはメチル化酵素と一体化しているものと（Ⅰ，Ⅲ型），別々のもの（Ⅱ型）があるが，遺伝子工学にはもっぱらⅡ型制限酵素が使われる（図2）。

制限酵素による切れ方を描いた地図がある

制限酵素は特定の4～8塩基対のDNA配列を認識して切断するため（図3），長いDNAを消化しても，確率的に限定的な数の断片しか生じない。ある制限酵素でDNAのどの部分が切断されるかを描いたものを**制限**（**酵素**）**地図**（restriction map。**物理地図**の一種）といい，望みのDNA断片を得るための重要な手がかりとなる（図4）〔消化したDNA混合物はゲル電気泳動（⇨7-A）で分離する〕。8塩基認識酵素はめったにDNAを切断しないので，ゲノム解析において染色体DNAを大雑把に切断するのに用いられる。制限酵素により，末端構造のそろった希望するDNA断片が得られ，DNAの塩基配列解析やDNAクローニング（⇨6-B～6-E）になくてはならない道具となっている（それまでは，一定構造のDNA断片はウイルスやプラスミドでしか得られなかった）。制限酵素には非常に多くの種類があり（*Bam*HⅠ，*Hind*Ⅲなど。最初の3文字は由来する細菌種を表している），その

図1 制限酵素は細菌を守っている

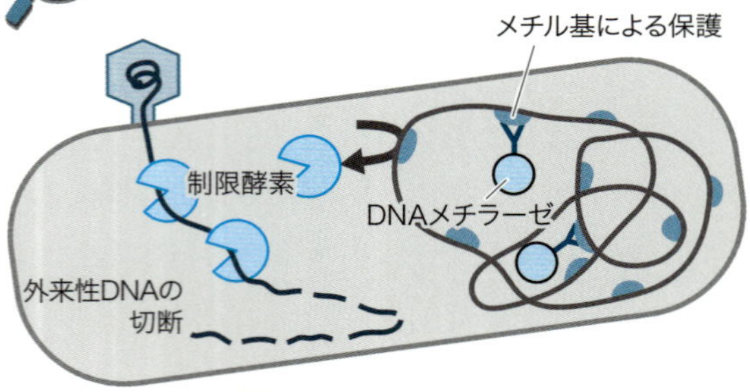

細菌でみられる制限修飾系

図2 制御酵素の分類

● Ⅰ型	認識部位からかなり離れたところを切断．Mg^{2+}，ATP，S-アデノシルメチオニンを要求．メチラーゼ活性をもつ
● Ⅱ型	認識部位を切断．Mg^{2+}を要求．遺伝子工学に使われる
● Ⅲ型	認識部位から約25塩基対離れたところを切断．ATPとS-アデノシルメチオニンを要求．メチラーゼ活性をもつ

図3 制御酵素の認識塩基数

塩基数	例
4塩基	*Msp*Ⅰ，*Dpm*Ⅱ，*Hae*Ⅲ
5塩基	*Ava*Ⅱ，*Eco*RⅡ，*Nci*Ⅰ
6塩基	*Eco*RⅠ，*Xba*Ⅰ，*Hpa*Ⅰ
8塩基	*Not*Ⅰ，*Sfi*Ⅰ，*Sgr*AⅠ

認識配列が**パリンドローム（回文）構造**（⇨1-J）になっている場合が多い。制限酵素はパリンドローム構造の両側に結合し，結果的に二本鎖切断を起こす。大部分の酵素は認識配列の範囲内でDNAを切断し，生ずるDNA末端の構造は5′-P，3′-OHとなる。

📎 制限酵素の切断面はいろいろ

制限酵素とほかのエンドヌクレアーゼとの大きな違いの1つに，切断面に関する特徴がある。通常の酵素がDNA二本鎖をまっすぐ切断するのに対し，制限酵素は，まっすぐ切断するものもあるが（生ずる末端の形状を**平滑末端**という），多くは2～4塩基ずらして切断し，末端に短い一本鎖DNA部分を生成する（一本鎖が3′側に突出する場合と，5′側に突出する2種類がある）（図5）。同じ制限酵素で切断されたDNA断片は，その由来にかかわらず末端の一本鎖部分（**粘着末端**という）を利用して水素結合で緩く結合させることができる。

図4 プラスミドベクターの制限酵素地図（切断地図）

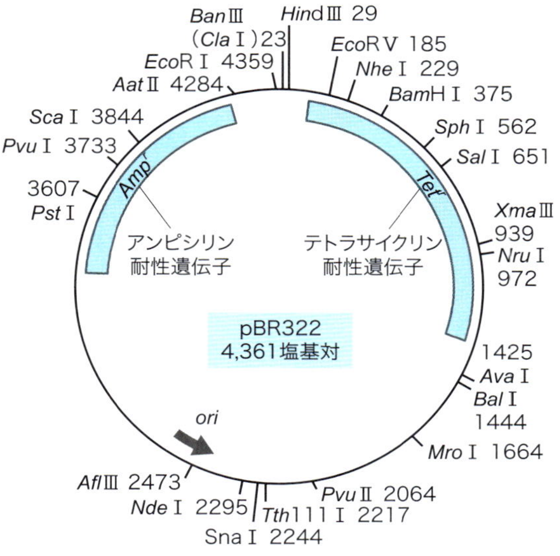

pBR322 プラスミドDNAを1カ所切断する酵素について示した

図5 酵素切断によって生ずるDNA末端の形は3通りある（5′-P，3′-OHとなる）

A 5′突出型の粘着末端を生ずる酵素（例:HindⅢ）

```
・・・AAGCTT・・・3'              ・・・A          5' AGCTT・・・
・・・TTCGAA・・・5'     →     ・・・TTCGA 5'   +   3'     A・・・
       認識配列
```

B 3′突出型の粘着末端を生ずる酵素（例:HaeⅡ）

```
・・・AGCGCT・・・3'              ・・・AGCGC 3'        T・・・
・・・TCGCGA・・・5'     →     ・・・T         +   3' CGCGA・・・
       認識配列
```

C 平滑末端を生ずる酵素（例:PvuⅡ）

```
・・・CAGCTG・・・3'              ・・・CAG          CTG・・・
・・・GTCGAC・・・5'     →     ・・・GTC      +   GAC・・・
       認識配列
```

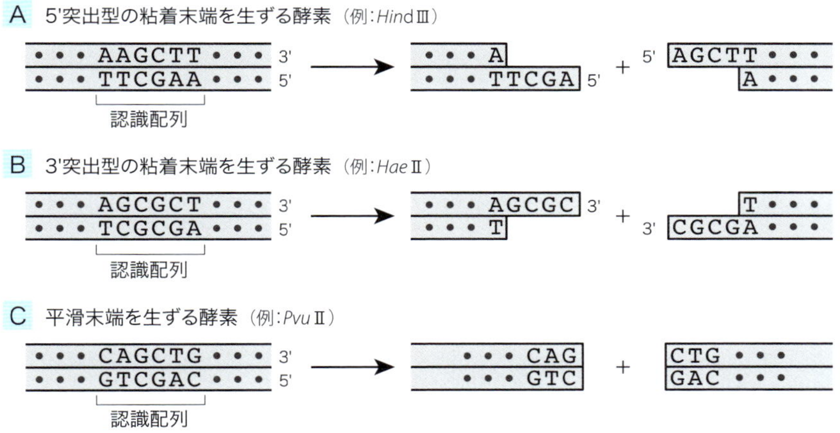

Column 遺伝子工学における法律用語

遺伝子工学は法律（**カルタヘナ法**）で規制されているが（⇨6-B），法令では用語の使用法も定めている。DNA組換え操作は**遺伝子組換え実験**，細胞に入れる異種DNAはベクター，インサートにかかわらず**供与核酸**という。組換えDNAの封じ込めを**拡散防止措置**という。

重要ワード **6-B**

DNA組換えとベクター

point DNA断片を増やす場合，ベクターに組み込んでから細胞内で増やすが，ベクターは目的別にさまざまなものが用意されている。DNA組換え操作は法律に基づき，安全に実施されている。

目的のDNAを増やすには

DNAをただ細胞に入れただけでは安定に増えない。そのような場合は，目的DNAに自律複製能をもつDNA断片を連結させて一緒に増やす。このとき，目的DNAを増やすためのDNAを**ベクター**（vector。運び屋の意味），ベクターに挿入されるDNA断片を**インサート**，それが増える細胞を**宿主**という（図1）。宿主とベクターの関係は厳密に決まっている（図2）。ベクターには**プラスミド**（大腸菌，酵母，植物などで使用），**ウイルス**（あるいは**ファージ**），そして複製起点（*ori*）を含む染色体DNA〔酵母由来の人工染色体**YAC**（yeast artificial chromosome）など〕の一部が用いられる。動物細胞ではアデノウイルスやレトロウイルスなどが用いられる。

ベクターに施されるさまざまな工夫

ベクターは安定に複製する以外にも，いくつかの条件が必要である（図3A）。第1はインサートを組み込むことができる制限酵素部位をもつことで，ベクターのなかには多数の制限酵素部位がまとまって存在する（**マルチクローニング部位**）ものもある。第2は選択の目印となる**選択マーカー遺伝子**を含むことで，これはベクターの導入を知るためのものと，インサート挿入の成否を知るためのものに分けられる。選択マーカー遺伝子には**薬剤耐性遺伝子**や***lacZ***（***β*-ガラクトシダーゼ**）**遺伝子**などがある。この他にも，複数の宿主（例：大腸菌と酵母）で増えることのできる**シャトルベクター**，インサートを転写できるようにしたもの，転写と翻訳のシグナルをもちタンパク質を作らせることのできる**発現ベクター**などがある。特に長いDNAを組み込めるプラスミド（例：ファージ由来の**コスミド**，F因子由来の**BAC**，酵母*ori*由来の**YAC**）もある（図3B, C）。

Memo ブルーホワイトアッセイ

選択マーカー遺伝子として*lacZ*遺伝子を用いる。IPTG（イソプロピルチオガラクトシド）添加によって*lac*オペロンをオンにし，酵素を発現させる。基質の**X-gal**（*β*ガラクトシド結合をもつ化合物）が分解されると青色になるので，マーカー遺伝子の活性が目視できる（図4）。

DNA組換え操作の安全性を確保する

DNA組換え操作（法律では**遺伝子組換え実験**という）は法律（通称「**カルタヘナ法**」）による規制があるが，対象となる操作は，異種DNAを連結するなど

図1 目的DNAはベクターに組換えて増やす

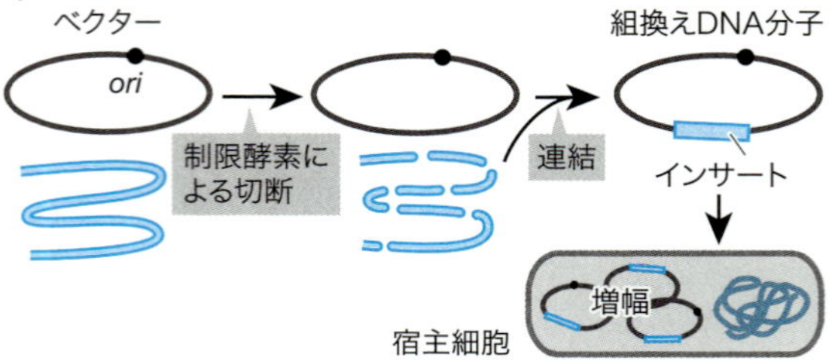

図2 ベクターと宿主の関係は決まっている

宿主	ベクター	例
大腸菌	プラスミド	ColE1 由来pBluescript, F因子由来BAC
	ファージ	λファージ，M13ファージ
酵母	染色体の*ori* プラスミド	YAC, 2 μm DNA
植物	プラスミド	Ti*
動物	ウイルス	アデノウイルス，レトロウイルス

＊ アグロバクテリアを用いる

し，それを細胞内で増やすという行為である。DNAをPCR（⇨7-D）で増やす操作や，自然に生成した組換えDNA分子を扱う操作（同一の生物種間のDNA組換え操作）は規制の対象にならない。DNA組換え操作が安全に行われるように，実験計画を所属機関に提出して承認を受ける必要がある。

実験などによる遺伝子組換え生物のもれを防止するため，定まった**物理的封じ込め措置**をとる必要があり，規制が緩い順にP1〜P3（P：physical）となっている（図5）。異種遺伝子を導入したトランスジェニック動物や植物（⇨6-E）も，逃亡や花粉拡散を防ぐ措置が必要である。この他，**生物学的封じ込め**の規準〔B1，B2（より厳しい）〕もある（B：biological）。どのような遺伝子を対象にどのベクターを使って何の細胞で増やすかにより，**拡散防止措置**の規準や承認手続きなどが細かく定められている〔例：ヒトの全遺伝子をランダムに大腸菌のベクターに入れて増やす操作は，通常の宿主–ベクター系を用いたB1の場合はP2実験（安全キャビネットなどが備わっている専用実験室での操作）となる〕。拡散防止措置以外の組換え実験は，文部科学大臣による別個の確認審査が必要である。

図3 ベクターを利用する

A ベクターの条件

1 適当な制限酵素部位をもつ
2 選択マーカー遺伝子をもつ
　①ベクターがあることを知らせるもの
　②インサート挿入の成否を知らせるもの
3 宿主細胞内で安定に複製する

B ベクターに付け加えられる特殊な機能

- 複数の細胞で増殖できる → シャトルベクター
- ファージとプラスミド両方の形態をとる → ファージミド
- タンパク質を発現できる → 発現ベクター
- 長いDNAを組み込めゲノム解析に用いる → BACなど
- ファージのプロモーターをもち，インサートからRNAを作れる → 転写ベクター
- その他

C 特殊汎用ベクターの例

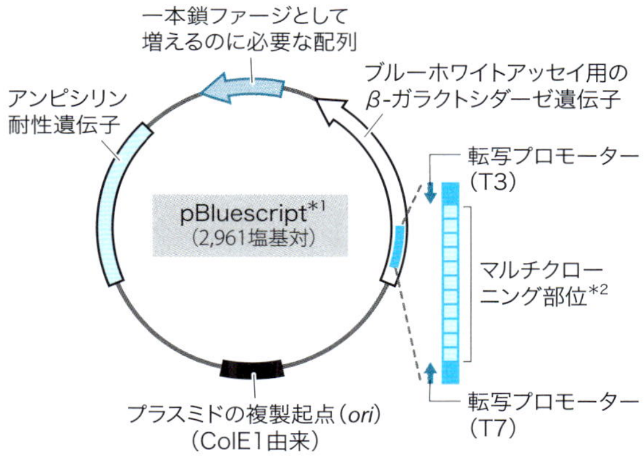

＊1 図はpBluescript II SK（＋）　＊2 多数の制限酵素部位

図4 インサートDNAの挿入が目で見てわかる

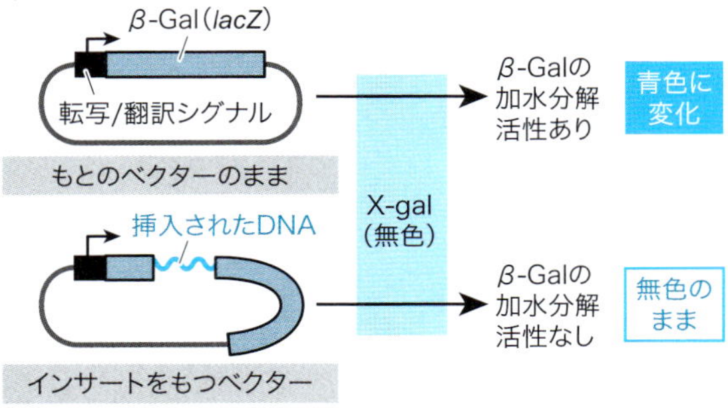

β-Gal：ガラクトシダーゼ

図5 DNA組換え実験の安全性を確保するために

① 封じ込めによる制限（拡散防止措置）	生物学的封じ込め：B1，B2 物理的封じ込め：P1〜P3＊
② 増殖規模による制限	大量培養，野外実験の制限
③ 動植物を用いる場合の規制	花粉飛散や逃亡の防止， ヒトへの適用の制限
④ その他の措置	法律の整備， 実験従事者の健康管理と教育

＊ 高性能HEPAフィルターをもつ安全キャビネット，オートクレーブ，電動ピペッターの使用，部屋を陰圧にして，ドアを二重にし，実験着を着替えるなど

重要ワード **6-C**

DNA組換え操作

point 遺伝子工学ではDNAの合成，分解，修飾，連結にかかわる多くの酵素が使われる。RNAの場合は，RNAをDNAに逆転写酵素でDNAにしてから同様に扱うことができる。薬剤耐性遺伝子をもつベクターを使うと，耐性を目印にDNA組換え操作の成否がわかる。

遺伝子工学にはさまざまな酵素が必要

遺伝子工学には，制限酵素以外に多くの酵素が用いられるが，それらは**合成酵素**，**分解酵素**，**修飾酵素**，**連結酵素**に分けられる（図1）。合成酵素には**クレノーフラグメント**，大腸菌の**DNAポリメラーゼⅠ**，**T4 DNAポリメラーゼ**などがある（エキソヌクレアーゼとして利用されることもある）。RNAを鋳型にDNAを合成する**逆転写酵素**（図2）や，末端デオキシヌクレオチド転移酵素（**TdT**）も使用される。分解酵素として，一本鎖特異的**S1ヌクレアーゼ**や**DNaseⅠ**などが使われる。修飾酵素で最も重要なものはDNAを連結する**DNAリガーゼ**で，組換えDNA分子を完成させる段階に必須である（図3）。粘着末端（⇨6-A）同士で緩く結合しているDNAに，ATP存在下でこの酵素を作用させることにより，DNA末端同士をリン酸ジエステル結合で共有結合できる。核酸の末端からリン酸を除くには**ホスファターゼ**を，逆にリン酸を付加する場合には**ポリヌクレオチドキナーゼ**を用いる。制限酵素による消化からDNAを守る場合は，配列特異的な**DNAメチラーゼ**を用いる（⇨6-A）。

図2 真核生物のmRNAからDNAを作る

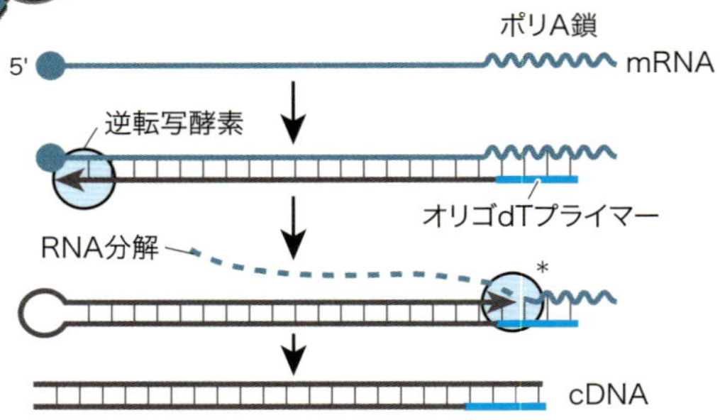

cDNA：complementary DNA（相補的DNA）
＊ この酵素は通常のDNAポリメラーゼでもよい

図1 遺伝子工学に使用されるさまざまな酵素

分類	酵素タイプ	作用様式	酵素の例
分解酵素	エンドヌクレアーゼ	DNAの内部を切断	制限酵素，DNaseⅠ
	エキソヌクレアーゼ	核酸を端から1つずつ削る	DNAポリメラーゼ，Bal31ヌクレアーゼ
	一本鎖特異的ヌクレアーゼ	一本鎖核酸を切断	S1ヌクレアーゼ
	ハイブリッド特異的ヌクレアーゼ	DNA-RNAハイブリッドのRNAを分解	RNaseH，逆転写酵素
連結酵素	DNAの連結	DNAをリン酸ジエステル結合で連結	T4 DNAリガーゼ
	RNAの連結	RNAをリン酸ジエステル結合で連結	T4 RNAリガーゼ
合成酵素	DNA依存DNA合成	DNA合成（複製）	DNAポリメラーゼ，クレノーフラグメント
	RNA依存DNA合成	RNAを鋳型にDNAを合成	逆転写酵素
	DNA依存RNA合成	二本鎖DNAの一方を鋳型にRNAを合成	RNAポリメラーゼ
	鋳型非依存的DNA合成	DNAの3′端にデオキシヌクレオチドを重合	末端デオキシヌクレオチド転移酵素（TdT）
修飾酵素	リン酸化	5′-OHにリン酸を転移	T4ポリヌクレオチドキナーゼ
	脱リン酸化	リン酸基を加水分解する	アルカリホスファターゼ（CIP，BAP）
	メチル化	塩基をメチル化する	部位特異的DNAメチラーゼ

実際に組換えてみよう

ウイルスDNAの特定の*Bam*HⅠ断片を大腸菌のpBR322プラスミドベクター〔**アンピシリン耐性遺伝子**（Amp^r）と**テトラサイクリン耐性遺伝子**（Tet^r）をもち，Tet^r内部に*Bam*HⅠ切断部位がある〕に組み込んで大腸菌内で増やす方法を概説する（図4）。まずウイルスDNAを*Bam*HⅠで消化し，それをゲル電気泳動で分離し，制限酵素地図を参照して目的DNAをゲルから抽出する。pBR322も*Bam*HⅠで消化しておく（線状になる）。インサートとベクターを混合し，DNAリガーゼを作用させた後，大腸菌と混ぜる〔このDNA導入操作を**トランスフォーメーション**という （⇨5-C）〕。それをアンピシリンの入った培地にまき，コロニー （⇨5-A） を作らせるが，増殖した大腸菌にはベクターが入っている。次にコロニーをテトラサイクリンの入った培地に移し，増殖の有無をチェックする。ウイルスDNA断片がTet^r内部に挿入されていれば大腸菌は増えない。アンピシリン耐性でテトラサイクリン感受性（テトラサイクリンで殺される）の大腸菌の中に目的の組換えDNAが含まれていることになる。必要があれば，プラスミドを*Bam*HⅠで消化し，組み込んだ*Bam*HⅠ断片が生ずることを確認する。

Memo リンカー

インサートとベクターの末端の構造が異なる場合，末端を平滑末端に修復した後（図5），粘着末端を生成する**リンカー**と呼ばれる合成DNA断片をつける。次にそこを粘着末端を生ずる制御酵素で切断してから連結反応を行うことで，組換え操作を容易にすることができる。

図3 DNAリガーゼの反応

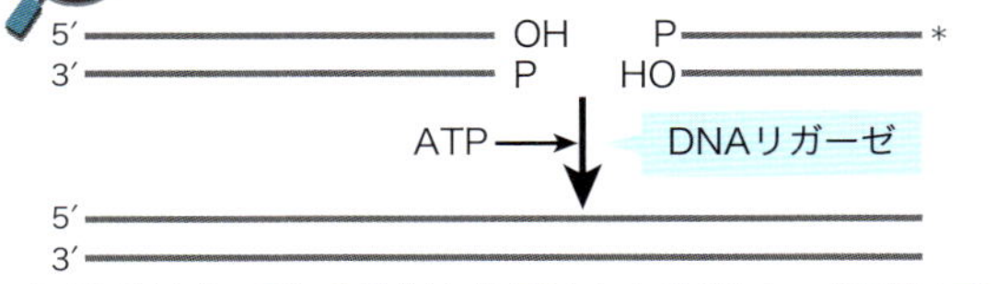

＊ 5′-OHとなっている場合はポリヌクレオチドキナーゼを用いて5′末端にリン酸をつける必要がある

図5 末端修復法のいろいろ

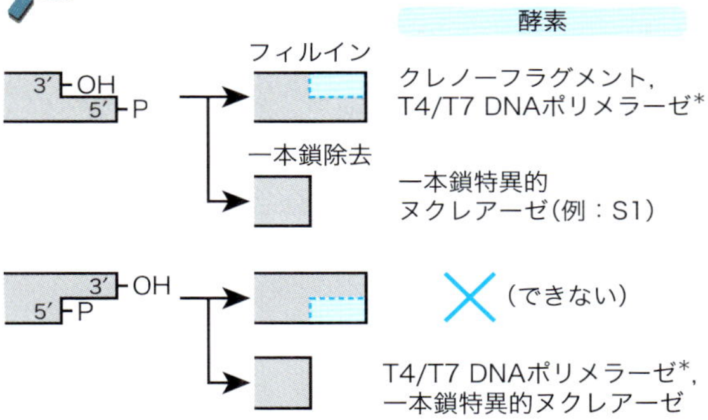

＊ T4ファージかT7ファージのDNAポリメラーゼ

図4 pBR322プラスミドベクターにウイルスDNA断片を組み込む操作

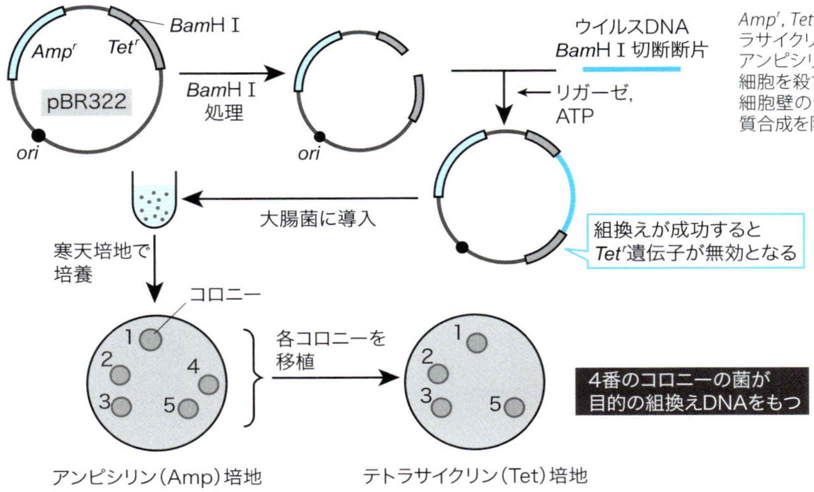

Amp^r, Tet^rはそれぞれアンピシリン，テトラサイクリンに耐性を与える遺伝子．アンピシリンやテトラサイクリンはともに細胞を殺す作用をもつ抗生物質．前者は細胞壁の合成を阻害し，後者はタンパク質合成を阻害する

重要ワード 6-D

遺伝子クローニング

point 多数の遺伝子（DNA）のなかから特定のものを得ることをクローニング，あるいは分子クローニングといい，不特定多数のDNA集団のなかから捜す。mRNA由来のcDNAを材料にすると，作られるタンパク質に基づく検出法で目的クローンを得ることができる。

膨大な数のなかから目的の遺伝子を探す

DNA組換え操作によって特定のDNAを単離し増やすことを，**遺伝子（DNA）クローニング**（**クローン化**）という（**分子クローニング**ともいう）。**クローン**（clone）とは遺伝的均一性を表す遺伝学用語である。染色体中の膨大な数の遺伝子のなかから特定のものをクローニングする場合，まず**DNAライブラリー**（**遺伝子ライブラリー**ともいう）を作製する。ゲノムから**ゲノミックライブラリー**を作製する場合，まずゲノムDNAを制限酵素で切断し，それらをファージかプラスミドベクターに挿入し，連結する（図1A）。

目的遺伝子を選択する

ファージで作製したDNAライブラリーを大腸菌に感染させて多数のプラーク（⇨5-B）を出し（図1B），ファージ（DNA）をフィルターに移しとる。ここに^{32}P標識DNA（クローン化しようとするDNAに類似の塩基配列をもつもの）を**プローブ**（検知針）としてかけてハイブリダイゼーション（⇨7-C）を行い，洗浄後X線フィルムに重ねて感光させる（**オートラジオグラフィー**という）。感光パターンから目的塩基配列を含む同一ファージの集団（すなわちクローン）の場所を見つける。プラスミドライブラリーを

図1 ゲノムから目的の遺伝子を探し出す（ファージベクターの場合）

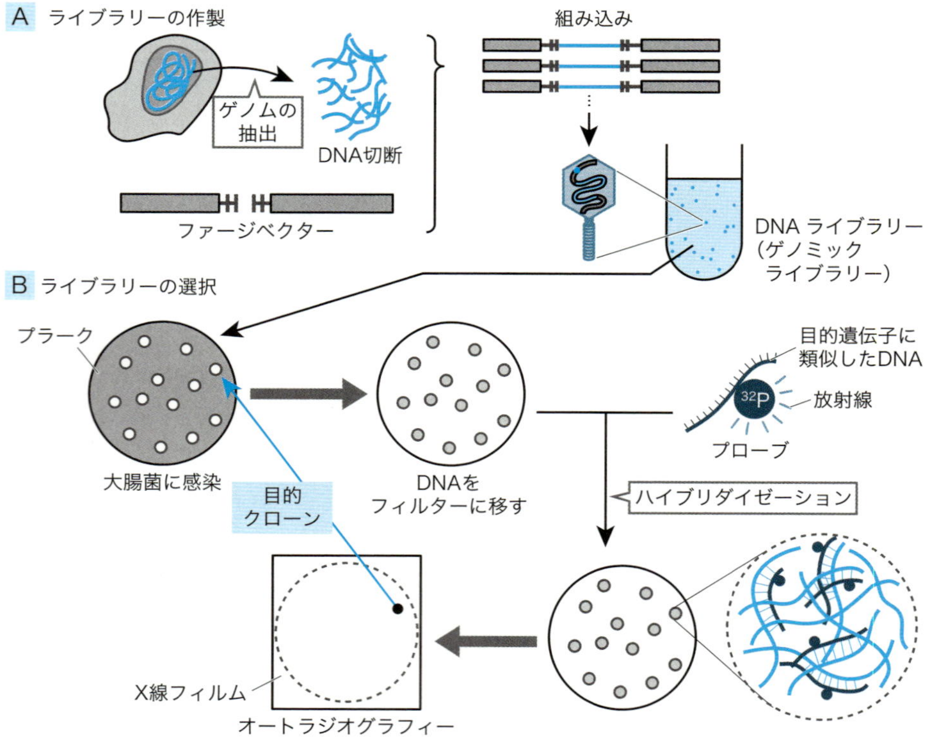

用いる場合は，コロニーをフィルターにつける。

タンパク質が利用できるライブラリー

mRNAを鋳型にして合成したcDNAの集団をもとに，**cDNAライブラリー**を作ることもできる。cDNAはイントロンを含まないため，タンパク質の直接の鋳型となるRNAを作る能力がある。cDNAライブラリー用のベクターに転写や翻訳の調節配列を入れることにより，クローンの選択をタンパク質と反応・結合する抗体や特異的結合因子で行ったり，結合因子がなくても生物活性を測定できる方法があれば，活性測定からcDNAを選択することができる（図2）。インターフェロンやインスリンなど，医学的に重要なタンパク質製剤がこうしたクローニング法によって作られている。なお，タンパク質を発現するベクター中のタンパク質コード領域にcDNAを挿入して，目的タンパク質を融合タンパク質として作ることもできる（図3）。

PCRを用いたクローニング

ベクターを用いて構築されたDNAライブラリーを細胞内で増やしてからDNAプローブを用いて選択することは，時間を要し操作も煩雑である。PCR（⇒7-D）がルーチン化されている今日，たとえライブラリーがなくても，DNA（あるいはcDNA）混合物と目的DNAの配列情報があればPCRで目的DNAを増幅し，その後の簡単なクローニング操作でDNAを純化・濃縮するといった方法が一般的になっている（図4）。

図2 cDNAクローニングで目的タンパク質を作る

mRNA → cDNA合成 → ベクターに組み込む
クローン化 ↓
一定の確率でタンパク質合成
↓
タンパク質の大量生産
＜DNA構造の改変＞
↓
新規タンパク質の作出
タンパク質工学

【検出】
● DNAプローブによる
● 抗体による
● 相互作用物質による
● 生化学的活性による
● 生物活性による

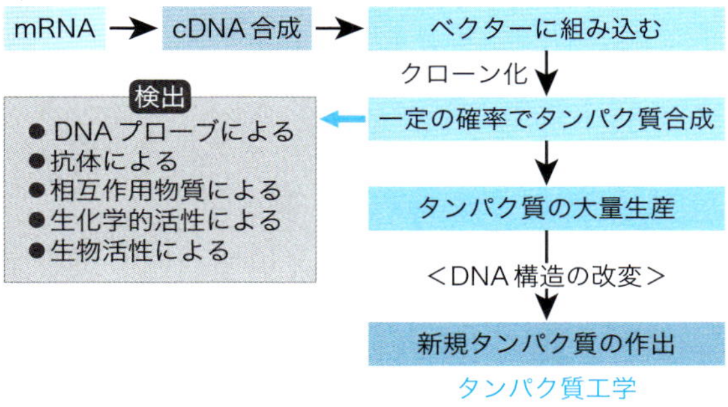

図3 タンパク質コード領域にcDNAを入れて融合タンパク質を作ることができる

翻訳（コード領域）（例：βガラクトシダーゼ）
ATG コドン
1つの塩基
制限酵素でここを切断

連結 cDNA → 融合タンパク質（キメラタンパク質*）
A → ○
B → ×
C → ×
コドン

＊**キメラ**：頭がライオン，体がヒツジ，尾がヘビという架空の生物．雑種（hybrid）の意味

Aの読み枠でcDNAが連結したときにのみ融合タンパク質がつくられる

図4 PCRを組合わせると簡単にクローニングできる

不特定多数のDNA* → 目的DNA → 矢印の部分でPCRを行う → 増幅されたDNA → クローニングベクター PCR断片の組み込み → 細胞に入れてクローニング

＊ ゲノムDNAかcDNAの混合物，あるいはライブラリーを用いる

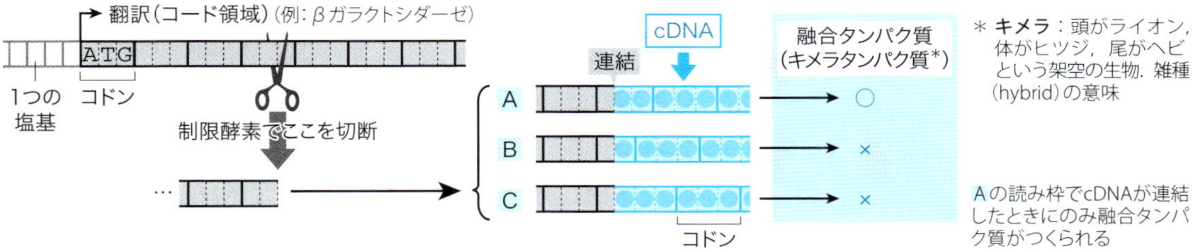

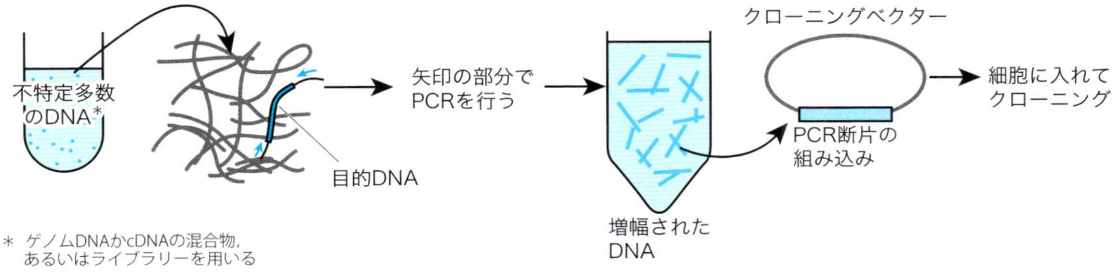

遺伝子導入（トランスジェニック）生物

point 人為的にゲノムに挿入した遺伝子が全身の細胞に同じように入った多細胞生物をトランスジェニック生物といい，遺伝子導入した受精卵（動物）や細胞塊（植物）をもとに作られる。遺伝子機能の解析や個体改変の目的で行われる。

トランスジェニック生物とはどんなものか

多細胞生物に遺伝子を導入し，それが個体の全染色体に同じように組み込まれた個体を，**遺伝子導入生物**（**トランスジェニック生物**）という（注：単細胞生物の場合は使わない）。哺乳動物の場合は受精卵の核にDNAを微量注入し，それを疑似妊娠させた雌（代理母）の子宮に入れて妊娠・出産させる（図1）。

Memo
トランスジェニック生物を作るときに用いるDNAには，技術的理由によりcDNAが用いられる。

DNA導入法にはこの他，ウイルスベクターを用いる方法や，ES細胞と胚盤胞を用いる（⇨7-K）方法などもある。遺伝子は卵割の適当な時期にランダムに染色体に入るので，生まれた個体は導入遺伝子に関して**キメラ個体**（⇨7-K）となる。DNA導入を確認後（シッポなどからDNAを抽出して調べる），その個体をもとに次世代のマウスを生ませる。もし精子や卵にDNAが入っていれば，子供は一定の比率で，導入遺伝子に関してヘテロな**トランスジェニックマウス**となる（図1）。ヘテロ個体をもとに交配を行い，ホモマウスを作ることもできる。

研究に便利なトランスジェニック生物

トランスジェニックという手法は遺伝子機能を個体レベルで解析できる優れた方法であるが，以下のように，いくつか注意する点がある。①DNAの染色体への挿入は不規則なため，挿入部位の**位置効果**や挿入DNAの数（コピー数），すなわち**量効果**が出やすい。②トランスジェニック個体ごとに表現型が一定にはならないため，結論を得るためにはある程度の個体数が必要となる。なお，遺伝子（cDNA）本体のみを導入しても発現効率が悪いので，βアクチンのような普遍的な遺伝子制御領域に結合させることが多いが（注：このような構造のcDNAを**ミニジーン**ということがある），組織特異的なプロモーターやエンハンサーをつけ，特定の組織に狙いを定めて発現させ

図1 トランスジェニックマウスの作り方（DNA微量注入法）

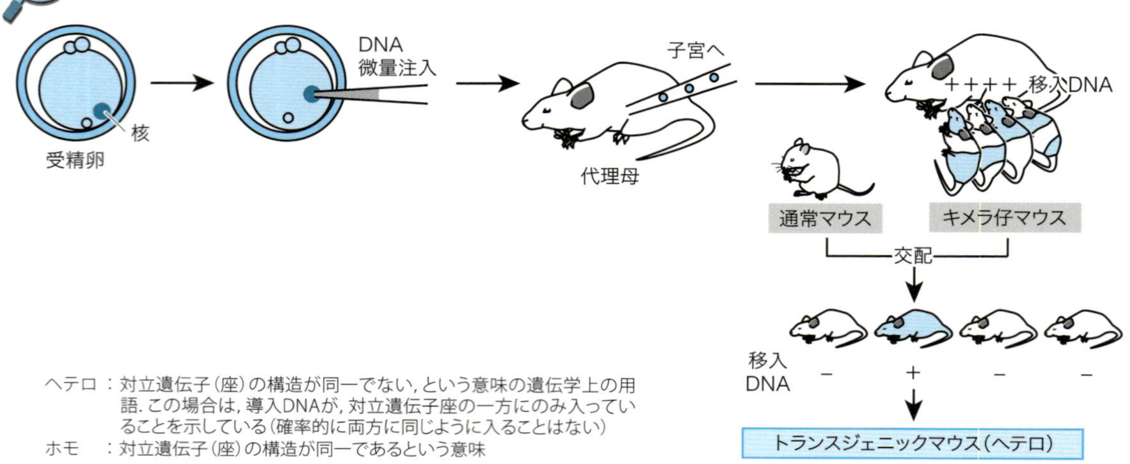

ヘテロ：対立遺伝子（座）の構造が同一でない，という意味の遺伝学上の用語. この場合は，導入DNAが，対立遺伝子座の一方にのみ入っていることを示している（確率的に両方に同じように入ることはない）
ホモ　：対立遺伝子（座）の構造が同一であるという意味

図2 トランスジェニック植物の作り方

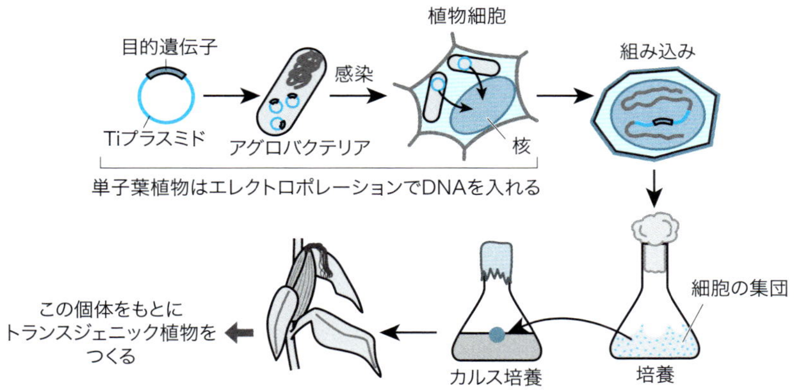

ることもできる。

植物に応用すると

細胞壁をもつ植物細胞にDNAを導入するのが多少困難なため，電気的にDNAを入れるか，双子葉植物では**アグロバクテリア**（植物に寄生する細菌）の**Tiプラスミド**に目的DNAを挿入し，それを**カルス**といわれる未分化植物細胞にアグロバクテリアを使って感染させてDNAを組み込ませる（図2）。カルスを分化させて個体を形成させ，後は動物の場合と類似の方法でトランジェニック植物を作る。**遺伝子組換え植物**〔**遺伝子改変**（**GM：genetically modified**）**植物**ともいう〕は遺伝子組換え食品と一般に呼ばれ，コムギ，トウモロコシなど，多数のものがすでに市場に出回っている。これらの生物では抵抗性，増殖性（生産性），あるいは保存性や味覚を高めるなどの遺伝子が用いられる（図3）（注：病原体を殺す遺伝子など，導入遺伝子によってはヒトに悪影響を及ぼすものがあるのではという議論がある）。

図3 GM植物で使われる遺伝子の種類

- 増殖性の向上にかかわるもの
- 抵抗性の向上にかかわるもの
- 保存性の向上にかかわるもの
- 味覚などの向上にかかわるもの

ヒトでは禁止されている

家畜では有用品種作成のためにトランスジェニックの手法がよく使われるが，ヒトでは厳しく禁止されている。ただ，生殖細胞への操作を伴わない遺伝子導入法として，組織にじかにDNAを導入するなどの行為が**遺伝子治療**の目的で行われている （⇨12-H）。

Column 植物の癌から見つかったTiプラスミド

根元に近い幹の一部が膨れてコブのようなものをもつ樹木をみかけることがある。このコブは**クラウンゴール**（王冠のような塊の意）と呼ばれるが，**植物の癌**であり，アグロバクテリアが感染している。アグロバクテリアの中にTiプラスミドが見出され，しかもプラスミドの中の**T-DNA**（細胞増殖を促進させる遺伝子）が植物の染色体に組み込まれている。

重要ワード 6-F

遺伝子ターゲティング

point 相同組換えを利用して特定の遺伝子を任意に破壊・変異させる技術を遺伝子ターゲティングという。この操作を個体レベル，さらには時期・組織特異的に行うこともできる。

特定の遺伝子を狙って破壊する

遺伝子機能を個体レベルで検討する場合，トランスジェニック生物（⇨6-E）は図1のように厳密さに欠けるところがある。これを克服する技術が，マウスの**ES細胞**から個体を作製させる方法（⇨7-K）と，ES細胞の中で相同組換えを起こさせる方法を融合させた「**遺伝子ターゲティング**」によって確立された。遺伝子ターゲティングを行うためにはまず**ターゲティングベクター**を作る（図2）。ベクターは狙う染色体DNA断片の中央に**ネオマイシン耐性遺伝子**（*neo*^{r}）などの**選択マーカー遺伝子**を組み込んだものをインサートする。

ターゲティングベクターが導入された細胞の中で，ゲノムDNAとベクターDNA内の相同な部分での**相同組換え**が起こり，標的DNAの一部が選択マーカー遺伝子に置換されるなどして破壊される。2つの対立遺伝子が同時に破壊されることは確率的にほとんどない。対立遺伝子が1本だけ破壊された細胞は**G418**（細胞毒性を示すが，*neo*^{r}をもつ細胞はG418を分解し，無毒化できる）で選択する。遺伝子量が半分になっても，多くの場合，細胞は生存できる。この細胞を胚盤胞に移入し，定法に従ってキメラマウス，ヘテロマウス，ホモマウスの順番で出産させる。ホモマウスは当該遺伝子の機能が失われており，表現型（例：奇形，発生・分化異常，成長不全，行動異常，老化・発癌）から目的遺伝子の機能を知ることができる。このような手法を**遺伝子破壊**（**ノックアウト**）といい，ES細胞が得られる動物であれば実施可能である。遺伝子ターゲティングにはこの他にも，目的遺伝子に変異や外来DNAを入れる**ノックイン**という手法もある。

図1 マウスを用いた2つの遺伝子操作

長所	短所
トランスジェニックマウス	
●操作が比較的簡単で早い ●キメラでもある程度解析できる	●個体ごとに導入DNAの存在状態が異なる ●多コピー入りやすい
ターゲティングマウス	
●周囲の遺伝子の影響を受けにくい ●遺伝子に狙いをつけられる	●ES細胞が必要 ●類似遺伝子などにより影響が出ない場合がある ●操作が複雑

図2 ターゲティングマウスの作り方

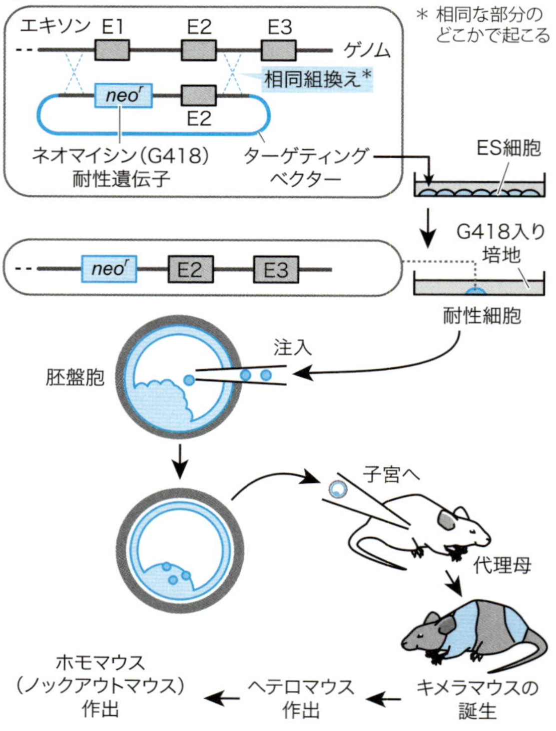

G418：ネオマイシンの一種

培養細胞内だけでも遺伝子を破壊できる

細胞の増殖や分裂，染色体の分離や組換え，そして傷害剤に対する応答など，細胞の基本機能にかかわる遺伝子を解析するだけであれば，培養細胞で十分なので，個体を介さずにノックアウト細胞を作るという手段がとられる。まず前述のように染色体の一方の対立遺伝子を破壊し，次に1回目に使った選択遺伝子とは別の選択遺伝子（例：**ヒスチジノール耐性遺伝子**，**ピューロマイシン耐性遺伝子**）をもつターゲティングベクターを使い，残りの対立遺伝子を破壊する（図3）。このようにして作った細胞は**ダブルノックアウト細胞**といわれ，個体を用いる方法に比べ，短時間で作ることができる。

しかしこの方法では生育に必須な遺伝子を破壊すると細胞を維持できず，遺伝子の解析ができない。この問題を解決するためには，希望のタイミングで遺伝子発現を止めることのできる特別な遺伝子カセットを対象遺伝子に関して構築し，細胞にあらかじめ組み込んでおく。その後，対象遺伝子をダブルノックアウトする。カセットの遺伝子発現を止めたときにみられる細胞変化の観察から，遺伝子機能を知ることができる。

ノックアウトを制御できるシステムがある

当該遺伝子が細胞の生存に必須な場合，ホモノックアウト胚は，受精後すぐに死んでしまうため遺伝子機能を個体レベルで解析することができない。この問題を解決する**コンディショナルノックアウト**という方法がある。よく使われる方法としては，遺伝子内部にP1ファージ由来の*loxP*配列（⇨5-B）を2個組み込み，発生が進んだ後で，*loxP*で組換えを起こすCreリコンビナーゼを発現させる（**Cre–*loxP*システム**）（図4）。Creのプロモーターやエンハンサーに組織・時期特異的なものや誘導可能なものを使用することにより，目的遺伝子を任意のタイミングや組織で破壊することができる。

ノックアウト法は万能ではない

ノックアウト実験によっても表現型が変化しない場合がある。そのような場合の多くは，類似遺伝子など，目的遺伝子の機能を補うものがほかにあるという理由によって説明される。むろん，破壊したDNA部分を含まないスプライシングが起こって，それが機能タンパク質を作ってしまう例もあるが，この場合はノックアウトするDNA部分により結果が異なる。

図3 細胞レベルでも遺伝子を破壊できる

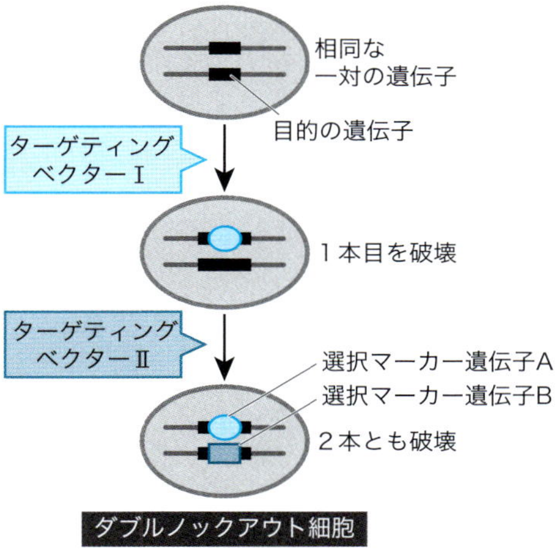

図4 Cre-*loxP*システムでタイミングを制御できる

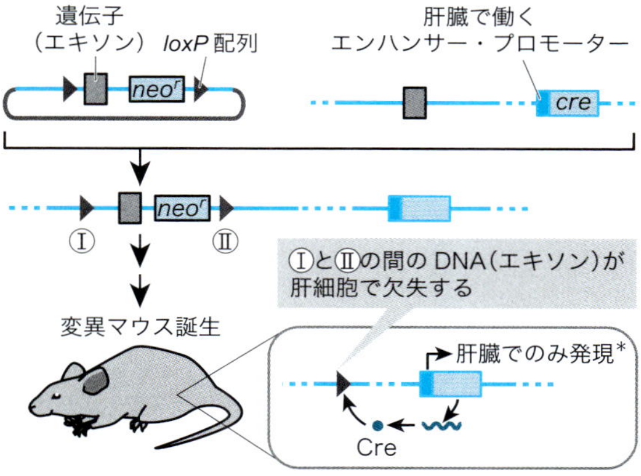

＊ 特異的に発現させるさまざまな方法（Cre発現マウスと交配する，熱ショックプロモーターを使い全身で一斉に発現させる，など）がある

6-F 遺伝子ターゲティング

第7章

分子生物学的技術

本章でわかる重要ワード

- 7-A 核酸の抽出と分離・精製
- 7-B 核酸の標識と検出
- 7-C ハイブリダイゼーション
- 7-D PCR
- 7-E 塩基配列解析：DNA シークエンシング
- 7-F ブロッティング技術：サザンブロッティング，ノザンブロッティング，ウエスタンブロッティング
- 7-G タンパク質相互作用の検出
- 7-H タンパク質-DNA 相互作用の検出
- 7-I 全体として解析する：オミクス
- 7-J バイオインフォマティクス
- 7-K 細胞工学，発生工学，再生工学

概　論

DNAは分子生物学の基本の分子であり，**核酸の抽出と分離・精製**（⇨7-A）といったDNAの取り扱いを含む多くの実験法が確立している。DNAは260 nmの紫外線を特異的に吸収するため，吸光度から濃度を求めることができ，またDNAをエチジウムブロマイドで染色した後，紫外線を当てて出る蛍光からDNAを検出することができる。ゲル電気泳動はDNAを長さで分離する方法であり，またその応用として，タンパク質結合やわずかな高次構造の違いの検出にも使われる。**核酸の標識**（⇨7-B）はRI（放射性同位元素）や蛍光物質を用いて行われ，さまざまな分子の**検出**（⇨7-B）に利用される。二本鎖DNAは水素結合を切る試薬や加熱により変性して一本鎖になり，ゆっくり冷ますと再生して二本鎖に戻る。このとき，もとと同じDNA配列でなくとも，類似配列であれば**ハイブリダイゼーション**（⇨7-C）で二本鎖となるので，一本鎖DNAの一方に標識されたDNA（プローブ）を用い，類似配列をもつDNAやRNAを検出するさまざまな実験が行われる。

PCR（⇨7-D）は耐熱性のDNAポリメラーゼを用い，温度を変化させるだけでDNAを増やす方法で，DNA検出や解析の目的で広く使われている。DNAの**塩基配列解析**（⇨7-E）は分子生物学研究にはなくてはならない技術である。現在は主にDNA合成に鎖停止反応を組合わせたジデオキシ法が用いられている。ゲル電気泳動で分離したDNA中の特定配列を検出するには，フィルターにゲル中のDNAを移してからフィルターごとプローブとハイブリダイゼーションさせる，サザンブロッティングという手法がある。このような**ブロッティング技術**（⇨7-F）は，RNAやタンパク質の解析にも応用されている。**タンパク質相互作用の検出**（⇨7-G）はタンパク質機能解析の最も重要なものの1つで，このなかにはプルダウン法，免疫沈降法，2-ハイブリッド法などの方法があり，また**タンパク質-DNA相互作用の検出**（⇨7-H）は，DNAに作用する転写制御因子などの研究にとって重要である。

分子生物学における網羅的解析である**オミクス**（⇨7-I）には，遺伝子構造を解析するゲノミクスのほか，遺伝子発現解析でRNAを対象とするトランスクリプトミクスや，タンパク質全体を対象とするプロテオミクスなどがあり，ゲノム研究の階層性を形成している。多数のDNAやタンパク質を基盤に付着させた状態で解析するアレイ解析（あるいはチップテクノロジー）は，ゲノムレベルでの網羅的解析

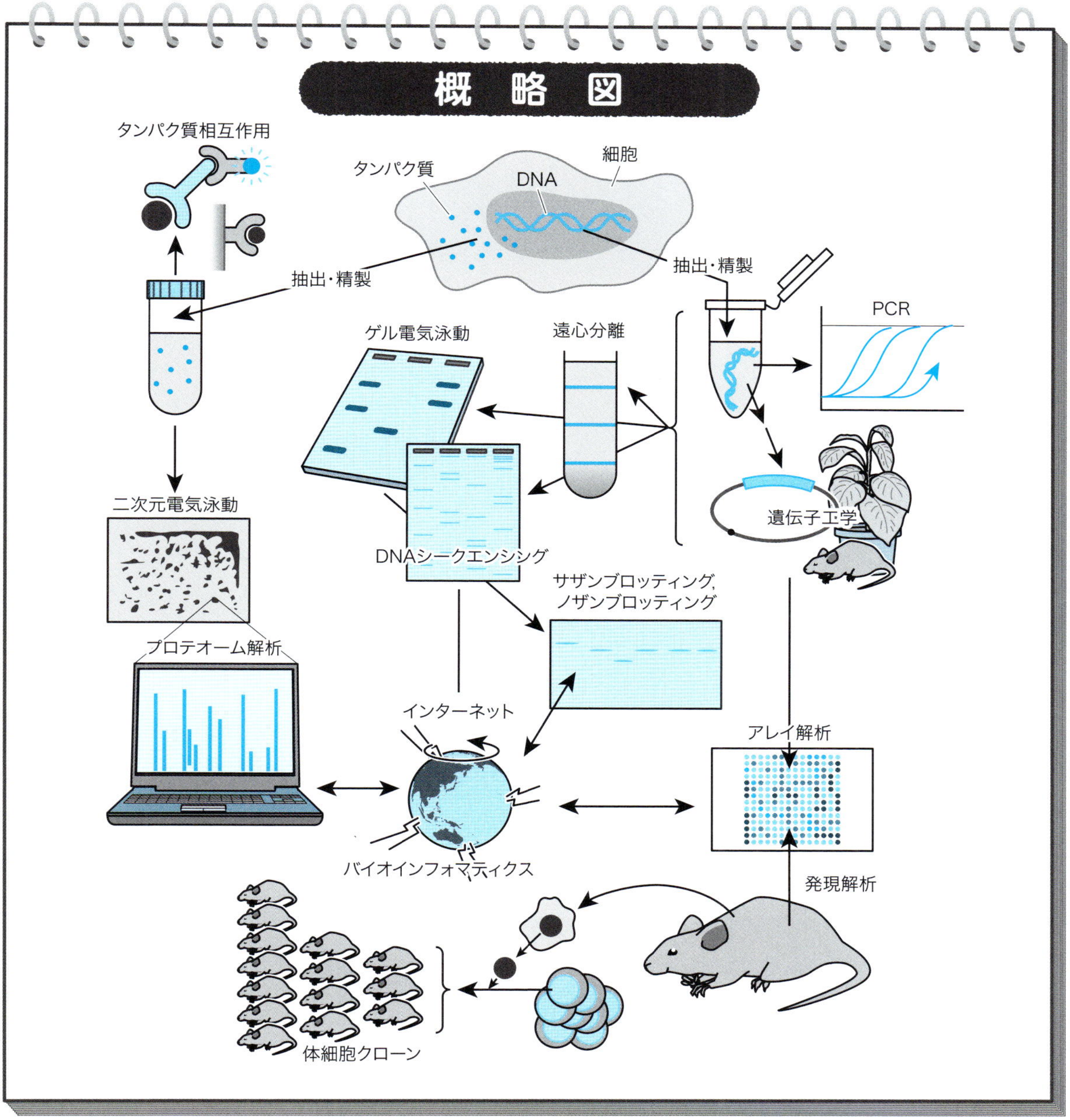

のためには特に有効な方法となっている。細胞に存在する全タンパク質を分析するプロテオーム解析では，全タンパク質を二次元電気泳動で分離した後，質量分析によって各分子を同定するが，これにはデータベースと解析プログラム，そしてインターネットを利用する**バイオインフォマティクス**（⇨7-J）の活用が不可欠である。これらとは別に，分子生物学のなかには哺乳動物の**細胞工学，発生工学，再生工学**（⇨7-K）といった動物の細胞や個体を用いた技術があり，今後，畜産や医療の分野において重要になると考えられる。

重要ワード 7-A

核酸の抽出と分離・精製

point DNA実験はそれを抽出，精製，定量することから始まる。DNAやRNAの分離・分析は主にゲル電気泳動で行われるが，遠心機を用いる方法などもある。RNAの取り扱いには別の注意が必要である。

DNAを抽出して濃度を調べる

細胞からの**DNA抽出**の場合，pHを中性〜微アルカリ性に保ち，食塩（DNA安定化とタンパク質解離のため）と，**EDTA**（DNA分解酵素を抑え，タンパク質とDNAを解離させる）を加える。次にタンパク質変性剤である**SDS**と**フェノール**を加えて振盪する。遠心分離後にDNAが溶けている水層をとり，エタノールを加えてDNAを沈澱として回収する（図1）。**DNA定量**は波長**260 nmの紫外線**で行うが，1 μg/mLの吸光度は0.02（RNAは0.025）となる（図2）。

DNAを大きさによって分離する

ゲル電気泳動は最も一般的な**DNA分離法**である。小さなDNAは**ポリアクリルアミドゲル**を，大きなものは**アガロースゲル**を用いる。DNAは負に荷電しているので電場では陽極に移動するが，小さいほど早く移動するので，大きさによってDNAを分離できる（図3）。ゲル中のDNAは**エチジウムブロマイド染色**で検出する（紫外線照射でオレンジ色の蛍光が出る）。ゲルに**尿素**や**ホルムアミド**のような**核酸変性剤**を加えると，DNAを伸びた一本鎖の状態で電気泳動でき，**DNA塩基配列分析**などに応用される。数万塩基長を越える巨大DNAの分離には，短時間（パルス）おきに電圧の方向を変える**パルスフィールド電気泳動**を行う。一本鎖DNAは特有な高次構造をとるので，同じ長さのDNAでも分離できる。これは**一本鎖構造多型**（**SSCP**）の検出に用いられる（図4）。

図2 紫外線の吸光度からDNA濃度がわかる

260 nmの吸光度
- DNAの吸光度 1.0 ＝ 50 μg/mL
- RNAの吸光度 1.0 ＝ 40 μg/mL

$$\frac{260\ \text{nmの吸光度}}{280\ \text{nmの吸光度}} = 1.8〜2.0^{*}$$

＊ タンパク質が混在するとこの値が下がる

図1 細胞からDNAを抽出する

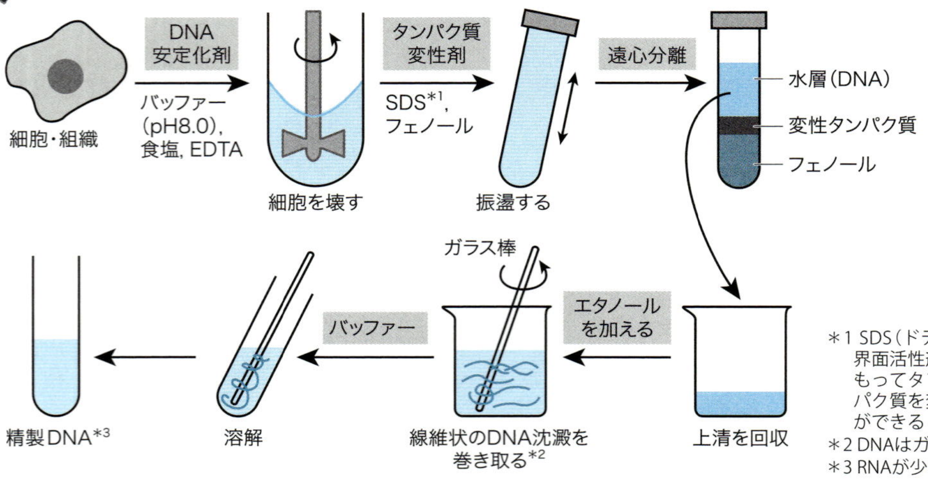

＊1 SDS（ドデシル硫酸ナトリウム）：界面活性剤の一種．強い負電荷をもってタンパク質に結合し，タンパク質を変性，可溶化させることができる
＊2 DNAはガラスに吸着しやすい
＊3 RNAが少量混在する場合がある

DNAは超遠心機を使っても分離できる

超遠心機で大きな重力加速度をかけることにより，核酸を大きさに従って分離することができる（**ゾーン遠心分離法**。沈降係数の大きな高分子ほど速く沈降する）（図5A）。密度勾配をつけた密度の高い**塩化セシウム**溶液内で遠心分離を行うと，分子は固有の密度に到達する（**密度勾配平衡遠心分離法**）（図5B）。この方法により，DNAをそれより比重の重いRNAと分離できる。**エチジウムブロマイド**（EtBr）が結合したDNAは比重が下がるが，閉環状DNAは線状DNAよりEtBr結合量が少ないため，この方法で**プラスミド**をゲノムから分け，精製することができる。

RNAを扱う場合はどうするか

RNAはアルカリ性では不安定だが弱酸性で安定なため，溶液のpHを約5.5にする（注：このpHでDNAは不安定）。RNAは剪断力には強いが，細胞内に多量に存在する**RNA分解酵素（RNase）**に敏感である。RNaseは非常に安定で金属要求性でもないため，EDTAで不活化させることは困難である。操作ではRNase混入を防止し（例：汗や唾，微生物の混入防止），必要ならばより強力なRNase阻害剤（例：**塩酸グアニジン，ジエチルピロカーボネート**）を使用する。

図3 DNAをゲル電気泳動で分離する

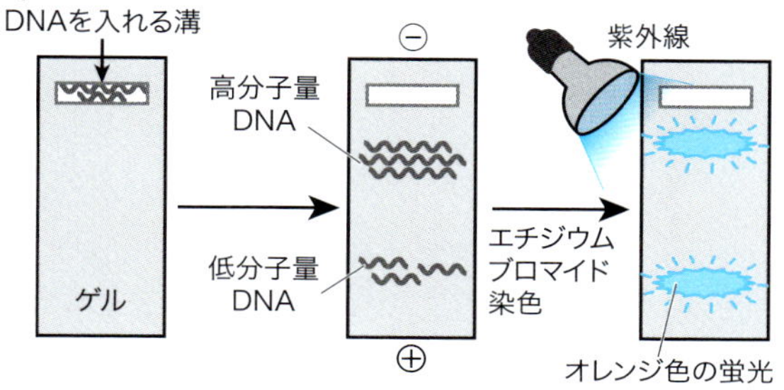

図4 ゲル電気泳動はさまざまに応用できる

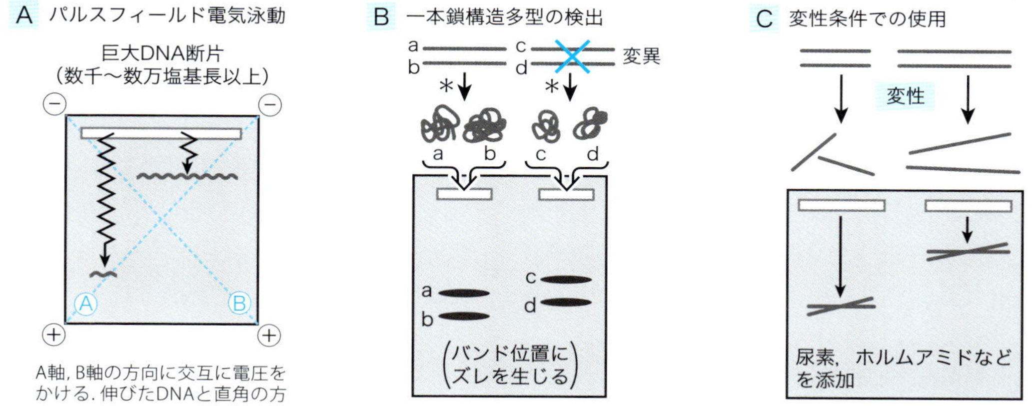

A軸，B軸の方向に交互に電圧をかける．伸びたDNAと直角の方向に電圧をかけると移動障害効果が大きく出る

＊ 変性後，急に通常条件に戻す（ランダムコイル状になる）

相補鎖は個別に，しかしほぼ同じように移動する

図5 超遠心による核酸の分離

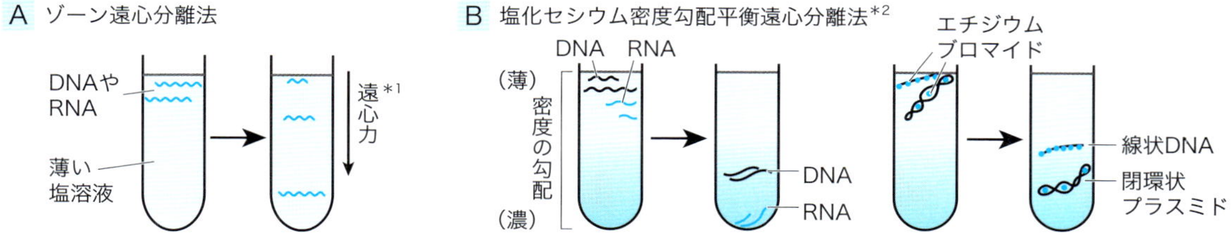

＊1 いずれも50,000～100,000回転/分の超遠心分離の条件

＊2 最初に塩化セシウムと核酸を混合してから遠心分離してもよい（塩化セシウムは自発的に密度勾配となり，底にあるDNAは浮上する）

核酸の標識と検出

point 核酸の検出や，その変化や移動経路を追うために，実験では核酸に標識物質を結合させるということが行われる。標識にはリン32といったラジオアイソトープを含め，さまざまなものが使われる。

標識：検出しやすいように目印をつける

検出しやすくするため，分子に特別な原子や原子団（あるいは低分子）を共有結合させることを**標識**（あるいは**ラベル**）という。標識物質が目印となり，目的分子の所在を知る**トレーサー**として役立つ。*in vivo* で短時間標識すると，その後の代謝経路や分解などを追跡することもできる（**パルス-チェイス法**）。標識物質には**安定同位体**，**放射性同位元素**（ラジオアイソトープ：**RI**），**蛍光物質**がある（図1）。

放射性同位元素（RI）って何？

中性子数が異なる元素「**同位体**」のなかで，放射線を出しながら原子核崩壊を起こして安定になるものを**RI**という（放射線を出す性質を**放射能**という）（図2）。実験で使われる放射線には**β線**と**γ線**があり，物質を通過したり変化させる性質がある。フィルムを感光させることができるものは，そのありかを写真で検出することができる（**オートラジオグラフィー**）（図3）（⇨7-F）。核酸実験で主に使われるものは，オートラジオグラフィーに適するリンのRIである**リン32**（^{32}P）だが，^{3}H（**トリチウム**）や^{14}Cなども使われる。RIのエネルギーは物質を変化（イオン化など）させる性質があるため，過度の**放射線被曝**は人体に悪影響を及ぼす。日本では使用が制限されているが，適切に使用すれば非常に便利な道具となる。放射能は時間とともに減少する。^{32}Pはエネルギーは大きいが，14日間の**半減期**でやがて消滅する。

Memo 安定同位体
重水素（^{2}H）や^{15}Nは，中性子数が通常より多いが安定で原子崩壊しない。通常元素より重いため，比重（遠心分離）によって通常分子と区別できる。

核酸をRIで標識してみる

生細胞の核酸を標識する場合，無機リン酸を使うが，DNA（RNA）特異的に標識したい場合はチミジン（ウリジン）が使用される。DNA標識の場合，^{32}P標識のdNTP（ただしα位が^{32}P）を使ってDNA合成反応を行う。いずれも内部が平均的に標識されるが

図1 標識物質と標識の方法

A 標識物質

標識物質	検出方法
RI（放射性同位元素）	専用の検出器，写真に撮る（オートラジオグラフィー）
蛍光物質（Cy3，Cy5など）	CCDカメラ，写真などに取り込む
ビオチン	アビジンを結合させ，その抗体で検出
DIG，BrdUなど	抗体で検出

B 標識方法

1. *in vivo*（生体内）標識
   細胞，個体に取り込ませる
2. *in vitro*（試験管内）標識
   合成反応の基質として使用する
3. ポストラベル
   完成された分子に，余分に標識物質をつける
4. パルス-チェイス法
   短時間*in vivo*標識し，その後の標識分子の状態を追跡する

図2 RIと放射線

A 原子の標記

陽子＋中性子数　陽子数　$^{12}_{6}C$ → （簡略化した標記）^{12}C　通常の炭素

^{14}C　不安定なRI

B 放射線

① β線（$β^{-}$線：電子線）
中性子が陽子に変わり，原子番号が1つ増える

$$^{32}_{15}P \longrightarrow ^{32}_{16}S + β^{-}$$

② γ線〔波長の短い（10 pm以下）電磁波〕
透過性が大きい

（**均一ラベル法**），これに対し**末端ラベル法**という方法もある。5´端の標識には，γ位が^{32}PのATPと**ポリヌクレオチドキナーゼ**を用いる（図4）。

まだまだある標識化合物

シアニン3（**Cy3**）やシアニン5（**Cy5**）標識のヌクレオチドを使ってDNAを合成すると，それぞれ緑色，赤色の蛍光を発するため，色で識別することができる。抗体で検出できる化合物で標識する方法もある〔培養細胞でのDNA標識用の**ブロモデオキシウリジン**（**BrdU**），*in vitro*での核酸合成・標識用の**ジゴキシゲニン**（**DIG**）や**ビオチン**〕。ビオチンには**アビジン**を結合させ，アビジンを抗体で検出する（図5）。完成した分子に後で標識する方法は**ポストラベル**という。

図3 RIを使って標識し，オートラジオグラフィーで検出する

核酸研究に使われる主なRI

核種	^{32}P	^{14}C	^{3}H＊1	^{35}S＊2	^{131}I＊3
放射線の種類	β線	β線	β線	β線	β線，γ線
半減期	14.3日	5,370年	12.4年	87日	8日
オートラジオグラフィー実験	◎	○	×	○	◎

＊1 エネルギーが弱くフィルムを感光できない
＊2 Pの代わりにSを含むヌクレオチドとして使われる
＊3 もっぱらポストラベル用

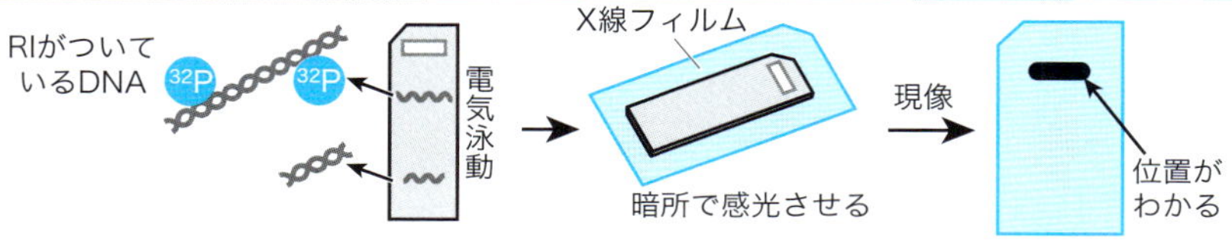

図4 核酸標識反応のいろいろ

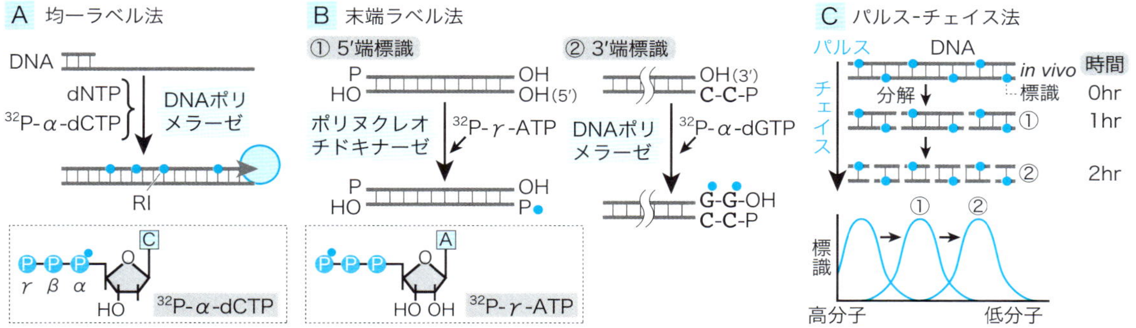

図5 RI以外の標識法と検出法

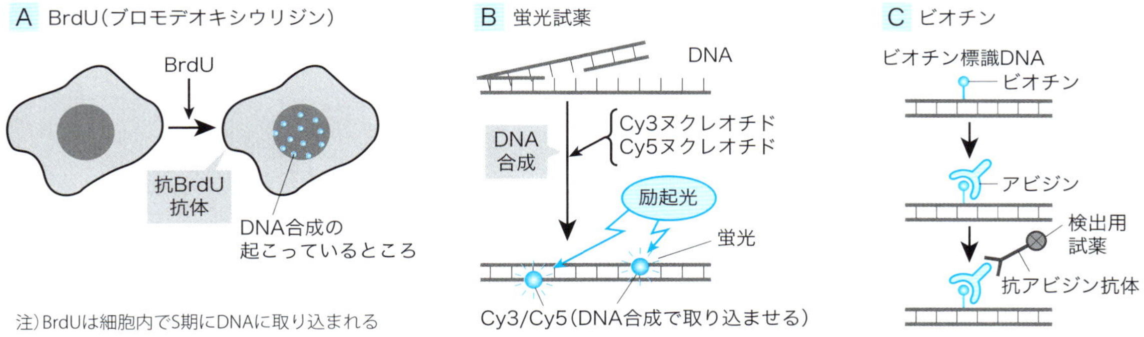

重要ワード **7-C**

ハイブリダイゼーション

point DNAは加熱などによって一本鎖になるが（変性），冷ますと二本鎖となる。この性質「ハイブリダイゼーション」を利用し，標識DNAを用いて，DNA中の目的配列を検出することができる。

一本鎖になったり二本鎖になったり

DNAは熱，**水素結合切断試薬**（核酸変性剤。**尿素**，**ホルムアミド**），高pH，タンパク質（DNAヘリカーゼ），一価陽イオン濃度の低下で一本鎖に変性する（図1）。DNA溶液を熱するとATに富む部分から変性し始め，100℃近くで完全に変性する。半分だけ変性する温度を**融解温度**（**Tm**：melting temperature）という。熱変性したDNAを序々に冷やすとまた二本鎖に戻る（**アニール**。この場合は**リアニール**という）。

二本鎖になる性質を利用する

核酸は配列が部分的に異なってもアニールするが，このように，相補性を利用して二本鎖になることを**ハイブリダイゼーション**（hybridization）といい，DNAとRNA，あるいはRNAとRNAとの間でも起こる。反応は高分子濃度，高GC含量，高一価陽イオン濃度の条件，そして核酸にある程度の長さがあると速く進む。ハイブリダイゼーションは目的とする配列の検出方法として必須である。不特定多数のDNA試料と，標識された目的DNA断片（これを**プローブ**という）をハイブリダイズさせることにより，試料DNAの中の目的配列を検出することができる（図2）。

図1 DNAは変性して一本鎖になり，また二本鎖に戻る

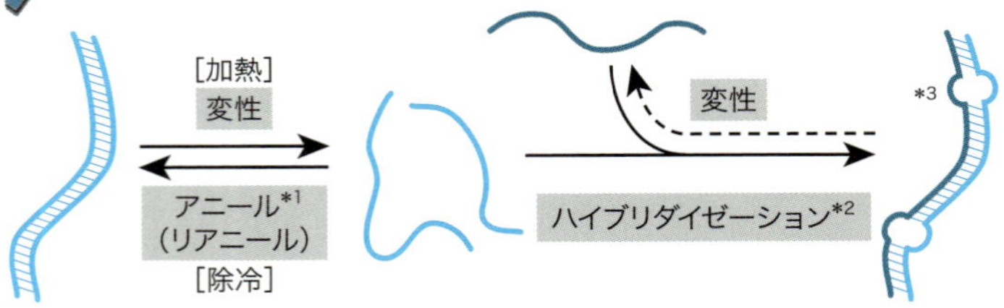

変性促進要因
- 加熱（約100℃）
- 水素結合切断試薬（尿素，ホルムアミド）
- 高pH（約pH11以上）
- 低1価陽イオン濃度
- タンパク質（DNAヘリカーゼ）
- 相補性が低い

＊1 アニール：anneal（やきなまし）　＊2 相補性が100%でなくとも可能　＊3 相補的でない部分がある場合

図2 ハイブリダイゼーションで目的配列を検出できる

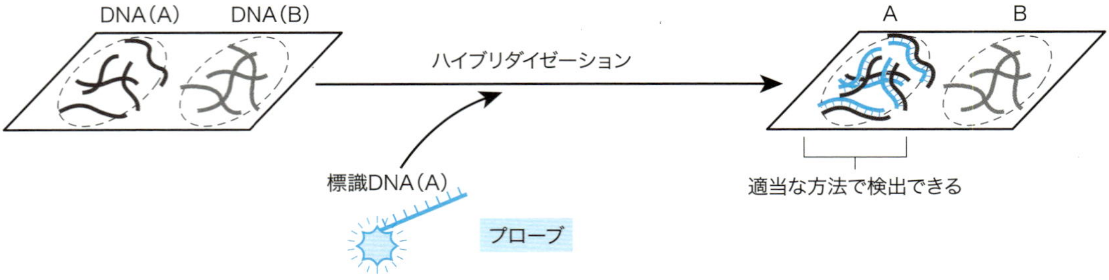

重要ワード 7-D

PCR

point DNAの熱変性，プライマーのアニール，耐熱性酵素による反応でDNA合成を連続的に行うPCRは，現在DNAの調製・検出・定量にとってなくてはならない方法となっている。

望みのDNAを簡便に増幅できるPCR

PCR（polymerase chain reaction：**ポリメラーゼ連鎖反応**）でDNAを増幅する場合，**耐熱性DNAポリメラーゼ**（100℃でも失活しない。例：***Taq*ポリメラーゼ**）とMg^{2+}，基質ヌクレオチド，そして鋳型二本鎖DNAとプライマーを混合する。この反応系の温度を高温（95℃），低温（50℃），酵素の活性が高い中間の温度（70℃）と連続的に変えると，「DNA変性」→「プライマーのアニール」→「DNA合成」と反応が進み，DNAが指数関数的に増幅する（図1）。PCRは塩基配列情報さえあれば，目的とするDNA断片を20〜30サイクルの反応で電気泳動で検出できるまでに増幅でき，親子鑑定や**遺伝子診断**などにも応用される。mRNAから合成されたcDNAを鋳型にしてPCR〔**RT**（**reverse transcription**）**-PCR**〕を行うと，遺伝子発現量の解析が行える。

図1 PCRでDNAを簡便に増幅できる

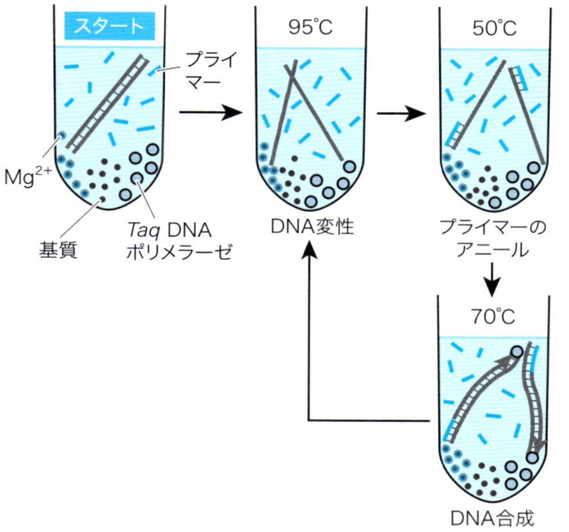

DNAの正確な定量にも利用できる

通常のPCRやRT-PCRでは測定するタイミングの違いで定量性に大きな違いが生じる。**リアルタイムPCR**（**定量PCR**）は，蛍光色素を用いて微量PCR産物でも検出できる工夫がなされており，反応開始時からの増幅量をそのときどきでモニターして，DNA量を正確に測ることができる（図2）。

図2 リアルタイムPCRによるDNAの定量

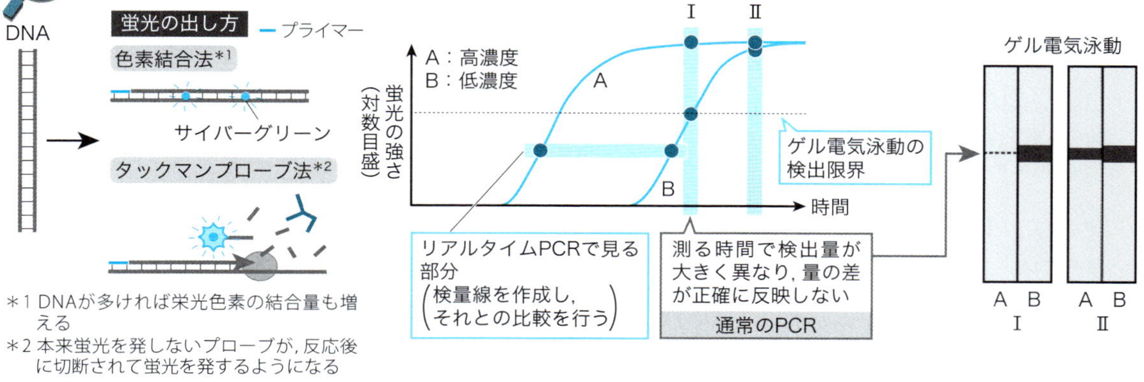

＊1 DNAが多ければ栄光色素の結合量も増える

＊2 本来蛍光を発しないプローブが，反応後に切断されて蛍光を発するようになる

7-C D PCR ハイブリダイゼーション

重要ワード **7-E**

塩基配列解析：DNAシークエンシング

point DNAシークエンシングで標準的なジデオキシ法は，DNA合成反応を塩基特異的に停止させる方法で，現在では自動化されている。近年は別の原理に基づく超高速シークエンサーも使われ始めている。

DNAの配列を解読する方法

DNAの**塩基配列解析**（**DNAシークエンシング**）の方法には切断法（**マクサム・ギルバート法**）と合成法とがある。前者は，塩基を特異的に化学修飾した後，修飾部分のリン酸ジエステル結合を切断する方法で，塩基修飾が分子のなかで1カ所だけ起こるように反応させ，分解物を電気泳動で分離する。

ジデオキシ法の実際

合成法ではサンガーによって開発された**ジデオキシ法**が使われる。一本鎖DNAの解析したい部分の5´側にDNA合成用プライマーをハイブリダイズさせ，各基質（dNTP）と酵素を加え，基質ごとに別々の試験管でDNA合成反応を行うが，その際に各塩基に対応する**2´，3´-ジデオキシヌクレオシド三リン酸**（**ddNTP**）を少量加える。ddNTPは酵素によって取り込まれるが，3´位がOHでないため次のヌクレオチドの5´端との間でリン酸ジエステル結合ができず，DNA合成反応はそこで停止する（**鎖停止反応**）（図1）。この際，反応液に^{32}P-α-dCTPなどを加えて生成物をRI標識（⇨7-B）し，それぞれの塩基で反応の止まった反応物をゲル電気泳動で分け，オートラジオグラフィーで検出する。RIを使わない塩基配列解析機（**DNAシークエンサー**）の場合は，4種のddNTPそれぞれに特異的蛍光色素をつけたものを用いて反応させ，生成物を電気泳動し，蛍光標識反応物をレーザーで発色させて検出する（図2）。最近はPCRをこの反応に応用したサイクルシークエンシングが一般的で，鋳型も二本鎖DNAが使われる。

新しいDNAシークエンサーの登場

ジデオキシ法に基づくシークエンシングは反応物を電気泳動で分けなくてはならず，一度に処理できる試料は100個程度である。2007年頃から解読の「生産性」を上げるために，ジデオキシ法によらず，反応物の分離もしない新しいタイプのシークエンサーが登場してきた。これら**次世代シークエンサー**は**超高速シークエンサー**であり，個々の反応で読める塩基数は少ないが，一度に処理できる試料数が膨大なため，圧倒的生産性を誇る（ただし，運転完了まで時間がかかる）（図3）。多数並行解析で得られた膨大（～10^9以上）な配列情報は専用ソフトで分析される。

図1 ジデオキシヌクレオチドはDNA合成反応を確実に停止させる

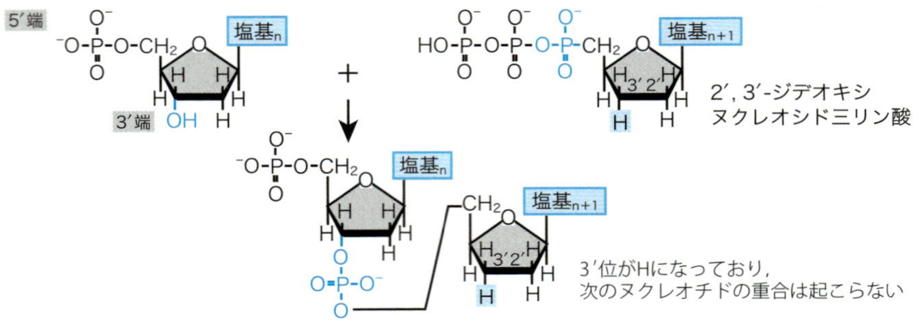

超高速シークエンサーの実力と可能性

現在，主に流通している超高速シークエンサーは第2世代といわれるが（図4），すでに1分子DNAを超高速で解析する第3世代の機器も使われ始めており，物理的な方法だけで塩基配列を識別する第4世代の機器も使われつつある。超高速シークエンサーは日々進歩しており，核酸研究での大きなブレークスルーが起こっている。ヒトゲノムを1分以内で解読できる日もそう遠くない。**DNAマーカー**をもとにゲノム解析する必要はなくなり，病因遺伝子探索も全ゲノム解析で行うことができつつある。ChIP（クロマチン免疫沈降）（⇨7-H）産物のDNAも直接シークエンスされ（**ChIPシークエンシング**），培養できない微生物集団をまとめてシークエンスする**メタゲノム解析**も行える。いずれは，RNAの直接シークエンシングも可能になると期待される。

図2 蛍光色素を使ってもジデオキシ法でDNAシークエンシングができる

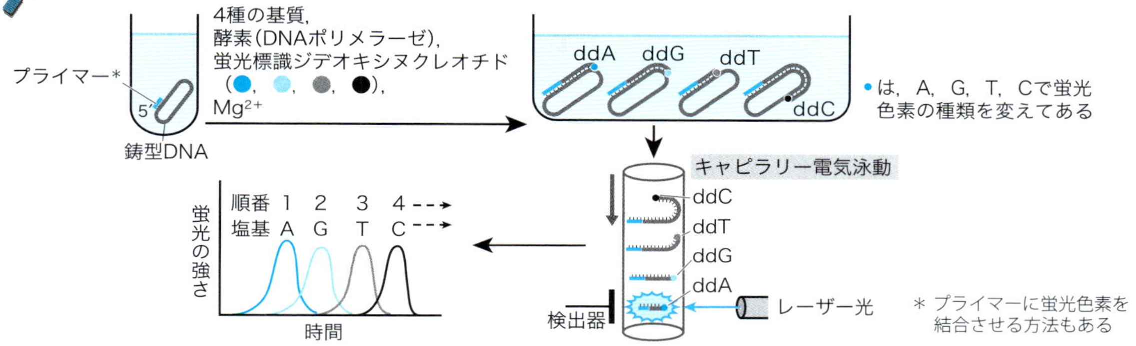

図3 DNAシークエンサーの進歩

	世代	原理	読みとれる塩基長	並行して分析する個数	DNA増幅	利用度	コスト
	1	ジデオキシ法によるDNA合成停止と，反応物の電気泳動による分離	500～1,000	10～100	×～○	◎	低
超高速シークエンサー	2	対象DNAの増幅とDNAポリメラーゼによる合成反応．反応で生じるシグナルを独自の方法で検出	30～500	1×10^6 ～5×10^7	○	○	高
超高速シークエンサー	3	シークエンスする1分子のDNAを，DNAポリメラーゼで合成し，生じるシグナルを時間や位置分解能に基づいて検出	5,000 ～12,000	単一	×	○～△	高
超高速シークエンサー	4	1分子の核酸をDNA合成することなく，物理的方法で直接検出する．数万塩基/秒以上の能力がある	1×10^4 ～1×10^6以上	単一	×	△	－

図4 超高速DNAシークエンサーの原理（第2世代のシークエンサーについて）

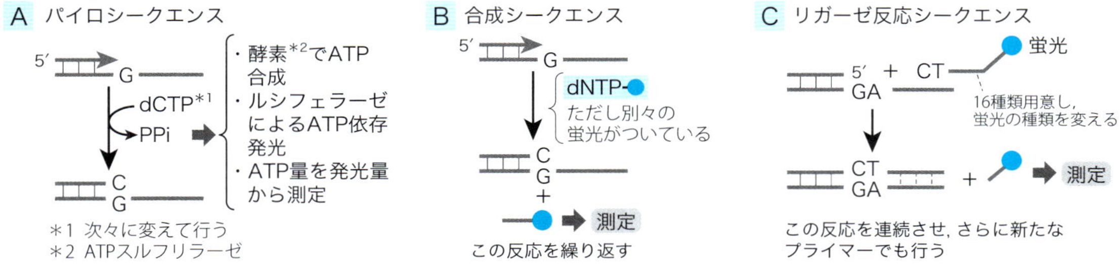

重要ワード 7-F

ブロッティング技術：サザンブロッティング，ノザンブロッティング，ウエスタンブロッティング

point 電気泳動で分離した核酸を多孔質フィルターに移し（ブロッティングし），標識プローブによるハイブリダイゼーションで目的分子の存在を知ることができる。抗体を使えばタンパク質も検出できる。

目的の核酸やタンパク質を検出したいが…

核酸やタンパク質の混合物を電気泳動で分離し，目的分子がゲルのどこにあるかを突きとめることは，目的物質の検出，同定の観点から重要である。しかしゲル自身は試薬の染み込み効率が悪く，直接検出は難しい。かつてはゲルを多数の断片にし，その一つひとつから核酸やタンパク質を抽出して解析するという煩雑な操作を行っていた。

DNAを検出できるサザンブロッティング

サザン（Southern）は，DNAの検出においてこの問題を解決する方法を開発した（図1）。染色体DNA中に目的DNAの配列があるかどうかを調べる場合，まずDNAを制限酵素で切断してアガロースゲル電気泳動で分離する。電気泳動後，ゲルに吸着性の**多孔質フィルター**を乗せる。こうするとゲル中のDNAが水分とともに移動し，フィルターに転写される。DNAを変性後，フィルターに加熱固定し，後は目的DNAをラジオアイソトープ（RI）標識したDNAプローブでフィルターごとハイブリダイゼーションし，X線フィルムをのせて感光させる（このような手法を**オートラジオグラフィー**という）（⇨7-B）。DNAのなかに目的塩基配列があれば，その部分がバンドとして検出される。この方法を**サザンブロッティング**（サザン法ともいう）という。調べようとするものをゲルからフィルターに移して解析する方法を，一般に**ブロッティング**という。

RNAを検出するノザンブロッティング

サザン法に似た方法に，RNAを検出する**ノザンブロッティング**（ノザン法ともいう）がある（注：Northernは人名ではない）。細胞から抽出したRNAをゲル電気泳動（尿素の入った変性ゲルを用いる場合もある）で分離した後にフィルターに転移させ，DNAプローブを当てる。これにより目的RNAの量やサイズ，前駆体や分解物の状態がわかり，また遺伝子発現パターンの組織全体像（⇒**転写の組織特異性**）を視覚的にとらえることができる（図2）。

図1 サザンブロッティングで目的のDNAを検出できる

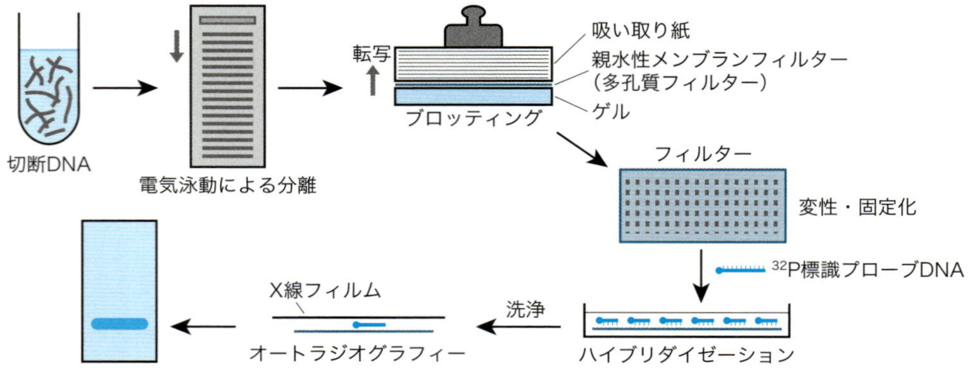

タンパク質はウエスタンブロッティング

タンパク質でも似たような方法がある。タンパク質を**SDS**（**ドデシル硫酸ナトリウム**）化して電気泳動すると（**SDS-PAGE**），タンパク質が分子量の順に泳動される。細胞の全タンパク質をSDS-PAGEし，その後フィルターをのせてブロッティングする（図3）。こうして作製したフィルターにβアクチンなどの抗体を作用させてタンパク質と結合させ，次に抗体（**一次抗体**）に対する抗体（**二次抗体**）を作用させる。二次抗体にはアルカリホスファターゼのような酵素をつけてあるので，酵素の作用で発色するような基質をかけると，βアクチンの位置に相当する部分が色づいてみえる。この方法を**免疫ブロッティング**，あるいは**ウエスタンブロッティング**という。

図2 目的RNAはノザンブロッティングで検出する

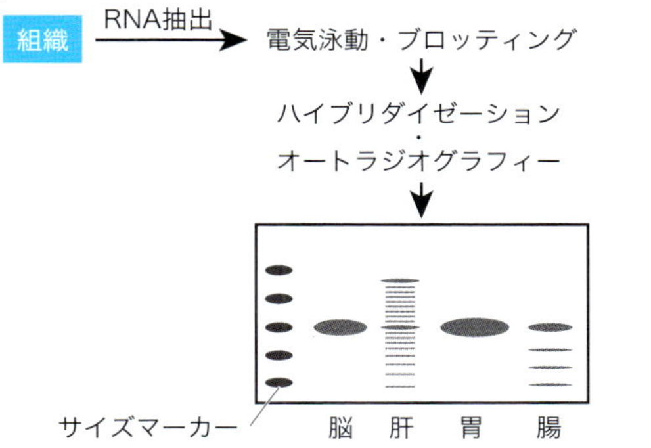

ほかにもいろいろある検出法

タンパク質とDNAをそれぞれ「西」「南」とする名称には，ほかにも関連する技術がある。DNA結合タンパク質を検出する**サウスウエスタン法**では，ブロッティングしたフィルターにDNA結合タンパク質を作用（結合）させ，抗体でタンパク質を検出する（図4A）。タンパク質に結合するタンパク質を抗体で検出する**ファーウエスタン法**といったバリエーションもある（図4B）。

図3 ウエスタンブロッティング（免疫ブロッティング）で目的のタンパク質を検出できる

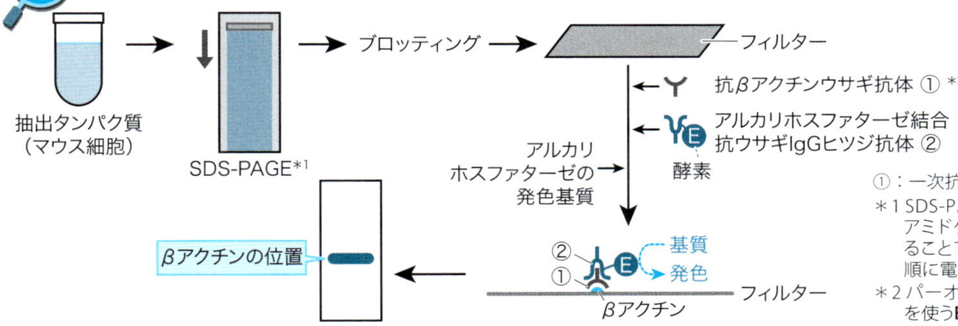

①：一次抗体　②：二次抗体

＊1 SDS-PAGE：SDSポリアクリルアミドゲル電気泳動．SDSがあることで，タンパク質は小さい順に電気泳動される

＊2 パーオキシダーゼと発光基質を使う**ECL法**という方法もある

図4 ブロッティング技術の応用

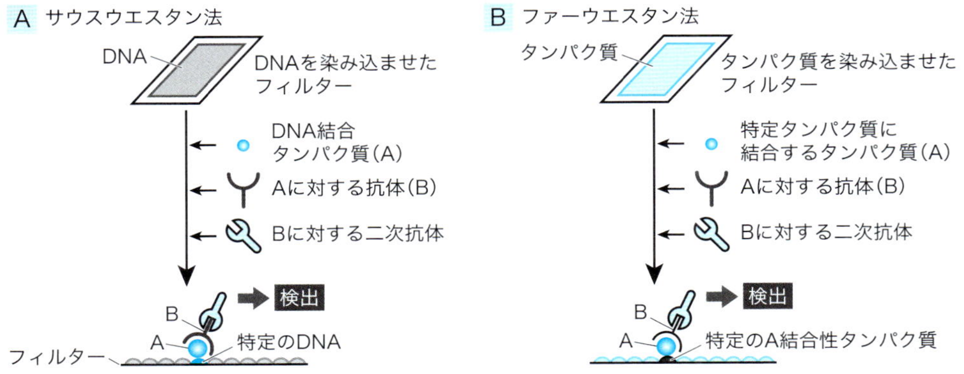

7-F ブロッティング技術：サザンブロッティング，ノザンブロッティング，ウエスタンブロッティング

タンパク質相互作用の検出

point 細胞機能発現の主要なプロセスであるタンパク質相互作用を，タンパク質結合性物質や抗体を使うプルダウン法・免疫沈降法，あるいは転写反応を用いる2-ハイブリッド法で調べることができる。

生理的結合は免疫沈降法で調べる

分子生物学における重要なアプローチに，タンパク質相互作用（タンパク質同士の結合）の解明がある。抗体が使える場合，タンパク質の結合を検出する典型的な方法は**免疫沈降法**で，**ウエスタンブロッティング**（⇨7-F）を組合わせて行う（図1）。単純な沈降でなく**磁気ビーズ**と磁石で沈降物を集める方法もある。Aに対する抗体をつけた微粒子にAとBの混合物を混ぜ，粒子を沈澱させて回収した後，タンパク質をSDS-PAGEで分離し，抗体でBの有無すなわちAとの結合を検出する。この方法は細胞内でのタンパク質にも応用でき，細胞内で（生理的環境で）結合があるかどうかを判断する規準となる。

転写活性化能から結合の有無を知る

細胞内結合を調べる別の方法に，**2-ハイブリッド法**がある（図2）。タンパク質AにDNA結合領域を融合させたものと，タンパク質Bに転写活性化領域を融合させた2つのハイブリッド（雑種）タンパク質を，転写活性を測定できるDNA（プロモーターにDNA結合因子の配列がある）とともに細胞に導入する。AとBに結合があると転写活性化因子が構成され，転写が活性化する。転写が活性化したかどうかは，プロモーター下流にルシフェラーゼなどのレポーター遺伝子をつけたプラスミドを用いる，レポーターアッセイで検出する。調べようとする側（タンパク質B）を発現型のcDNAライブラリーにすると，当該タンパク質に対する未知結合タンパク質を検索できる。

抗体以外の物でタンパク質を引っ張る

GST（グルタチオン*S*-トランスフェラーゼ）融合タンパク質（注：このような目印となるペプチドを**タグ**という）と検定タンパク質を混ぜ，反応物を**グルタチオンビーズ**に吸着させ，グルタチオンで溶出後（グルタチオンとの交換反応を利用する），タンパク質を検出する**GSTプルダウン法**という方法がある（図3）。

図1 抗体を使ってタンパク質の結合を調べる免疫沈降法

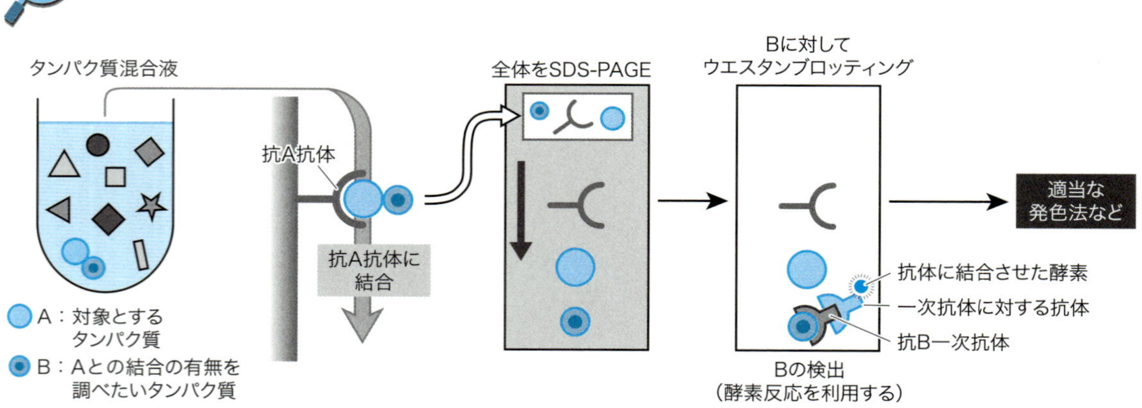

結合を検出するその他の方法

タンパク質同士が結合して安定で大きな複合体になると速く沈降するので，超遠心分離法によってタンパク質を沈降させ，遠心管に分布したタンパク質を抗体や染色で検出することにより（**沈降解析**），結合性の有無を知ることができる（図4）。純粋なタンパク質があれば，**表面プラズモン共鳴法**などによって解離・会合の動力学的解析（例：解離定数を求める）がじかに行える。

結合解析を網羅的に行う方法がある

タンパク質の結合解析においても，DNAで行われているようなハイスループット解析 （⇨7-I）があり，同定済みタンパク質を基盤に固定した**プロテインマイクロアレイ**（**プロテインチップ**）が用いられている（図5）。基盤には抗体も固定することができ，そこにタンパク質混合液を流し，結合タンパク質を発光法で検出するか，**質量分析**でタンパク質を直接同定する。このような技術は，タンパク質相互作用の全体像である**インタラクトーム**の解明に役立つ。

図2 2-ハイブリッド法で細胞内でのAとBの結合を調べられる

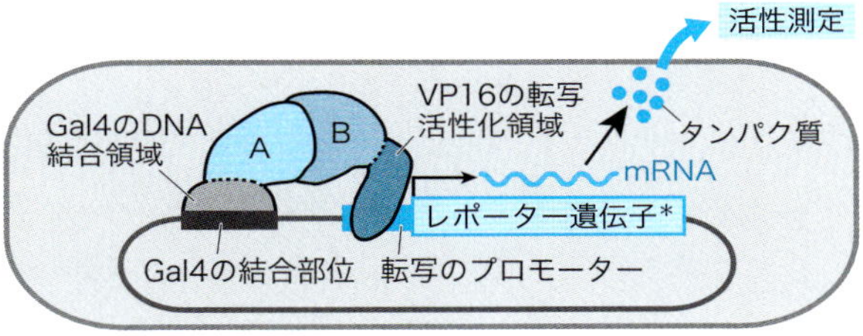

Gal4：DNA結合性転写制御因子（ただし転写活性化能は非常に弱い）
VP16：強い転写活性化因子
＊ **ルシフェラーゼ，クロラムフェニコールアセチルトランスフェラーゼ（CAT），β-ガラクトシダーゼ**などの酵素遺伝子が用いられる

図3 GSTをタグにしてタンパク質結合をみる

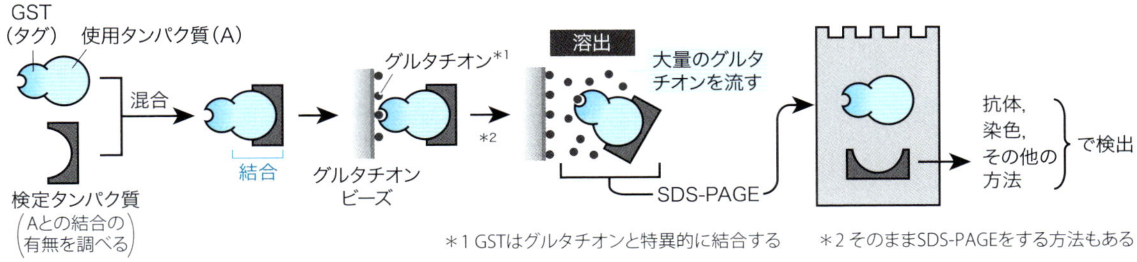

＊1 GSTはグルタチオンと特異的に結合する　＊2 そのままSDS-PAGEをする方法もある

図4 タンパク質結合を遠心分離により検出する＊

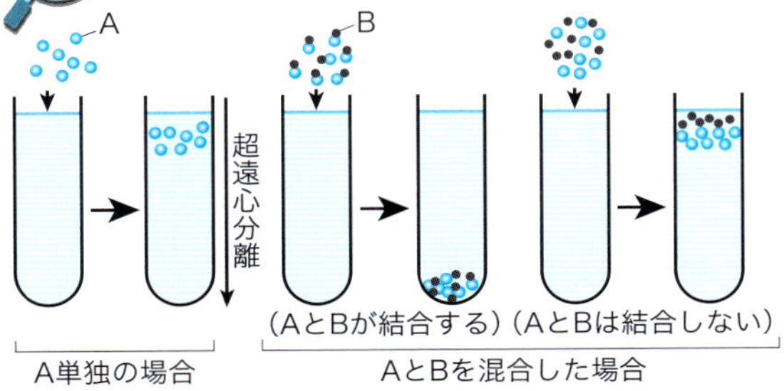

＊ 原理的にはどのような高分子についても解析可能である

図5 プロテインチップを使った網羅的解析

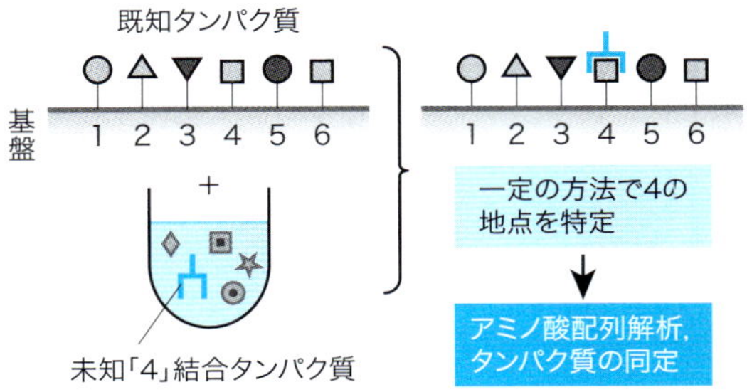

7-G タンパク質相互作用の検出

タンパク質-DNA相互作用の検出

point DNAが働くときには機能タンパク質が結合するが，特に転写制御因子では安定な結合がみられる。DNA結合タンパク質を検出するさまざまな方法があり，また，染色体との結合を解析する方法もある。

DNAが働くときには機能タンパク質が結合する

遺伝子が発現するとき，DNAには転写制御因子が結合する。また，DNAヘリカーゼやトポイソメラーゼといった酵素もいったんはDNAと結合する。安定なタンパク質-DNA相互作用は転写を中心とする過程ではよくみられ，それらを解析することは，分子生物学的機構を解明する重要なアプローチとなる。

図1 フィルター結合解析の仕組み

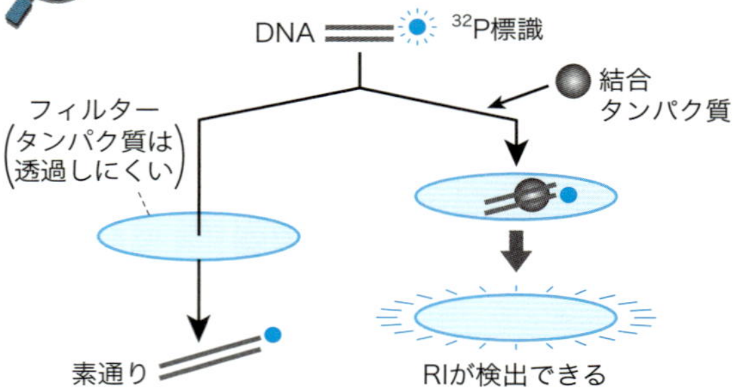

タンパク質-DNA相互作用を直接調べる

DNAやタンパク質が相互作用することにより，単独で存在する場合に示す物理化学的性質が変化するため，適当な方法を用いて結合を検出することができる。DNAは弱くフィルターに結合するが，タンパク質結合によってそれが強くなる（**フィルター結合解析**）（図1）。結合によって分子サイズが大きくなり，沈降速度も速くなるため，超遠心分離法によって両者の結合をみることもできる。

結合の配列特異性や多様な結合タンパク質を一挙に，しかも詳細に検討する優れた方法に，**ゲルシフト法**がある〔ゲル電気泳動度遅延解析（**EMSA**），**バンドシフト法**ともいう〕（図2）。DNA断片に結合タンパク質を作用させてからゲル電気泳動すると，タンパク質が結合したDNAはよりゆっくりと移動する。DNAを^{32}P標識したプローブを用いてこの操作を行い，**オートラジオグラフィー**することにより （⇨7-B），

図2 ゲルシフト法により，DNA結合タンパク質，および結合配列が解析できる

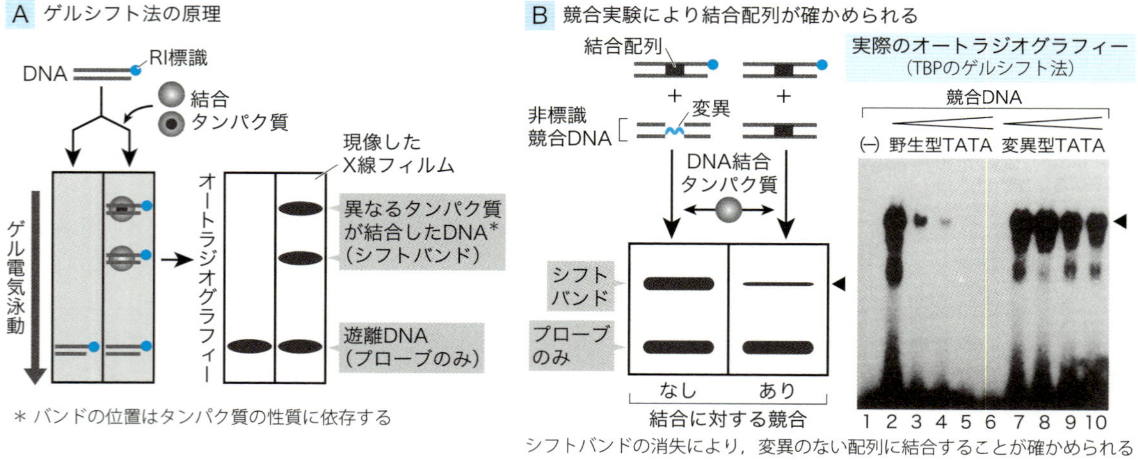

シフトバンドの消失により，変異のない配列に結合することが確かめられる

遅れて移動したバンドの位置から結合タンパク質の有無や数，あるいは性質などがわかる。また，DNAプローブの種類を変えるか，非標識DNAをプローブDNAと競合させる解析により，結合タンパク質の配列特性を調べることもできる。

DNA結合タンパク質を網羅的に検索する

上の技術を細胞抽出液を使って行うと，細胞内DNA結合タンパク質の検索ができるが，タンパク質が何かは同定できない。そこで，さまざまなDNA配列が基盤についている**DNAチップ**に細胞抽出液を流し，各DNAが捕捉したタンパク質を**質量分析**すると（⇨7-I），結合タンパク質の網羅的検索（同定）を行うことができる。

クロマチン状態での結合を調べる方法

上記の方法はすべて試験管内結合反応である。細胞内（核内）の状態をみるためには，染色体・クロマチン上のDNAとタンパク質を架橋剤で共有結合させ，DNAを断片化した後に，目的タンパク質を抗体のついた微粒子で免疫沈降（⇨7-G）させる。沈降した複合体からDNAを抽出し，後は調べようとするDNA配列を増幅するようにPCRを行う（図3）。この方法は**クロマチン免疫沈降**（**ChIP**）法といわれ，PCR産物の量からタンパク質結合量を推定することができる。目的タンパク質が結合するDNA配列を多数検索しようとする場合は，ChIP試料のDNA全部を増幅するPCRを行い，それを標識した後でDNAチップ上のDNAとハイブリダイズさせ，結合配列を網羅的に解析する。この手法を**ChIP–on–chip**法という（図4）。

Memo　ChIP–シークエンシング
ChIP試料中のDNAをDNAチップにかけず，超高速シークエンサー（⇨7-E）を用いて直接塩基配列を解析する手法。

図3　クロマチン免疫沈降法で細胞内でのタンパク質結合をみる

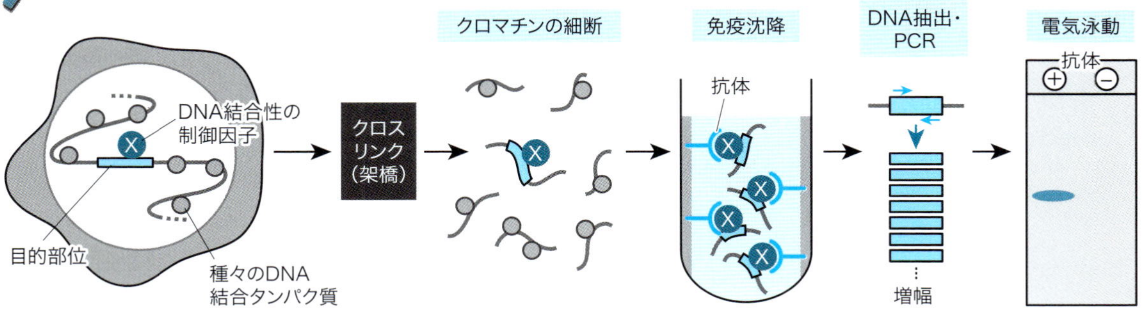

図4　ChIP-on-chip法で結合配列を網羅的に解析する

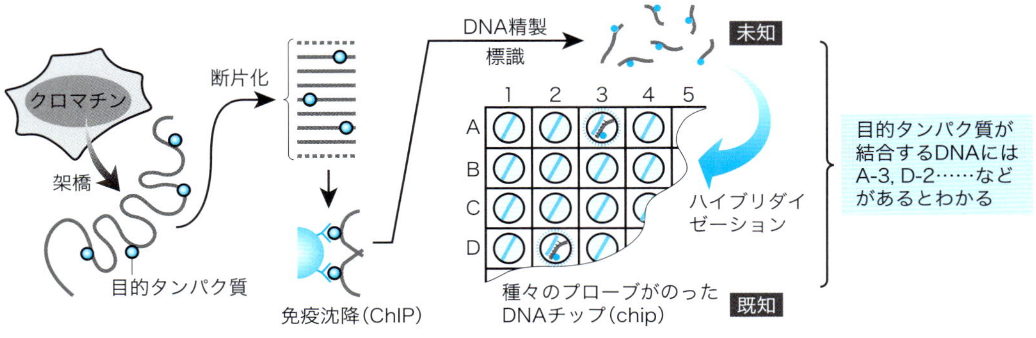

7-H タンパク質-DNA相互作用の検出

重要ワード 7-1

全体として解析する：オミクス

point 遺伝現象を中心とする生命現象を総合的に理解するための，細胞内の全DNA（ゲノム），全RNA，全タンパク質，そして全代謝産物を対象にする総括的解析，それがオミクスである。

オミクスとは？

遺伝情報や生命情報を網羅的，かつ統合的に解析する方法論を**オミクス**（omics）という。ゲノム全体の解析を**ゲノミクス**とすることにならい，転写物全体（**トランスクリプトーム**）やタンパク質全体（**プロテオーム**）についても，その解析は語尾の-omeを-omicsに変え，それぞれ**トランスクリプトミクス**，**プロテオミクス**と呼ばれる。オミクスにはこの他，代謝物について行う**メタボロミクス**，情報伝達系について行う**シグナロミクス**などもある（図1）。個々の-omeは互いに関連するため，生命活動を総合的にとらえる**統合オミクス**（研究）も必要である。トランスクリプトミクスには化学物質の曝露に関連する**ケミカルゲノミクス**や特定の変異に関連する**変異ゲノミクス**など多様なものがあり，医学領域では重要な方法論となっている（図2）。

Memo メタボロミクス
細胞で作られる代謝中間体も含めた全代謝産物（メタボローム）の分析。

全RNAの分析：トランスクリプトミクス

トランスクリプトミクスに威力を発揮する道具は，多数の既知DNA断片を基盤上に線状に並べた**DNAマイクロアレイ**である（基盤側のDNAをプローブという）（図3）。現在では，ゲノム全体の遺伝子をカバーする，数万個という大量のDNAが細密にスポットされたDNAマイクロアレイが用いられている（**チップテクノロジー**の1つで，**DNAチップ**ともいわれる）。細胞で発現しているmRNAから作ったcDNAに，蛍光色素**Cy3**（緑色）/**Cy5**（赤色）をつけたDNAをハイブリダイゼーションさせることで，どの遺伝子が発現しているかがすぐに同定できる（図4）。このように基盤上の多数の既知プローブに検体を流し，結

図2 創薬の手がかりになるケミカルゲノミクス

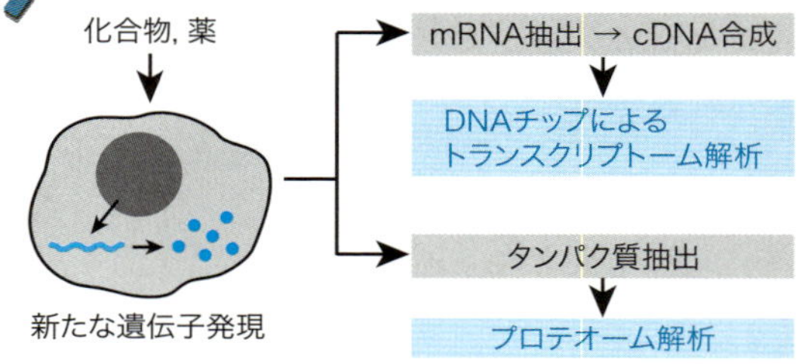

図1 オミクスにはさまざまな種類がある

学問・研究領域	研究対象	解析方法
ゲノミクス	遺伝子全体（ゲノム）	ゲノムクローニングと塩基配列決定
トランスクリプトミクス	mRNA（→cDNA）の全体	DNAチップ
ケミカルゲノミクス [変異ゲノミクス]	特定化合物［特定の変異］によって変動するmRNAとタンパク質	DNAチップ，二次元電気泳動と質量分析
プロテオミクス	タンパク質全体	二次元電気泳動と質量分析，プロテインチップ（→インタラクトーム解析）
メタボロミクス	代謝中間体全体	二次元電気泳動と質量分析，ガスクロマトグラフィー，HPLC
シグナロミクス	シグナル伝達の全体を分析	プロテオミクスの手法，阻害剤など

合したものを同定する方法を**ハイスループット解析**という。

細胞で働くタンパク質をまとめて調べる

細胞で発現するタンパク質全体（**プロテオーム**）を対象にした解析を**プロテオミクス**という。プロテオーム解析の基本は，細胞に存在するタンパク質を網羅的に分析する**発現プロテオミクス**である（図5）。まずタンパク質を**二次元電気泳動**（タンパク質を固有の等電点で分離する**等電点電気泳動**の次にSDS-PAGEを行う）で分離し，個々のタンパク質を抽出後，トリプシンなどの分解酵素で断片化し，**質量分析機**（**MS**）で質量を求める。ペプチドをさらに分解することにより，アミノ酸配列を明らかにすることができる。タンパク質やDNA，あるいはcDNAや**EST**（expression sequence tag：短いcDNA断片の配列）に関するデータベースを参照して，タンパク質を同定する。特定の細胞に焦点をあてて行うものを**フォーカストプロテオミクス**，2種類の対になる細胞間で違いのあるスポットを解析するものを**ディファレンシャルディスプレイプロテオミクス**という。**相互作用プロテオミクス**（**インタラクトーム解析**）はプロテインチップ（⇨7-G）を用いるもので，チップについたタンパク質のMS解析を行う。

図3 マイクロアレイは膨大な数のDNAをつけられる

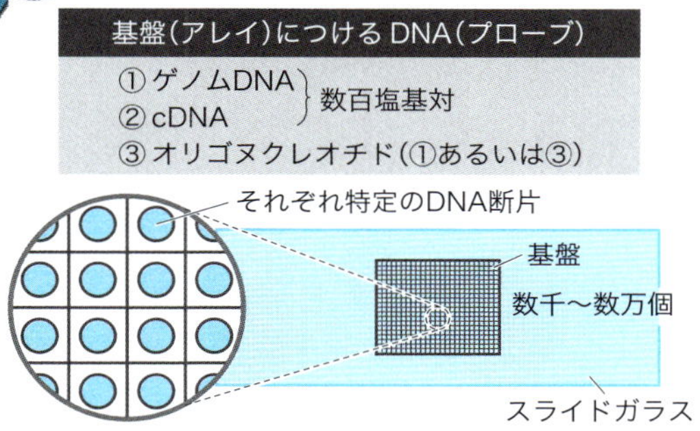

図4 DNAマイクロアレイを使い，癌で発現が変化する遺伝子を検索できる

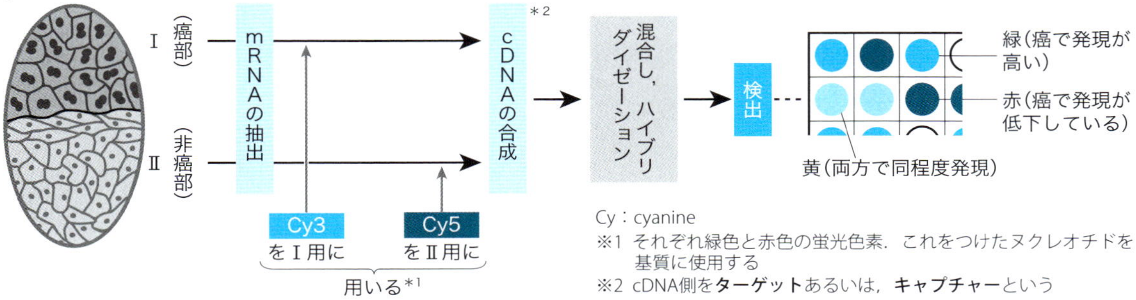

Cy：cyanine
※1 それぞれ緑色と赤色の蛍光色素．これをつけたヌクレオチドを基質に使用する
※2 cDNA側を**ターゲット**あるいは，**キャプチャー**という

図5 発現プロテオミクスで細胞に存在するタンパク質を網羅的に解析する

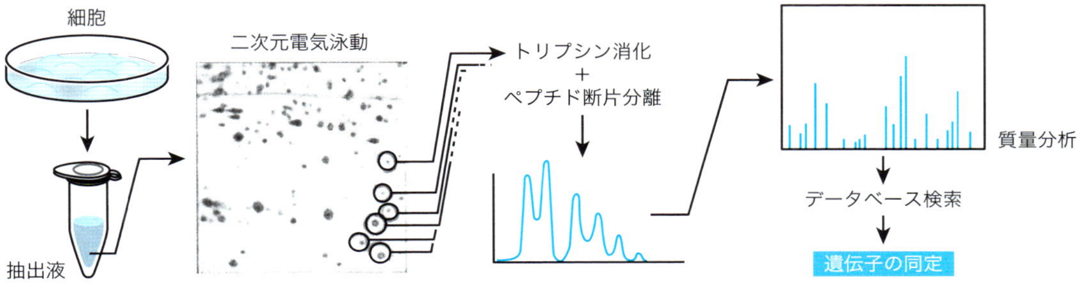

重要ワード 7-J

バイオインフォマティクス

point 生命活動の解明には，遺伝子の構造・機能に関する実験結果とそれらを集積したさまざまなデータベースを，解析ソフトとインターネットを使いながら研究解析する生物情報学「バイオインフォマティクス」が欠かせない。

生物の情報を収集し，解析する学問

膨大な数の遺伝子をもとに転写・翻訳を経て多様な分子が存在し，それらが複雑な相互作用を示すという点で，生物は一個の情報ネットワークシステムである。このため生命活動を理解するためには，関連するさまざまな情報を収集，解析しなくてはならない。生物学と情報学（インフォマティクス）の融合，それが**バイオインフォマティクス**〔**生物**（あるいは生命）**情報学**〕である（図1）。

バイオインフォマティクスはゲノム構造が解き明かされるに至り，生物学の必須な領域となっているが，これにはDNAやタンパク質の構造・機能データの蓄積，パソコン，インターネットの貢献が大きい。このようなアプローチは***in silico*** **解析**あるいは**ドライ解析**〔これに対しベンチ（実験台）上での実験を**ウェット解析**という〕といわれる。バイオインフォマティクスは生物をシステムとしてとらえる**システムバイオロジー**にとっても必須なアプローチである。

データベースが基盤となる

バイオインフォマティクスではまず得られた結果をデータベース化し，それをもとにさまざまな事項を解析して付加価値の高い情報を構築し，新たな知識の創出をめざす。バイオインフォマティクスの基礎は**データベース**であるが（図2A），遺伝子やタンパク質配列データベースは，すでに国際的ネットワークが整備されており，誰でも利用することができる。含まれるデータは単純な配列情報とそれが何であるかといった付加情報（**アノテーション**：注釈づけ）がセットになっている。付加情報には遺伝子名，生物種，ゲノム・cDNA・EST （⇨7-I）などが含まれる。配列以外にも，遺伝子発現情報，タンパク質二次構造（ドメインやモチーフ）などの高次構造に関するデータベースもある。特定疾患でみられる遺伝子多型や変異情報は，医学の領域においては特に重要である。

さまざまな解析プログラムを活用する

解析はデータベースを基盤とし，専用の**解析プロ**

図1 バイオインフォマティクスを利用した生命科学研究の流れ

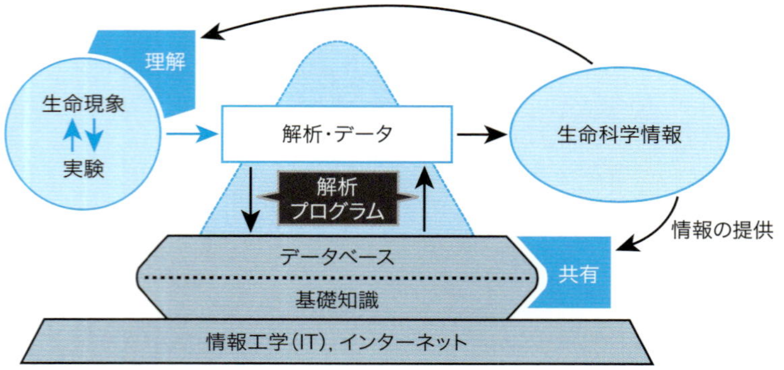

生命現象をインフォマティクスを使って研究・理解する過程を描いた。
→ はウェット解析（実験に基づく解析）に特有なもの。
ほかは実験によらなくとも（*in silico*解析，ドライ解析）で行うことができる

グラム（解析ソフト）を用いて行うが（図2B），その多くはインターネットから入手できる。簡単な解析としては，DNA配列からタンパク質配列，制限酵素部位，DNA結合因子配列の位置を知ること，RNAの二次構造を求めることなどがあるが，やはりその中心は相同性検索による一次構造間の**同一性解析**である。興味ある配列情報をもとに，それが既知のものとどこがどれくらい似ているかなどを解析する。この場合，**アラインメント**（整列，並べ換え作業）プログラムに従って2つの配列を並べ直すが（図3），**アルゴリズム**（同一性や類似性の計算基準）の違いにより，**BLAST**や**FASTA**といったいくつかのプログラムがある。タンパク質の場合は性質の似ているアミノ酸も考慮してアルゴリズムが作られる。分子系統樹を作製したり，複数生物間における相同遺伝子（オルソログ）をアラインメントさせるには，**ClustalW**など，より複雑なプログラムが用いられる。

Memo ゲノム以外を対象とするゲノミクス

ゲノミクスは染色体遺伝子を対象にする。しかし，ミトコンドリア遺伝子のなかには核で働くものもあり，また，母系遺伝はミトコンドリアによる部分が多い。

図2 バイオインフォマティクスを支える要素

A データベース

- DNA配列
  含変異情報，SNP（一塩基多型）
- cDNA配列，EST配列
- 発現情報
  生物，組織，細胞
- タンパク質
  一次構造（配列），高次構造，プロテオーム解析，相互作用
- 酵素反応，代謝経路

B 解析プログラム

- 相同性検索
  単純ホモロジー解析，複数の配列の相同性検索，分子系統樹作製
- DNA配列
  アミノ酸配列（ORF＊）解析，制限酵素部位検索，DNA結合因子の配列検索
- アミノ酸一次構造
  高次構造，モチーフ構造

＊ ORF：オープンリーディングフレーム

図3 アラインメント（並べ換え）による解析

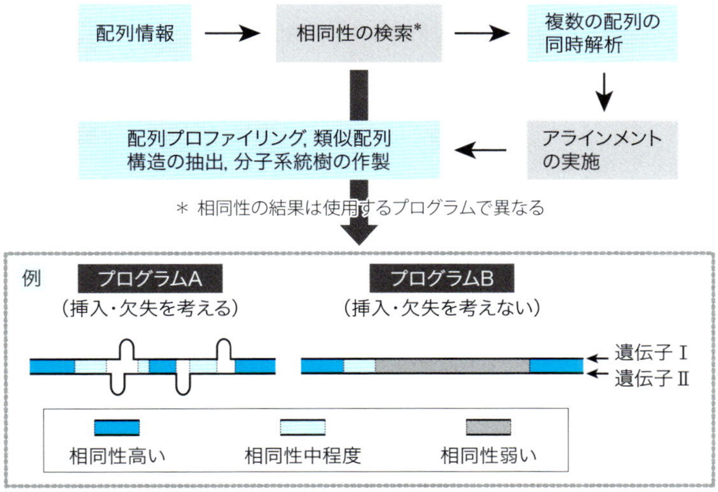

重要ワード 7-K

細胞工学，発生工学，再生工学

point 細胞工学，発生工学，再生工学などのバイオ技術にはさまざまなものがあり，体細胞クローンもこのなかに含まれる。これらの技術のあるものはすでに実用化されているが，今後，畜産学や医学へのさらなる応用が期待される。

細胞や個体に戻って解析する

基礎生物学のなかで，細胞や個体を使って解析する技術は遺伝子機能を研究するうえで重要な位置を占めている（図1）。細胞を操作する技術を**細胞工学**という。その中心技術である**細胞融合**は，抗体産生細胞とミエローマ細胞から**単クローン抗体**を産生する細胞を作るのに用いられているが（図2），この他にも**核除去**や**核移植**などの技術がある。初期胚を操作して発生させる技術は**初期胚操作**，**発生工学**といわれ，**トランスジェニックマウス**や**ノックアウトマウス**（⇨6-E，6-F）の作製にもこの技術が使われている。**キメラ**の作製はこの技術が最初に行われたものの1つである。集合キメラは2種類の8細胞期割球をバラバラにし，再度集合させてから胚盤胞まで発生させるが，注入キメラでは**胚盤胞**に異種割球を注入する（図3）。いずれも，疑似妊娠させたマウス（代理母）の子宮に胚盤胞を戻してキメラマウスを出産させる。キメラ動物の組織学的解析により，ある現象に必要な機能がどの細胞に依存するかがわかる。

Memo キメラ（chimera）

ギリシャ神話に出てくる，頭がライオン，体がヒツジ，尾がヘビという架空の生物。「2対以上の親に由来する個体」と定義される。臓器移植を受けたヒトも，キメラである。

図1 個体や細胞を使った遺伝子機能の解析技術

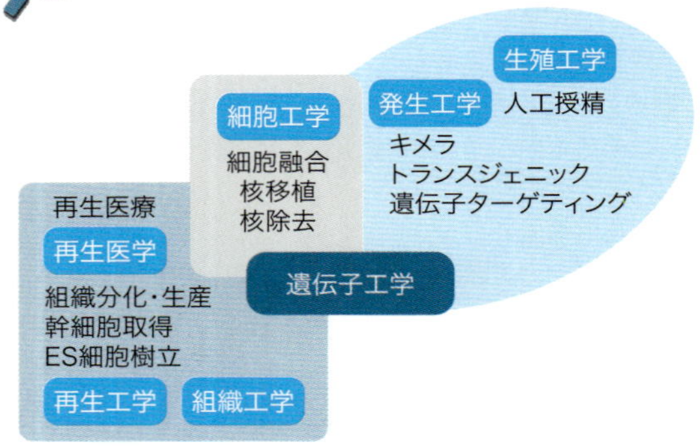

図2 単一の抗体を産生する単クローン細胞を，細胞融合で作製できる

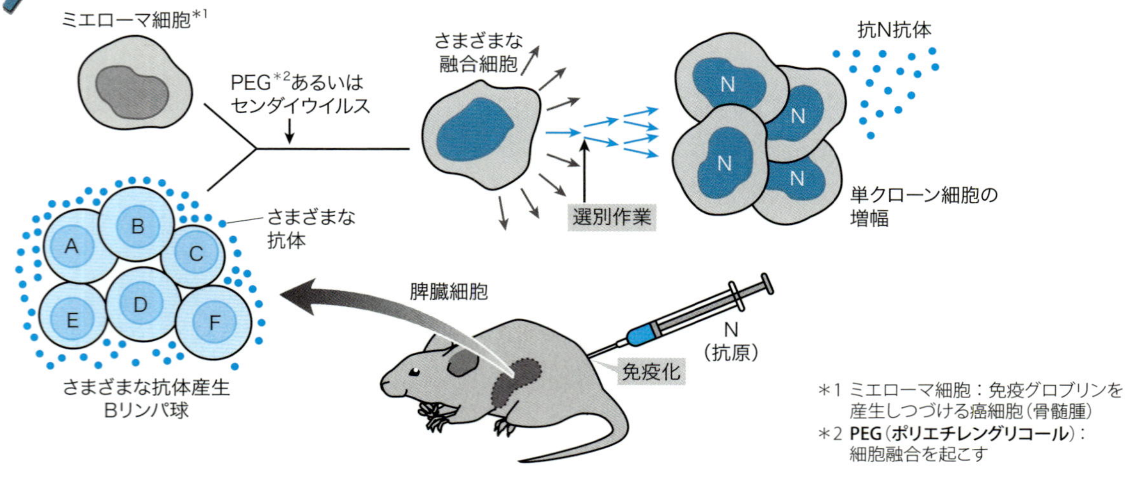

＊1 ミエローマ細胞：免疫グロブリンを産生しつづける癌細胞（骨髄腫）
＊2 PEG（**ポリエチレングリコール**）：細胞融合を起こす

組織や個体を再生する

ES（embryonic stem：胚性幹）細胞は個体にまで分化する能力がある。**ES細胞**を胚盤胞に入れて一緒に発生分化させ，キメラとして組織の一部を形成させることができる。生殖細胞にES細胞が入れば，ES細胞由来の個体ができる。これはES細胞から個体を作る技術として動物では現実のものとなっている。ヒトでの個体再生は禁止されているが，**再生医療**を目的とした，試験管内で組織を形成させる研究（**再生工学**という）は認められている。

図3 注入法によるキメラの作り方

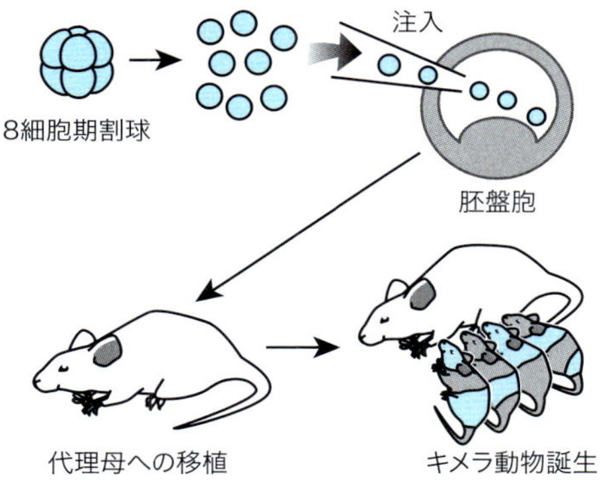

体細胞からクローン個体を作る

体細胞あるいはその核をもとに個体を作る**体細胞クローン**は，すでにカエルで成功していたが，哺乳類ではクローンヒツジ「**ドリー**」が最初の例となった。ドリー誕生のインパクトは大きく，その後いろいろな体細胞クローン動物が作られた。体細胞クローン動物作製では，核を除いた未受精卵に体細胞（この細胞を**ドナー**という）の核を注入し，この「卵」を代理母の子宮に移して動物を誕生させる（図4）。

体細胞クローン技術の問題点

体細胞クローンは受精を経ないでドナーと同一の個体を作ることができるため，畜産業で注目されている。ただ，生殖細胞におけるメチル化などの**ゲノムインプリンティング**（⇨4-K）を受けておらず，またテロメア（⇨2-D）が短いままで発生することもあるなどの理由により，クローン動物の出生率はかなり低く，健康状態や寿命に問題をもつ頻度も高いため，まだ一般的技術にはなっていない。

Memo ゲノムの等価性

体細胞クローンの成功は，「分化した細胞であっても，個体（成体）を作る遺伝情報は受精卵と等価である」ということを意味する。

図4 体細胞クローン動物の作り方

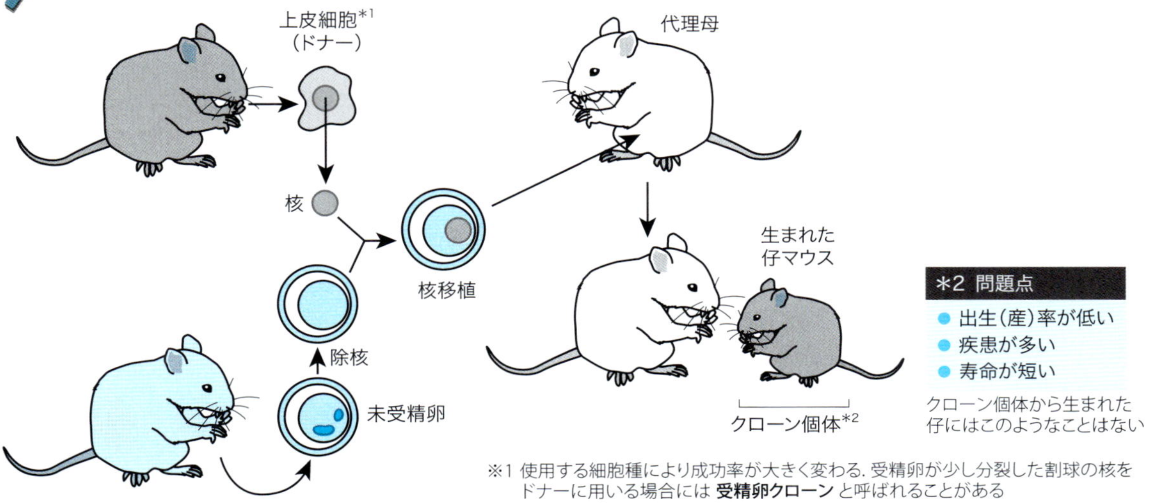

※1 使用する細胞種により成功率が大きく変わる．受精卵が少し分裂した割球の核をドナーに用いる場合には **受精卵クローン** と呼ばれることがある

7-K 細胞工学，発生工学，再生工学

第 8 章

真核生物のゲノムとクロマチン

概 論

生物は生命活動維持に必要な遺伝子セットとしてゲノムをもつ。例外も少なくないが，一般に進化が進むほどDNA量が増える。しかし哺乳類などでは遺伝子密度が酵母の60分の1以下しかなく，ゲノムに占める遺伝子の比率は極端に低い。ヒトの場合，**ゲノム構成要素**（⇨8-A）のなかで遺伝子が占める比率は27％程度で，残りは遺伝子間スペーサーや反復配列である。反復配列には何種類もの種類があるが，トランスポゾンの占める割合が特に大きい。**真核生物のトランスポゾン**（⇨8-B）の大部分は，RNAが逆転写でDNAとなり，それがゲノムに挿入されたレトロトランスポゾンで，レトロウイルスに類似した構造と機能をもつ。このため，真核生物はゲノムが膨張する方向に進化したということができる。

染色体DNAは，ヒストンが結合した染色質「クロマチン」の状態で存在する。クロマチンの基本構造は，146塩基対のDNAが4種類各2分子のコアヒストンを芯にして巻きついたヌクレオソームで，数珠状構造をとる。この数珠状線維はリンカーヒストンの助けで密に重合し，30 nm線維が形成される。実際の染色体は30 nm線維が何重にも折りたたまれ，最終的に顕微鏡でみえるようになったものである。このような**クロマチン**（⇨8-C）構造のため，1.8 mにも及ぶ巨大なDNAを小さな核内に収納することが可能になる。核内には染色によって均一に染まらないヘテロクロマチン領域が存在するが，この部分は密に折りたたまれたクロマチン構造をとり，不活化遺伝子や非遺伝子領域，そしてテロメアなどを含む。**染色体**（⇨8-D）は生物種でその数と形が決まっている。下等真核生物では一組の染色体で増殖するものもあるが，大部分の生物は同じ染色体を一対ずつもつ2倍体である。染色体存続のためには，複製のための複製起点，染色体つなぎとめのためのセントロメア，そして染色体安定性と維持のためのテロメアの3つが必要である。

真核生物をゲノムレベルで理解するためには**ゲノム構造解析**（⇨8-E）とゲノム機能解析が必要である。ゲノム塩基配列の解明はゲノム構造解析の基本であり，多くの生物でゲノムの解読が進められている。これまでヒトを含めた数百種あまりの生物のゲノムが解読され，さらに増える勢いである。ゲノム構造解析データから，進化の道筋を知ることができる。ゲノム構造がある集団や個人でわずかに異なる場合があり，これをゲノム多型という。ヒトにおけるゲノム多型解析は，個人識別に

本章でわかる重要ワード

概略図

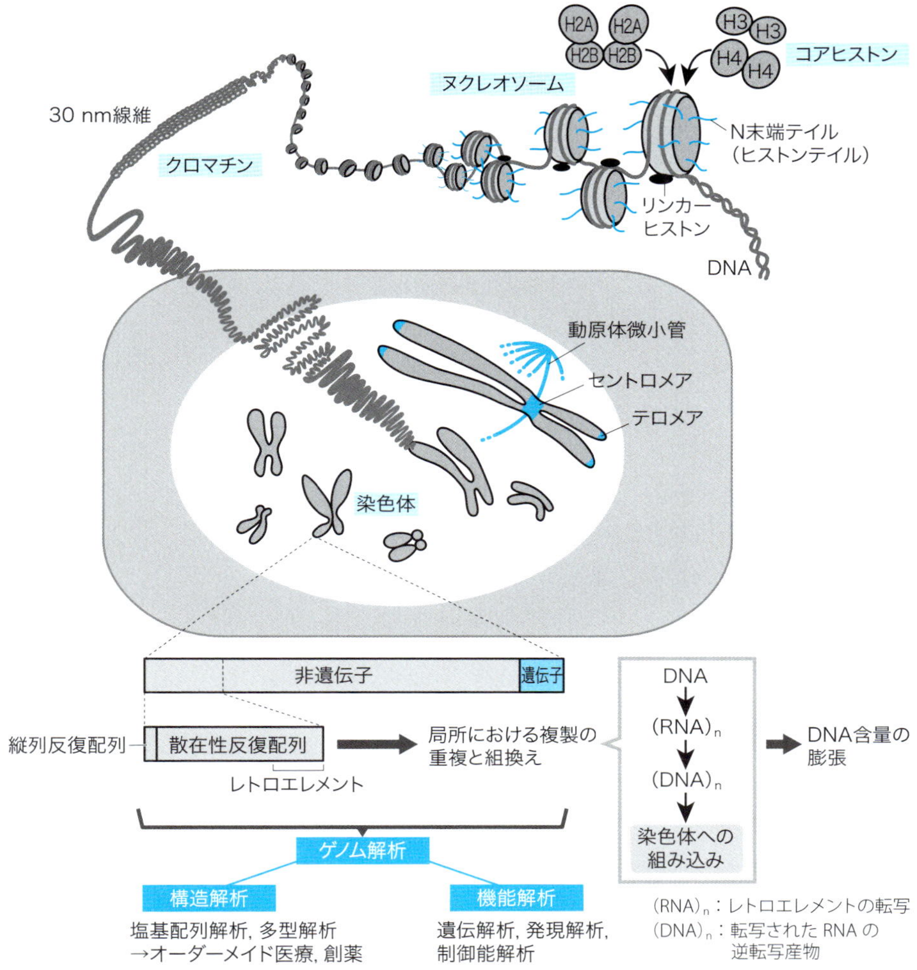

使える遺伝情報をもたらすだけでなく，医学においては遺伝子診断やオーダーメイド医療，あるいはゲノム創薬といった点で有益である。

ゲノム機能解析（⇨8-F）では，あるゲノムがどのような形質にかかわるか，あるいは，ある形質にどのゲノム領域がかかわるかということを対象とする。この基本的な遺伝解析を網羅的，かつ効率的に行うため，タギング法や遺伝子トラップ法など，さまざまな方法が開発されている。ゲノム機能解析のなかには，この他にも制御領域を同定したり，発現する遺伝子そのものを同定する技術も含まれる。

重要ワード **8-A**

ゲノム構成要素

point ゲノムDNAはさまざまな要素から構成されている。ヒトゲノムでは遺伝子となっている部分は全体の30％弱しかなく，残りは非遺伝子で，その大部分は遺伝子間スペーサーと反復配列である。

ゲノムとは

染色体にある一組分のDNAを**ゲノム**（genome）という。ゲノムは生命活動に必須なものをいい，プラスミドなどはゲノムではない。ゲノムあたりのDNA量，すなわち**C値**は，進化が進むに従って増える傾向にあるが，例外も多い（**C値パラドックス**）（図1）。真核生物はゲノムサイズを拡大させながら進化してきたと考えられる。

図1 DNA量と進化は必ずしも一致しない

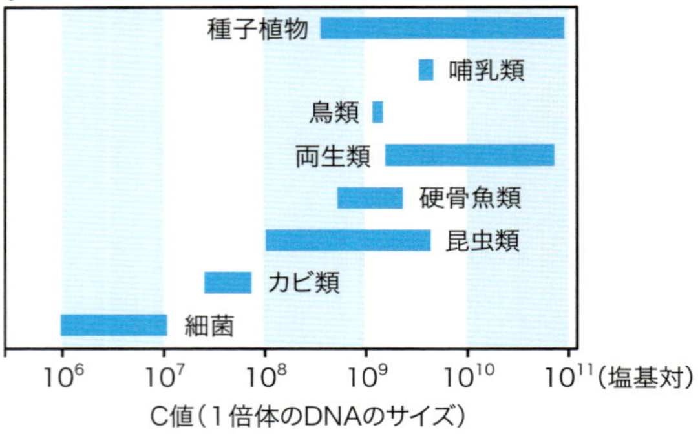

図2 遺伝子数は生物ごとに異なる

生物種	ゲノムサイズ（$\times 10^6$塩基対）	遺伝子数（$\times 10^4$個）
ヒト	3,000	2.2
ショウジョウバエ	170	1.4
シロイヌナズナ	125	2.6
線虫	97	1.9
出芽酵母	12	0.55
大腸菌	4.6	0.43

真核生物は遺伝子以外のDNAが豊富

動物ゲノムのサイズは一般的には1〜30×10^9塩基対である一方で，**遺伝子数**はほぼ14,000〜30,000個の範囲に入る（単細胞生物はいずれも少ない）（図2）。このことから高等真核生物の**遺伝子密度**は低く，ゲノム中には遺伝子以外のDNAが豊富に含まれていることがわかる。ヒトの場合，遺伝子は全体の30％弱にしかならない（図3）。ゲノムの半分以上は遺伝子として機能しておらず，多くが**遺伝子間スペーサー**や**反復配列**，あるいは機能を失った**偽遺伝子**で占められている。なお**遺伝子関連領域**には**遺伝子**に隣接する転写制御領域が含まれる。成熟RNAとなる部分はせいぜいゲノムの2％程度である。

反復配列がゲノムの大部分を占める

遺伝子とその周囲の配列はゲノム中で一度しか現れないので，**ユニーク配列**という。ただ，遺伝子のなかにはグロビンのように，同一遺伝子から進化したと考えられる**重複遺伝子**，あるいは**遺伝子ファミリー**を形成するものが少なくない。タンパク質をコードしないrRNA，5S RNA，tRNA遺伝子は縦列に多数反復して存在する。反復配列は遺伝子以外にも豊富にみられるが，これらは大きく**散在性反復配列**と**縦**

図3 真核生物の遺伝子の占める割合は少ない（ヒトの例）

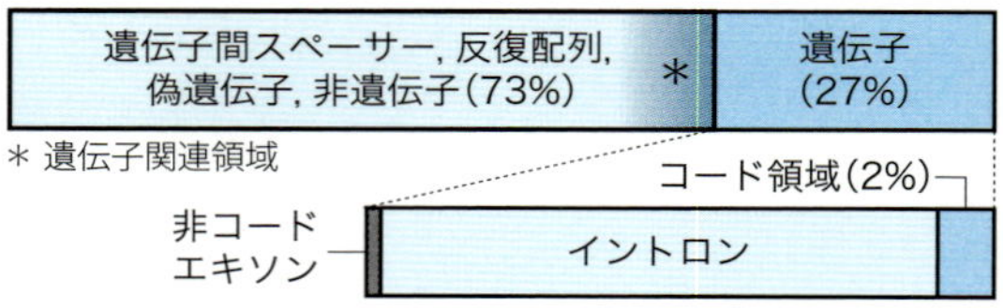

列反復配列に分けられ（図4，図5）。前者は転移によって増幅し（⇨8-B），後者には複製の重複（DNA複製スリップ）と組換えで生じたと考えられる**サテライトDNA**が含まれる（図6）。**サテライトDNA**は1～200塩基の反復単位からなり，縦列の全体の長さによってサテライト，ミニサテライト，マイクロサテライトと分類される。これらのユニットは染色体全体に分布するが，セントロメアなど，特定の部位に局在するものもある。**ミニサテライトDNA**はきわめて変異しやすく，個体識別のための**DNA指紋**として用いられる。**マイクロサテライトDNA**は遺伝的多型性を示し，**DNAマーカー**として使われる。

Memo サテライトバンド

密度勾配平衡遠心分離法（⇨7-A）によるDNA分離で，かたよった塩基組成が原因で，主バンド（約1.7 g/mL塩化セシウム）と違う別の（サテライト）バンドを形成するために，こう呼ばれる。

図4 ヒトゲノムにはさまざまな配列要素が含まれる

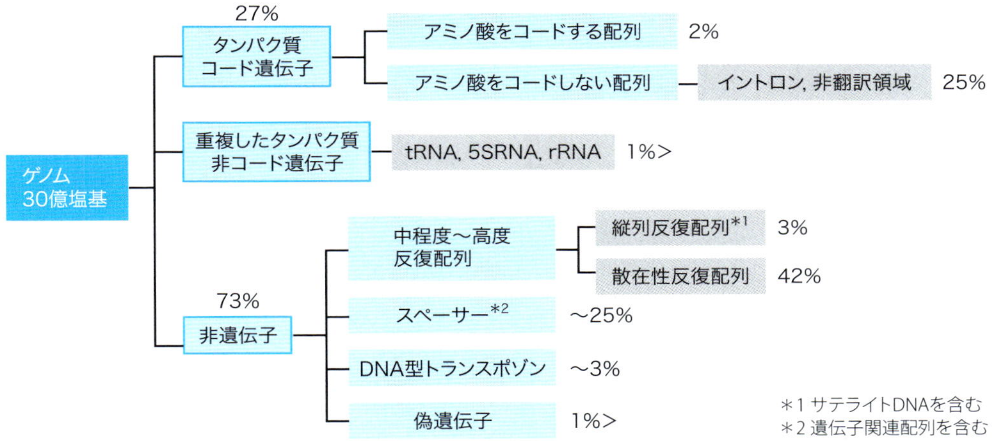

図5 反復配列の種類（ヒトの場合）

	[繰り返しの単位（塩基長）]
縦列反復配列	
サテライトDNA （0.1～数百万塩基長に及ぶ） サテライト1，Sau3Aファミリーなど	[5～200]
ミニサテライトDNA （2千～3万塩基） テロメアファミリーなど	[5～数十]
マイクロサテライトDNA （5百塩基以下）	[1～4]
散在性反復配列	
Alu ファミリー（SINEの一種）	[280（以下）]
L1ファミリー（LINEの一種）	[9,000（以下）]
LTR型トランスポゾン	[10,000（以下）]

図6 サテライトDNA発生の仮説

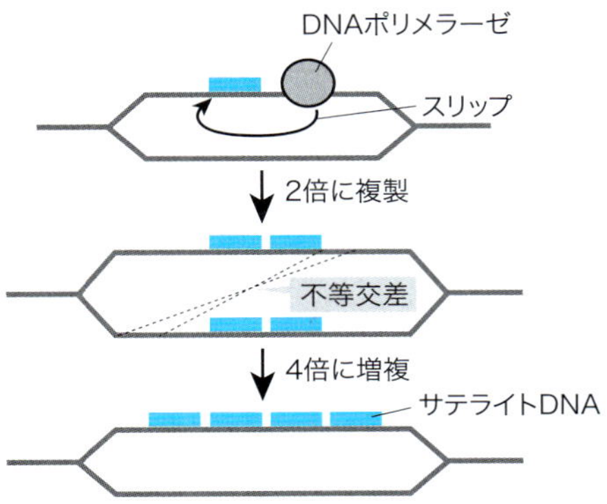

重要ワード **8-B**

真核生物のトランスポゾン

point トランスポゾンは真核生物にも存在し，DNA型とRNA型に大別される。RNA型のレトロトランスポゾンは組み込み酵素のほかに逆転写酵素をもち，RNAから作ったDNAをゲノムに組み込む。

トランスポゾンは真核生物で発見された

最初の**トランスポゾン**は1940年代の後半，B.マクリントックによってトウモロコシで発見され（1983年にノーベル医学・生理学賞を授与された），その後，原核生物でも発見された。トランスポゾンは遺伝子発現制御やゲノムの再編に重要な役割を果たすが（⇨5-E），真核生物のトランスポゾンにはDNA型のほか，RNA型のものもある（図1）。

レトロトランスポゾンは逆転写酵素をもつ

RNA型トランスポゾン（**レトロトランスポゾン**）もDNA型と同じく転移に効く**組み込み酵素**（**インテグラーゼ**）をもつが，ほかに**逆転写酵素**をもつ。両端にある**LTR**（long terminal repeat）の内側に2種類の遺伝子をもつ典型的なものを**LTR型レトロトランスポゾン**といい，レトロウイルスの**プロウイルスDNA**様構造（RNAゲノムのもととなるDNAとしての構造）をもつため，**レトロウイルス様トランスポゾン**ともいわれる（図2A）。逆転写酵素には組み込み酵素活性もある。酵母の**Ty**やショウジョウバエの**コピア**といったLTR型レトロトランスポゾンも2種類の酵素をコードする遺伝子をもつ。逆転写によってRNAから合成された自身のDNAは，DNAトランスポゾンと類似の機構でゲノムに組み込まれる（すなわち転移する）（図2B）。

図1 トランスポゾンにはDNA型とRNA型がある

DNA型トランスポゾン	
トウモロコシ	Ac / Ds
アサガオ	Tpn
イネ	nDart
ショウジョウバエ	P因子
RNA型トランスポゾン（レトロトランスポゾン）	
LTR型レトロトランスポゾン*1	
酵母	Ty
真核生物	レトロウイルス（様）のプロウイルスDNA
ショウジョウバエ	コピア因子
非LTR型レトロトランスポゾン*2	
LINE	L1〜L3ファミリー
SINE	ヒトの*Alu*ファミリー

＊1 レトロウイルス様トランスポゾンともいう
＊2 真核生物全般に存在し，ポリAレトロトランスポゾンともいう

ポリA鎖をもつレトロトランスポゾンもある

もう1つのタイプは**非LTR型レトロトランスポゾン**で，ポリA配列をもつため，**ポリAレトロトランスポゾン**ともいう（図3）。**LINE**〔long interspersed nuclear element。例：**L1**（LINE-1）**ファミリー**〕と**SINE**（short interspersed nuclear element。例：ヒトの***Alu*配列**）の2つがある。ヒトのL1ファミリー〔典型的なものは約6,500 bp（塩基対）〕はゲノム中に約9万コピー存在する。転写されたRNAが，ORF1から翻訳されたRNA結合能をもつエンドヌクレアーゼとともにゲノムのT連続配列に接近し，DNAに切れ目を入れた後，T連続配列にポリA部分でハイブリダイズする。逆転写酵素がそれをプライマーとしてDNA（cDNA）を合成し，ゲノムに組み込ませる。

一方，*Alu*配列は約300 bpと短いためタンパク質コード遺伝子はない。**7S RNA**（7SL RNAともいう）遺伝子と類似し，7S RNAの偽遺伝子とみなされる。ヒトゲノム中に約150万コピー存在し，全体で***Alu*ファミリー**という。転移欠損型だが，LINEからタンパク質の供給を受けてLINEと同様の機構で複製，転移する。

Memo プロセス型（偽）遺伝子
mRNAがそのままDNAになったようなゲノム中にある配列で，ポリAをもつ。mRNAの逆転写物を起源とするが，機能はなく**偽遺伝子**の1つである。

真核生物のゲノムが膨張した理由

レトロトランスポゾンは複製型DNAトランスポゾン（⇨5-E 図3）以上にコピー数が増えるため，これをもつゲノムは常に膨張することになり，真核生物ゲノムが巨大になった主因はここにあると考えられる。進化と無関係に膨大なDNA量をもつゲノム（**C値パラドックス**）もこのような機構でできたと思われる。

図2 LTR型レトロトランスポゾンの構造と転移機構

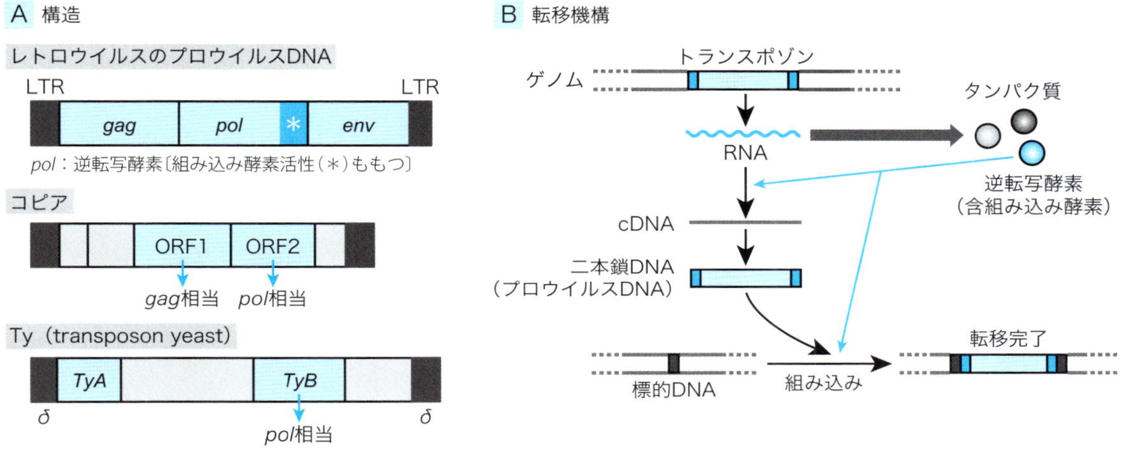

図3 ポリA鎖をもつ非LTR型レトロトランスポゾン

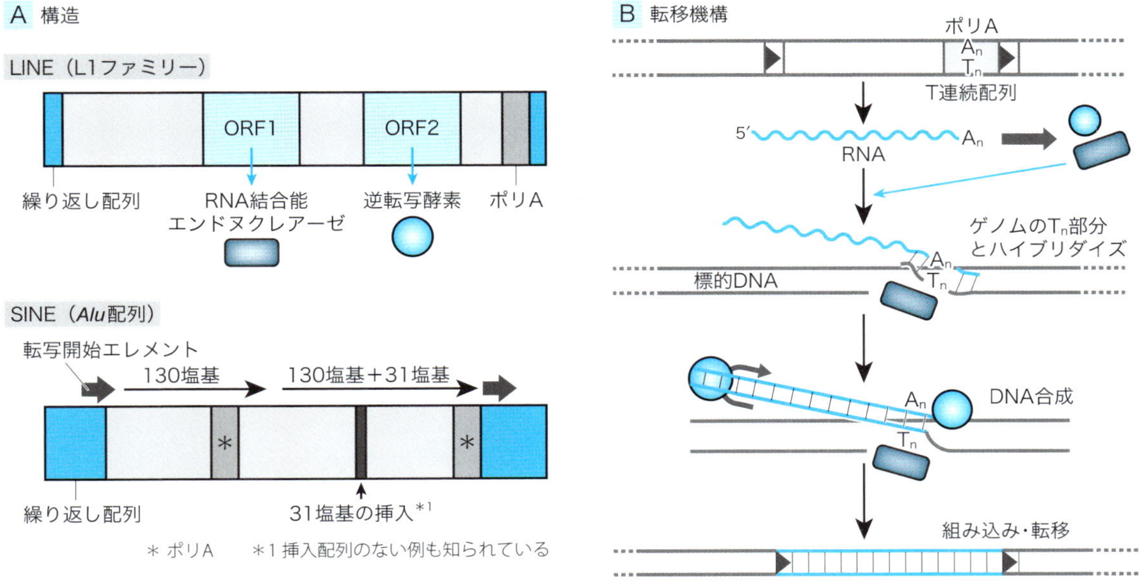

クロマチン

point 染色体はDNAにヒストンが結合したクロマチンで構成されている。DNAが複数のコアヒストンに巻きついたヌクレオソームがリンカーヒストンにより束ねられ，それが何重にも折りたたまれて，狭い核内に収納されている。

DNAにはヒストンが結合している

真核細胞のDNAには塩基性タンパク質である**ヒストン**（histone）が結合しているが，ヒストンを中心としたタンパク質–DNA複合体を**クロマチン**（chromatin：染色質）という。ヒストンにはさまざまな分子種があるが，ヒストンH2A，H2B，H3，H4は**コアヒストン**とよばれ，それぞれ2個ずつ集まり**ヒストンコア**〔**ヒストンオクタマー**ともいう〕を形成する（図1）。ヒストンは特定の構造をとらないN末端領域（**N末端テイル，ヒストンテイル**）と，3つのαヘリックスをもつ**ヒストンフォールド**領域からなり，N末端テイルはさまざまな化学修飾の標的となる（⇨4-J）。

Memo 2種類のクロマチン
クロマチンには核を染めたときに淡く均一に染まる部分〔ユー（真性）クロマチン〕と，不均一に濃く染まる部分（ヘテロクロマチン）がある。後者は密な30 nm線維構造をとっていると考えられる。

ヌクレオソームの構造

コアヒストンには146塩基対長のDNAが巻きついて**ヌクレオソーム**を形成するが，コアヒストンは機能的にH2A＋H2BとH3＋H4に分けられ，ヌクレオソーム形成ではDNAにまずH3とH4が2個ずつ結合し，次にH2AとH2Bの二量体が二組結合する（図2）。RNAポリメラーゼが通過するとき，H2A–H2Bはいったん解離する。クロマチンを**マイクロコッカルヌクレアーゼ**（**MNase**）で処理すると，DNAをヌクレオソーム単位で切断することができ，クロマチン研究に利用される（図3）。

Memo ヒストンバリアント
非典型的ヒストン。セントロメアに結合するCENP-Aや，不活化X染色体に結合するマクロH2Aなどが知られている。

ヌクレオソームの形成

ヌクレオソームは約200塩基対ごとに形成され，直径約11 nmの**ヌクレオソームアレイ**とよばれる構造をとる（図4）。DNAと4種類のコアヒストンに**ヌクレオソーム形成因子**（**ヒストンシャペロン**ともいう。例：CAF–1，NAP–1）を加えると，ヌクレオソームが

図1 ヒストンにDNAが巻きついてヌクレオソームになる

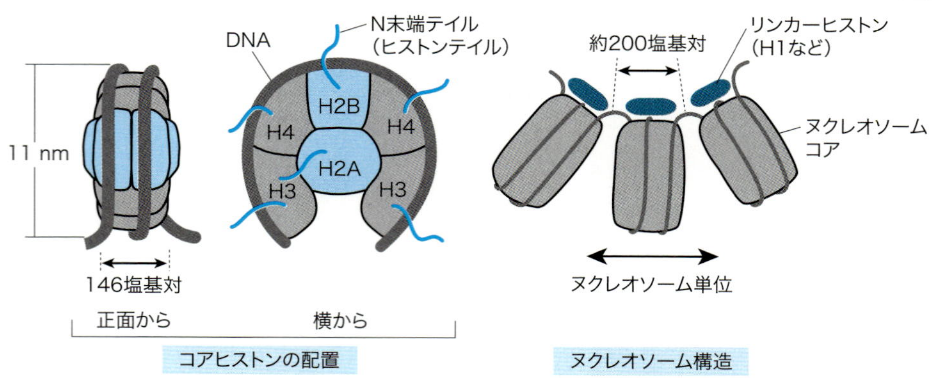

形成される（図2）。細胞にはクロマチン形成因子や，ヌクレオソームの位置を変えるクロマチンリモデリング因子（⇨4-J）が多数存在する。

秩序正しく凝縮して染色体が形成される

リンカーヒストン（H1など）はヌクオソームにゆるく結合し，ヌクレオソームを筒状に束ねる働きをもつ。束ねられた11 nmヌクレオソームアレイは**ソレノイド構造**をとって**30 nm線維**を形成し，それがさらに凝集して300 nm〜700 nmの太い線維となり，光学顕微鏡でみえる染色体となる（図4）。凝集したクロマチン構造をとることにより，1.8 mに及ぶ長いDNAを核に収納できる。精子ではDNAをよりコンパクトに凝縮するため，ヒストンの代わりにより塩基性の強い**プロタミン**が用いられ，そこでは遺伝子発現は完全に抑制されている。

図2 ヌクレオソームを形成させる

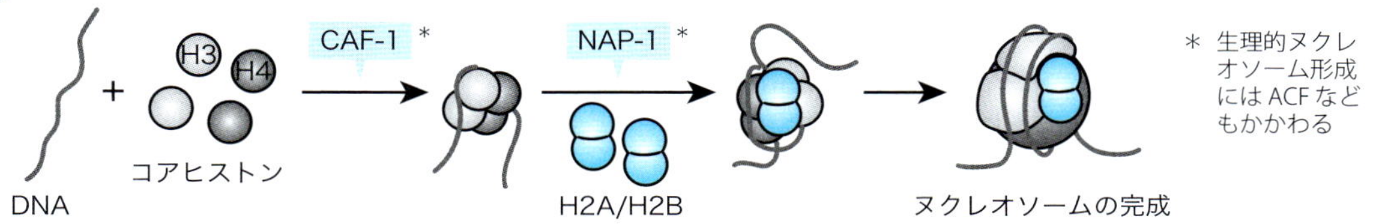

図3 マイクロコッカルヌクレアーゼでDNAをヌクレオソーム単位に切断できる

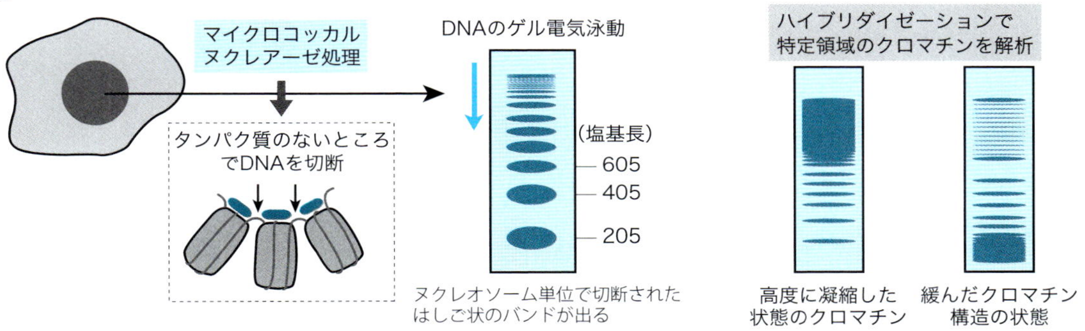

図4 DNAは秩序正しく凝集し，染色体になる

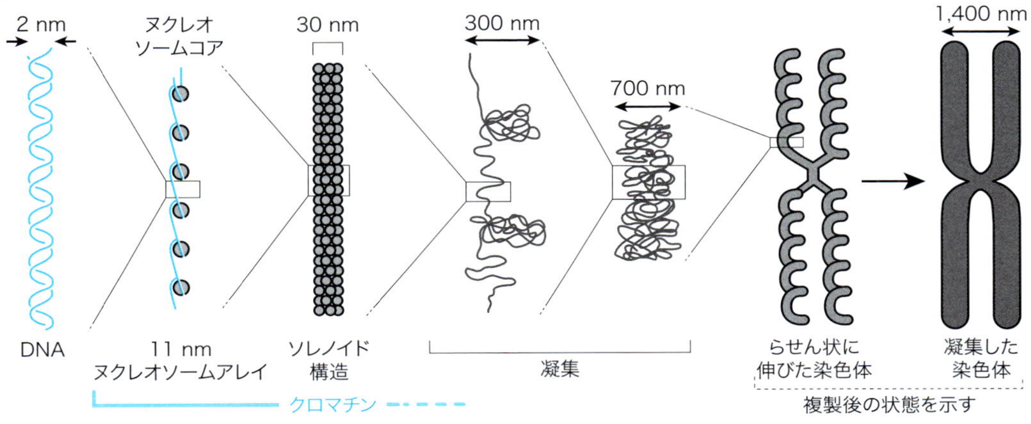

重要ワード **8-D**

染色体

point 染色体は複製に必要な3つの必須領域，すなわちDNA複製に必要な複数の複製起点，染色体分離のときに微小管が結合するセントロメア，そして染色体の保護と安定化に働くテロメアをもつ。

染色体を構成する3つの必須要素

M期にある真核生物の細胞を塩基性色素で染めると，核内に**染色体**（chromosome）がみえる。染色体の数は生物種で決まっており，ヒトは46本（2本の性染色体を含む）である。染色体には**複製起点**，**セントロメア**，**テロメア**という3つの必須要素があり（図1），これら3つの要素を用いて染色体を人工的に構築することもできる。複製起点（*ori*）は酵母ではARS（⇨2-A）に相当する配列で，染色体上に多数存在する。セントロメアは**動原体**に相当する部分で，染色体の中央付近に1カ所存在し，染色体のつなぎとめや細胞分裂時の**微小管**の結合に必須である。テロメアは繰り返し配列からなり（⇨2-D），染色体の安定性維持に必須である。DNAの二本鎖切断が起こると，切断部分を修復しようとして細胞はさまざまな因子を傷害部分に集合させるが，それら因子の一部はテロメアにも集まる。しかし，テロメアは傷とは認識されず，逆にそれを安定化する機構が働く。

図1 染色体を構成する3つの必須要素

要素	構造・機能
複製起点（*ori*）	染色体の複製に必須
セントロメア	動原体に含まれる，染色体のつなぎとめや，分離の際の微小管の結合部位となる
テロメア	反復配列からなる，DNA短小化による影響の回避や染色体の安定化に働く

図2 異常・特殊染色体の例

1. 三染色体性
   例：ヒトダウン症候群の21番染色体
2. 同質倍数体
3. 異常組換え
   例：ヒトフィラデルフィア染色体
4. 微小染色体
   例：ニワトリ，ダブルマイニュート
5. 多糸（ポリテン）染色体
   例：双翅目昆虫（ハエなど）の唾腺

染色体の構成・構造が変になることがある

染色体数が異常になる例として，**三染色体性**（**トリソミー**。例：ヒト**ダウン症候群**における21番染色体の重複）や**同質倍数体**（4倍体や6倍体など）等が知られている（図2）。ヒトの白血病でみられる，9番染色体と22番染色体の一部が相互に入れ代わる**フィラデルフィア染色体**のように，癌化に伴って**異常組換え**を起こした染色体が現れる場合がある（図3）。ニワトリなどでは，生存に必要だが，番号がつけられないほどの非常に小さな染色体が多数（数十個）存在している。哺乳類細胞では，細胞の老化，癌化，薬剤耐性獲得に伴って**二重微小染色体**（**ダブルマイニュート**）が出現する。ハエなどの双翅目昆虫の唾腺細胞には，分離しないで増幅した**多糸**（**ポリテン**）**染色体**が存在し，そのなかの**パフ**（膨らんだ部分）は遺伝子発現の高い部分と一致する。

図3 白血病を引き起こす異常染色体

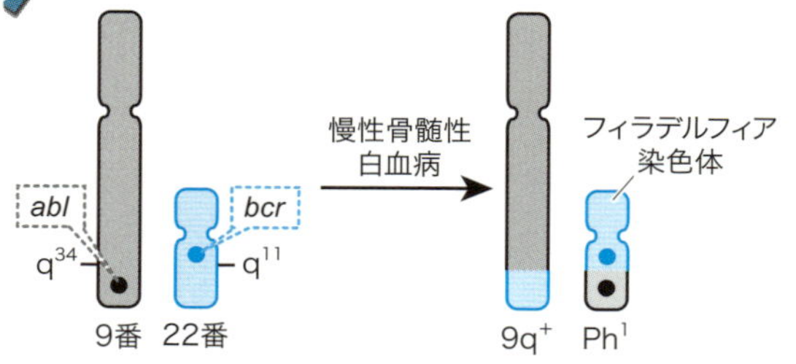

abl：原癌遺伝子の1つ．*bcr*に接近し活性化される

重要ワード **8-E**

ゲノム構造解析

point DNAマーカーを指標に，特定部分のゲノム構造を標準的なものと対比させながらゲノム解析を行うことができる。ゲノム構造に違いのあるタイプは疾患と関連がある。

ゲノム構造解析の歴史を追ってみる

真核生物のゲノムは，はじめDNAの再会合実験（**Cot**分析）によって解析され，これによりゲノムサイズや反復配列の存在など，ゲノムの大まかな構造が明らかにされた（図1）。1980年代からゲノム構造を解明する**ヒトゲノム計画**が始まり，2003年に解読を終え終了したが，約22,000個の遺伝子が同定された。全ゲノムを解読するゲノムプロジェクトでは，まず制限酵素で切断したDNAをBACなどのベクター（⇨6-B）でクローン化（⇨6-D）してからシークエンシングし（⇨7-E），データをコンピュータでつなげる。連結性のあるDNA断片であるコンティグに頼らず，最初からどんなDNA断片でもシークエンシングしてしまい（**ショットガンシークエンシング**），最後につなげるという方法もある。現在まで植物や脊椎動物を含め，数百種類のゲノムが解析された。

図1 Cot分析でゲノムの構造が大まかにわかる

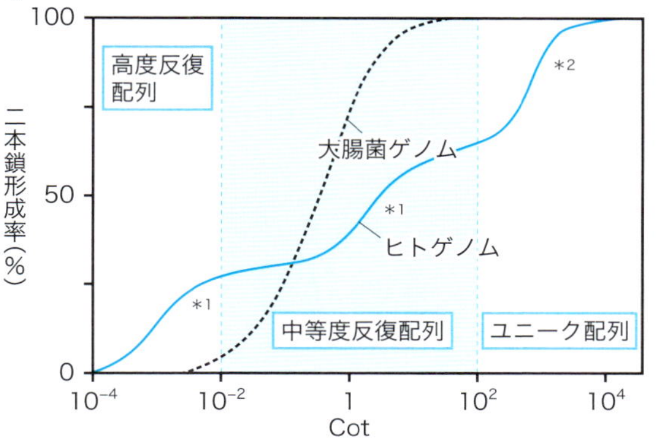

Cot（DNAの初濃度と時間の積）は二本鎖形成反応速度に反映され，その配列をもつ分子の濃度が大きければ速く二本鎖形成反応が起こる．大腸菌ゲノムはユニーク配列（⇨8-A）のみからなるため理論的二次反応曲線に近いS字型カーブを描く．これに対しヒトゲノムはゲノムサイズが大きく二本鎖形成反応の反応速度が遅い（＊2）．しかし，ヒトゲノムは繰り返し配列もあるため，速く二本鎖になる反応曲線（＊1）がみられる

ゲノム多型を解析する

一部の個体群において，そのゲノム塩基配列がほかの集団とわずかに異なるという現象があり，これを**ゲノム多型**あるいは**遺伝子多型**という。多型解析は，DNAの塩基配列の違いをもとに生物種の系統関係を表す**分子系統樹**の作製や，**個体識別**の中心的手段であり，特定の生物現象（例：病気になりやすさ）を探るうえでも有意義である。

DNAマーカーを利用する

多型検出のためにいろいろな解析法があるが，用いるDNA配列は**DNAマーカー**といわれ，サテライトDNA（⇨8-A）もその1つである。解析法には制限酵素断片の長さの違いで多型を検出する**RFLP法**から，一本鎖DNAの高次構造の違いを検出する**SSCP法**，さらには一塩基の違いによって多型を検出する一塩基多型（**SNP**：single nucleotide polymorphism。塩基置換が1%以上で集団に含まれるもの）解析など，さまざまなものがある（図2）。特定のSNPをもつ集団が特定の疾患をもつ場合，そのSNPは病気に関連すると考えられ，診断や創薬のヒントとなる。

図2 多型検出のためのマーカーのタイプ

略語	名称	特徴
RFLP	制限酵素断片長多型	制限酵素部位の有無に基づくDNA断片長の違い
SSLP	単純配列長多型	サテライトDNAなど，縦列反復配列長の違い
SSCP	一本鎖DNA高次構造多型	一本鎖DNAがとる特徴的高次構造の違い
SNP	一塩基多型	一塩基の違い

重要ワード **8-F**

ゲノム機能解析

point 遺伝学には形質変化から遺伝子を同定する方法と，DNAから逆に形質に到達する方法，そして，選択マーカー遺伝子を導入した細胞の変化や，マーカーの発現から未知の遺伝子を突き止めるなどの方法があり，発現遺伝子の同定に関しても種々の方法がある。

遺伝子の機能を探る2つの方法

遺伝子と形質との関係を明らかにするには2つの方法がある。1つは形質から遺伝子を同定する古典的な**フォワードジェネティクス**（順遺伝学）であり，もう1つはまずDNA（遺伝子）を手に入れ，それを個体内で操作して生ずる形質の変化を観察する，**リバースジェネティクス**（**逆遺伝学**）〔トランスジェニック法や遺伝子ノックアウト法など（⇨6-E，6-F）〕である。**ポストゲノム**時代の今日，より効率的でダイナミックなゲノム機能解析が必要とされる（図1）。

図1 さまざまなゲノム機能解析の方法

遺伝解析
フォワードジェネティクス タギング法，アクチベータータギング法，連鎖解析法
リバースジェネティクス トランスジェニック，ノックアウト，RNAi
発現・制御解析
マーカーによる検出 遺伝子トラップ法，エンハンサートラップ法
クロマチン免疫沈降法
発現遺伝子の同定：トランスクリプトーム解析
タンパク質解析
プロテオーム解析
インタラクトーム解析

変異にかかわるDNAを見つけるさまざまな方法

DNAをゲノムに挿入して遺伝子をランダムに破壊し，生ずる変異に関与する遺伝子を，挿入DNAをもとに同定する**タギング**といわれる方法がある〔トランスポゾン，選択マーカー遺伝子などを**タグ**（目印，荷札）として使う〕（図2）。変異個体からDNAを抽出し，タグをプローブに挿入部位のDNA断片を探して責任遺伝子を同定する。遺伝子は破壊せず，エンハンサーなどを挿入する**アクチベータータギング**という方法もある。また，選択マーカー遺伝子にスプライシング受容部位（⇨3-C）を加えてゲノムに挿入し，挿入部位の遺伝子と同じ制御下で選択マーカー遺伝子を発現させ，選択マーカー遺伝子の発現解析からある組織に特徴的発現パターンを示す遺伝子をつかまえる方法は**遺伝子トラップ法**と呼ばれる（図3）。エンハンサーの近傍に組み込まれることによって選択マーカー遺伝子を発現させ，転写活性化領域

図2 タギング法で遺伝子を破壊する

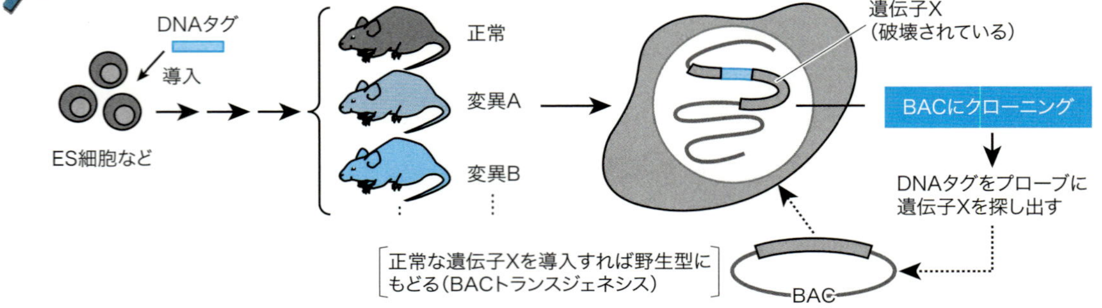

を検索する**エンハンサートラップ法**という方法もある。

タグに頼らずに遺伝子を見出す方法もある。個体や受精卵，あるいはES細胞に変異原処理を施して変異個体を誕生させる方法である。連鎖解析によって変異にかかわるゲノム領域を決め，その領域をBAC（⇨6-B）や**PAC**（P1人工染色体：P1ファージ由来）などにクローン化した後，その内部構造を解析して変異点を明らかにする。見出した変化が変異の原因であることを確かめるには，**BACトランスジェネシス**（正常遺伝子をもつBACクローンを変異個体に戻す）などの方法を使う（図2）。包括的RNAi（⇨3-I）により，タンパク質をコードしないDNA配列も含めてゲノム機能を網羅的に解析する手法もある。

発現している遺伝子を検索し，同定する

ゲノム機能解析の短的なアプローチは，**トランスクリプトーム解析**（⇨7-I）あるいは**機能ゲノミクス**といわれる発現遺伝子の同定で，種々の方法がある。いずれも**RT-PCR**（⇨7-D）で作製したDNAを準備するが，古典的にはこの後クローニング，シークエンス解析する（**超高速シークエンシング**はこの過程が省ける）（⇨7-E）。得られた配列の同定はデータベースを参照するか，**DNAマイクロアレイ**を用いて行う（⇨7-I）。2つの試料の間の発現の違いを見つけるには**ディファレンシャルディスプレイ**という方法（並べて電気泳動してから対照試料と相当しないバンドのDNA配列を決めて遺伝子を同定する）がある（図4）。できるだけ多くの配列情報を得る場合は，短いDNA断片（タグ）を数珠つなぎにしたものをシークエンスして，発現遺伝子の種類と頻度を解析する**SAGE法**（serial analysis of gene expression）が優れており，配列が特定の疾患に関連するかどうかは**SNP**（一塩基多型）（⇨8-E）を参照する。

図3 遺伝子トラップ法で選択マーカータンパク質の発現部位をみる

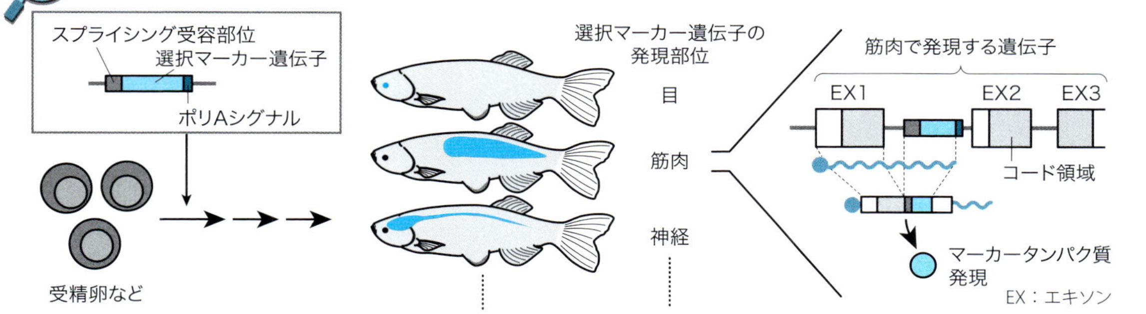

図4 デイファレンシャルディスプレイによる不均衡発現遺伝子の同定

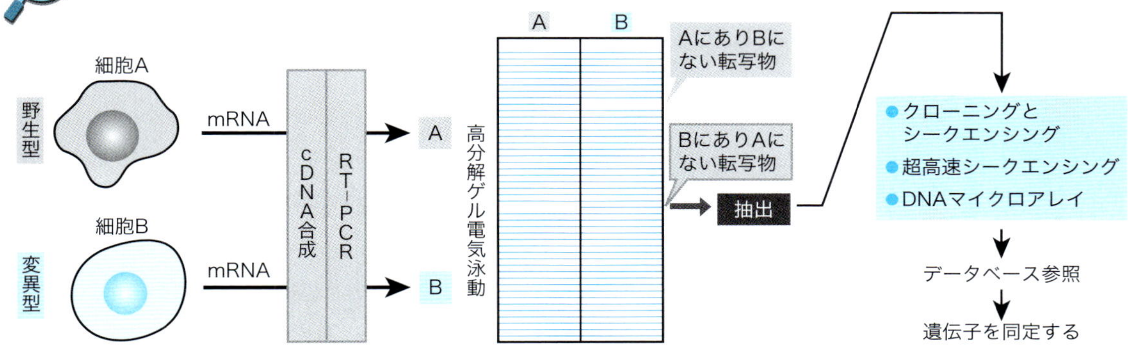

8-F ゲノム機能解析

第 9 章

細胞の機能維持と情報伝達

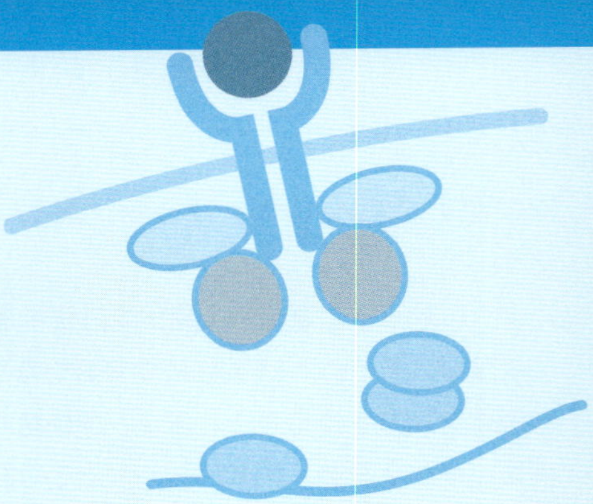

本章でわかる重要ワード

- 9-A 細胞骨格系と細胞間相互作用
- 9-B 細胞間シグナル伝達
- 9-C 細胞内シグナル伝達
- 9-D Gタンパク質
- 9-E MAPKカスケード
- 9-F イノシトールリン脂質
- 9-G 受容体近傍にある転写制御因子の活性化
- 9-H ストレス応答
- 9-I 核膜輸送
- 9-J タンパク質のユビキチン化

概　論

生体やそれを構成している細胞は，機能発揮のため，刺激に対するさまざまな刺激応答機構を動員して，増殖，分化といった個体維持に必要な応答を示す。本章では，細胞機能維持機構を情報伝達の観点から眺める。

細胞にはアクチン線維，微小管，中間径線維といった異なるタイプのタンパク質からなる**細胞骨格系**（⇨9-A）が張り巡らされており，これによって細胞形態の維持が可能になり，運動，染色体分離などが起こる。癌細胞の浸潤や転移にも細胞骨格系が関与する。細胞同士が接する部分では**細胞間相互作用**（⇨9-A）がみられるが，相互作用の構造には接着斑やアドヘレンスジャンクションなどさまざまなものがある。これらの構造は，細胞膜の裏打ちタンパク質を介して細胞骨格系につながっていると同時に，情報伝達の経路にもなっている。

多細胞生物には，離れた細胞同士であってもシグナルを出し合って互いに連絡をとり，恒常性の維持など，全体として調和のとれた生命活動を達成する仕組みがある。このような**細胞間シグナル伝達**（⇨9-B）の方式には，ホルモン，神経伝達物質，増殖因子などの生理活性物質を使うものなど，さまざまなものがある。生理活性をもつ特定の刺激因子（リガンド）に対して特定の細胞が応答できるのは，リガンドに対する特異的受容体が存在するためである。リガンドの大部分は細胞内に直接入ることができないため，まず細胞膜に埋め込まれている受容体の細胞外部分に結合する。リガンドが結合すると受容体の細胞質部分の構造変化が誘導され（活性化され），そこから発信されたシグナルは標的分子に直接・間接に作用し，細胞の増殖，分化，物質生産，アポトーシス，運動，形態変化といった特異的応答が起こる。この機構を**細胞内シグナル伝達**（⇨9-C）という。

シグナル伝達方式のなかでは，チロシンキナーゼなどのプロテインキナーゼを用いるものが重要で，この他**MAPKカスケード**（⇨9-E）と呼ばれるプロテインキナーゼが連続的に働く機構もある。また，**Gタンパク質**（⇨9-D）や**イノシトールリン脂質**（⇨9-F）を介するシグナル伝達も細胞にとって重要である。**受容体近傍にある転写制御因子の活性化**（⇨9-G）はJak-Stat系やWntシグナル伝達などでみられる。低分子の脂溶性リガンドは直接細胞に入り，核内受容体に結合して直接転写を活性化する。細胞は毒物や熱など，環境からの物理化学的刺激に対し，**ストレ**

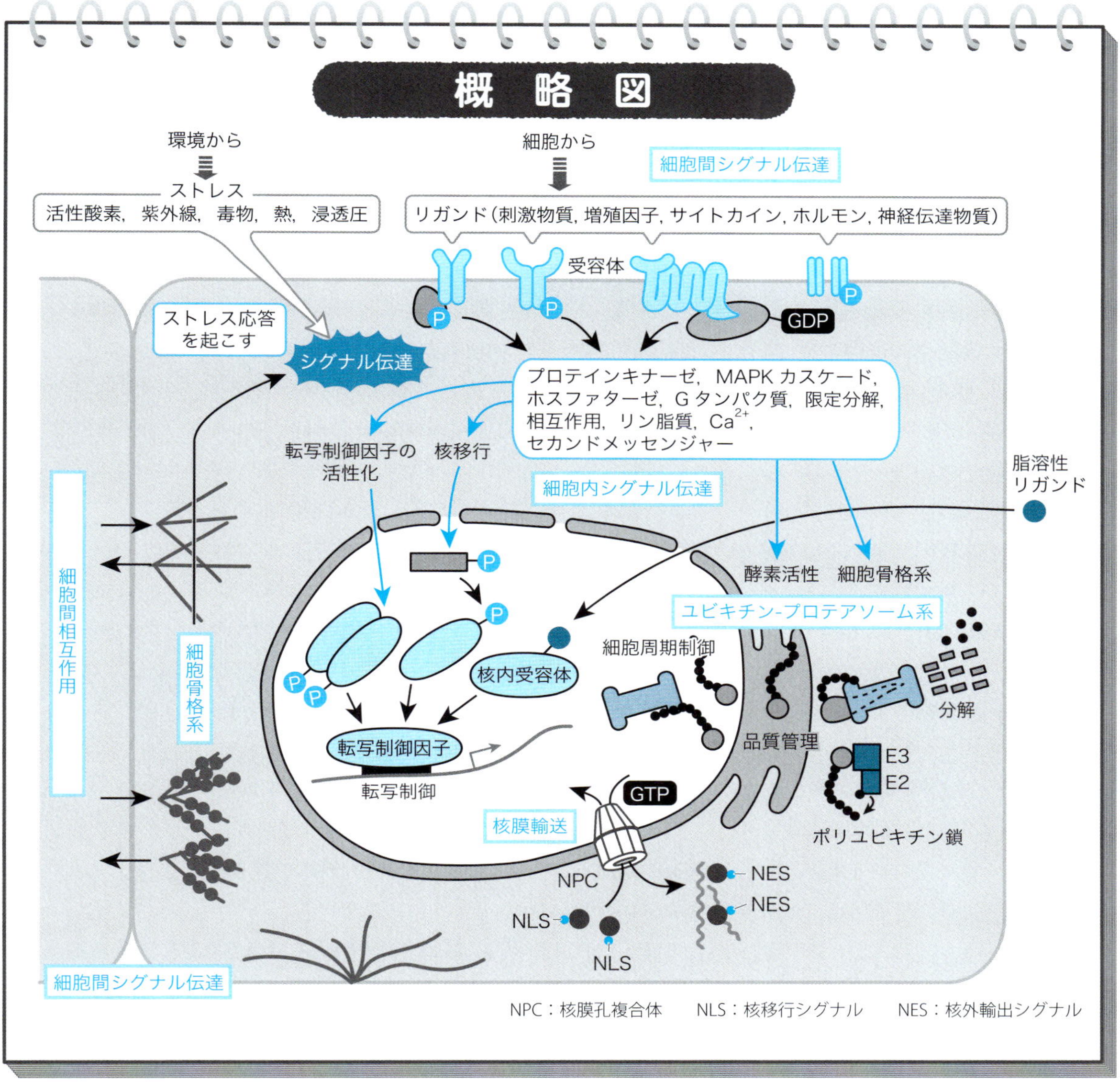

ス応答（⇨9-H）と呼ばれる細胞応答を示すが，ここでもシグナル伝達系が働いている。

核膜には核膜孔という小穴が存在し，RNAやタンパク質などの高分子化合物は，核膜孔を通した**核膜輸送**（⇨9-I）により積極的な局在制御を受ける。タンパク質の共有結合を介する修飾にはリン酸化以外にもいろいろなものがあるが，そのなかにユビキチンやSUMOなどの低分子タンパク質が結合する機構がある。**タンパク質のユビキチン化**（⇨9-J）修飾のなかでも，ポリユビキチン化は，プロテアソームによる分解という処理を受けることによって細胞周期制御やタンパク質の品質管理などにかかわる重要なものである。

重要ワード **9-A**

細胞骨格系と細胞間相互作用

point 細胞を形作り，運動にかかわる分子として，種々の細胞骨格タンパク質が存在する。細胞と細胞の接触部には物質透過性などが異なるいくつかの接着装置があり，そのなかには情報伝達にかかわるものもある。

細胞の構造や運動を支えるアクチン線維

細胞には**ゾル-ゲル遷移**を通して細胞の構造維持や運動，あるいは輸送にかかわる3種類の**細胞骨格タンパク質**が存在する（図1）。**ミクロフィラメント**（**アクチン線維**）は**アクチン**で構成される。単量体アクチンはATPと結合して直径約7 nmのアクチン線維に組み込まれ，ADP結合下では線維から解離する（図2A）アクチン線維はこのように細胞内で変化しているが，筋細胞のように線維状態で安定に存在するものもある。アクチン線維は**細胞運動**や**筋収縮**，あるいは**細胞小器官輸送**など，運動に関するすべてにかかわるが，この際**モータータンパク質**の一種である**ミオシン**の介在が必須である（図3A）。ミオシンはATPを加水分解し，生ずるエネルギーで力を発生する。一方，微小管を介する細胞小器官輸送には別のモータータンパク質である**ダイニン**や**キネシン**が関与する。

微小管や中間径線維も細胞機能を支える

微小管は**α**および**βチューブリン**からなる，縦に長く重合した中空の25 nm線維である。線維が伸びるプラス端ではGTP結合チューブリンが結合し，マイナス端ではGDP結合チューブリンが線維から解離する（図2B）。微小管は中心体と染色体との結合を介して**染色体分配**などにかかわるほか，細胞膜裏打ちタンパク質と結合して細胞膜の流動性を制御したり，**ダイニン**や**キネシン**などのモータータンパク質を伴って微小管をレールとする**物質輸送**，さらには**繊毛運動**にもかかわる（図3B）。約10 nmの太さをもつ**中間径線維**には，表皮組織（毛髪，爪など）の**ケラチン**，結合組織の**ビメンチン**，神経細胞の**ニューロフィラメント**，核膜裏打ちタンパク質である**ラミン**などが含まれる（図2C，図3C）。

細胞同士を接着させるタンパク質もある

細胞同士が接触する部位には特徴的構造がある（図4）。**タイトジャンクション**は隣接する膜同士が密に

図1 細胞骨格タンパク質は3種類に分けられる

分類（太さ）	タンパク質の種類	機能（局在）
ミクロフィラメント（アクチン線維）（7 nm）	アクチン（α/β/γ）	●構造維持（細胞表層） ●細胞分裂（収縮環） ●運動（葉状仮足，糸状仮足） ●筋収縮（筋肉） ●ミオシンと相互作用して働く
微小管（25 nm）	チューブリン（α/β）	●紡錘体微小管となり染色体分配などにかかわる ●細胞膜の流動性を制御 ●細胞形態の維持 ●ダイニンやキネシンを介する輸送のレールとなる ●線毛運動
中間径線維（10 nm）	ケラチン ビメンチン ニューロフィラメント デスミン	●細胞，細胞膜を支える （表皮細胞：上皮，毛髪，爪） （結合組織，グリア細胞） （神経細胞） （筋細胞）

図2 細胞骨格タンパク質の分子形態

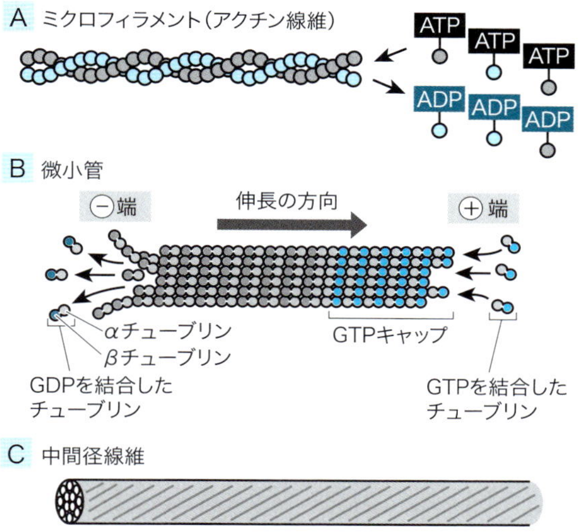

図3 細胞骨格タンパク質は多くの細胞機能にかかわっている

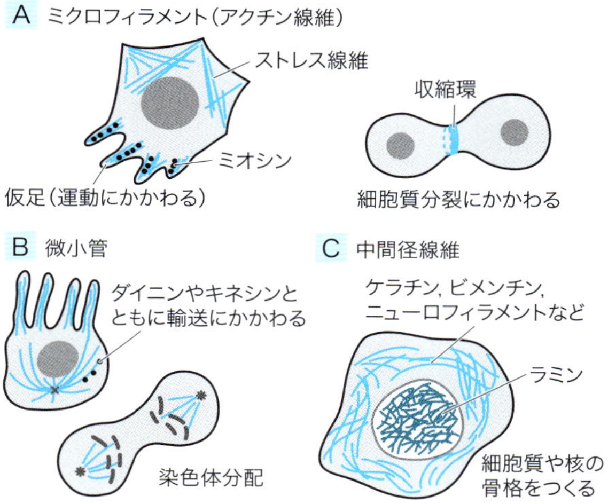

図4 細胞はさまざまなタンパク質で接触している

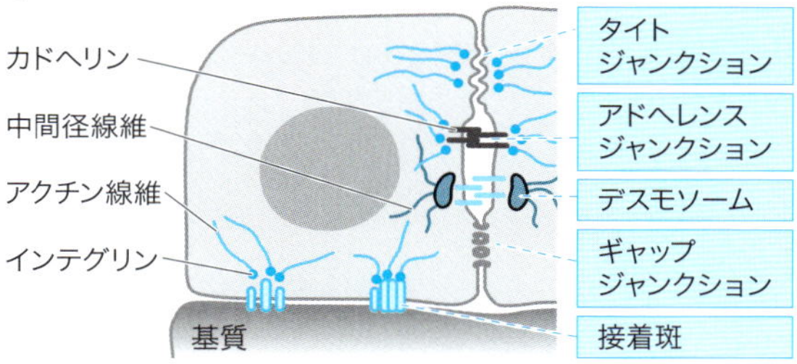

接し，物質移動は妨げられている。**ギャップジャンクション**には**コネキシン**からなる小孔があり，物質輸送が可能で，ニューロンでは**電気シナプス**の形成にもかかわる。**アドヘレンスジャンクション**には**カドヘリン**などの接着タンパク質が突き出ており，このタンパク質同士の結合が同種細胞の集合・接着を可能にしている。**デスモソーム**も細胞接着に関与する。細胞が付着基質（コラーゲンなど）と接する部位には**接着斑**と呼ばれる構造があるが，ここには**インテグリン**が局在している。インテグリンをはじめとする膜タンパク質は，細胞内領域で**アンカー分子**や**介在分子**からなる**裏打ちタンパク質**と結合し，それがアクチン線維などの細胞骨格系分子と相互作用している（図5）。細胞膜裏打ちタンパク質には種々のシグナル伝達因子が含まれており，その情報は細胞質や核に伝えられ，増殖制御や運動制御などの応答が起こる。細胞が基質や周囲の細胞と接触することによって増殖が停止する**接触阻止**も，この機構が関与する。

図5 接着装置の構成（代表的なもの）

膜タンパク質	細胞質		
	アンカー分子	介在分子	細胞骨格系分子
タイトジャンクション（密着結合）			
オクルーディン，クローディン	ZO-1，MUPP-1	シンギュリン	アクチン線維，ミオシン
アドヘレンスジャンクション（接着結合）			
カドヘリン，ネクチン	βカテニン	αカテニン，ビンキュリン	アクチン線維
デスモソーム			
デスモコリン，デスモグレイン	プラコグロビン	デスモプラキン	中間径線維
接着斑			
インテグリン（VLA-1など）	テーリン，αアクチニン	ビンキュリン	アクチン線維

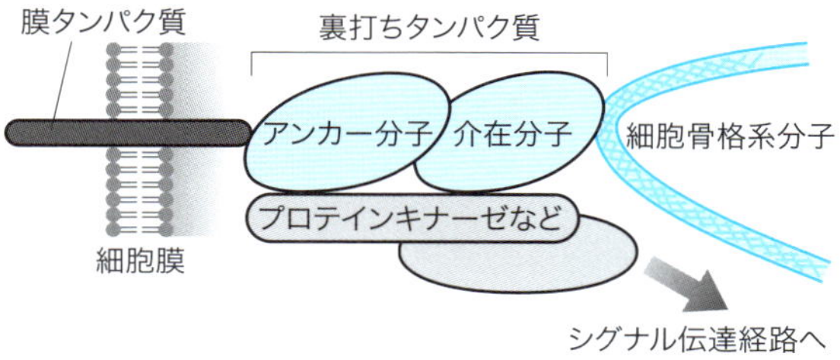

細胞間シグナル伝達

point 細胞への情報はホルモン，増殖因子，ビタミン，神経伝達物質などによって伝えられる。多くの場合，これらの物質は標的細胞に存在する受容体に結合し，そこから細胞内へ情報が伝わる。

細胞間の情報を伝えるシグナル伝達

多細胞生物は細胞応答と恒常性維持のため，細胞からシグナルを出して情報の受け渡しを行っている（図1）。シグナルは物質の放出という形で発信され，それが結合する**受容体**をもつ細胞に伝わる。受容体と結合する物質を**リガンド**という。**細胞間シグナル伝達**には多様性がある（図2）。**ホルモン**は特定細胞で産生され，血液を通じて応答細胞に達し，タンパク質（インスリンなど），ペプチド，アミノ酸誘導体（アドレナリンなど），ステロイド（エストロゲンなど）などの種類がある。低分子で脂溶性のものは**核内受容体**に結合する（⇨4-H）。なお神経組織は**ペプチド性ホルモン**の分泌組織にもなっている。体外から栄養としてとる機能調節性の低分子物質を**ビタミン**といい，水溶性のもの（ビタミンC/B群など）は受容体を必要とせず，補酵素となるものが多い。脂溶性ビタミン（A/Dなど）は核内受容体のリガンドとなる。アセチルコリンやグルタミン酸などの**神経伝達物質**はニューロンの伝達部（シナプス前部）から放出される（⇨13-D）。**プロスタグランジン**のような脂肪酸誘導体，**一酸化窒素**のような気体，**ヒスタミン**などのアミンも情報伝達物質として機能する。

図1 細胞間コミュニケーションの方法

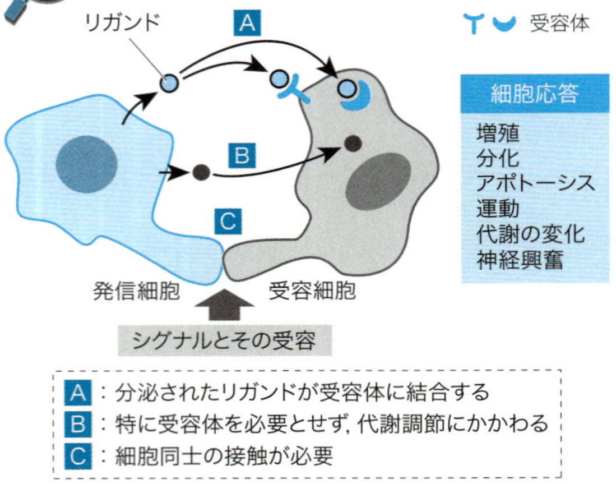

細胞増殖や分化に必要なサイトカイン

上記物質のうち細胞が作るタンパク質やペプチドで，細胞の増殖や分化に関与するものを**サイトカイン**といい，分子構造，受容体構造，細胞内シグナル

図2 細胞間シグナル伝達には多様性がある

シグナル伝達物質	様式	例
ホルモン	内分泌器官で作られ，血流で標的細胞に運ばれる	タンパク質（インスリン，生長ホルモン，副腎皮質刺激ホルモン），ペプチド（ソマトスタチン，バソプレシン），アミノ酸誘導体（アドレナリン，チロキシン），ステロイド（エストロゲン，テストステロン）*1
ビタミン	栄養として摂取し，細胞内の代謝調節にかかわる低分子	水溶性ビタミン（C/B_1/B_2/B_6/B_{12}）*2，脂溶性ビタミン（A/D）*1
神経伝達物質		アセチルコリン，グルタミン酸，GABA，セロトニン
脂肪酸誘導体		プロスタグランジン，ロイコトリエン
生理活性アミン		ヒスタミン，セロトニン
気体		一酸化窒素
サイトカイン		インターロイキン，増殖因子，ケモカイン（図3）

＊1 核内受容体に結合する　＊2 明確な受容体はない

伝達様式によりいくつかのファミリーに分類することができる〔白血球系細胞が作るものは**インターロイキン**（**IL**）という〕（図3）。最も大きなグループはエリスロポエチンや**インターフェロン**を含むもので（主に分化にかかわる），ポリペプチド鎖２本（３本のものもある）の受容体に**チロシンキナーゼ**である**Jak**（Janus kinase）が附随する（図4）。これに対し，EGF（上皮増殖因子）やVEGF（血管内皮増殖因子）などの**増殖因子**では，受容体自身にチロシンキナーゼ活性がある。TGF（腫瘍増殖因子）ファミリーは細胞増殖抑制，分化，アポトーシスと多彩な機能を発揮するが，**セリン/スレオニンキナーゼ型受容体**に結合する。**TNF**（**腫瘍壊死因子**）**ファミリー**にはTNF-αやFasリガンドなど，アポトーシス（⇨10-F）誘導にかかわる因子が含まれ，受容体は三量体でいずれも**デスドメイン**（death domoin）をもち，**アポトーシス**の実行分子である**カスパーゼ**が結合する。サイトカインのなかには**三量体Gタンパク質**（⇨9-D）が共役した**7回膜貫通型受容体**に結合するものがあり，その1つである分化や癌化にかかわる**Wnt**はFrizzledを受容体とする（⇨9-G）。白血球の遊走や活性化を誘導する**ケモカイン**の受容体はGタンパク質を随伴し，PLC/PKC経路（⇨9-D，9-F）を経て運動性にかかわる性質を変化させる（Rhoの関与。アクチン重合制御など）。分化にかかわる受容体の**Notch**は，細胞質側に転写制御に働く部分をもつ（⇨9-G）。

図3　サイトカインはファミリーに分けられる

ファミリー	例	受容体/シグナル伝達
Ⅰ型（ヘマトポイエチン受容体ファミリー）	エリスロポエチン，IL-2，成長ホルモン，GM-CSF，プロラクチン，レプチン	Jakキナーゼが結合，Statの活性化
Ⅱ型（インターフェロン受容体ファミリー）	インターフェロンα/β/γ，IL-10，IL-20	
増殖因子	EGF，VEGF，SCF	チロシンキナーゼ受容体
TGF	TGF-β，アクチビン，インヒビン，BMP	セリン/スレオニンキナーゼ型受容体，Smadを活性化
TNF	TNF-α，Fasリガンド，CD40リガンド，RANKL	三量体受容体で，カスパーゼを活性化
ケモカイン	IL-8，MCP，MIP	7回膜貫通型受容体をもつ
Wnt	Wnt1～20	

図4　サイトカインが結合する主な膜受容体の構造

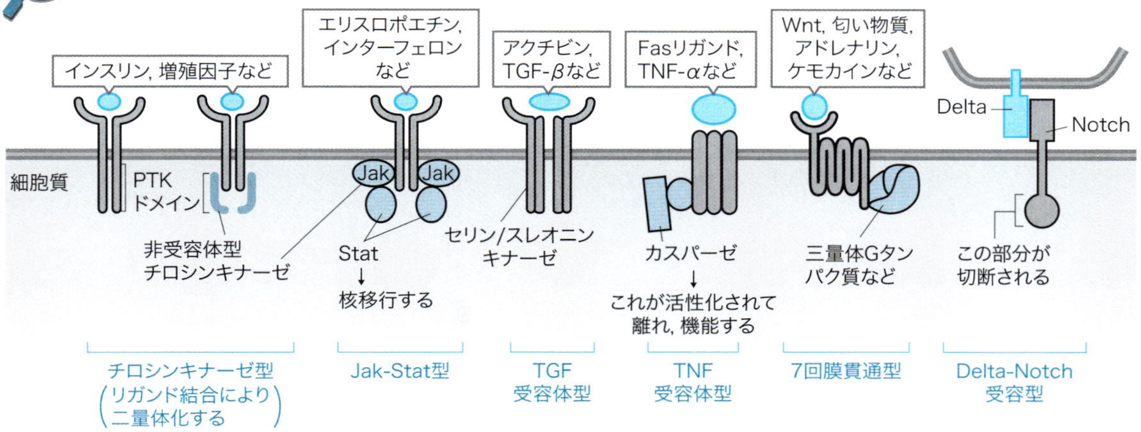

PTK：protein tyrosin kinase

9-B 細胞間シグナル伝達

細胞内シグナル伝達

point リガンドが受容体に結合すると細胞内分子の構造や機能が次々に変化し，リガンド特異的な細胞応答が起こる。受容体型，非受容体型と分けられるチロシンキナーゼは，この機構にかかわる代表的分子である。

細胞内で情報を伝えるシグナル伝達

リガンドが受容体の細胞外部分に結合すると細胞質部分の構造が変化し，それが引き金となって細胞内にシグナルが放たれる（図1）。**プロテインキナーゼ**によるタンパク質のリン酸化は主要な伝達機構の1つで（図2），チロシンあるいはセリン/スレオニンがリン酸化される。別に，脂質をリン酸化するキナーゼが関与する機構もある。キナーゼ以外の酵素が活性化される例や，酵素で生成された低分子が二次伝達物質（**セカンドメッセンジャー**）として働く機構もある〔例：活性化**アデニル酸シクラーゼ**による**cAMP**（プロテインキナーゼA活性化能をもつ）の生成，活性化**ホスホリパーゼC**による**ジアシルグリセロール**（プロテインキナーゼC活性化能をもつ）の生成〕。**Gタンパク質**はGDP結合型からGTP結合型（活性化型）へ変化して制御能を発揮する。一般にシグナル依存的に分子が活性化型に変換される機構としては，共有結合の変化，高次構造変化，パートナー因子の結合や解離，限定分解，局在変化（細胞膜からの解離，核移行）などがある。シグナルの最終標的が転写制御因子の場合は細胞応答までに一定の時間が必要だが，それが細胞質因子の場合は細胞応答がすぐに現われる。

シグナル伝達に重要なチロシンキナーゼ

チロシンをリン酸化するキナーゼ（**PTK**：protein tyrosin kinase，**チロシンキナーゼ**）には受容体型と非受容体型の2種類があり（図3），チロシン–X–アスパラギンのチロシン残基をリン酸化する。

受容体型PTKは**増殖因子受容体**（EGF受容体，FGF受容体）や**インスリン受容体**など，その種類は多く，共通構造として細胞内**PTKドメイン**をもつ。1回膜貫通型のポリペプチドがリガンド結合によって二量体となり，PTKドメインの自己リン酸化によってシグナル伝達因子が結合するが，その1つに**SH**（**Srcホモロジー**）**ドメイン**をもつ**Grb2**がある（図4A）。Grb2には**SOS**が結合し，これが**Ras**がもつGDPをGTPに交

図1 受容体への刺激が引き金となって，細胞内シグナル伝達が始まる

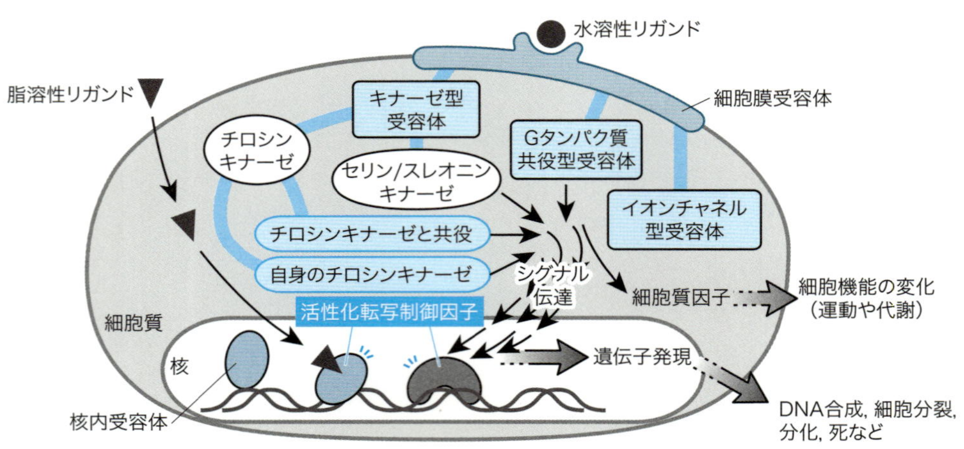

換（活性化）してRasシグナル〔主にRas/MAPK（ERK）カスケード〕が活性化され，細胞増殖が起こる（⇨9-D）。FGF受容体などはGrb2が**ドッキングタンパク質**を介して結合する。インスリン受容体の場合は，リン酸化されたPTKドメインに**IRS-1**やドッキングタンパク質が結合してリン酸化され，それにGrb2が結合してRas/MAPKカスケードが活性化されて増殖が誘導される経路，そしてIRS-1に**PI3K**（ホスファチジルイノシトール-3-キナーゼ）が結合し，PI3K-Akt経路を介して細胞の生存や糖代謝促進が起こる経路がある（⇨9-F）。

非受容体型PTKには**Src**，**Abl**のようなSHドメインをもつもの，**Fak**のようにインテグリン結合ドメインをもつもの，**Jakファミリー**のようにJak相同ドメインをもつものと多様である。これらのグループは膜に局在して受容体と複合体をつくっており，リガンドが結合すると活性化してシグナルを伝える（図4B）。

図2 リン酸化は主要なシグナル伝達機構

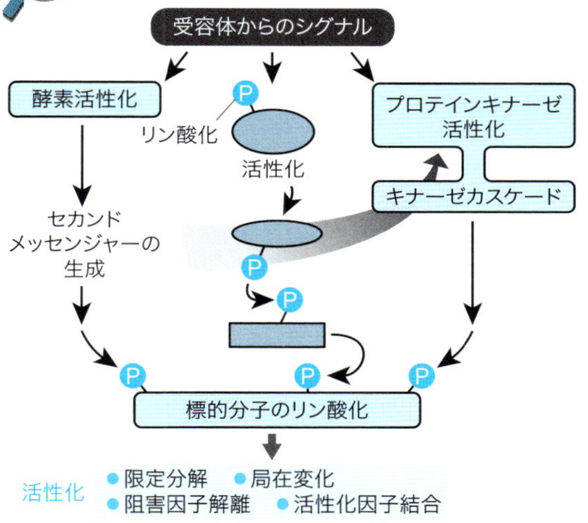

図3 チロシンキナーゼは2種類に大別できる

A

受容体型チロシンキナーゼ	
上皮増殖因子（EGF）受容体	〔*erbB1*〕
神経成長因子（NGF）受容体	〔*trkA*〕
肝細胞増殖因子（HGF）受容体	〔*met*〕
線維芽細胞増殖因子（FGF）受容体	〔*K-sam*〕
血管内皮増殖因子（VEGF）受容体	〔*flt*〕
幹細胞因子受容体	〔*kit*〕
インスリン受容体	
血小板由来増殖因子（PDGF）受容体	

〔 〕内は相当する癌原遺伝子の名称

B

非受容体型チロシンキナーゼ
Srcファミリー Src，Yes，Fyn，Lck，Lyn，Fgr，Hck，Yrk
その他 Fps/Fes，Abl，Csk，Fak，Jak，Syk，ZAP-70，Btk，Tec

図4 チロシンキナーゼ（PTK）の構造とその活性化

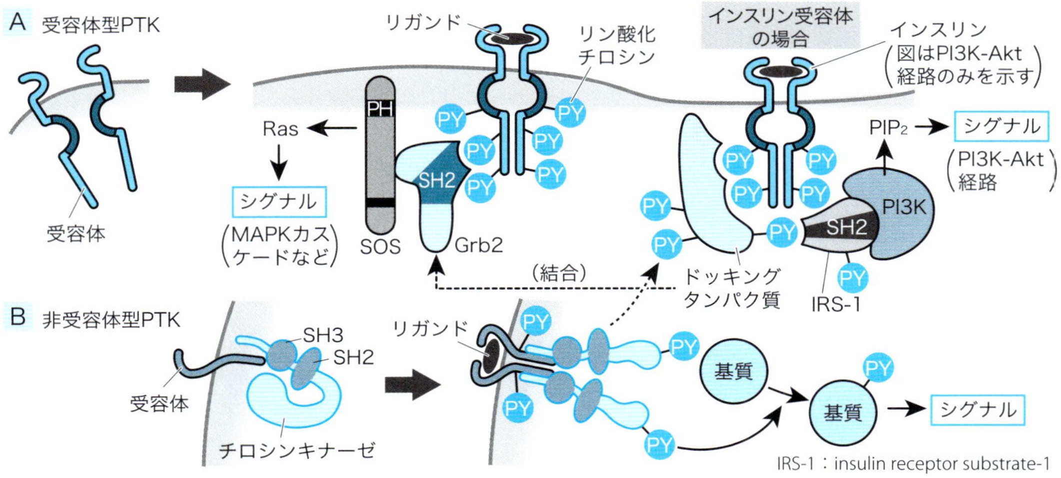

Gタンパク質

point 細胞にはGTP / GDP結合によって機能が調節されるGタンパク質が多数存在し，受容体などからのシグナル伝達に関与する。Gタンパク質には，三量体Gタンパク質と低分子Gタンパク質の2種類がある。

分かれて働く三量体Gタンパク質

グアニンヌクレオチド結合能とともにGTPをGDPにするGTPase活性をもつタンパク質を**Gタンパク質**（G protein）といい，いずれもGTP結合型が活性化型，GDP結合型が不活性型で**分子スイッチ**として働く。**三量体Gタンパク質**はα，β，γサブユニットからなり，それぞれのサブユニットは複数種存在するが，GTP / GDP結合能とGTPをGDPとするGTPase活性はαサブユニットにある（注：**コレラ毒素**や**ジフテリア毒素**はこのGTPaseを抑える）。三量体Gタンパク質は，ホルモン，神経伝達物質，神経ペプチド，感覚（視覚，嗅覚，味覚），ケモカインなどに対する**7回膜貫通型受容体**（⇨9-B）と共役するシグナル伝達因子である。

リガンドが受容体に結合するとαサブユニットがGDP型からGTP型へ変換され，β / γサブユニットから離れる（図1A）。これらのサブユニットは標的となる作用因子〔酵素，チャネル，GEP（後述）などの調節因子〕を活性化するが，その後，内在GTPaseでGDP型に戻る。**RGS**（**GAP**）はGTPase活性を高め，その結果Gタンパク質の作用を低下させる。なお，4種類のαサブユニットが知られているが，それぞれ特異的作用因子に作用する。その1つ，**Gαs**は**アデニル酸シクラーゼ**を活性化し，生成する**cAMP**は**セカンドメッセンジャー**として作用し，**プロテインキナーゼA**（**Aキナーゼ**）を活性化する（図2）。

単量体で働く低分子量Gタンパク質

20〜30 kDaの比較的分子量の小さいGタンパク質で，単量体で働くものを**低分子量Gタンパク質**といい，5つのファミリー（**Ras**，**Rho**，**Rab**，**Arf**，**Ran**）が存在する（図3）。GDP結合型の低分子量Gタンパ

図1 Gタンパク質はGTP結合型で活性化する

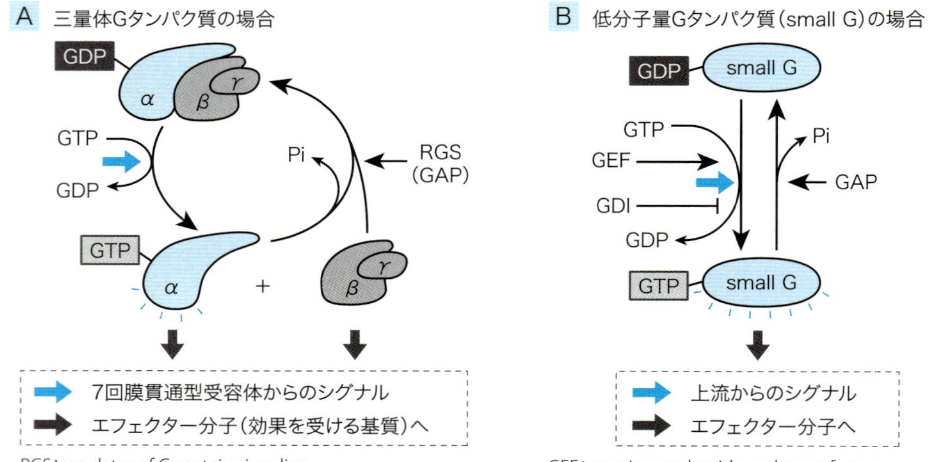

RGS：regulator of G protein signaling
GAP：GTPase activating protein
GEF：guanine nucleotide exchange factor
GDI：GDP dissociation inhibitor

ク質は，シグナルを受けたグアニンヌクレオチド交換因子（**GEF**）によってGTP結合型となり，標的分子を活性化する（図1B）。活性化型から不活性型への変換には，GTPase活性を亢進する**GAP**が関与する。GEFやGAPは各ファミリー特異的に制御活性を発揮し，またGDP/GTP交換反応を抑制する因子（**GDI**）も存在する。

低分子量Gタンパク質の働きと多様性

多くの低分子量Gタンパク質は，細胞質あるいは細胞膜に附随して存在する。**Ras**ファミリーにはN-Ras，Ki-Ras，Ha-Rasがあり，増殖や分化に関与する。Ras活性化シグナルは三量体Gタンパク質からも入るが，典型的なものはチロシンキナーゼから**Grb2**を介し，GEFである**SOS**が結合して活性化される経路である（⇨9-C）（図4）。活性化RasはRafを活性化して**MAPKカスケード**を動かしたり（⇨9-E），**PLC**（ホスホリパーゼC）を活性化して**PIシグナル伝達経路**（⇨9-F）を動かして細胞骨格系を制御する。Rasの恒常的活性型は癌遺伝子として働き，癌抑制遺伝子**NF1**はGAPとしてRasを不活化する。**Rho**ファミリーは筋収縮，アクチン重合，微小管安定化，葉状仮足・糸状仮促形成といった**細胞形態変化**や**細胞運動**に関与する。**Rab**や**Arf**は**小胞輸送**に関与し，**Ran**は**核膜輸送**（⇨9-I）に関与する。

図2 cAMPを介したシグナル伝達

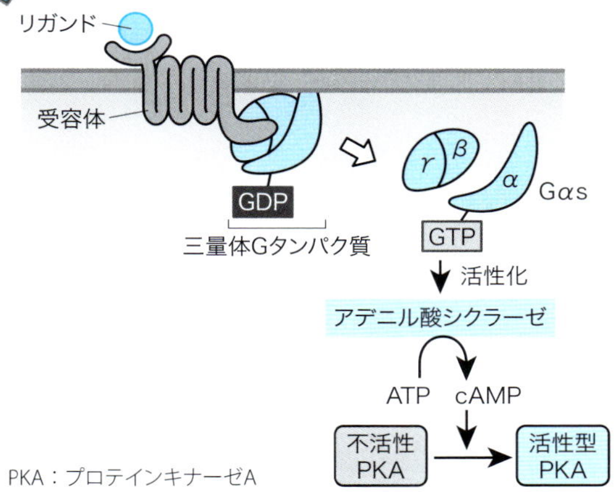

PKA：プロテインキナーゼA

図3 主な低分子量Gタンパク質

種類	性質
Rasファミリー	
Ha-Ras Ki-Ras，N-Ras Rap1/2 RalA/B R-Ras，M-Ras Rin，Rit	増殖・分化，MAPKカスケード活性化 PI3K活性化 細胞接着 糸状仮足（フィロポディア）形成 Bcl-2と相互作用 カルモジュリン結合能
Rhoファミリー	
RhoA/B/C	ストレス線維形成，細胞質分裂，アクチン線維再構成
Rnd1/2/E	ストレス線維消失
RhoH，Cdc42	アクチン線維再構成，糸状仮足・葉状仮足形成
Rac1，RhoG	アクチン線維再構成，糸状仮足・葉状仮足形成
Rabファミリー	
Rab1～30	小胞輸送
Arfファミリー	
Arf1～6	小胞輸送
Ranファミリー	
Ran，Rad，Kin	核膜輸送，カルモジュリン結合能

図4 Rasがかかわるシグナル伝達

Ral：Ras like
DAG：ジアシルグリセロール

9-D Gタンパク質

MAPKカスケード

point 細胞が増殖因子などで刺激されると，プロテインキナーゼによるリン酸化反応が連続的に起き，最終的にMAPキナーゼにより転写制御因子がリン酸化（活性化）され，その作用によって細胞増殖に必要な遺伝子が発現する。

リン酸化のリレーでシグナルが伝わる

細胞を増殖因子などで刺激するとmitogen-activated protein kinase〔**MAPK**（**MAPキナーゼ**）：増殖因子の場合は**ERK1/2**〕が活性化され，転写制御因子（c-Mycなど），プロテインキナーゼ（MNK1など）などのセリン/スレオニン残基がリン酸化され，遺伝子発現変化などを伴って細胞応答が起こる（図1）。MAPKはMAPKキナーゼ（**MAPKK**：増殖因子の場合は**MKK1/2**）によるセリン，チロシンのリン酸化によって活性化され，MAPKKはそれをリン酸化するキナーゼ（**MAPKKK**：増殖因子の場合は**Raf**，**Mos**など）によってセリンがリン酸化され活性化される。小滝（**カスケード**）のようにリン酸化が連続して起こるこの経路は，**MAPKカスケード**といわれる。**受容体型チロシンキナーゼ**からGrb2，SOS，Rasと伝達されたシグナル（⇨9-C，D）は，**Raf**を活性化してこの経路に入る（図2）。MAPKはMAPKKと結合して細胞質にとどまっているが，チロシンのリン酸化によってMAPKKが外れると，核に運ばれる。

MAPKカスケードには多様性がある

MAPKカスケードは少なくとも4種類知られており，真核生物で広く保存されている（図1）。上述した経路は**古典的MAPKカスケード**といわれ，細胞周期制御や増殖・分化に関与する。**JAK/SAPK経路**はTNF-αなどの炎症性サイトカインや，紫外線，高浸透圧などのストレス応答（⇨9-H）で使われ，p53，c-Jun，ATF-2などの**転写制御因子の活性化**を介してア

図1 主要MAPKカスケードは少なくとも4種類ある（哺乳類の場合）

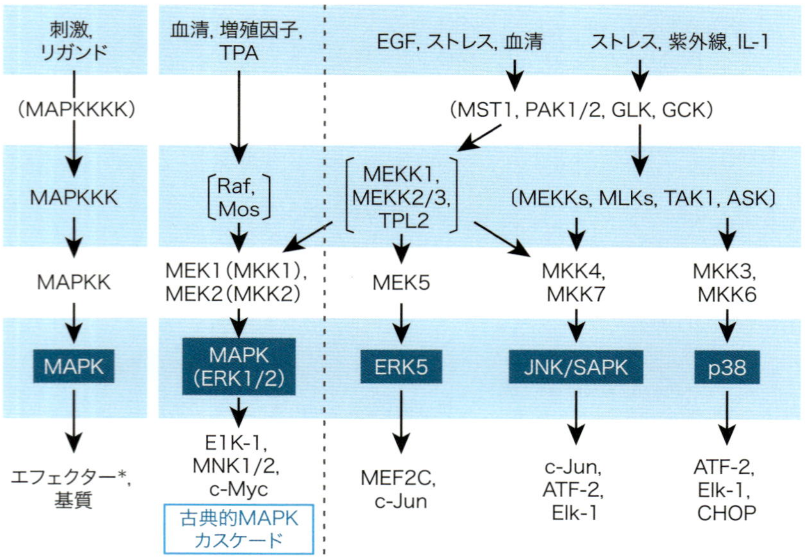

＊各経路におけるエフェクター分子は代表的なものを示した

ポトーシス，サイトカイン産生，分化などに関与する。この経路にはMAPKKKKともいうべきキナーゼがMAPKKKを活性化する機構がある。**ERK5経路**は酸化や高浸透圧などのストレス，あるいは血清刺激で活性化され，c–Junなどの転写制御因子を活性化する。**p38経路**もやはり炎症性サイトカインやさまざまなストレスで活性化され，ATF–2などの転写制御因子やプロテインキナーゼを活性化する。

MAPKカスケードの調節

MAPKカスケードには多様性があり，ほかのキナーゼの影響などによってシグナルが混線する恐れがあるが，関連する一連のキナーゼが**足場（スキャフォールド）タンパク質**に結合することにより，特異性を高めて混線を防止する機構がある（図3）。古典的MAPKカスケードでは，MEK1とERK1が足場タンパク質**MP1**と複合体をなしている。

MAPKはリン酸化と同時に特異的ホスファターゼにより脱リン酸化される。ホスファターゼのなかには脱リン酸化がセリン/スレオニンに働くもの，スレオニン/チロシンに働くもの，チロシンのみに働くものがある（図4）。MAPKに対するキナーゼやホスファターゼにはMAPKとのドッキング（酵素–基質の特異性に基づく結合）にかかわる共通ドメインがあり，この**ドッキング相互作用**がMAPKカスケードの特異性にかかわっている。

図2 古典的MAPKカスケードの概要

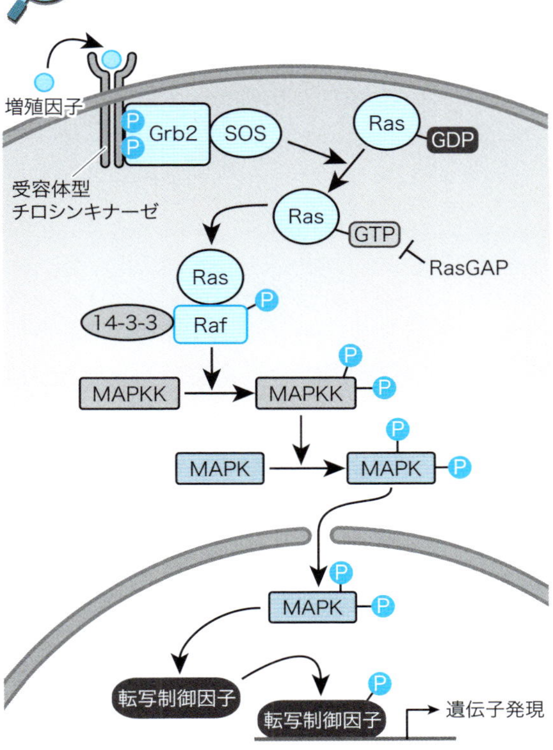

図3 足場タンパク質が特異性を高める

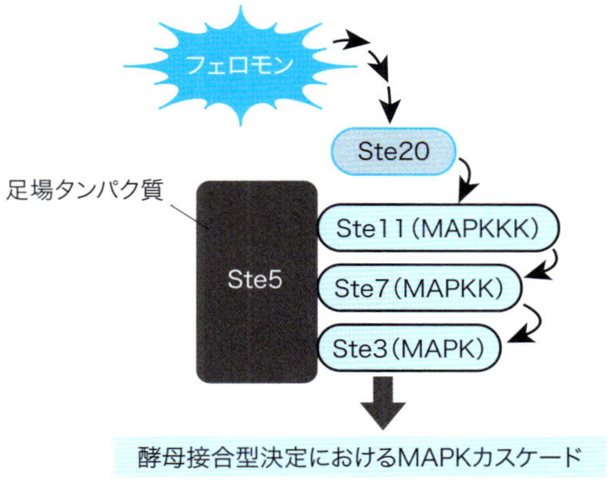

図4 プロテインホスファターゼによる制御

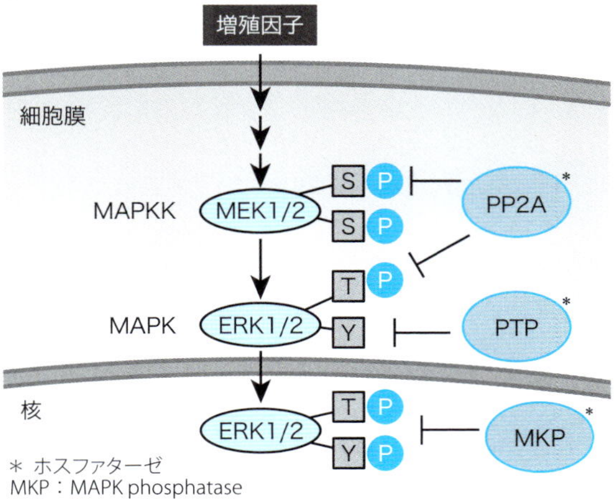

9-E MAPKカスケード

重要ワード **9-F**

イノシトールリン脂質

point シグナル伝達には脂質も関与する。イノシトールリン脂質は，分解やリン酸化といった修飾を受けた後，酵素活性化因子やセカンドメッセンジャーとなって，シグナルを下流に伝える働きをもつ。

シグナルを伝えるイノシトールリン脂質

シグナル伝達ではタンパク質だけではなく，脂質も重要な役割をもつ。脂質はタンパク質に結合し，酵素により速やかに活性化型に変換され，局在化や移動も速く，不要になったらもとの場所にすぐ戻るという性質があるため，シグナル伝達物質に適している（図1）。脂質の多くは**リン脂質**という形で，主に細胞膜に存在する。

イノシトールリン脂質の作用

シグナル伝達におけるリン脂質の作用として，①リガンドとして受容体に結合，②セカンドメッセンジャーとなる，③タンパク質に結合して機能を修飾する，の3つがある。リン脂質のなかに少量含まれる**ホスファチジルイノシトール**（**PI**）の誘導体が，シグナル伝達のなかでは特に重要である。PIは脂肪酸と**イノシトール**がリン酸を介して結合したもので（図2），糖の各炭素は**PIキナーゼ**でリン酸化される。PIはリン酸化だけでなく，脱リン酸化酵素やホスホリパーゼ（PL）によりさまざまに変換され，作られる誘導体が多様なシグナル伝達や生理機能にかかわる。上記の作用③のなかで，例えばPI(3,4)P_2やPI(3,4,5)P_3などはタンパク質の**PHドメイン**に結合してシグナル伝達にかかわるが，それ以外のリン脂質も特異的ドメインを介してタンパク質と結合し，修飾能を発揮する（図3）。

図1　脂質はシグナル伝達物質としても働く

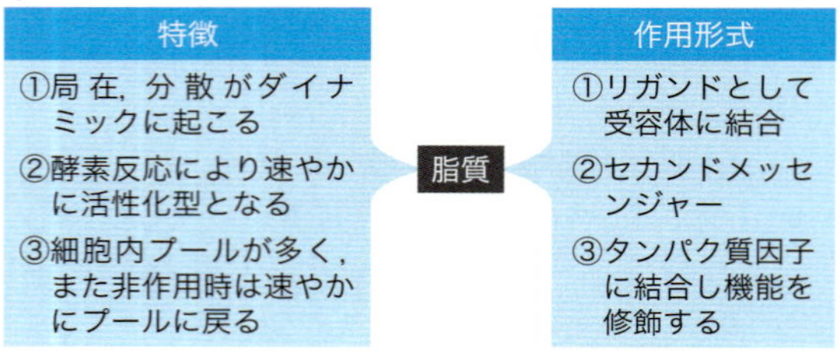
特徴
①局在，分散がダイナミックに起こる
②酵素反応により速やかに活性化型となる
③細胞内プールが多く，また非作用時は速やかにプールに戻る
脂質
作用形式
①リガンドとして受容体に結合
②セカンドメッセンジャー
③タンパク質因子に結合し機能を修飾する

脂質が分解されてから働く場合

Rasからはさまざまなシグナルが出るが（⇨9-D），そのなかにイノシトールの4位と5位をリン酸化するPIキナーゼ，あるいは**PLC**（**ホスホリパーゼC**）の働きを高める経路がある。活性化されたPIキナーゼはPIから**PI(4,5)P_2**を生成する。PI(4,5)P_2自身はアクチン結合タンパク質の足場となり，細胞形態や運動性の変化を誘導する。

PKCの活性化に向かう経路

活性化されたPLCはPI(4,5)P_2を分解して**ジアシルグリセロール**（**DAG**）と**イノシトール三リン酸**（**IP_3**）を生成するが，DAGは**セカンドメッセンジャー**となって**プロテインキナーゼC**（**PKC**，**Cキナーゼ**）の活性化にかかわる（**PLC-PKC経路**）（図4）。一方，IP_3はリガンドとなって小胞体膜の受容体に結合し，**Ca^{2+}**

図2　ホスファチジルイノシトールの構造

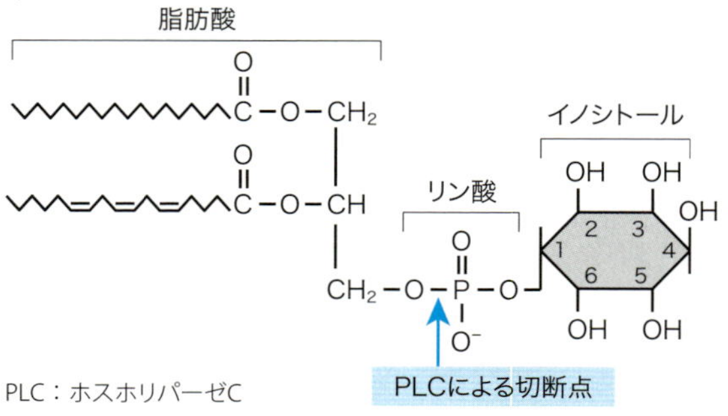

PLC：ホスホリパーゼC

図3 ホスファチジルイノシトールは代謝され，さまざまな役割をもつ

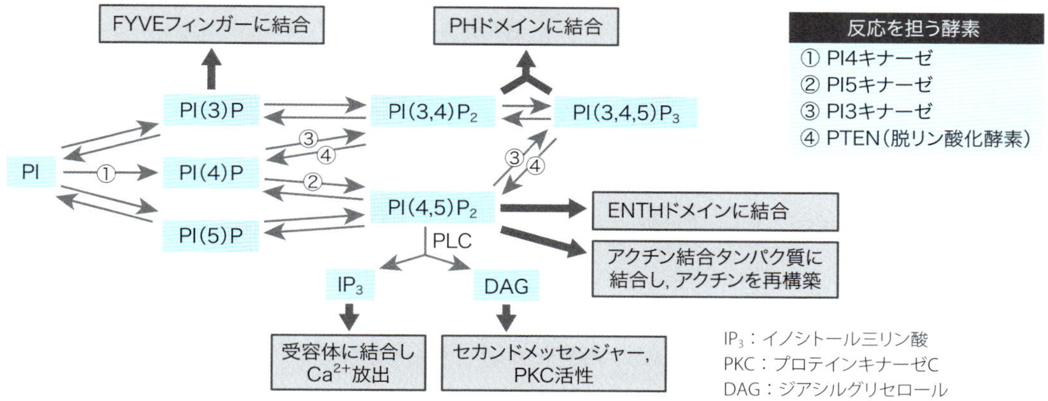

IP_3：イノシトール三リン酸
PKC：プロテインキナーゼC
DAG：ジアシルグリセロール

図4 Gタンパク質がホスホリパーゼCを活性化することでシグナルが伝わる

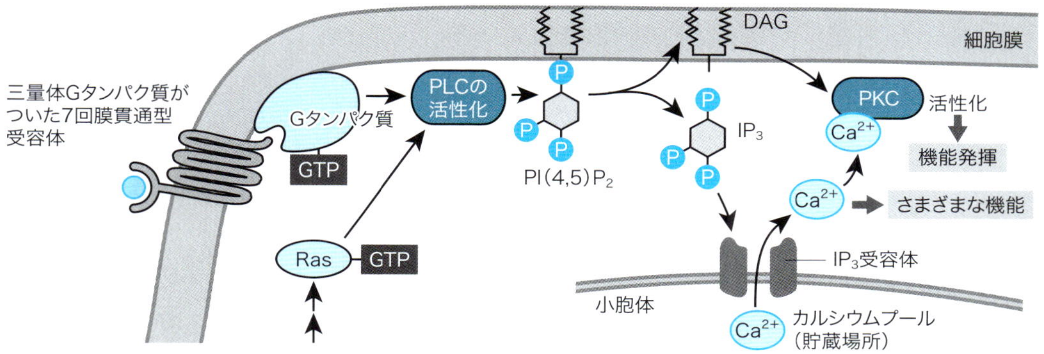

を放出させる。Ca^{2+}はカルモジュリンキナーゼやPKCなどのキナーゼを活性化するとともに細胞内に広がり，多様な細胞現象を起こす。このように，PKCは2つの方向からシグナルを受けて活性化する。PKCは**細胞増殖**にかかわり，DAG類似分子の**PMA**（強力な発癌プロモーターとして働く）を活性化することもある。

PI3Kの役割

PI3K（PI-3-kinase。イノシトールの3位をリン酸化する）はRasを介さず，**受容体型チロシンキナーゼ**に結合して活性化される（図5）。活性化したPI3Kは細胞膜のいろいろな場所においてPI(4,5)P_2に作用し，主に**PI(3,4,5)P_3**を生成する。PI(3,4,5)P_3はPHドメインをもつタンパク質，例えば**Akt**（**protein kinase B**ともいう）に結合してAktリン酸化キナーゼの作用を

図5 PI3Kがイノシトールリン脂質を活性化する

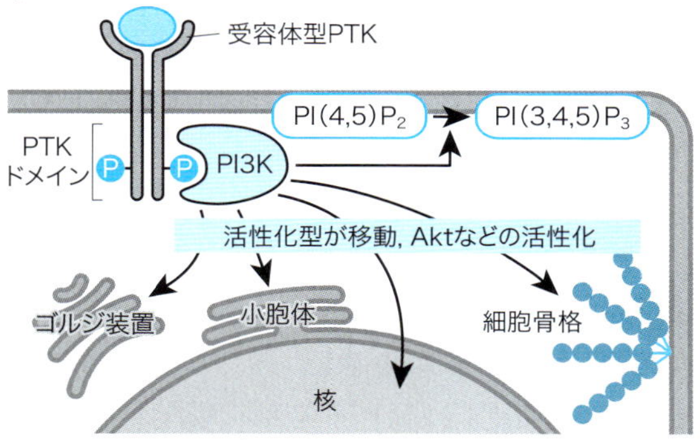

PTK：チロシンキナーゼ

助け，細胞の生存，増殖を誘導する。またPI(3,4,5)P_3は低分子量Gタンパク質活性化因子（GEFとして働く）**Vav**に結合し，その活性化にも関与する。

重要ワード 9-G

受容体近傍にある転写制御因子の活性化

point 転写制御因子のなかには，細胞膜中の受容体や随伴する裏打ちタンパク質に結合しているものがある。これらの転写制御因子はリガンド結合によって構造変化を起こし，核移行して転写を制御する。

受容体とともに細胞膜に存在するタイプの転写制御因子がある

転写制御因子のなかには，**Stat**，**Smad**，**β-カテニン**，**Notch**などのように，受容体に結合したり，受容体の一部となったり，あるいは裏打ちタンパク質に結合するなどし，普段は細胞膜直下に局在しているものがある。このような因子がリガンド結合というシグナルを受けると，部分切断や化学修飾によって機能型に変化し，核移行して転写制御に関与する。

Jak-Statシグナル伝達

Ⅰ型およびⅡ型の**サイトカイン受容体**（⇨9-B 図3）はチロシンキナーゼ型受容体の構造をとるが，自身は酵素活性をもたず，代わりに**非受容体型チロシンキナーゼ**の**Jak**（Janus kinase）が随伴している（図1）。リガンド結合で受容体が二量体化すると，Jakが受容体の細胞質部分をリン酸化する。すると**Stat**（signal transducer and activation of transcription）が受容体に結合し，そのSH2ドメインがリン酸化される。リン酸化されたStatは二量体となって核移行し，DNA（TTCN$_{2\sim4}$GAA）に結合して標的遺伝子を活性化する。このシグナル伝達は造血系や免疫系など，多くの細胞の増殖と分化に関与する。Stat標的遺伝子の1つ，**Socs**（suppressor of cytokine signaling）は，受容体やJakに結合することでJak-Stat系を負に制御する。

Smadシグナル伝達

TGF-βや**アクチビン**をリガンドとする受容体群は，2種類のポリペプチドがヘテロ二量体となったものが二組集合して四量体構造をとる（図2）。受容体は**セリン/スレオニンキナーゼ**活性をもち，Smad（**R-Smad**）をリン酸化する。これが**Co-Smad**（Smad4）と協調して核移行し，DNA結合を経て転写を活性化する。なお，R-Smadのリン酸化を阻害する**I-Smad**の存在が知られている。**Smadシグナル伝達**は細胞増

図1 Jak-Statシグナル伝達

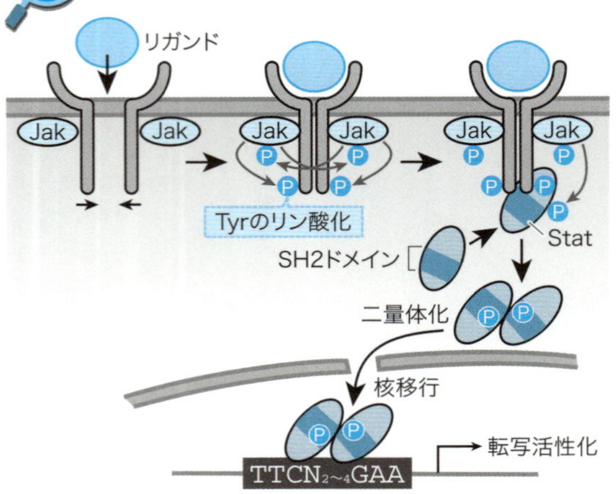

図2 Smadシグナル伝達

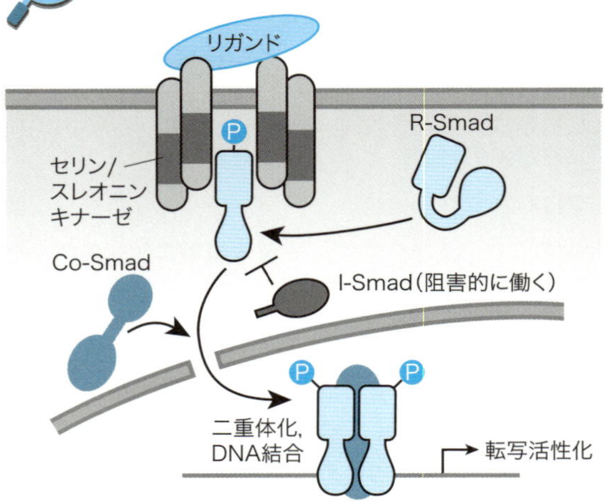

殖抑制，発生，癌化など，多岐にわたっている。

Wntシグナル伝達

このシグナル伝達系は，裏打ちタンパク質であるβ-カテニンが関与する経路である。リガンドの結合がないと，**β-カテニンはGSK-3β**，Axin，癌抑制遺伝子の**APC**などと細胞質中で複合体を形成するが，その結果リン酸化を受け，ユビキチン-プロテアソーム系で分解される（図3A）。**Wnt**は発生や形態形成にかかわる分泌性リガンドである。Wntが7回膜貫通型受容体の**Fz**（**Frizzled**）に結合してシグナルが細胞質に発せられると，**Dishevelled**を介してβ-カテニンのリン酸化が抑制され，β-カテニンは安定化して核移行する（図3B）。β-カテニンは核内で転写制御因子**TCF**（T-cell factor）/**LEF**の補助因子となって転写を活性化する。APCに変異があるとβ-カテニンが安定化し，癌化にかかわる遺伝子の発現が高まる。上のような古典的Wntシグナル伝達経路のほかにも，β-カテニンがかかわらない経路もある。

Delta-Notchシグナル伝達

細胞がリガンドとして**Delta**をもち，それと接する細胞が受容体**Notch**をもつと，DeltaがNotchの細胞外ドメインと結合する（図4）。すると**Notch細胞内ドメイン**がプロテアーゼで切断され，その断片が核移行し，HDAC1 （⇨4-J）を排除して転写制御因子CSLの補助因子として働く。Delta-Notchシグナルは神経分化の抑制などに働いている（⇨11-G）。

図3 Wntシグナル伝達（β-カテニンがかかわる古典的経路）

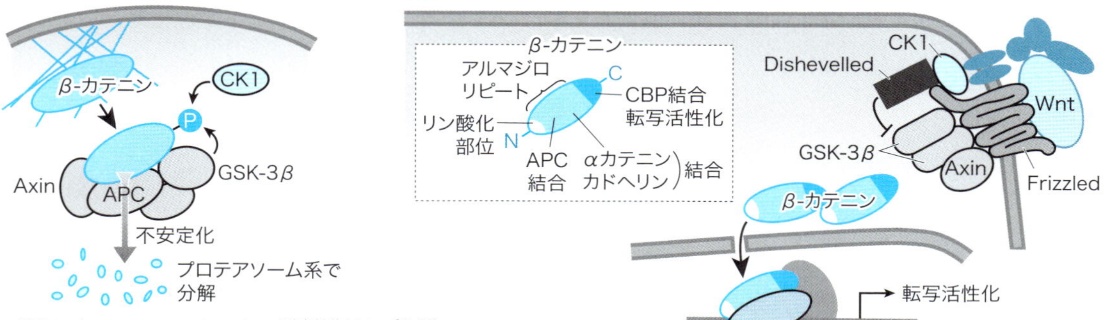

APC：adenomatous polyposis coli（癌抑制タンパク質）
CK1：casein kinase 1　GSK-3β：glycogen synthase kinase-3β
CBP：CREB-binding protein
＊リガンドのないときはGrauchoとHDACと結合して抑制されている

図4 Delta-Nochシグナル伝達

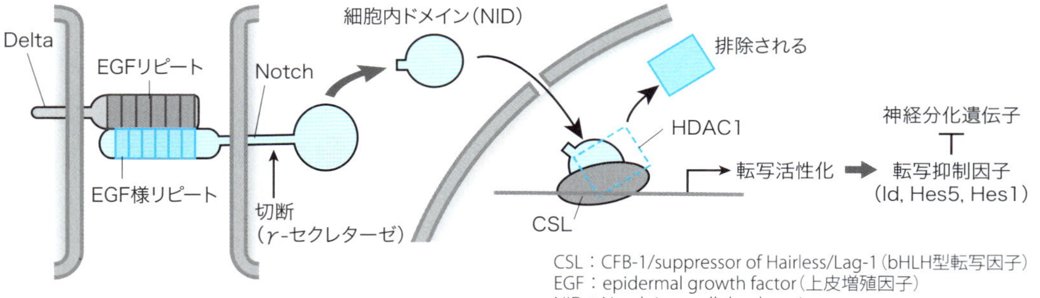

CSL：CFB-1/suppressor of Hairless/Lag-1（bHLH型転写因子）
EGF：epidermal growth factor（上皮増殖因子）
NID：Notch intracellular domain
HDAC1：histone deacetylase 1

ストレス応答

point 細胞は異物，活性酸素，熱，低酸素，紫外線など，生存に不都合なストレスに絶えずさらされているが，その影響は，ストレス特異的シグナル伝達経路を介する転写制御因子の活性化によって軽減されている。

ストレスに耐える細胞応答機構がある

細胞は自身に悪影響を及ぼす物理化学刺激（異物，紫外線，活性酸素など，低酸素，熱など）を環境から受けるが，これらの**ストレス**は太古の地球環境を反映しており，生物は進化の過程で多様なストレス応答機構を獲得してきた（図1）。

異物を無毒化して排出する

生物が異物を無毒化して排出する機構には，**P450**が関与して異物を水酸化する，第1相酵素群が関与するものと，水溶性の高い物質で**抱合**するなどの第2相酵素群が関与するものとに分けることができる。第1相の典型は**ダイオキオシン処理**にみられる（図2A）。ダイオキシンはリガンドとしてAryl hydrocarbon受容体（**AhR**）に結合するが，これが補因子であるARNTとの二量体となってDNAに結合し，転写活性化因子として働き，*CYP1A1*（**P450群**の1つ）遺伝子などを発現させる。

キノン類やイソチオシアネート類，ヒ素化合物や重金属は**親電子性物質**といわれ，発癌性や変異原性を示すものが多い。これらは直接DNAに結合したり，フリーラジカルを含む**活性酸素種**（**ROS**。**酸化ストレス**や代謝によっても生じる。例：スーパーオキシド）を発生させて間接的にDNAを攻撃するが，第2相の経路で処理される（図2B）。ROSは**Keap1**によってFアクチンに係留されている転写制御因子**Nrf2**を解き放す。Nrf2は**小Maf**と二量体となって機能を発揮し，**グルタチオン*S*-トランスフェラーゼ**（**GST**）やキノンオキシドリダクターゼ，ヘムオキシゲナーゼなど，抱合・無毒化に関与する遺伝子を発現させる。

図1 細胞が獲得してきたストレス応答機構

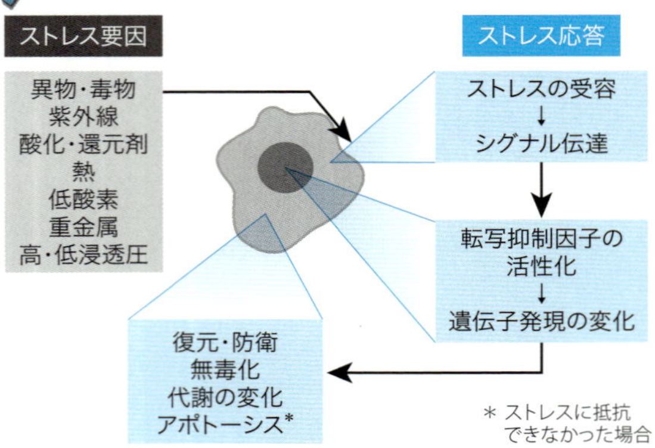

紫外線による傷害を修復する

紫外線（UV）はDNAに傷害を与える。細胞がUVストレスを受けると，**JNK**（Jun N-terminal kinase）〔**SAPK**（**ストレス活性化キナーゼ**）ともいう〕や**p38キナーゼ**が活性化され，これが**c-Jun**や**ATF-2**といった転写制御因子を活性化する（図3A）。この結果，活性型のc-JunとATF-2あるいはc-Junとc-Fosヘテロ二量体〔**AP-1**（activating protein-1）（⇨4-F）と同一〕がサイクリンD1やp53を活性化し，UV傷害に対する修復機構が働く。

熱による変性を防ぐ

細胞が熱を受けると，**シャペロン活性**（⇨3-G）をもつHsp70などの**熱ショックタンパク質**が発現し，これらがタンパク質の熱変性を防ぐため，高温耐性が獲得される。これは，熱を感知すると**熱ショック転写制御因子**（**HTF1**）が活性化型に変わり，三量体となってDNAに結合して下流のHspタンパク質が誘導されるため起こる（図3B）。この経路は酸化ストレスや重金属によっても誘導される。

低酸素でも生き延びる

生物にとって**低酸素**（hypoxia）は致死的だが，このような状態になると，通常は分解されやすい低酸素誘導性転写制御因子**HIF-1α**が安定化する。HIF-1αは核移行し，いくつかの因子の補助の下で転写活性化能を発揮し，グルコースの取り込みや解糖系（⇨1-G）にかかわる酵素の遺伝子を活性化する（図3C）。

図2 異物は2種類の機構で処理される

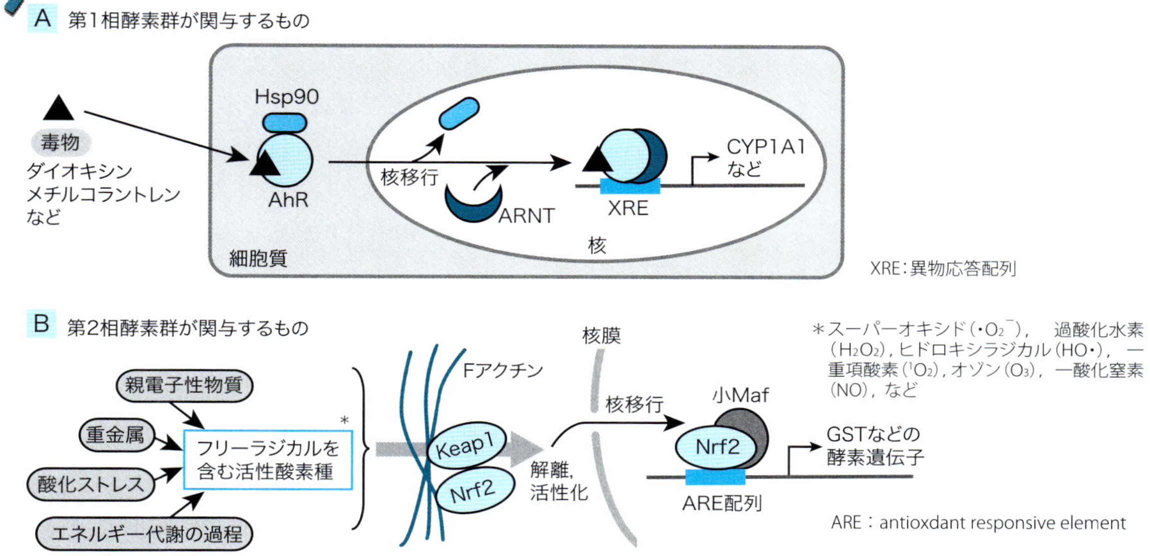

図3 紫外線（UV），熱ショック（高温），低酸素ストレスに対する応答

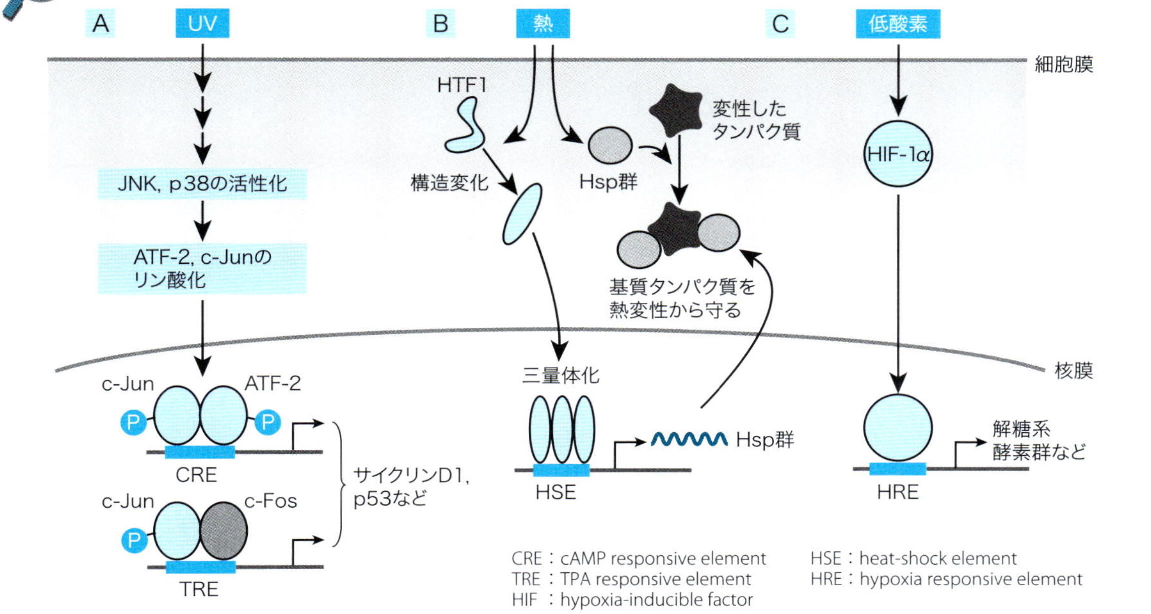

重要ワード **9-I**

核膜輸送

point タンパク質や核酸は，核膜の表面に多数存在する核膜孔を通じて搬入・搬出されているが，この制御には標的タンパク質自身に存在する移行シグナルのほか，GTP / GDPを含む多くの制御因子がかかわる。

核膜の穴を通って多くの物質が輸送される

核膜（nuclear envelope）は，**核ラミナ**〔**ラミン**（⇨9-A）を成分とする〕からなる内膜と，小胞体とつながっている外膜から構成され，両者は**核膜孔**（**核孔**ともいう）という穴でつながっている（図1）。核膜孔は核に1,000個程度存在する。シグナル伝達の最終標的である転写制御因子やヒストンは核に局在し，核で転写されたmRNA，あるいは核小体でrRNAと複合体を形成した**リボソーム**のサブユニットは細胞質に搬出される。すなわち核膜は染色体を収納・保護するだけでなく，物質輸送制御にとっても重要な機能を果たしていることがわかる。

核膜孔とはどんなものか

核膜孔は**ヌクレオポリン**を含む100種類あまりのタンパク質からなる複合体（**NPC**：nuclear pore complex）で，8回転対称構造（1/8回転で同じ構造）をとる。中央の10 nmの孔に8本のスポークが付着し，内部はバスケット状の線維構造になっており，物質はNPC小孔などから出入りする。核膜孔での物質通過効率は分子の大きさで決まる。イオンやヌクレオチドなどの低分子物質は速やかに，分子量5万以下のタンパク質は多少時間がかかるが，いずれも拡散によって自由に核膜孔を通過できる。分子量5万以上のタンパク質やRNA–タンパク質複合体は，ATP要求性の能動的輸送機構で核膜孔を通過する。NPCは広がることができるため，リボソームサブユニット（最大約25 nm）のようにNPC小孔より大きな物質でも通過することができる。

図1 核膜孔を通って物質が行き来する

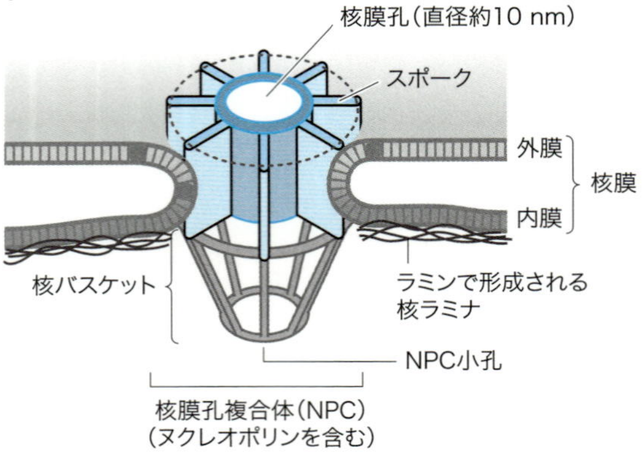

物質を運び込み，運び出す仕組み

搬入，搬出いずれの方向においても，GTPあるいはGDP結合型の**Ran**〔**低分子量Gタンパク質**の一種（⇨9-D）〕がかかわる。細胞質では，Ranは細胞質に

図2 核移行シグナル（NLS）をもつ基質が核に入る

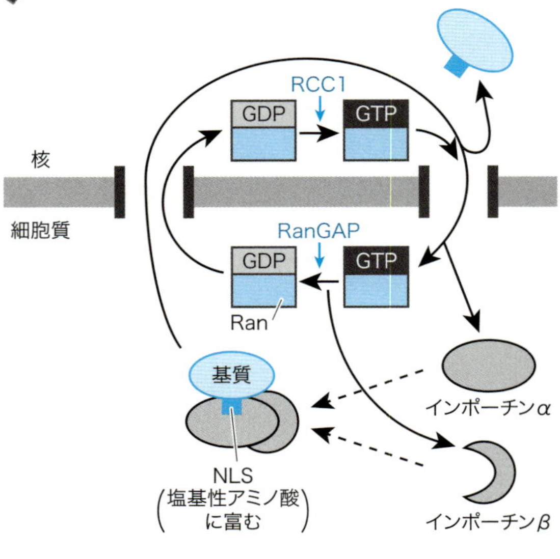

局在する活性化因子（**RanGAP**）でGDP型となり，核では核に局在するヌクレオチド交換因子（**RCC1**）でGTP型に変換される（図2）。核に搬入される基質タンパク質は塩基性に富む**核移行シグナル**（**NLS**：**核局在シグナル**ともいう）をもつ（図3）。搬入ではまず基質に**インポーチン** α と β が結合し，NPC中の**ヌクレオポリン**と相互作用を介して核内に入り，核にある**Ran-GTP**の作用で基質が解離する。インポーチンやRanは細胞質に戻され再利用される。一方，搬出されるタンパク質には核外輸出シグナル（**NES**）配列がある。搬出の場合，Ran-GDPとともに核に入ってきた**エクスポーチン**が基質とRan-GTPの双方に結合し，基質が核外に出される（図4）。核-細胞質間をシャトルするタンパク質はNLSとNESの両方をもつ。

図3 核に搬入される基質がもつNLS

● SV40抗原	Pro-Lys-Lys-Lys-Arg-Lys-Val
● ポリオーマT抗原	Pro-Lys-Lys-Ala-Arg-Glu-Asp
● SV40 VP1	Ala-Pro-Thr-Lys-Arg-Lys-Gly-Ser

図5 mRNAも核外に運び出される

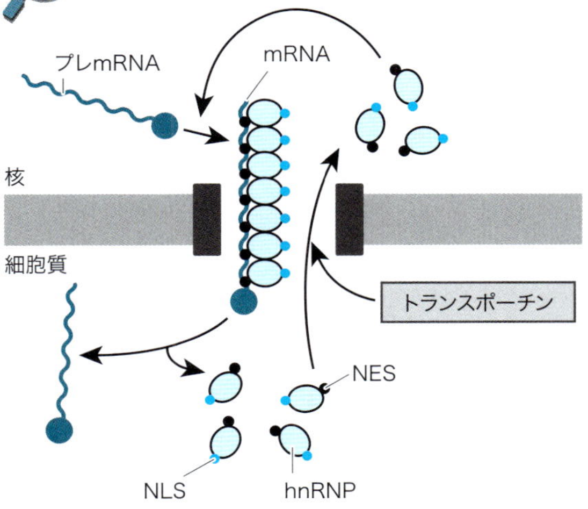

mRNAも核外に運び出される

mRNAが核外に移送される場合は，NES配列をもつ特異的**hnRNP**リボ核酸タンパク質（hnRNP A1など）がmRNAと結合して，mRNAを核外に出す（図5）。hnRNPは核-細胞質間をシャトルするが，この場合の核搬入には**トランスポーチン**という別の搬入因子が関与する。スプライシング前のプレmRNAは核外に出されないが，ヒト免疫不全症ウイルス（**HIV**）では，ウイルスの**Revタンパク質**が核にあるスプライシングされていない長いウイルスRNAに結合し，それによってRNAを積極的に核外に出すという機構が働く（図6）。

図4 核外輸出シグナル（NES）をもつ基質が核から出る

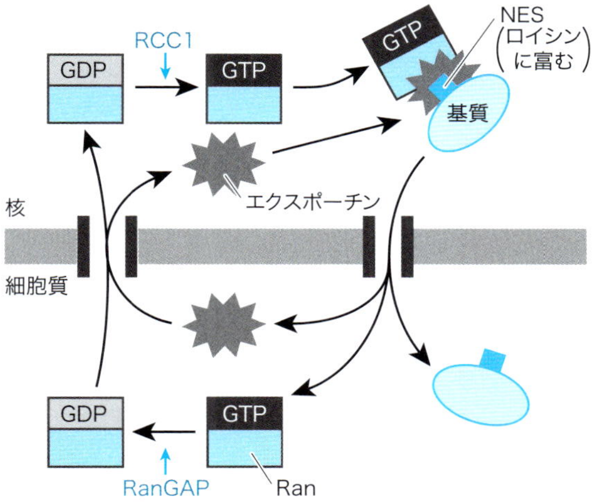

図6 HIVウイルスRNAの核外搬出

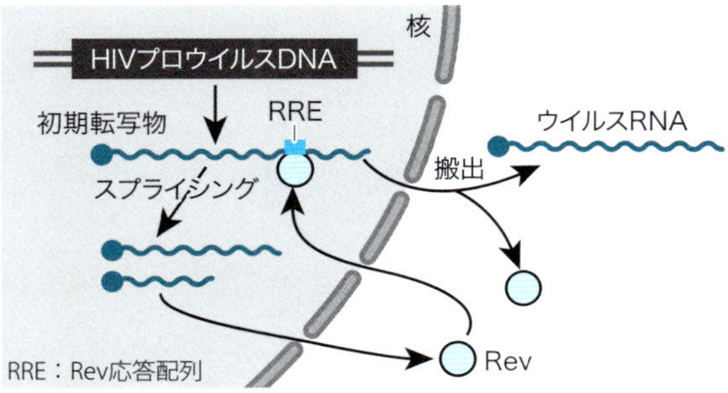

重要ワード **9-J**

タンパク質のユビキチン化

point タンパク質がユビキチン連結酵素によってユビキチン化されることにより，プロテアソームによって分解されたり，新しい機能をもつようになる現象があり，細胞動態の調節に深くかかわっている。

ユビキチンはタンパク質につく修飾因子

ユビキチン（ubiquitin：Ub）は76アミノ酸からなる小型のタンパク質で，真性細菌以外のすべての生物に存在し，その保存性はきわめて高い。Ubはリジンに結合するが，自身も7個のリジンをもち，Ub同士でも結合する。タンパク質のUb化に関与する酵素のうちで**E1**（活性化酵素）はATP存在下でUbを結合し，**E2**（結合酵素）はUbをE1から受け取って基質タンパク質に渡すが，このときE3を要求する。**E3**（連結酵素，**ユビキチンリガーゼ**）はUbの基質結合を触媒する（図1A）。Ub同士の連結が十分な長さになるために**E4**（伸長因子）が必要なものもある。

ユビキチンが基質タンパク質に1個で結合する**モノユビキチン化**や，リジン63番目（**K63**）で多数結合する**ポリユビキチン化**ではタンパク質の機能修飾がみられるが，**K48**のポリユビキチン化はタンパク質分解に向かう（図1B）。

ユビキチンリガーゼにはグループがある

E3には非常に多くのものが存在するが，それらは大きく4つに分けられる（図2）。**HECT型E3**は単量体で，HECTドメインとWWドメインをもつ。**RING型E3**は亜鉛を含むリングフィンガーをもち，E3分子種の大半を占め，単量体型と複合体型に分けられる。複合体型には**SCF**と**APC/C**（anaphase promoting complex/cyclosome）が含まれる。SCF1は**キュリン1**（**Cul1**）にE2結合能をもつRbx1が結合し，アダプタータンパク質Skp1を介して**F-boxタンパク質**（複数種存在する）が結合している。APC/CはAPC11を含む多数のサブユニットに，基質結合能をもつCdc20などが結合する。**U-box型E3**はタンパク質品質管理にかかわり，基質結合タンパク質として分子シャペロン（Hsp90など）を含む。基本転写因子TFⅡDの成分でもあるTAF$_{II}$250などのように，上記のどれにも含まれないE3もある。

図1 基質タンパク質にユビキチンを結合していくユビキチンシステム

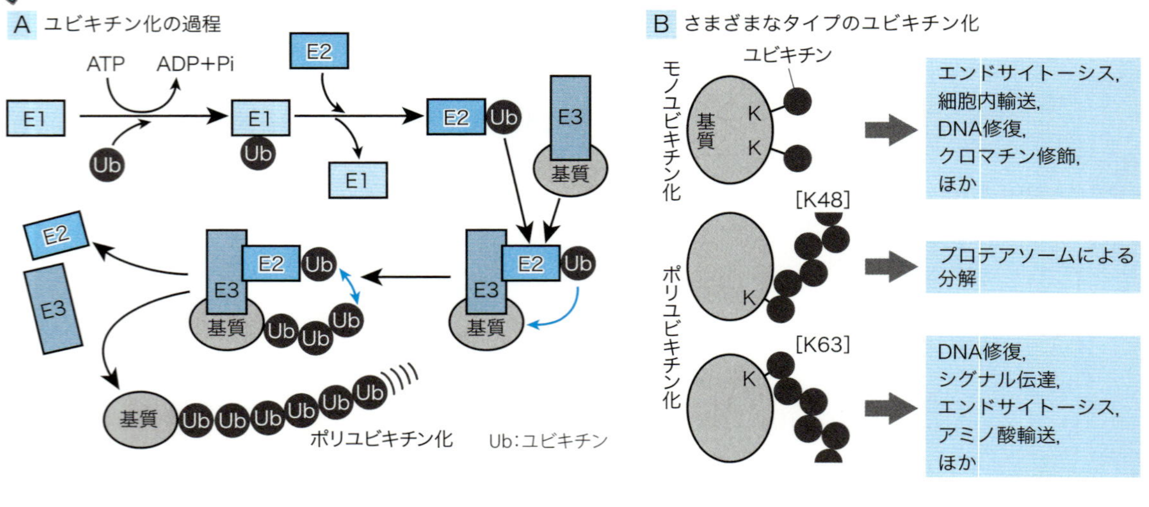

図2 主なユビキチンリガーゼ（E3）の構造と種類

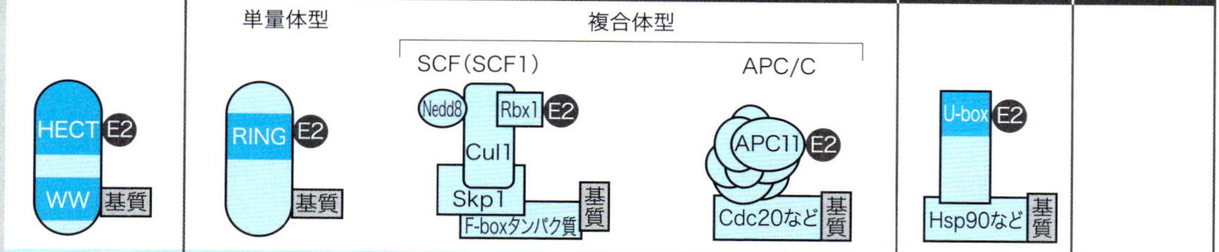

	①HECT型	②RING型 単量体型	②RING型 複合体型 SCF(SCF1)	②RING型 複合体型 APC/C	③U-box型	④その他
例	Nedd4 Rsp5 E6-AP Ure-B1 Smurf	Ubr1 Mdm2 BRCA1 Parkin c-Cbl	SCF1 (Cul1-Rbx1-Skp1-F-box タンパク質) SCF2 (Cul2-Rbx1-ElonginC, B-SOCS-boxタンパク質)	APC/C (APC2-APC11-TPR-Cdc20)	CHIP UFD2b CYC4 PRP19 KIAA0860	TAF$_{II}$250 UCH-L1

図3 プロテアソームによるタンパク質の分解

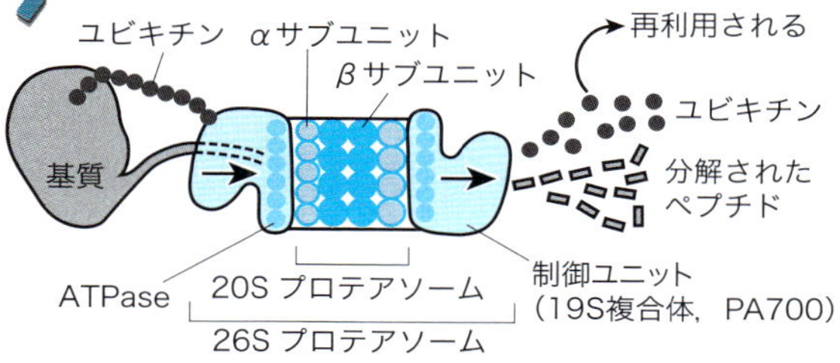

図4 ユビキチン化は幅広い生命現象に関与する

A プロテアソームがかかわるもの（タンパク質分解）
- 品質管理
- 不要タンパク質処理
- 細胞周期制御
- 免疫：抗原提示
- DNA 修復
- 転写制御
- アポトーシス
- シグナル伝達，その他

B プロテアソームのかかわらないもの（タンパク質修飾）
- エンドサイトーシス
- 細胞内輸送
- DNA 修復
- クロマチン修飾
- アミノ酸輸送
- シグナル伝達

K48ポリユビキチン化は分解のシグナル

K48（48番目のリジン）でポリユビキチン化されたタンパク質（短命の制御タンパク質や，品質チェックではじかれたタンパク質）は，ATP依存的に**プロテアソーム**（proteasome）により分解される（図3）。これを**ユビキチン–プロテアソーム系**（U–P系）という。プロテアソームは触媒ユニット（スレオニンプロテアーゼ活性をもつ）の両端に制御ユニットとして19S複合体をもつ。19S複合体は6個のATPaseを含み，発生するエネルギーは基質タンパク質の解きほぐしなどに使われる。基質にあったUbは分解されず，再利用される。

Memo 11S複合体

20Sプロテアソームの両端に結合する19S複合体よりも小さいプロテアーゼ複合体で，ATPase活性サブユニットをもたず，短いペプチドの分解にかかわる。

U–P系は細胞周期制御（⇨10–B）に必須な役割を果たし，サイクリンやサイクリン依存プロテインキナーゼなどが，U–P系で分解される。M期制御では主にAPC/Cが，G_1–S–G_2期制御では主にSCF複合体が関与する。U–P系はタンパク質の品質管理（**ERAD**）（⇨3–G）にも関与する（図4）。**プロテアソーム阻害剤**のなかには，ボルテゾミブのように**抗癌剤**として使われるものもある。

タンパク質分解以外のユビキチンの役割とユビキチン様タンパク質

ユビキチンに類似する小型タンパク質がいくつか知られており，ユビキチンと同様に標的タンパク質に結合する。**Nedd8**はキュリンに結合してE3活性発現に関与し，**SUMO**（small ubiquitin–related modifier）は転写制御因子やヒストンに結合し転写制御にかかわる。E3であるパーキンのように分子内にユビキチン結合部位をもつものもある（⇨13–F）。

第10章

細胞の増殖と死

本章でわかる重要ワード

10-A 細胞分裂の周期性

10-B 細胞周期制御とチェックポイント

10-C 細胞増殖抑制因子：p53とRB

10-D 減数分裂

10-E 細胞の死

10-F アポトーシス

概　論

真核細胞の増殖は**細胞分裂の周期性**（⇨10-A）で特徴づけられる。細胞はG_1期から，DNA複製を行うS期を通過してG_2期，そして細胞分裂を行うM期を経て再びG_1期に戻る。M期では染色体の凝集，微小管との結合，そして両極への分配と，複雑な過程がみられる。増殖因子による増殖シグナルがなくなると，細胞はG_0期という休止期に入る。**細胞周期制御**（⇨10-B）は，基本的にはそれぞれの時期に特異的な複数のサイクリンと，サイクリンと結合して活性を発揮するサイクリン依存キナーゼ（CDK）によって行われるが，これら細胞周期のエンジンとなる制御因子の濃度は，ユビキチン-プロテアソーム系による分解で巧妙に調節されている。因子の活性はこの他にも多数のキナーゼ，ホスファターゼ，結合因子などで正や負に制御されている。細胞増殖を積極的に負に制御するものとして，CDKに結合してその活性を抑えるCDKインヒビター（CKI）（$p21^{Waf1/Cip1}$など）が存在する。

細胞分裂では細胞の健全性維持のため，多くの**チェックポイント**（⇨10-B）機構が働いている。これには細胞サイズのチェック，複製起点からの複製を一度しか許さないライセンス化，DNAの傷害修復チェック，テロメア長のチェック，複製完了のチェック，スピンドルチェックや染色体分配のチェックなど多くのものがある。**細胞増殖抑制因子**（⇨10-C）のなかで特に重要なものは**p53とRB**（⇨10-C）である。p53は紫外線などでDNA傷害が起こるとリン酸化により活性化され，遺伝子発現を介してG_1/G_2期停止，傷害修復，アポトーシスなどに関与する。RBはS期移行に必要な遺伝子発現にかかわる転写因子E2Fと結合し，それを不活化することによりG_1期停止を起こす。**減数分裂**（⇨10-D）は相同染色体が分離した後，DNAの複製を経ず，またすぐに姉妹染色分体が分配される現象で，生殖系列細胞特異的に起こるが，第一分裂の途中に相同染色体間で相同組換えが高頻度に起こる。

細胞の死（⇨10-E）の形式は多様であり，アポトーシスと，オートファジーあるいはリソソームが関与する非アポトーシス細胞死，そして受動的細胞死であるネクローシスに分類される。細胞はデスリガンドと結合したり，増殖因子がなくなったり，DNA傷害剤や低酸素などのストレスを受けると，遺伝子に組み込まれたプログラムに沿って自発的に死滅する。この現象，すなわち**アポトーシス**（⇨10-F）はネクローシスとは異なり，細胞やクロマチンが凝集，断片化し，やがて貪食除去

概略図

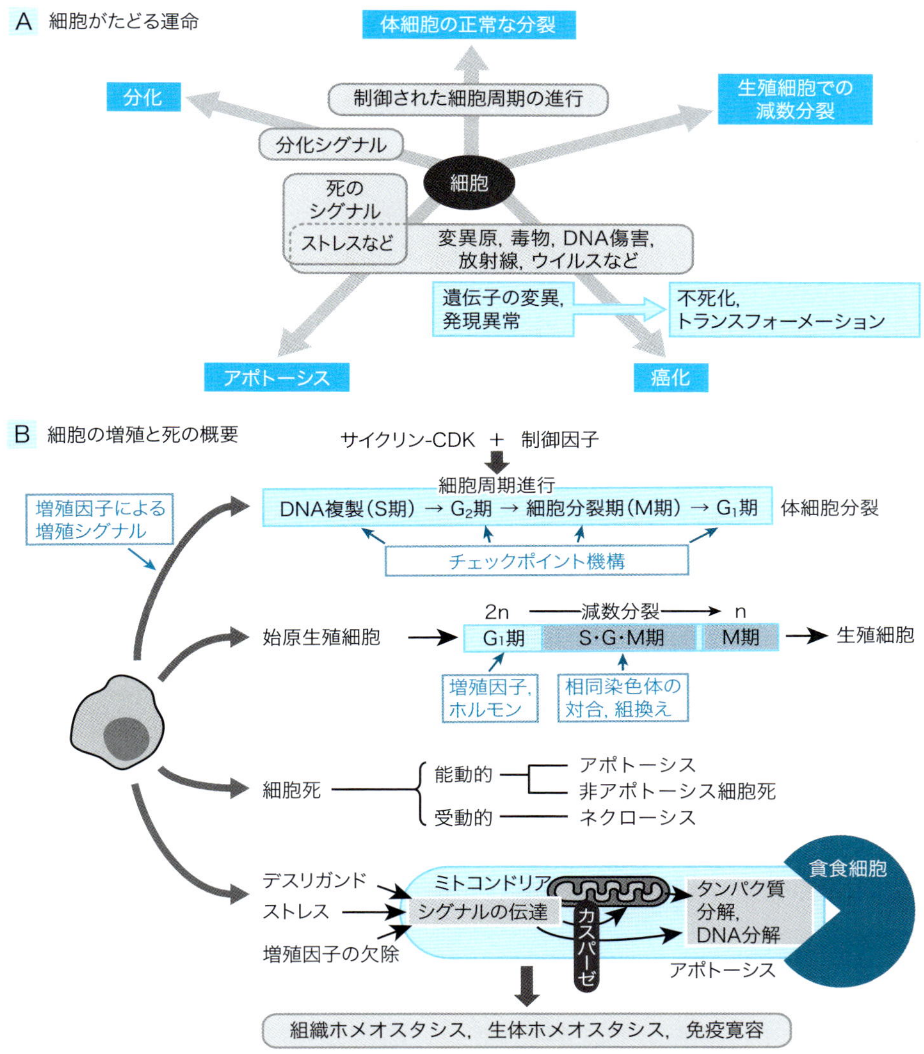

される。アポトーシスは発生，形態形成，免疫応答など，種々の生命現象にとって必須であり，その異常は癌や神経疾患，自己免疫病など，多くの疾患の原因となる。アポトーシスの進行にはミトコンドリアやそこにある因子，そしてセリンプロテアーゼである複数のカスパーゼや特異的DNA分解酵素が関与する。

細胞分裂の周期性

point 真核細胞はG_1期，S期，G_2期，M期，そしてG_1期という時期を順に進むことによって増殖する。細胞周期はプロテインキナーゼであるCDKによって駆動され，M期では複製した染色体の分離が起こる。

細胞分裂には周期的なサイクルがある

細胞は**DNA複製**と**細胞分裂**（mitosis）を繰り返しながら増殖するが，おのおのの時期を**S**（synthesis）**期**（哺乳類の場合，6〜8時間），**M期**（1時間）という。M期以外の時期を間期というが，この時期には，細胞は次第に大きくなる。M期とS期の間（gap）の時期を**G_1期**，S期とM期の間を**G_2期**（1〜3時間）といい，これらの時期を経る細胞分裂全体を**細胞周期**という（図1）。G_1期にあっても細胞が増大せず休止している状態は**G_0期**という。G_1期の長さは細胞の種類や増殖因子の有無に依存し，ゼロに近いもの（例：卵割）から非常に長いものまでさまざまである。G_1期はS期に入るかどうかを決定する時期で，増殖シグナルによって特定の時期（ここを**制御点**という）を通過すると，次のG_1期に達するまでは止まらない。DNA複製が完了してからM期までの時期がG_2期で，M期では倍になった染色体（実際は**姉妹染色分体**）が微小管で細胞の両極に引っ張られる。

図1 細胞分裂には周期性がある

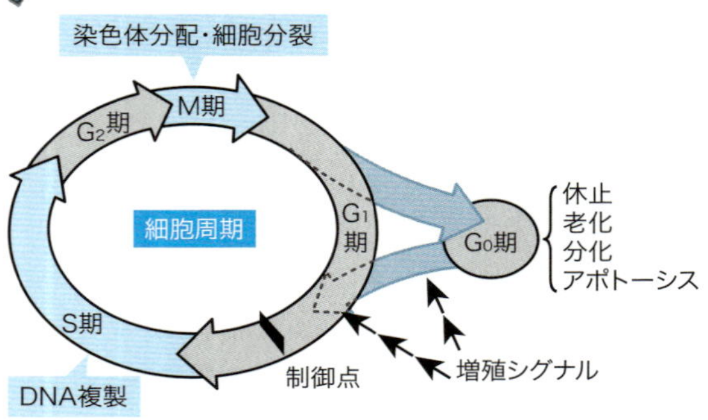

染色体が等分に分配される仕組み

染色体の凝集はG_2期にすでに始まっているが，複

図2 M期，染色体は凝集し，等分に分配される

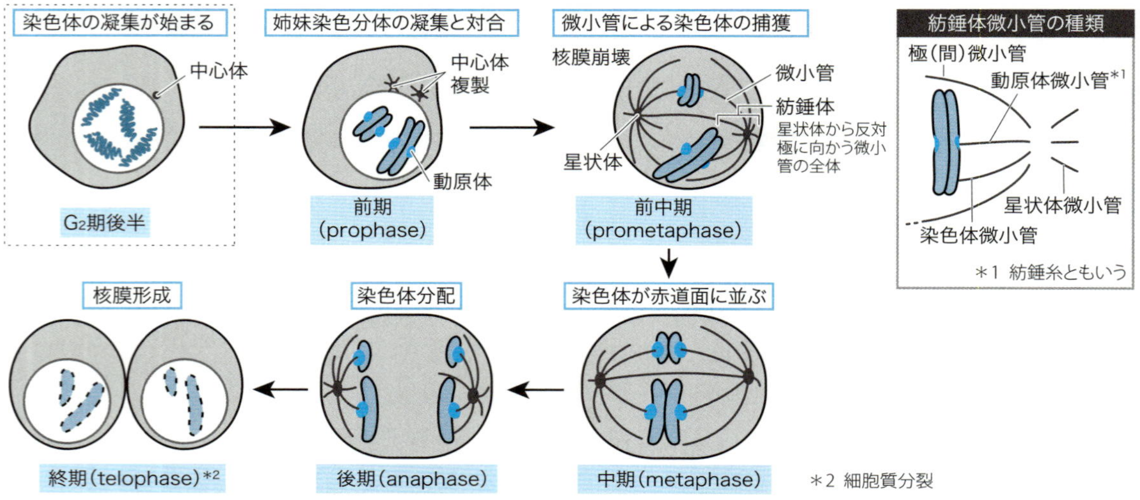

製したDNA同士は**コヒーシン**で接着され，ばらばらにならない。M期に入ると姉妹染色分体は完全に凝集して中心体が複製し（前期），続いて**紡錘体**（**スピンドル**）ができ（前中期），核膜が崩壊するとともに**中心体**が両極に移動し（**星状体**となる），染色体の中央付近にあるセントロメア部分の**動原体**に**動原体微小管**が結合する（図2）。姉妹染色分体が赤道面に並んだ後（中期），**微小管**によって染色体が両極に引っ張られ（後期），最後に細胞質が二分される。重要なことは，姉妹染色分体が間違いなく娘細胞に等分されることであるが，これは一対の動原体には必ずそれぞれの極から延びた別々の動原体微小管が結合するという，**スピンドルチェックポイント**によって保証されている（⇨10-B）。コヒーシン分解因子**セパリン**は，**セキュリン**の結合により通常は阻害されているが，「姉妹染色分体がすべて赤道面に揃った」という信号により分解されるため，染色分体の同時分離が起こる（図3）。

細胞周期を回すエンジン

動物細胞で**MPF**（**卵成熟因子**，**M期促進因子**）が，分裂酵母では細胞分裂因子**Cdc2**（cell division cycle 2）が発見され（出芽酵母ではCdc28），やがてMPFはCdc2（現在は**CDK1**と呼ばれる）と**サイクリンB**の複合体であることが明らかにされた。細胞周期を回すエンジンはサイクリン依存性セリン/スレオニンキナーゼの**CDK**（**サイクリン依存キナーゼ**）で，さまざまな種類がある。単独では活性がなく，**サイクリンボックス**という配列をもつ特異的**サイクリン**が，この配列を介して結合することにより活性をもつ（図4）。サイクリンはCDKに結合してキナーゼ活性を発現させる。サイクリン濃度が**ユビキチン-プロテアソーム系**によって時期特異的に変動するため，CDK活性に時期特異性が生まれる。G_1期からS期にかけてはサイクリンDとCDK4/6およびサイクリンEとCDK2，S期～G_2期はサイクリンAとCDK2あるいはCDK1，M期ではサイクリンBとCDK1が主に作用する（酵母にはサイクリンは1つしかない）（図5）。

図3　姉妹染色分体の分離は制御されている

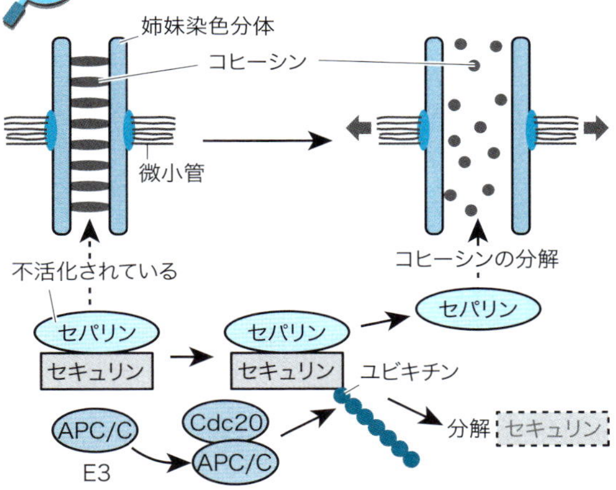

図4　動物細胞のサイクリンとCDK

サイクリン	CDK	特徴	
A	CDK2	S期開始，M期開始	
B	CDK1	M期開始	
D	CDK4 CDK6	G_1期増殖シグナルで誘導，RB-E2Fの解離	
E	CDK2	S期開始，RB-E2Fの解離	
G	CDK5	p53で誘導	細胞周期とは直接関係ない
H	CDK7	CAK活性化	
C	CDK8	転写制御	
T	CDK9	転写制御	

CDK：cyclin dependent kinase
CAK：CDK活性化キナーゼ

図5　サイクリン-CDKは時期に応じて働く

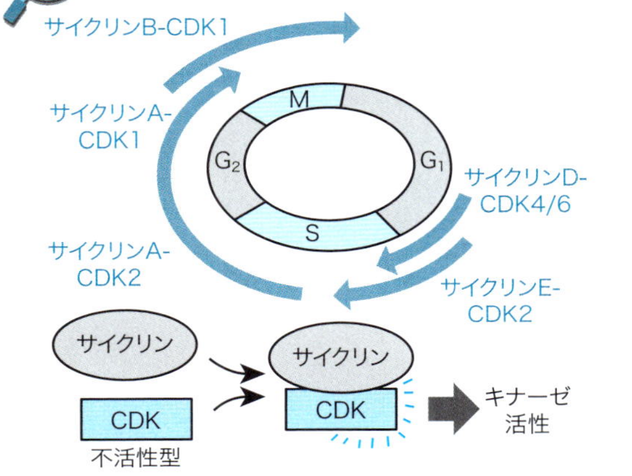

10-A 細胞分裂の周期性

重要ワード **10-B**

細胞周期制御とチェックポイント

point 細胞周期はCDKを正に制御するサイクリン，CAK，ホスファターゼと，負に制御するCKI，プロテアソーム，プロテインキナーゼにより進み，その進行は何重ものチェック機構により監視されている。

鍵を握るCDKの制御機構

CDKは**サイクリン**の周期的濃度変動で制御されるが（⇨10-A），サイクリンには**破壊**（**デストラクション**）**ボックス**という配列があり，**ユビキチン-プロテアソーム系**（⇨9-J）で分解される（**図1**）。G_2期後半から制御点までは**APC/C**が，その他の時期は**SCF複合体**がE3として使われる。CDKの活性化に必要なスレオニンのリン酸化には**CAK**（**CDK活性化キナーゼ**）が関与する。一方，CDKはATP結合部位のチロシン/スレオニンのリン酸化と脱リン酸化で，それぞれ不活化，活性化されるが，リン酸化酵素としては**Wee1**や**Myt1**が，脱リン酸化するホスファターゼとしては**Cdc25**が知られている。CDKに結合することでその機能を抑える因子は**CDKインヒビター**（**CKI**あるいは**CDKI**）と呼ばれ，CDK4/6に働く**INK4ファミリー**（$p16^{INK4a}$など）と，より広い特異性をもつ**Cip/Kipファミリー**（$p21^{Waf1/Cip1}$など）がある。

チェックポイントを通過しないと進めない

細胞周期は1つのステップが完了しないと次のステップに進まないが，これを**チェックポイント**という。これにはDNAの傷を監視する**DNA傷害チェックポイント**，複製の完了を監視する**DNA複製チェックポイント**，**スピンドルチェックポイント**，**染色体分離チェックポイント**，**細胞サイズチェックポイント**などがある（**図2**）。ここで問題が見つかれば細胞は周期を一時停止させて修復し，修復不可能の場合はアポトーシス（⇨10-F）に向かう。

G_1～G_2期にみられるチェックポイント

G_1期には細胞が一定のサイズに達するまで制御点を通過させない機構がある。G_1期やS期，DNA損傷は主に**ATR**および**ATM**と**p53**が関与する機構でチェックされる（⇨10-C）。複製起点からの複製開始はS期において一度しか起こらないが，これは複製

図1 CDKは細胞周期を通じてさまざまに制御される

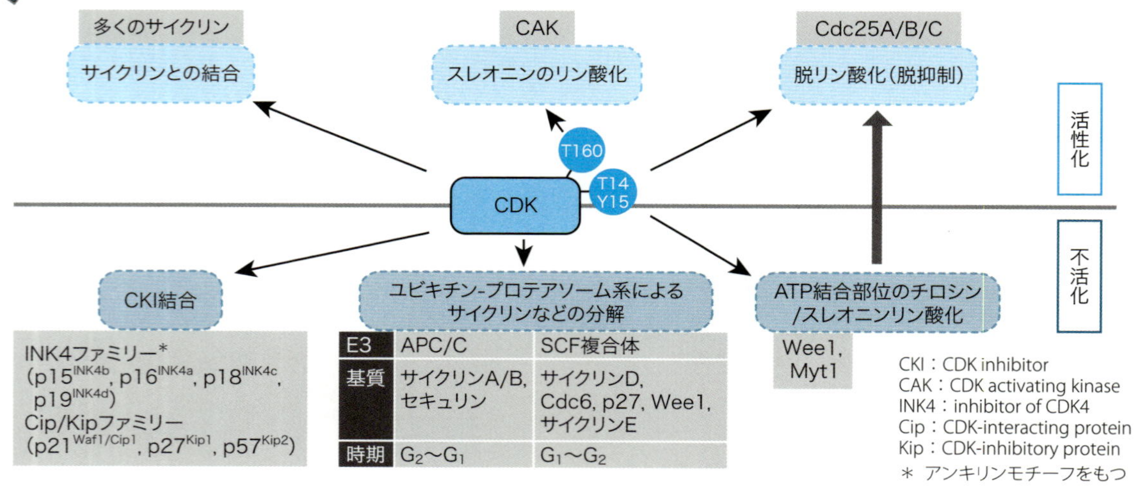

を一度だけ許す**ライセンス化**があるためである。この機構は，複製起点の**ORC複合体**に，**MCM**が**Cdc6**を含む複数の因子とともに取り込まれ，複製前複合体が形成されるG_1期に成立する（図3）（⇨2-B）。複製が始まるとCdc6は分解され次のG_1期まで合成されず，またMCMも複製が始まると複合体から離れてリン酸化され，ORCへの再結合はできない。G_2期のDNA傷害チェックポイントの標的はCDK1である。この機構の1つに，**p53**により発現した**14-3-3σ**を介するCDK1の不活化があるが，ほかに，**ATM**や**ATR**が**Chk1/2**をリン酸化し，これが**Cdc25**ホスファターゼをリン酸化して不活化し，14-3-3σがリン酸化Cdc25を核外に搬出する機構もある（⇨10-C）。

M期にみられるチェックポイント

紡錘体がすべての動原体に正しく結合したか否かの**スピンドルチェックポイント**では，セキュリン分解の引き金であるAPC/C-Cdc20に対し，**Mad2**結合で抑制するという機構が存在する（図4）。M期を終わらせるためには，**Cdc14**ホスファターゼによる**APC/C-Cdh1**と，CKIである**Sic1**の活性化が必要だが，**染色体分離チェックポイント**はCdc14を抑える。

図2 細胞周期はチェックポイントで守られている

チェックポイントの種類	働く時期
DNA傷害	主にG_1，(S)，G_2
DNA複製	S
スピンドル(紡錘体)形成	M：中〜後期
染色体の分離	M：後期
テロメア長の短縮	G_1
細胞サイズ	G_1
複製のライセンス化	G_1

図3 複製を一度しか許さないライセンス化

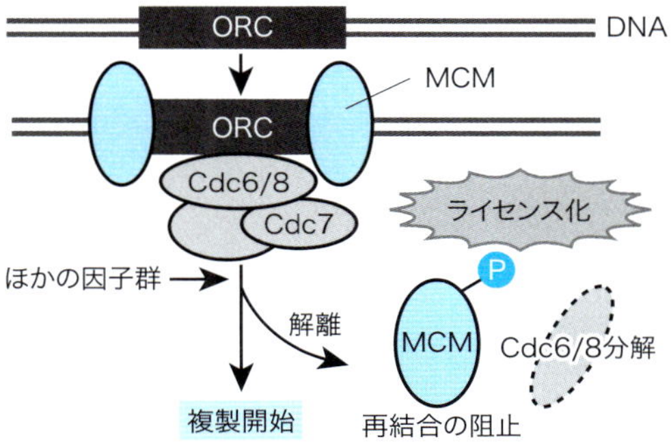

ORC：origin-recognition complex
MCM：mini chromosome maintenance

図4 M期ではチェックポイントが二段階に働く

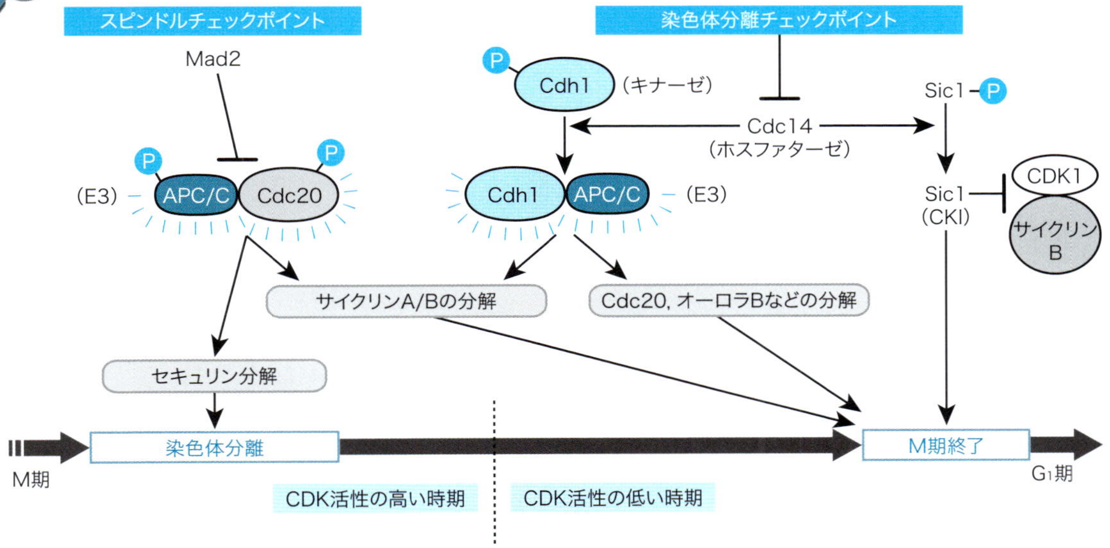

細胞増殖抑制因子：p53とRB

point *p53*と*RB*は代表的な癌抑制遺伝子である。p53は紫外線などによるDNA傷害時にプロテインキナーゼで活性化されて，複数の機構で増殖停止を誘導し，RBは転写因子E2Fを抑制してS期進入を抑える。

p53とは

p53（図1A）ははじめSV40の**T抗原**結合性の因子として発見されたが（⇨12-B），その後，**癌抑制遺伝子**（⇨12-C）であることが明らかにされた。*p53*遺伝子は多くの癌で変異している。p53は転写制御因子として働き，四量体でDNAに結合して種々の遺伝子発現を制御するほか，結合性調節因子（主には活性化だが抑制もある）としても機能する（図2）。p53はE3酵素（⇨9-J）である**MDM2**（murine double minute 2）と結合して分解に向かうが，リン酸化でMDM2が離れ安定化すると機能を発揮する。p53にはDNA傷害チェックポイント能（⇨10-B）のほか，**アポトーシス誘導能**（⇨10-F）など，多くの働きがある。

p53は異常を感知すると細胞周期を止める

紫外線や放射線でDNAが損傷すると，p53はプロテインキナーゼである**ATM**や**ATR**によりリン酸化される（図3）。これらの因子は直接p53をリン酸化するが，p53リン酸化能をもつ**Chk1/2**でもリン酸化される。活性化されたp53がG_1期停止遺伝子（$\boldsymbol{p21^{Waf1/Cip1}}$など）やDNA修復遺伝子（*GADD45*など）等を発現させるが，これがp53のG_1期DNA傷害チェックポイント（⇨10-B）の機構である。**CKI**（CDKインヒビター）である$\boldsymbol{p16^{INK4a}}$遺伝子領域からは，**ARF**（p16の一部が，上流側のエキソンに選択的スプライシングで連結したp14）も発現する（図2）。ARFはp53のMDM2結合を阻害するため，やはり細胞はG_1期で停止する。

p53はG_2期停止も起こす

p53は**Cdc25**（CDKの活性化に働く）を不活化する***14-3-3δ***遺伝子を誘導するため，G_2期ではChk1/2でリン酸化されたCdc25は核外に排出される（図4。DNA傷害が極端な場合，p53はさらにリン酸化され，標的特異性が変化して*p53AIP1*や*Noxa*遺伝子が誘導され，アポトーシスに向かう。ATM，ATR–Chk2シグナルは**Che–1**をリン酸化・活性化するが，これがp53にコファクターとして結合してその転写活性を高め

図1 p53とRBの構造

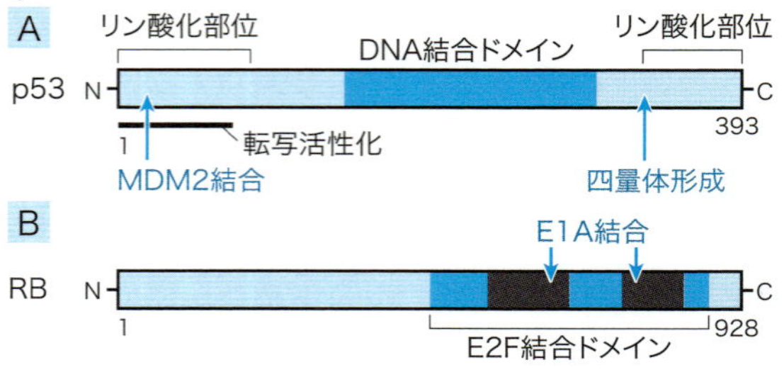

図2 p53の働き

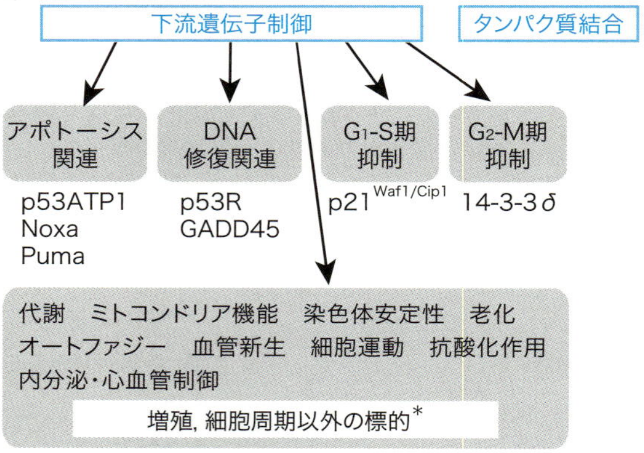

＊ 主に転写活性化だが，抑制もある

るという現象もG_2期にみられる（G_2期DNA傷害チェックポイント）。

RBも細胞増殖抑制に働いている

*RB*は小児の癌である**網膜芽細胞腫**（retinoblastoma）の原因遺伝子として発見され，転写因子**E2F**や，ウイルスが作る癌関連タンパク質（SV40の**T抗原**，アデノウイルスの**E1A**など）に対する結合部位をもつ（図1B）（⇨12-B）。RBの主要な機能は，癌あるいは増殖関連因子と結合してその機能を抑制し，その結果として細胞増殖を抑制することである。G_1期，RBはS期移行に働くE2Fと結合してその機能を抑えているが，**サイクリンD–CDK4/6**や**サイクリンE–CDK2**でリン酸化されるとE2Fを遊離させ，E2FがS期関連遺伝子を活性化することによりS期が進行する（図5）。DNA損傷など，種々の理由によってp53が活性化すると，p53が$p21^{Waf1/Cip1}$を発現させるためにサイクリンE，CDKが抑制されてE2Fが利用できず，細胞がG_1期にとどまる**G_1期DNA傷害チェックポイント**が成立する。

図3　p53がかかわるG_1期DNA傷害チェックポイントの仕組み

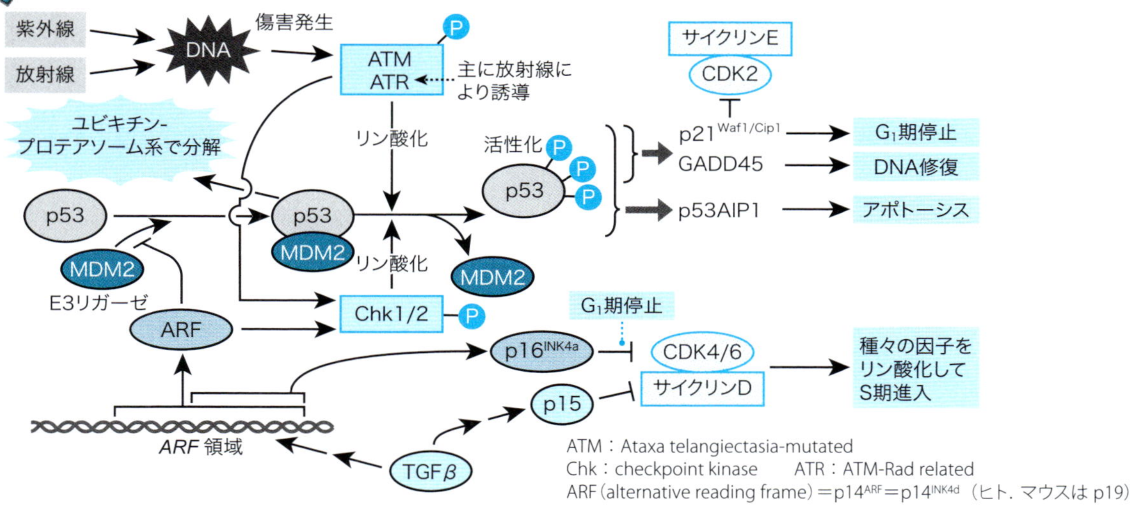

図4　G_2期DNA傷害チェックポイント機構

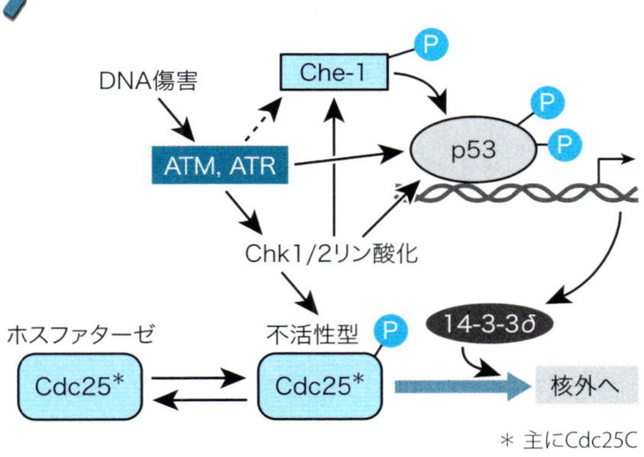

図5　RBはE2Fの働きを抑えている

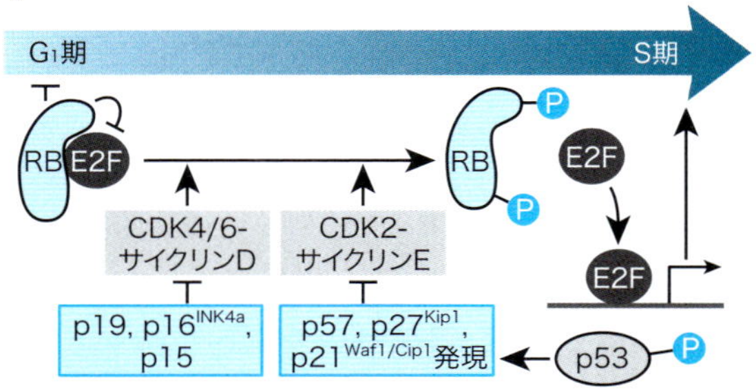

減数分裂

point 生殖細胞でみられる減数分裂では，一度分裂した卵母（精母）細胞がS期を経ないでM期に入るため，染色体数が半分になる。減数分裂過程ではMPFKやMAPKカスケードが働き，また，染色体組換えが高頻度で起こる。

生殖細胞は減数分裂を経てできる

生殖細胞は生殖器官（精巣や卵巣）で**始原生殖細胞**から作られ，成熟しながら決まった部位に移動する。**生殖系列細胞**は形態的に卵原（精原）細胞，卵母（精母）細胞，そして**卵細胞**（**精細胞**）（それぞれ**卵**，**精子**）と分けられるが，この過程で**減数分裂**（meiosis）が起こる（図1）。動物の精子形成では，体細胞分裂で増えた精原細胞が精巣内で一次精母細胞（2n）となり，再度S期を経て2個の二次精母細胞となる（**減数第一分裂**）。その後S期を経ないで再びM期に入るため（**減数第二分裂**），1個の精原細胞から4個の精細胞（n）が作られる。DNA複製を経ずM期が連続して起こるこの過程が減数分裂である。酵母では1つの鞘の中に4個の胞子ができる。動物の卵形成の場合，S期を経てG_2期にある一次卵母細胞は，細胞周期を停止させて大きくなる〔**第一次**（Pro-Ⅰ）**停止**〕（図2）。この後M期を1回（MⅠ），2回（MⅡ）と経るが，MⅡ期中期で再度細胞周期の停止が起こる〔**第二次**（Meta-Ⅱ）**停止**〕。脊椎動物の場合，ここで**受精**が起こる。動物卵では1個の卵原細胞から成熟卵は1個しか作られず，残りの3個は**極体**という未熟な細胞になり，廃棄される。

卵の成熟はどのように制御されているか

G_2/M期転移は減数分裂でも**MPF＝CDK1−サイクリンB**（⇨10-A）によって制御される。未成熟卵にはWee1がなく，CDK1は**Myt1**によるリン酸化で不活化され（⇨10-B），**Pro-Ⅰ停止**の状態になる（図3A）。ここにホルモンとCdc25が作用すると，MPFが活性化されて**MⅠ期**が始まる。減数分裂のポイントは次のS期の省略だが，ここには減数分裂特異的キナーゼである癌原遺伝子の***Mos***が関与する（図3B）。MosはMAPKカスケード（⇨9-E）を介してサイクリンBを活性化し，またMyt1を不活化するため，次

図1 生殖系列細胞は減数分裂を経て成熟する

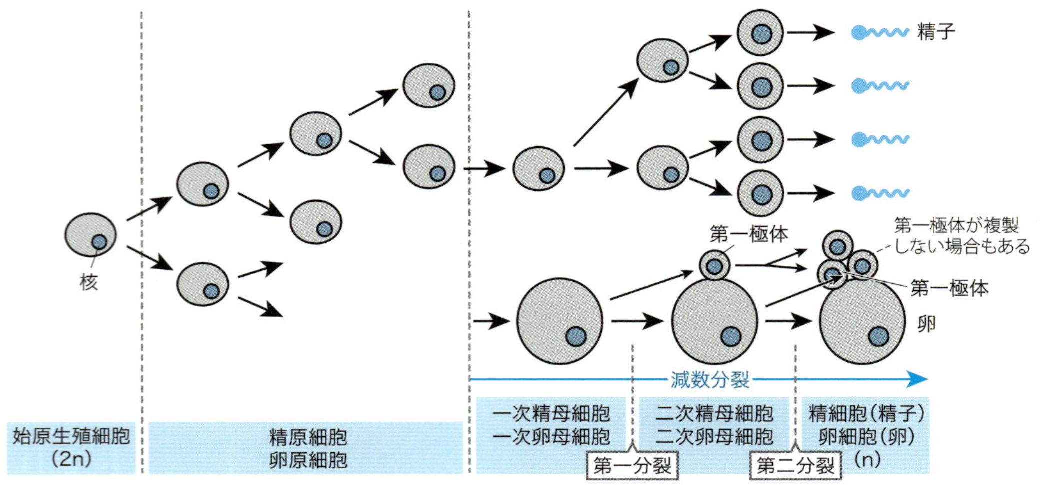

図2 減数第二分裂はS期を経ないで分裂する（卵の成熟を例に）

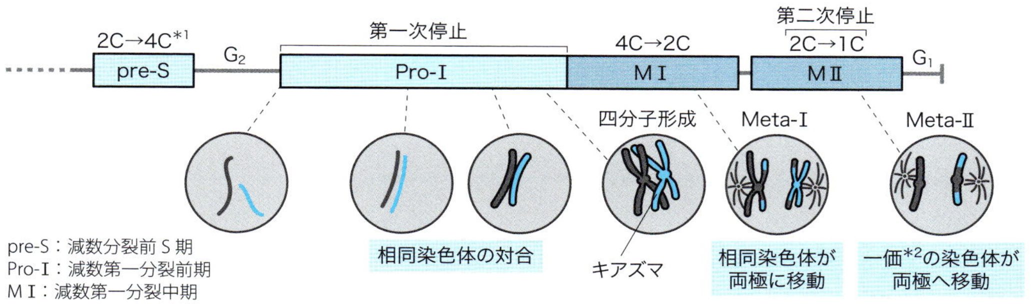

pre-S：減数分裂前S期
Pro-I：減数第一分裂前期
M I：減数第一分裂中期
＊1 相対的DNA量　＊2 ゲノム分の DNA 量をもつ染色体

図3 卵が成熟するときには細胞は独特の制御を受ける（主に脊椎動物）

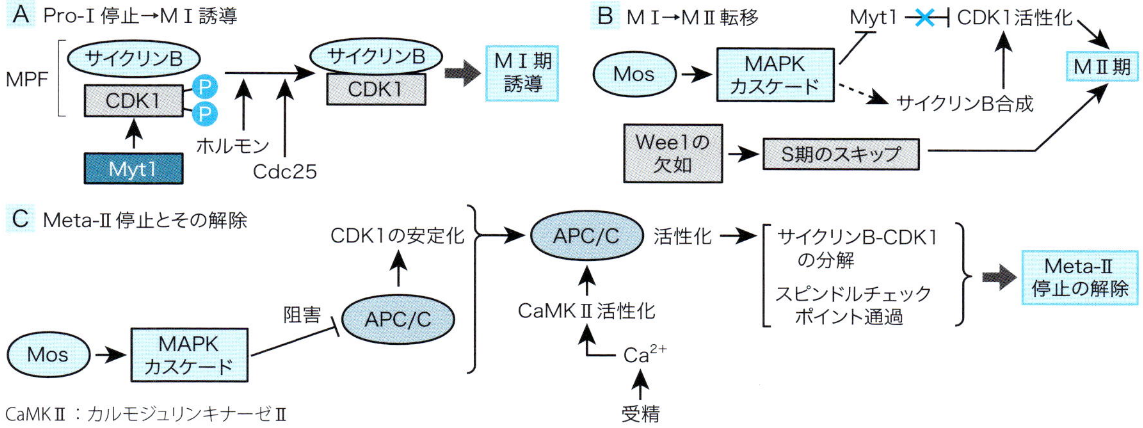

CaMK II：カルモジュリンキナーゼ II

のM II 期が誘導される。また，CDK1のチロシン15のリン酸化を介してG_1期からG_2期を維持するWee1がないことも，S期スキップの原因となる。Mosは**Meta-II 停止**にも関与する（図3C）。Mos-MAPK経路は**APC/C**を阻害するが，それがCDK1の安定化やスピンドルチェックポイント（⇨10-B）に働き，染色分体分離を抑えると考えられる。受精により**カルシウム波**が生じると，**CaMK II** の活性化を介してAPC/Cが活性化し，染色分体分離が始まる。

減数分裂では相同組換えが起こる

減数分裂の特徴は，まず相同染色体が分離し，次に姉妹染色分体の分離が起こることである。減数第一分裂期，染色体は相同なものが対合して**四分子**が形成され，そこで相同組換えが積極的に起こるが，この様子はPro-I期後期の**キアズマ**として観察でき，染色体分離はその後で起こる（図2，図4）。体細胞分裂と異なり，減数第一分裂後期の染色体ではセントロメア付近のみが**コヒーシン**（分裂酵母はRec8）で接着され，ほかの部分は離れている。

図4 減数分裂では相同組換えが起こる

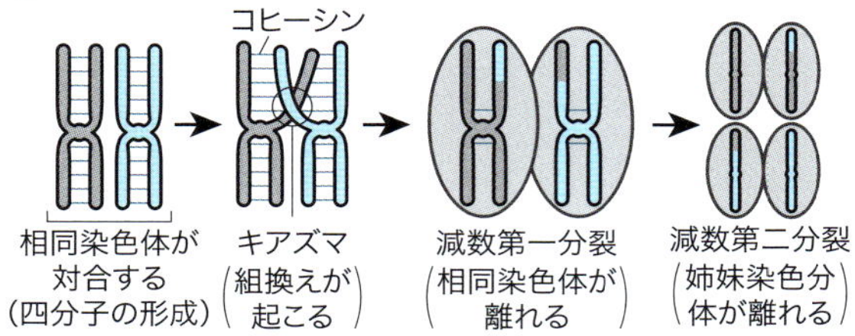

10-D 減数分裂

重要ワード 10-E

細胞の死

point 細胞死の形式は多様であり，アポトーシスやオートファジー・リソソームが関与する能動的な死と，ネクローシスにみられる受動的な死に大別される。

細胞の死に方には多様性がある

多細胞生物が正常に成長し，個体が健全に維持されるためには，細胞の増殖以外に細胞の死も協調的に起こる必要があり，それは**生体ホメオスタシス**あるいは**組織ホメオスタシス**にとって必須である。これまでは**細胞死**は**アポトーシス**（**自死**）と**ネクローシス**（**壊死**（えし））におおざっぱに分類されていた（図1）。しかし，アポトーシスの分子機構（⇨10-F）が理解されるようになった現在，細胞死，とりわけ能動的細胞死にはアポトーシス以外の形式もあることが明らかになってきている。

能動的細胞死と受動的細胞死

細胞死は大きく**能動的細胞死**と**受動的細胞死**に分けられ（図2），後者は**ATP枯渇**で起こるネクローシスとしてよく知られている。一方，ATPを必要とし，比較的短時間に進む能動的細胞死（**予定細胞死**として理解されることがある）には，アポトーシス（タイプ1）とそれ以外の死があり，後者は**オートファジー**がかかわる死（タイプ2）と，**リソソーム**がかかわる**ネクローシス様細胞死**（タイプ3）に分類される（注：いくつかのバリエーションもある）。どのような細胞死であっても，死細胞やその断片は最終的に**貪食処理**される。

図1　典型的アポトーシスとネクローシスの違い

アポトーシス	ネクローシス
要因	
●生理的，病理的 ●ホルモン異常，増殖因子の除去 ●細胞傷害性T細胞の攻撃 ●HIV感染，放射線，温熱，制癌剤	●病理的，非生理的 ●火傷，毒物，虚血，補体攻撃 ●溶解性ウイルス感染 ●過剰な薬物投与や放射線照射
過程	
●細胞体積の縮小 ●ヌクレオソーム単位のDNA断片化 ●細胞表面の微絨毛の消失 ●細胞の断片化	●ミトコンドリアや小胞体の膨潤 ●イオン輸送系の崩壊 ●細胞の膨潤と溶解 ●細胞内容物の流出
特性	
●組織内で散在的に発現 ●短時間に段階的に進行 ●能動的自壊過程 ●ATP要求性 ●多くは遺伝子発現が必要	●組織内でいっせいに発現 ●長時間に漸次進行 ●受動的崩壊過程

アポトーシスと非アポトーシス細胞死の関係

細胞が能動的に死ぬ場合，アポトーシスと非アポトーシスの運命のいずれをとるのかは，厳密に決まっているわけではないようである。病原体感染細胞や変性した神経細胞はいずれの機構でも死ぬことが観察されている。また，アポトーシスが起きないような変異細胞（動物）を使った研究から，本来アポトーシスに向かう細胞が，**非アポトーシス細胞死**に向かうなど（また，その逆もある），個々の能動的細胞死機構は互いにバックアップしながら生体ホメオスタシスの維持にあたっていることが明らかにされつつある。

非アポトーシス細胞死にはカスパーゼは関与しない

アポトーシスと非アポトーシスの違いは，**カスパーゼ**の関与があるかどうかで決められる。**オートファジー**は，欠陥をもったりストレスを受けたタンパク質やオルガネラが**オートファゴソーム**に包まれ，リソソームと融合した**オートリソソーム**で分解処理される機構であるが（⇨ 1-C），細胞死のときに多数のオートファゴソームがみられる場合，それをタイプ2の細胞死と分類する。オートファジーを起こした細胞が生存する場合もあり，細胞運命決定機構の解明は今後の課題となっている。タイプ3の細胞死はリソソームがかかわる**ネクローシス様細胞死**で，リソソームを除く**オルガネラの膨潤**と**小胞の出現**を特徴とする。アポトーシスのシグナル伝達を抑制すると，アポトーシス誘導能をもつTNFやFasがタイプ3の細胞死を誘導するようになるが，この現象はプログラムされたネクローシス様細胞死「**ネクロプトーシス**」と呼ばれ，**RIP1**（receptor-interacting protein 1）や**RIP3**を必要とする。

Memo エントーシスによる細胞死

エントーシスは細胞が別の細胞に侵入する現象で，侵入細胞はリソソームで分解されて死ぬ。しかし，場合によっては分裂したり脱出したりして生きのびることもある。

ネクローシスはATPの枯渇で起こる

典型的な**ネクローシス**は，火傷，毒物，虚血（例：心筋梗塞による細胞死），溶解性ウイルス感染など，主に**病理的細胞死**でみられ，**ATP枯渇**が引き金となる。ネクローシスは**オルガネラの膨潤**と**小胞の出現**を特徴とし，アポトーシスに比べてゆっくりと進行する。虚血によるネクローシスには，**CypD**（サイクロフィリンD），ポリン，アデニンヌクレオチドトランスロカーゼで構成される穴状の複合体（**PTP**：ミトコンドリア膜透過性遷移孔）が関与する**ミトコンドリア膜透過性遷移**（**PT**あるいは**MPT**：mitochondria permeability transition）によるものがある。

Memo MPT

ミトコンドリアのPTP（PT pore）から外部に分子量15,000程度の分子が漏出し，膜電位が下がってミトコンドリアが膨潤し，膜の崩壊などが起こる現象。Ca^{2+}などで処理してもみられる。

図2 細胞死の分類

2大分類	タイプ		細胞死の形式	特徴
能動的（積極的）な細胞死（ATPを必要とする．生理的細胞死が多い）	アポトーシス	タイプ1	アポトーシス	カスパーゼ，ミトコンドリア（Bak，Bax），シトクロム c が関与
	非アポトーシス細胞死	タイプ2	オートファジーがかかわる細胞死	オートファゴソーム過剰形式
		タイプ3	リソソームがかかわるネクローシス様細胞死	・リソソーム以外のオルガネラの膨潤 ・小胞の出現
			ネクロプトーシス	RIP1，RIP3が関与
		その他	角質化による細胞死	表皮細胞でみられる
			エントーシス	細胞への侵入
受動的な細胞死	ネクローシス			・主に病理的に起こる ・ATPの枯渇が原因 ・オルガネラの膨潤，小胞の出現 ・CypDに依存したMPTがみられる場合もある

重要ワード **10-F**

アポトーシス

point 細胞の死に方の1つであるアポトーシスは種々の生理的，病理的原因で起こるが，遺伝子にプログラムされた積極的な死で，ミトコンドリアとカスパーゼがその進行に深くかかわる。

細胞が積極的に死ぬアポトーシス

アポトーシスは落葉やオタマジャクシのシッポの退縮など，多細胞生物が不要細胞や有害細胞を除去する**生体恒常性維持機構**で，生理的なものと病理的なものがある（図1）。その本態は遺伝子にプログラムされた積極的な死「**予定細胞死**」で，クロマチンが断片化する（図2）。アポトーシスは短時間で秩序よく進み，多くは遺伝子発現が必要で，細胞は萎縮，断片化した後，貪食される。アポトーシスに問題があると奇形，神経変性疾患，ホルモン異常症，糖尿病，癌，自己免疫疾患，エイズなどの原因となる。

アポトーシスはどうやって起きるか

アポトーシス誘導機構の1つは，**デス（death）リガンド–受容体システム**が関与するもので，**Fasリガンド**，**TNF**，抗原などが受容体に結合することにより起きる。受容体の細胞質部分には**デスドメイン**があり，そこに結合している**カスパーゼ**がリガンド結合で活性化される。Fasの場合，まず**カスパーゼ8**が活性化され，それが**カスパーゼ3**を活性化する（図3）。

カスパーゼとは

アスパラギン酸のC端側を切断する**セリンプロテアーゼ**の総称で，ヒトには12種ある。不活性型として合成された後，ほかの**カスパーゼ**などによる限定分解で活性型となる。機能から**開始カスパーゼ**（カスパーゼ2/8/9/12など）と**実行カスパーゼ**（カスパーゼ3/6/7）に分けられる。実行カスパーゼはアクチン，ラミンなどを消化し，クロマチン断片化能をもつ**CAD**を限定分解により活性化する（図3）。カスパーゼ1/4/5は炎症にかかわる。

アポトーシスシグナルの伝達

アポトーシスの主要経路は**ミトコンドリア**を標的としてストレス応答に関連する。DNA傷害ストレスで起こるアポトーシスは**p53**（⇨10-C）に依存する。この場合p53は**Bak**や**Bax**，**BH3–only因子群**（**Noxa**，**Puma**，**Bid**など），p53AIPIなどのアポトーシス誘導遺伝子を活性化させるが，**Bcl–2**の働きを抑え，Baxを遊離させる機構もある（図3）。**Bak**，**Bax**は**ミトコンドリア膜透過性の亢進**（**MPT**）（⇨10-E）を起こし，BH3–only因子群はその活性化に働く。Bcl–2は**シトクロムc**の漏出を防ぐことにより抗アポトーシス能を発揮する。ミトコンドリアの透過性が高まるとシトクロムcが漏出し，**Apaf1→カスパーゼ9→**

図1 アポトーシスの起こっている事例

生理的現象	
発生過程 ▶指の形成 ▶口蓋の形成 ▶生殖器の形成 ▶神経ネットワークの形成	 指の形成における指間細胞の消失 口蓋原基組織が融合するときの余分な細胞の除去 ウォルフ管やミューラー管の退化 シナプスを形成しなかった神経細胞の除去
正常細胞の交替	血球細胞，表皮細胞，上皮細胞
内分泌系	去勢による前立腺の萎縮
免疫系	成長に伴う胸腺の萎縮 自己に反応するT細胞や一度増殖したリンパ球の除去 細胞傷害性T細胞によるウイルス感染細胞や癌細胞の除去
病理的現象	
ウイルス感染	インフルエンザウイルスやHIV感染による細胞死
癌	癌組織内での癌細胞死
薬物や毒物	制癌剤や細菌毒素による細胞死
放射線	放射線による細胞死
熱	温熱療法による癌細胞死

カスパーゼ3と順次活性化される。低酸素などで**小胞体ストレス**（⇨1-C）が起こると，**IRE1**活性化を介する種々の経路が働き，カスパーゼの活性化も起こる。

アポトーシス細胞の処理と免疫寛容

アポトーシスを起こした細胞表面には**イートミー**（eat-me）**シグナル**といわれる種々のリガンド（例：ホスファチジルセリン）が出現し，貪食細胞がこれを処理する。この場合，**抗原提示細胞**にはアポトーシス細胞由来の自己抗原が現れるが，抗原提示細胞からは**MFG-E8**などが分泌され，自己抗原との結合性を高めて自己抗原特異的T細胞の貪食を促進する。この現象が常に起きることにより自己抗原を抗原と認識しない**免疫寛容**が誘導されるが，その欠陥は**自己免疫病**につながる（図4）（⇨13-A，B，C）。

図2 アポトーシス細胞は形態，性質が変化し，最後は貪食除去される

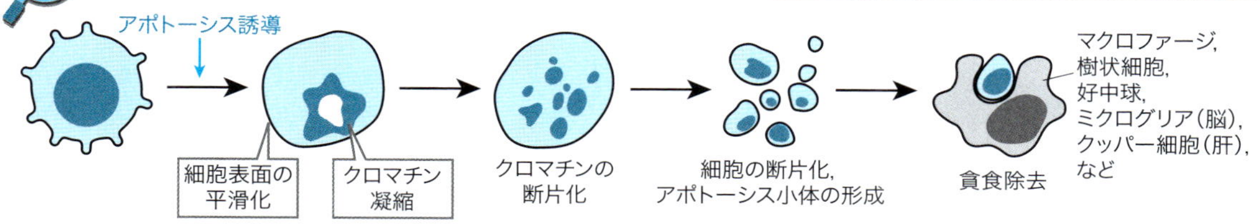

図3 アポトーシス実行までの経路

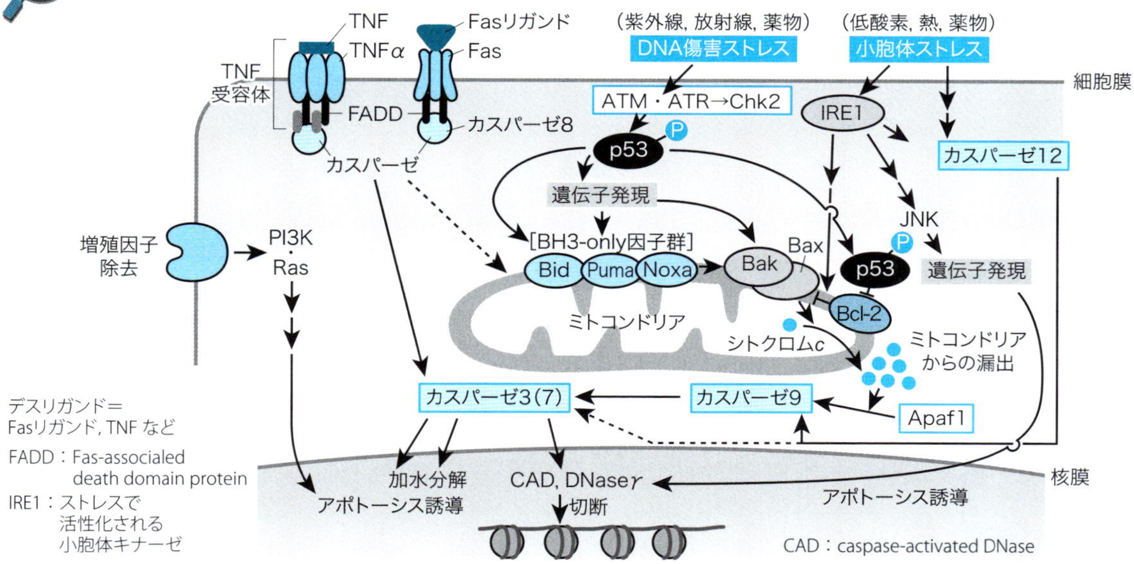

図4 アポトーシス細胞処理と免疫寛容の成立

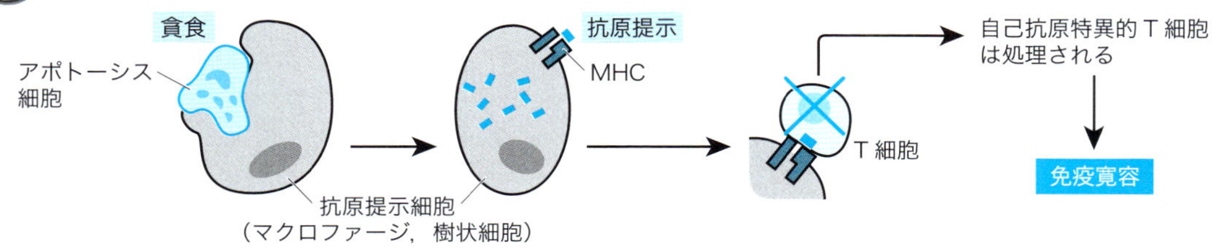

第11章 発生と分化

本章でわかる重要ワード

- **11-A** 初期発生の過程
- **11-B** 体制の決定と分化の制御
- **11-C** ホメオボックス遺伝子
- **11-D** 幹細胞
- **11-E** 再生医療とES細胞，iPS細胞，組織幹細胞
- **11-F** 血球細胞の分化
- **11-G** 神経系の形成
- **11-H** 骨および筋肉の形成

概　論

受精卵が分裂して発生が進むとき，細胞自身がもつ転写制御因子のかたよりや周囲からの影響の違いによって，分裂後の細胞の遺伝子発現に差が出，その結果，細胞に個性が生まれる（分化する）。受精卵から原腸胚期までの**初期発生の過程**（⇨11-A）では，まず卵割が進み，桑実胚を経て胞胚ができる。胞胚内には内部細胞塊があるが，すべての成体組織はそこから発生する。原腸胚期に入るときに胚の陥入が起こり，外胚葉，中胚葉，内胚葉の3つの胚葉が形成され，形態形成プランの大筋が決まる。

発生初期の重要なことに**体制の決定と分化の制御**（⇨11-B）があるが，これに関する理解はショウジョウバエを使った研究により深められた。ハエの前後軸は，卵母細胞に存在する母性効果遺伝子mRNAのかたよりで決まる。受精後，このかたよりがもととなり，おおまかな領域を決めるギャップ遺伝子，さらには2つ分の体節を決定するペアルール遺伝子が部位特異的に発現する。その後は各体節をつくるセグメントポラリティー遺伝子と，体節の個性を決めるホメオティック（ホメオボックス）遺伝子が発現する。ホメオボックス遺伝子は，DNA結合領域にホメオドメインをもつ転写制御因子で，体節の個性決定以外にも，発生や形態形成の各段階でさまざまな役割を担っている。**ホメオボックス遺伝子**（⇨11-C）のある一群は染色体上でHoxクラスターを構成しているが，このクラスター構造はショウジョウバエからヒトまで保存されている。背腹軸や左右軸も，別種の制御遺伝子により決められる。

成体の多くの組織では，古い細胞が死んで新しい細胞に入れ代わるという新陳代謝が繰り返されているが，そこでみられる現象は組織の再生であり，それを可能にするものは，分化細胞を作ると同時に自分自身も増殖できる未分化な**幹細胞**（⇨11-D）の存在である。発生期には，さまざまな細胞に分化できる多能性幹細胞がかかわるが，この幹細胞は分化の全能性をもつ上述の内部細胞塊に由来する。内部細胞塊は不死化させた状態で胚性幹細胞〔**ES細胞**（⇨11-E）〕として培養することができ，**組織幹細胞**（⇨11-E）も含め，**再生医療**（⇨11-E）の材料として期待されている。最近では分化細胞を人為的に脱分化させた**iPS細胞**（⇨11-E）がより使いやすい細胞として期待されている。

概 略 図

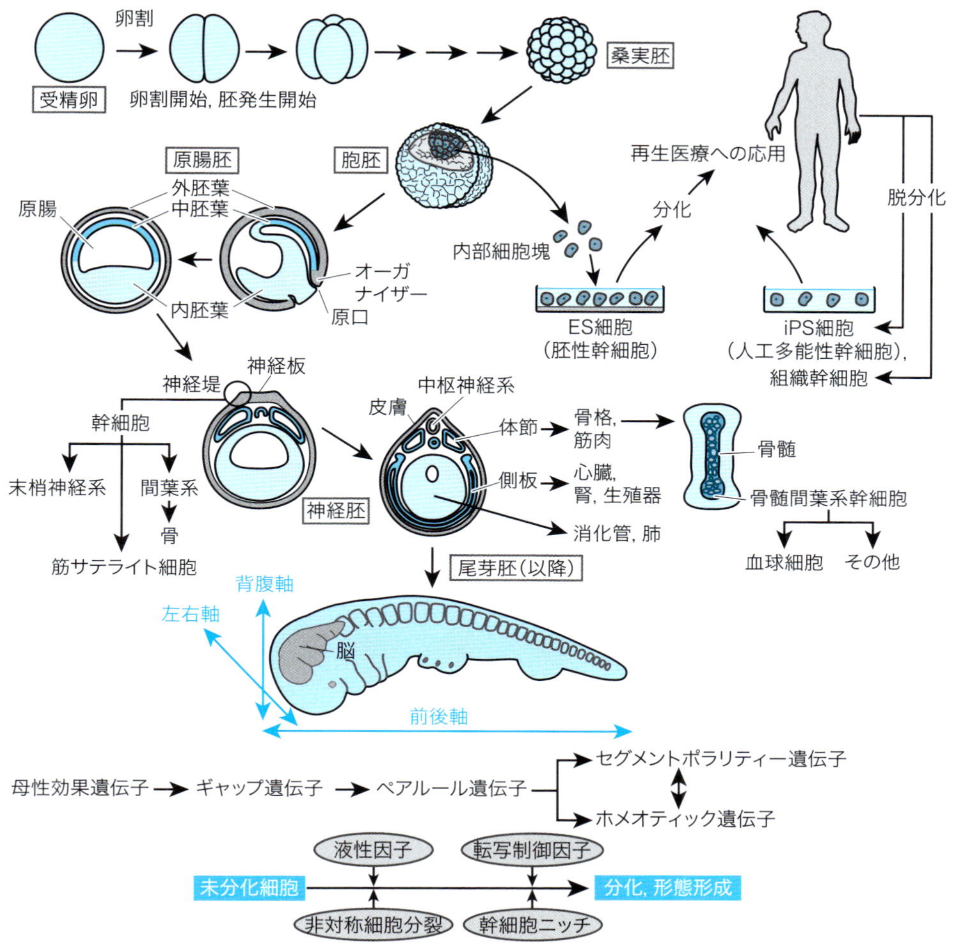

血球細胞の分化（⇨ 11-F）は成体では骨髄で起こり，白血球や赤血球といった血液細胞ができるが，そのもとは骨髄中の骨髄間葉系幹細胞（造血幹細胞を含む）である。骨髄幹細胞は分化の多能性がとりわけ高く，血球細胞以外の方向性をもった幹細胞にも分化することができるが，その幹細胞自身も別の分化の方向性をもつ幹細胞に変化することができる。外胚葉からは皮膚や神経が発生するが，**神経系の形成**（⇨ 11-G）のうち，中枢神経系は胚の動物極側が陥没した神経管から発生し，末梢神経系は遊走した神経堤細胞に由来する。**骨および筋肉の形成**（⇨ 11-H）では，由来する細胞はともに中胚葉を源とするが，骨は中胚葉である体節や側板，あるいは神経堤に由来する間葉系幹細胞から主に内軟骨性骨化によって発生する。一方，骨格筋は体節に由来する皮筋節（筋節）から，MyoD ファミリーを中心とする転写制御因子の働きで分化する。

重要ワード 11-A

初期発生の過程

point 受精卵が卵割を繰り返すことで細胞が分化して個性をもち，誕生するまでの状態を胚という。動物の場合，胞胚の原口付近の細胞が内部へ貫入して原腸胚ができ，将来の成体組織のもとになる3つの胚葉が作られる。

受精卵が分裂して胚になる

受精卵が分裂し（**卵割**），個体が誕生するまでの過程を**発生**（development）といい，分裂増殖した細胞が個性をもつことを**分化**（differentiation）という。受精卵から生まれるまでの状態を**胚**（哺乳動物の後期胚は**胎仔**ともいう）というが，分化は胚細胞における特定の時期での特定の遺伝子の発現と，それに続く細胞増殖，細胞間相互作用，そして細胞移動によって進行する。

第一卵割から原腸胚形成前の胞胚期までの胚を**初期胚**といい，極体（⇨10-D）のあった側を**動物極**，反対側を**植物極**という。卵割形式は，ウニ，両生類，哺乳類のような卵全体にわたって起こるものと，鳥類，昆虫のようにある部分にかたよって起こるものがある（図1）。前者で32～64細胞期のものを**桑実胚**，分裂がさらに進んで細胞境界が不鮮明になり，内部に腔ができた状態のものを**胞胚**という（図2）。哺乳類ではこの状態を**胚盤胞**といい，子宮壁（胎盤になる部分）に付着するが，胎仔はすべて胞胚腔内の**内部細胞塊**（ICM）から作られる。

個性をもつ細胞へ分化していく

動物の組織や器官は外胚葉，中胚葉，内胚葉のいずれかの**胚葉**に由来するが，胚葉は胞胚の次の段階の胚，すなわち**原腸胚**で形成される。まず胚の一部が陥入し，内部に新しい空間「**原腸**」が作られる（両生類では陥入部位が**原口**として観察できる）（図3）。外部細胞層は**外胚葉**に，陥入した細胞集団は**内胚葉**になり，中胚葉は陥入した細胞集団から生まれる（**中胚葉誘導**）。両生類ではその後，外胚葉の一部がくびれ，神経板，脊索，消化管をもつ**神経胚**を経て**尾芽胚**となり，成体器官の原形ができあがる（図4）。カエルでは尾が伸びたオタマジャクシとして孵化するが，ヒトの場合も基本的には同様の過程をとり，受精後25日で尾芽胚の状態になり，32日で成体としての体制作りがほぼ完了する。

図1 動物の卵割にはいろいろな形式がある

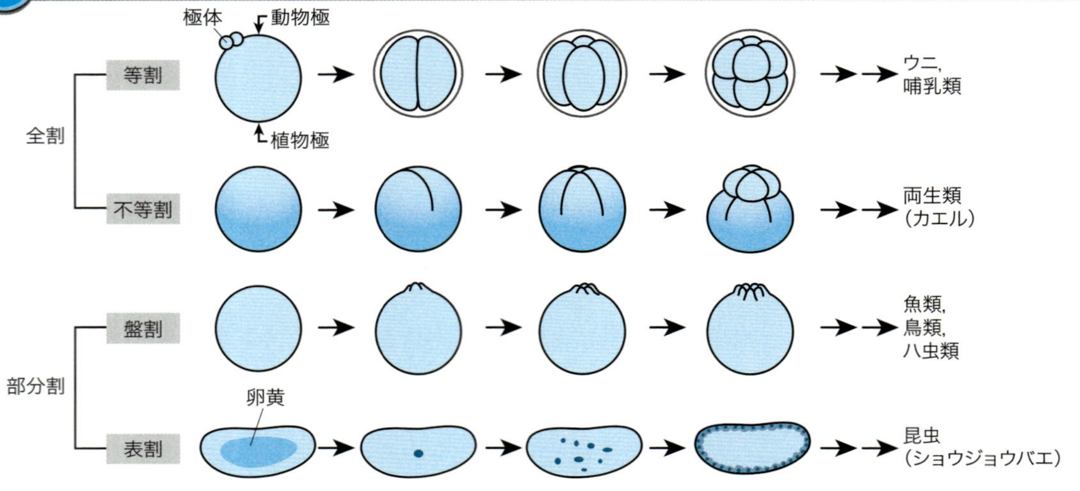

図2 受精卵が卵割を経て初期胚が作られる

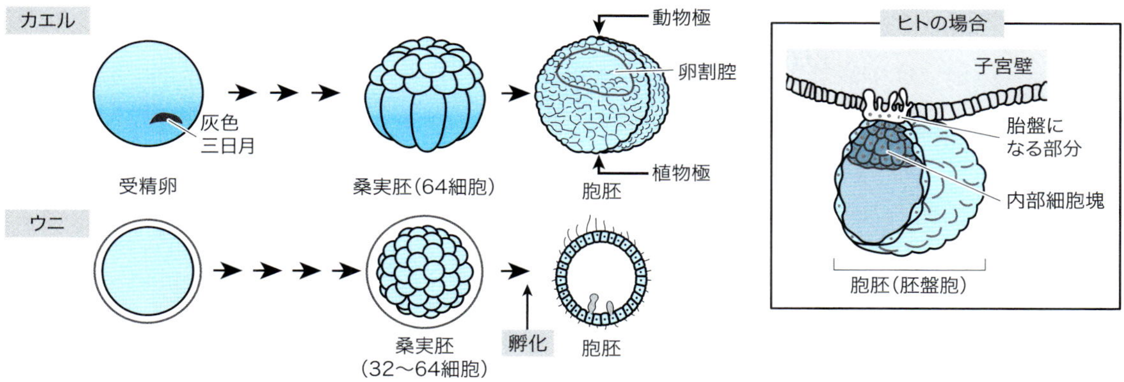

図3 原腸胚における胚葉の形成(両生類)

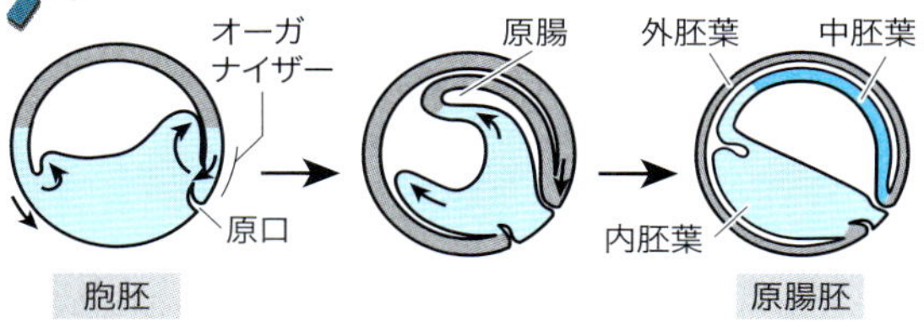

発生はどのように制御されるか

胞胚初期の原口の相対的位置から，胚のどの部分が将来何の器官になるかがおおまかに割り当てられており（これを**予定運命**と表現する），原腸胚後期に決定される。原口近くの組織（**原口背唇部**）を胚の別の部位に移植すると，そこから新しい胚が誘導される（**二次胚形成**）（図5）。原口背唇部にはほかの組織に働きかけて分化を誘導する能力があり，**オーガナイザー**（シュペーマンにより発見された）といわれる。オーガナイザーの作用分子として，骨形成因子BMPなどを含むTGFファミリー（⇨9-B）の1つ，**アクチビン**が同定されている。培養した動物極細胞にアクチビンを作用させると，条件に応じて種々の組織・器官が生ずる。このような**形態形成誘導因子**は一般に**モルフォゲン**といわれ，受容体を介して細胞内シグナル伝達を活性化し，遺伝子発現を誘導する。ビタミンAの誘導体である**レチノイン酸**は核内受容体（⇨4-H）のリガンドで，モルフォゲン様の（あるいはそれを誘導する）活性があり，胚に接種すると器官形成が誘導される。

図4 神経胚から尾芽胚への発生(両生類)

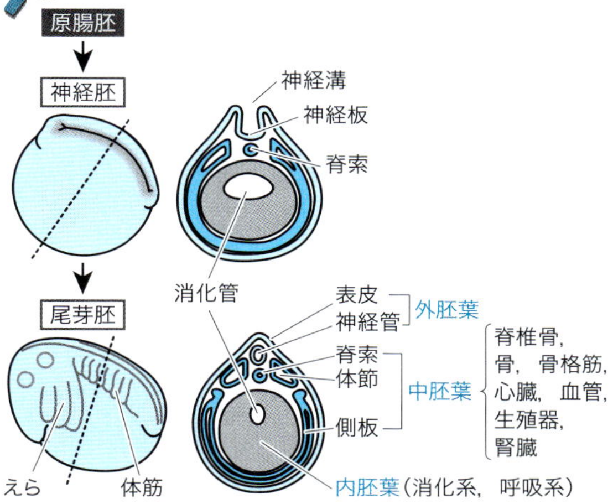

図5 移植したオーガナイザーは二次胚を形成する

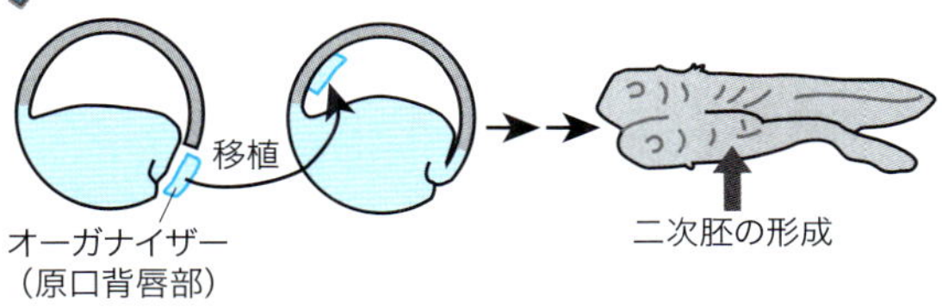

重要ワード 11-B

体制の決定と分化の制御

point 分化のきっかけは母性効果遺伝子mRNAのかたよりであるが，その後，体制決定から体節形成と進み，分化の方向が決まる。分化の原因となる非対称細胞分裂の原因は内的要因のほか，周囲の細胞からの外的な影響もある。

体の方向性は発生の初期に決まる

動物がもつ**前後軸**，**背腹軸**，**左右軸**という**体軸**（図1）は発生期に決定される。ショウジョウバエ卵では，遺伝子発現に影響を与える**ビコイド**や**ナノス**といった**母性効果遺伝子**のmRNAの濃度勾配がある（図2）。このため卵割で増殖した胚の中の個々の細胞では，下流遺伝子の発現が前後軸に沿ってかたよる。このかたよりは後述のような機構により下流遺伝子の制御へと連続的に引き継がれ，それによって**体節**（脊椎動物にも体節様の構造がある）が形成され，各体節に個性が生まれ，**形態形成**へと進む。

前後軸を決める段階的な遺伝子発現

母性効果遺伝子の転写物の濃度差に従い，まず**転写制御因子**である**ギャップ遺伝子**が発現し，胚がおおまかに領域化される（図3）。ギャップ遺伝子の下流では体節2つ分を周期単位として，**前後軸**に沿って**フシタラズ**などの**ペアルール遺伝子**が7本の縞状に発現する（これらが変異すると体節数が減少する）。ペアルール遺伝子の下流にある**セグメントポラリティー遺伝子**は14本の縞状に発現するが，このなかには転写制御因子以外にも，ショウジョウバエで知られているウイングレスのような細胞間シグナル伝達因子やアルマジロのようなシグナル伝達因子が含まれる。哺乳類にも相同遺伝子がある。ペアルール遺伝子の下流では体節の個性を決める**ホメオティック（ホメオボックス）遺伝子**も働く（⇨11-C）（図4）。

図1　体の方向性を決める3つの体軸

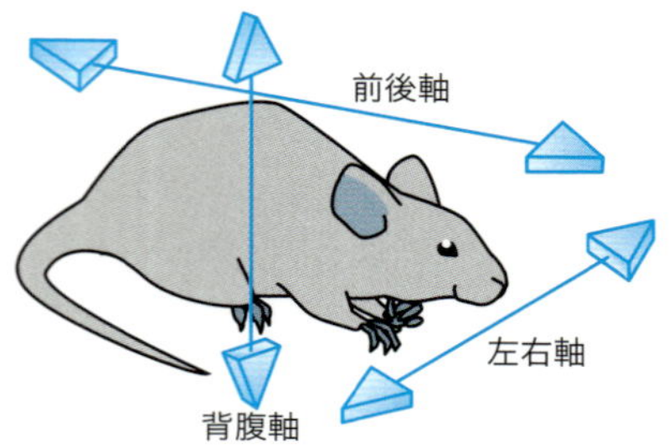

背腹軸と左右軸を決める因子

ショウジョウバエの**背腹軸**の決定には哺乳類NF-κB/c-rel相同遺伝子である**ドーサル**が関与する。ドーサルは母親由来の転写制御因子であるが，卵母細胞の時期，すでに背腹においてかたよりがあり，その後の遺伝子発現にかたよりを生み出す。ヒトでも内臓の配置にかたよりがあるように，動物は左右が完全に対称ではない。**レフティ**など，左右を決定する遺伝子がいくつか同定されている。

図2　母性効果遺伝子mRNAの濃度勾配で体制が決まる

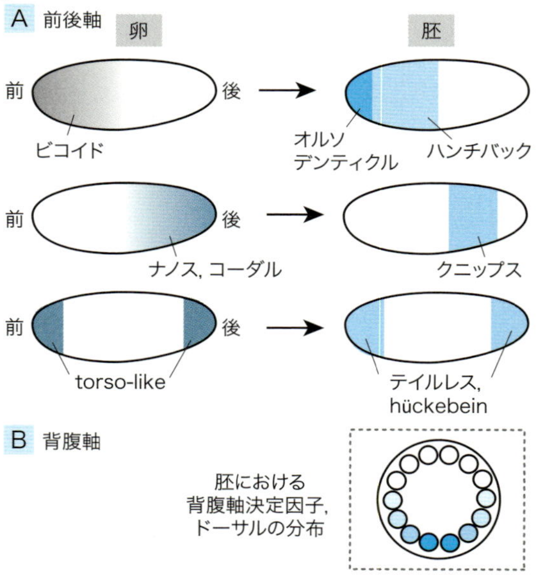

細胞多様性を生む機構

細胞多様性を生む原因の1つに**モルフォゲン**（⇨11-A）の濃度勾配がある（例：ショウジョウバエ分泌性タンパク質の**ヘッジホッグ**）。この現象は，モルフォゲン産生細胞からの距離に依存して，標的細胞でリガンドの効果が強～弱く発揮されるという機構が考えられる。1つの細胞から異なる性質の細胞が1個ずつ作られる場合には，**非対称細胞分裂**が起こる必要があるが，これを起こす内因性要因として，親細胞自身にある分子などのかたより（あるいは極性）があげられ，これに相当するものとして紡錘体や**細胞運命決定因子**（aPKCやPAR因子群など）の偏在が知られている（図5A）。もう1つの原因は外因性要因で，分化・増殖関連因子を産生する細胞に対する位置関係など，細胞が置かれた局所環境（**ニッチ**）に応じて分裂細胞の運命に差が出るという機構がある（図5B）。正と負の機能をもつ複数の転写制御因子が相互作用のループ（回路）を形成する場合，それによって制御される遺伝子発現に時計のような時間的振動（周期性）が生まれたり，細胞の位置に応じた空間的周期性（例：縞状パターン）が生まれる（図6）。

図3 体制は段階的に決定されていく

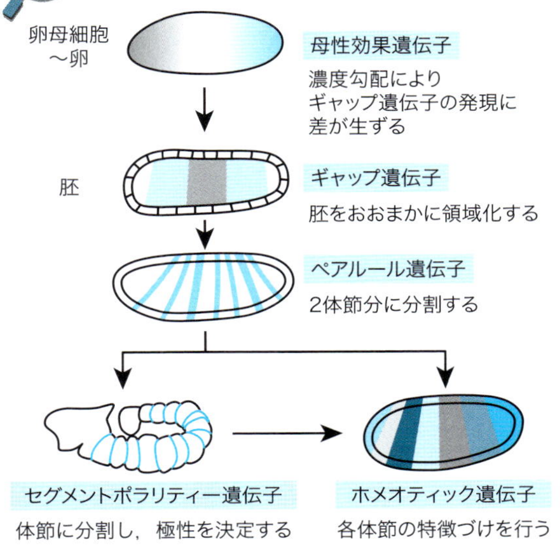

ショウジョウバエの前後軸決定に関して

図4 体制決定～形態形成で働くさまざまな遺伝子

体制決定遺伝子	遺伝子名
母性効果遺伝子	ビコイド，コーダル，ナノス，torso-like
ギャップ遺伝子	オルソデンティクル，ハンチバック，クニップス，テイルレス
ペアルール遺伝子	フシタラズ，イーブンスキップト，ペアード
セグメントポラリティー遺伝子	エングレイルド，Wnt（ウイント），ソニックヘッジホッグ
ホメオティック遺伝子	フリッズルド，βカテニン，Lef/Tcf，Hox遺伝子群（⇨11-C）

図5 内外からの作用で非対称細胞分裂が起きる

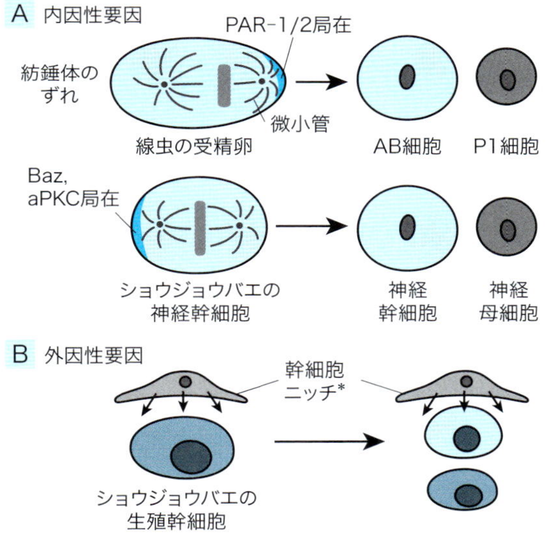

＊幹細胞の性質に影響を与える局所環境

図6 周期的遺伝子発現がみられる機構

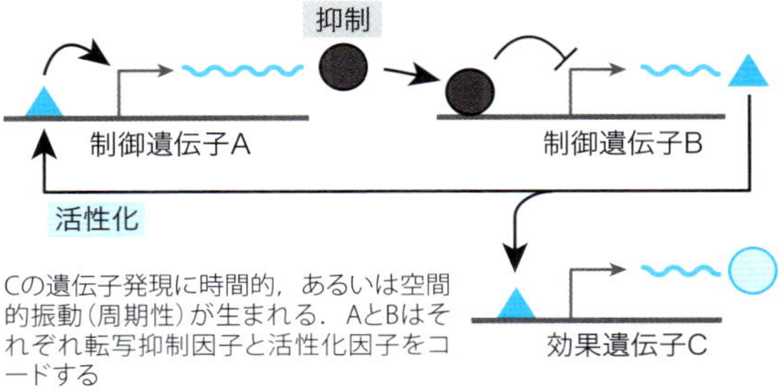

11-B
体制の決定と分化の制御

重要ワード **11-C**

ホメオボックス遺伝子

point ショウジョウバエの研究から，体節の個性を決定するホメオティック（ホメオボックス）遺伝子が多数同定された。ホメオボックス遺伝子は転写制御因子をコードし，多細胞生物に広く保存されている。

形態形成にかかわるホメオボックス遺伝子

ショウジョウバエ〔正しくは黄色ショウジョウ（蕭条）バエという。腐った果物などに集まる小型のハエ〕は突然変異体が得やすく，10日で成虫になるなど，分子生物学研究に適しており，モーガンによって遺伝学の材料として使われ始めた。形態に異常をもつ変異体が多く得られたが，そのなかで，第三胸部体節が第二胸部体節に変異して翅が4枚あるウルトラバイソラックスや，触覚が脚になったアンテナペディアが発見された（図1）。そのような変異体は，体節のあるべき形態の変異という意味で**ホメオティック変異**と呼ばれる。これらの原因遺伝子（**ホメオティック遺伝子**）は60アミノ酸からなるヘリックス・ターン・ヘリックス型のDNA結合モチーフ，すなわち**ホメオドメイン**を共通構造としてもつことがわかり（図2），それらは一括して**ホメオボックス遺伝子**と呼ばれる。ホメオボックス遺伝子が作るタンパク質はホメオ（ドメイン）タンパク質という。**ホメオドメインタンパク質**はDNA結合性の**転写制御因子**である（⇨4-E）。

進化的に保存され，ハエにも植物にもある

ホメオボックス遺伝子はショウジョウバエから多数発見され，哺乳類にも相同遺伝子が存在する（図3）。植物にも存在し，花の形態形成にかかわる。いくつかのホメオボックス遺伝子は染色体上で**Hox**と呼ばれるクラスター（*lab*から*Abd-B*までの約10個の遺伝子の集団）を構成しており，哺乳類ではA～Dの**Hoxクラスター**が存在する（図4）。哺乳類のクラスター構造や個々の遺伝子はハエと相同で，しかも個々の遺伝子の発現部位もハエと類似している（遺伝子の大多数は同じ方向に転写され，上流で転写されるものほど後側で発現する）。これらの発見からホメオボックス遺伝子は，**発生**と**形態形成**に普遍的にかかわる遺伝子であることが明らかになった。ホメオボックス遺伝子のなかにはクラスターをなさない非Hox型が約20種類知られており，ホメオドメイン以外にDNA結合ドメインをもつもの〔**Pax**（paired）**型**，**POU型**〕ともたないもの（**LIM型**，Msx型TALEスーパークラスなど）に分けられる（図2）。

形態形成において幅広い働きをもつ

ホメオボックス遺伝子の発生における役割は，体節の個性を決定する**ホメオティックセレクター遺伝子**としての機能だけではなく，**母性効果遺伝子**（ビコイド，コーダル），**ペアルール遺伝子**（フシタラズ，

図1 ホメオティック変異は形態が異常になる

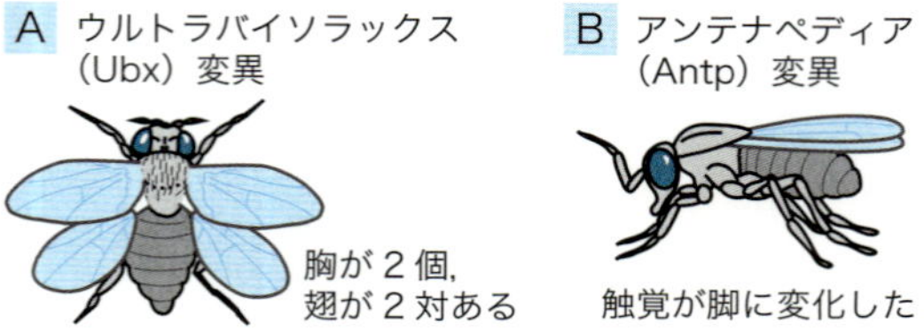

図2 ホメオボックス遺伝子の構造

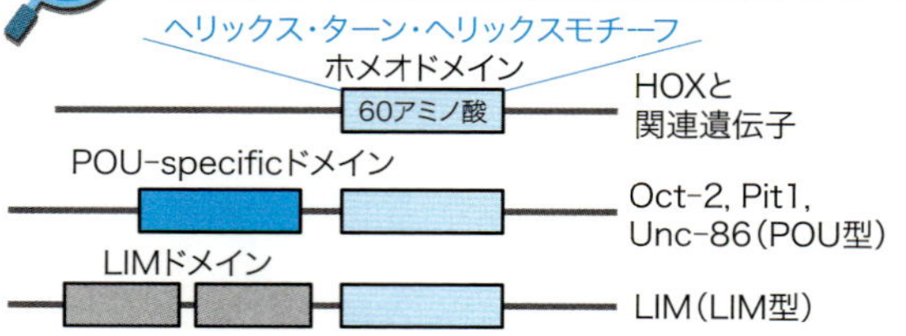

LIMドメイン：タンパク質結合領域
POU：Pit-1, Oct-1/2, Unc-86に共通にみられる領域名として命名された. DNA結合にかかわるPOU-specificドメインとホメオドメインをもつ

イーブンスキップト，ペアード），**セグメントポラリティー遺伝子**（エングレイルド）として機能するもの，さらには背腹軸のパターン化や種々の**器官形成遺伝子**として働くものなど多様である。ヒトにおけるホメオドメインタンパク質の欠損は，白血病（Hox，Pbxなど），毛や皮膚の異常（Hox），骨形成異常（Lim1）などの疾患にかかわることが知られている。

図3 ホメオボックス遺伝子はショウジョウバエと脊椎動物で相同性がある

ショウジョウバエの遺伝子	発生上の機能	脊椎動物の相同遺伝子
labial（*lab*）	ホメオティック	*Hoxa1*, *b1*, *d1*
proboscipedia（*pb*）	ホメオティック	*Hoxa2*, *b2*
Deformed（*Dfd*）	ホメオティック	*Hoxa4*～*d4*
Sex combs reduced（*scr*）	ホメオティック	*Hoxa5*～*c5*
Antennapedia（*Antp*）［アンテナペディア］	ホメオティック	*Hox6*～*8*
Ultrabithorax（*Ubx*）［ウルトラバイソラックス］	ホメオティック	*Hox6*～*8*
abdominal-A（*abd-A*）	ホメオティック	*Hox6*～*8*
Abdominal-B（*Abd-B*）	ホメオティック	*Hox9*～*13*
bicoid［ビコイド］	母親由来前後軸オーガナイザー	*RIEG*，*Pitx2*
caudal［コーダル］	母親由来・接合体由来の前後軸オーガナイザー	*Cdx2*
fushi-tarazu［フシタラズ］	ペアルール分節	なし
even skipped［イーブンスキップト］	ペアルール分節	*Evx1*，*2*
paired［ペアード］	ペアルール分節	*Pax*
zerknullt（*zen*）	背腹軸パターン化	*Hox3*
engrailed（*en*）［エングレイルド］	セグメントポラリティー，後部コンパートメントセレクター	*Engrailed*
apterous	背側の翅コンパートメントセレクター	*Lhx*
eyeless（*toy*）	眼のセレクター	*Pax6*
Distal-less	肢のセレクター	*Dlx*
tinman	中胚葉・心臓セレクター	*Nkx-2.5*
extradenticle（*exd*）	Hoxコファクター	*Exd*
homothorax（*hth*）	触角，肢の近位形成	*meis*

（ ）内は略語
［ ］内は日本語訳

図4 ショウジョウバエと哺乳類のHox遺伝子クラスターは非常に似ている

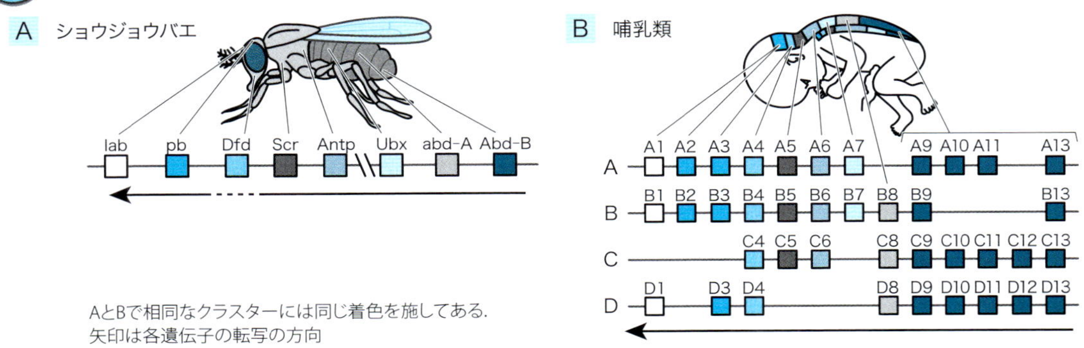

AとBで相同なクラスターには同じ着色を施してある．
矢印は各遺伝子の転写の方向

重要ワード **11-D**

幹細胞

point 失われた細胞や組織を補充する機構を再生という。再生が起こる場所には分化細胞を生み出す幹細胞があり，骨髄中の造血幹細胞は特に分化の多様性が広い。胚性幹細胞には分化の全能性がある。

再生により失った組織が修復される

再生（regeneration）とは，成体において失われた組織の補充や修復（これを**組織ホメオスタシス**という）のために，分化した細胞が作られる現象である（図1）。小腸上皮や血液組織は常に再生が起こっている**生理的再生組織**であるが，肝臓や骨は傷ついたときに活発に再生するので**条件的再生組織**といわれる。一般に筋肉や神経は非再生組織とされるが，組織内には筋サテライト細胞や神経幹細胞がわずかに存在し，再生する潜在能力をもっている。再生の場には分化細胞を生産する**幹細胞**が必ず存在する。

図1 体の中では種々の再生が起こっている

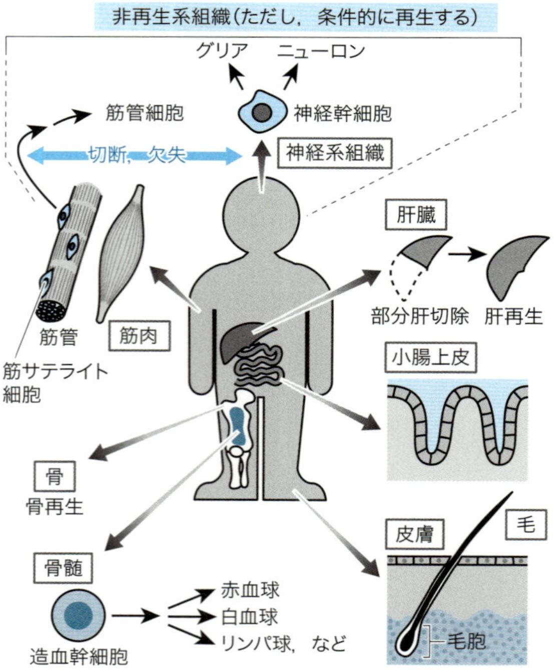

幹細胞は分化細胞を作る

幹細胞（stem cell）は自己複製と分化細胞産生という2つの性質をもち，大きく**生殖幹細胞**，**組織（体性）幹細胞**，**胚性幹細胞**（embryonic stem cell：**ES細胞**），あるいは分化能力により体細胞全般を作る**多能性**（multipotent）**幹細胞**，1種類の細胞にしか分化しない**単能性幹細胞**，すべてを作れる**全能性**（totipotent）**幹細胞**（受精卵がそれにあたる）に分けられる（図2）。なお，さまざまな組織の中には，**SP**（side population）**細胞**，あるいは**多能性成体前駆細胞**（MAPC，**スーパー幹細胞**）といわれる，非常に高い分化能をもつ細胞が潜んでいることがわかっている。分化は特異的サイトカインによって誘導され，分化細胞生産と自己再生産が対で進む**非対称細胞分裂**（⇨11-B）が起こる。

成体では組織幹細胞が分化する

胎仔期には内部細胞塊由来の幹細胞から，時期，部位特異的にさまざまな分化細胞が作られる。成体の幹細胞は再生が起こっているそれぞれの部位にあり，分化細胞（血球，筋肉，神経など）の供給源となる。骨髄は血球前駆細胞である**造血幹細胞**を含む。骨髄には，より未分化な**間葉系幹細胞**が存在し，種々の

図2 幹細胞は何種類かに分けられる

分裂で自己複製し，同時に分化細胞も作る

分類Ⅰ	分類Ⅱ
●全能性幹細胞 ●多能性幹細胞 ●単能性幹細胞	●胚性幹細胞（ES細胞） ●生殖幹細胞 ●組織（体性）幹細胞*

＊ SP細胞，MAPCを含む

細胞を誘導できる多能性幹細胞として機能している（注：上記のSP細胞である可能性もある）（図3）。**骨髄間葉系幹細胞**からは複数の特異的幹細胞が作られるという階層性があるが，幹細胞の特異性には互換性があり，分化の融通性という点で興味深い。再生能の高いイモリの目の光彩色素細胞には**分化の可塑性**があり，水晶体を除くと水晶体に変わるという，**分化転換**がみられる（図4）。

どんな細胞にも分化できるES細胞の利用

哺乳類の胎仔組織は**胚盤胞**（胞胚）の**内部細胞塊**（**ICM**）に由来し，ICMを培養してできるES細胞には**分化の全能性**に近い**分化の多能性**がある。現在ヒトを含むいくつかの動物でES細胞が樹立されている。ES細胞は不死化しているが，培養による細胞の維持には**フィーダー**といわれる足場細胞が必要であり，また分化状態維持のためにサイトカインなどが添加されている（図5）（⇨11-E）。ES細胞は胚盤胞に戻してキメラ個体を出産させることができ（⇨7-K），拒絶反応を起こさないように免疫機能を抑えたマウスに移植すると，腫瘍（**奇形腫**，**テラトーマ**）を作る。培養条件を工夫することでさまざまな組織に分化させることができる（⇨11-E）。

Memo 全能性をもつ個体

プラナリアには全能性に近い分化・再生力があり，切り刻んだ組織片から個体ができる。植物は基本的に分化の全能性をもつ（図6）。

図3 幹細胞には階層性がある

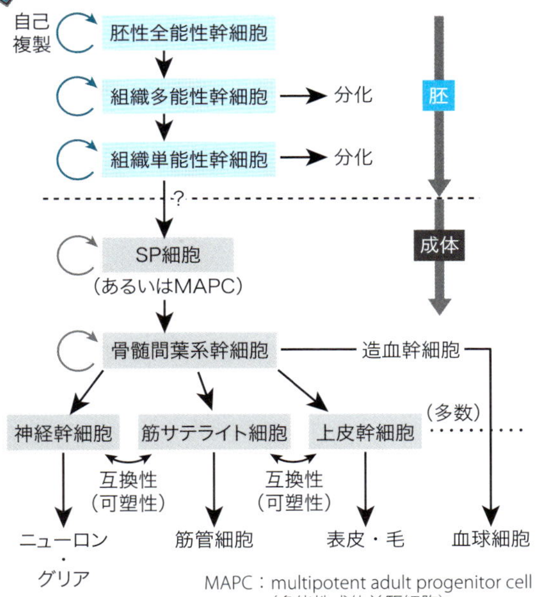

MAPC：multipotent adult progenitor cell（多能性成体前駆細胞）

図4 イモリには高い再生能力が備わっている

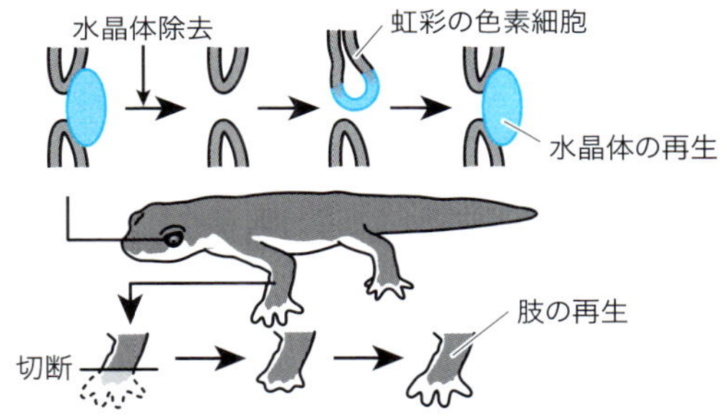

図5 ES細胞はシャーレ内で培養し維持できる

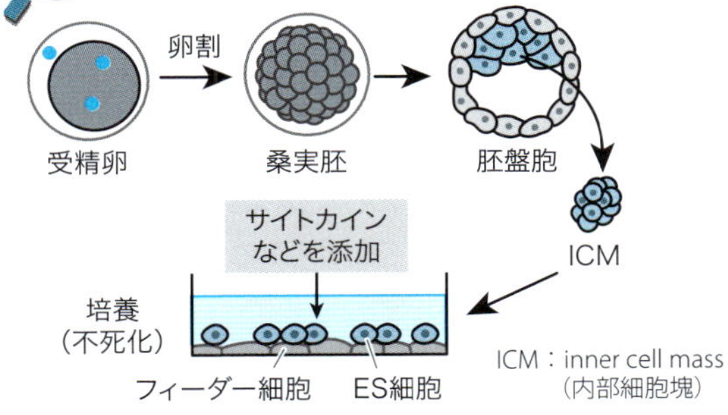

ICM：inner cell mass（内部細胞塊）

図6 全能性をもつ個体

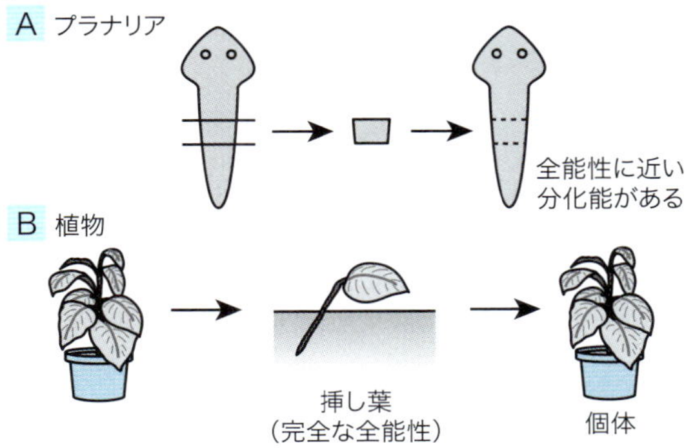

再生医療とES細胞，iPS細胞，組織幹細胞

point 人為的に作製した細胞や組織を個体に戻す「再生医療」を目標に，ES細胞，iPS細胞，組織幹細胞を材料にして，さまざまなシナリオに基づく研究が進められている。

再生医療とは

失われた組織や臓器の一部を *in vitro*（試験管内）で分化させた細胞・組織で補う**再生医療**は，1998年のヒトES細胞樹立を機に，より現実的なものとなった。移植の材料には，ES細胞，組織（体性）幹細胞（⇨11-D），iPS細胞などが使われる（図1）。

基本となる材料，ES細胞

ES細胞（胚性幹細胞）は全能性に近い分化能をもった不死化細胞で，転写制御因子の**Oct3/4**や**Nanog**などが発現している。マウスでは未分化状態維持のため**LIF**（白血病阻害因子）などが加えられる。LIFは**Jak–Statシグナル伝達**（⇨9-G）などを介して分化を抑制する。**Wntシグナル伝達**の活性化も同様の効果があり，LIFと**BMP4**（骨形成因子）両方を使うと未分化状態を無血清培地で維持できる。培養に必須な**フィーダー細胞**からも，何らかのサイトカインが出ていると考えられる。ES細胞を分化させる場合には薬剤（例：レチノイン酸）や増殖因子（例：EGF）を加える（図2）。

図1 幹細胞を利用すると再生医療が行える

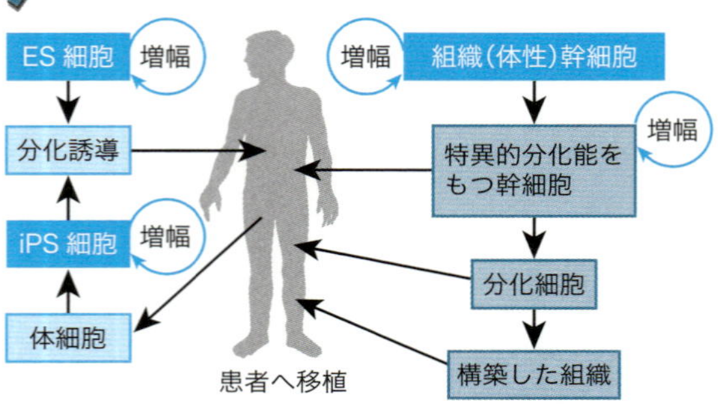

融通性の高いiPS細胞の利用

胚やES細胞によらない幹細胞に**iPS細胞**（induced pluripotent stem cell：**人工多能性幹細胞**）がある。材料として胎児〜成体の体細胞を**初期化**（**再プログラム化**ともいう）することにより**幹細胞化**するが，拒絶反応を起こさないように，本人の細胞を使うこともできる。山中伸弥博士らが最初に作製したiPS細胞は，4種類の遺伝子（**山中4因子**：***Oct4*，*Sox2*，*Klf4*，*c–Myc***）を導入して樹立された。初期化の効率は，癌抑制遺伝子***p53***や***p21****$^{Waf1/Cip1}$*で抑制される（図3）。

胚性生殖細胞は生殖細胞の時期に生殖細胞型の**再プログラム化**（⇒染色体上のエピジェネティックな修飾（⇨4-J）を消去し，幹細胞型に書き変えること）を受け，さらに受精〜胚発生の時期に初期胚型の再プログラム化を受ける（図4）。培養化されたES細胞も同様であるが，iPS細胞は初期胚型再プログラム化のみしか受けておらず，**胚性生殖細胞**（**EG細胞**）とはエピジェネティック状態に違いがあると考えられる。

図2 ES細胞の再生医療への応用

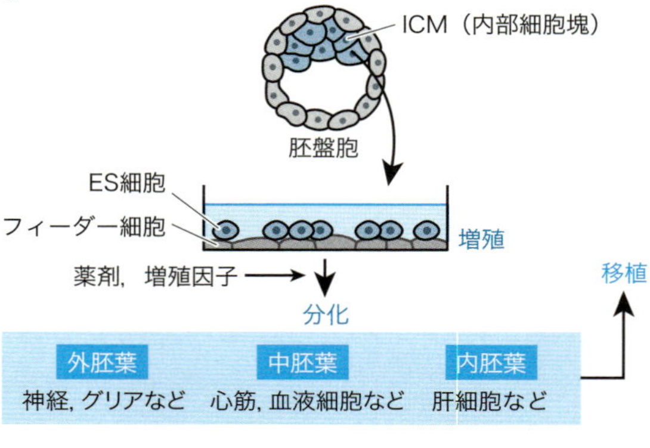

ES細胞，iPS細胞が抱える問題

ヒトES細胞の使用では卵の確保の困難さや，生命の萌芽である胚を使うという倫理的問題に加え，技術的問題も多々ある（図5A, B）。最大の問題は用いる細胞の安全性で，具体的には感染性因子の混入の防止と，癌化の防止である。ES細胞は完全に分化しないかぎり移植後に**奇形腫**になるが，iPS細胞ではその頻度が高い。iPS細胞では初期化の機構がES細胞と異なるため，寿命の短いマウスではわからない不具合がヒトで見つかる可能性がある。さらに遺伝子導入でレトロウイルスなどを使用し，癌原遺伝子（⇨12-C）*c-Myc*を使うと，発癌の確率がより高まる危険性がある（図5C）（⇒ほかの材料や初期化方法も検討されている）。

組織幹細胞を用いる戦略

組織幹細胞を使い，上記の障害を避けるアプローチもある（図6）。骨髄由来細胞や胎児脳細胞などの分化細胞を患者に移植し，そこに含まれる幹細胞の分化を期待する治療法は以前から行われていた。骨髄にある**間葉系幹細胞**〔骨髄間葉系幹細胞（⇨11-D）〕は培養系で筋肉や軟骨細胞に分化させることができ，実際に，骨髄から採った幹細胞を含む細胞集団が移植に使用されている。健康なときに骨髄細胞などを準備しておき，必要なときに増殖・分化させて使用する。

図3 山中4因子でiPS細胞が樹立できる

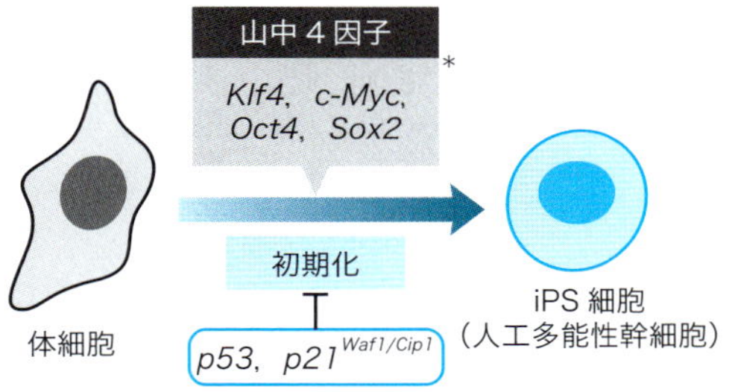

＊ *c-Myc*の代わりに*Lin28*を使う方法もある．*Oct4*が最も重要らしい．

図4 幹細胞における初期化（再プログラム化）

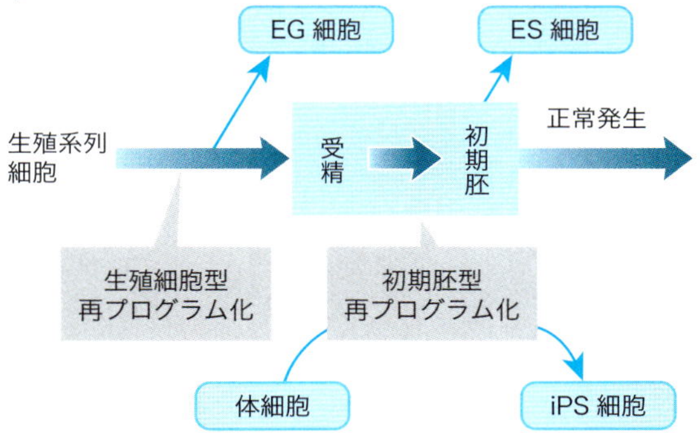

EG細胞：embryonic germ cell

図5 ES細胞やiPS細胞の利用にはまだ問題がある

A　ES細胞に特有な問題
- 卵の確保
- 倫理的問題（生命の萌芽をどう扱うか）
- 拒絶反応

B　双方が抱える問題
- 感染性因子の混入
- 分化細胞の純化
- 発癌の抑制
- 望む細胞・組織構築の可否
- 法律の整備
- ゲノム初期化の機構が未解決
- 工学など，他分野の支援
- 未分化状態の安定維持

C　iPS細胞特有の問題
- ウイルスベクター使用の危険性（感染，癌化）
- 癌関連遺伝子使用の可否
- 材料細胞をどこから得るかの決定
- 低い初期化効率

図6 組織幹細胞も再生医療に利用できる

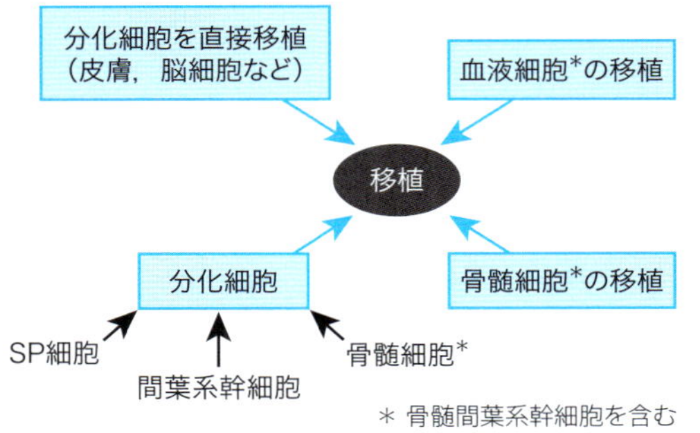

＊骨髄間葉系幹細胞を含む

11-E
再生医療とES細胞，iPS細胞，組織幹細胞

血球細胞の分化

point 造血組織は発生時期で変化する。成体では骨髄においてまず多能性造血幹細胞から骨髄系幹細胞とリンパ系幹細胞ができ，前者からは赤血球，血小板，白血球が，後者からはリンパ球が作られる。

血液はどのように作られるか

哺乳類の**造血**は初期胚では卵黄嚢で起こるが（これを**一次造血**といい，その後の造血は**二次造血**という），胎仔では肝臓や脾臓で起き，成体では**骨髄**が**造血器官**となる（リンパ組織や脾臓での造血は骨髄系幹細胞由来の二次的なもの）（図1）。骨髄では，**間葉系幹細胞**由来の**多能性造血幹細胞**（造血幹細胞）が**ストロマ細胞**（やはり間葉系幹細胞由来の支持細胞）と接着した状態で，幹細胞ニッチ（⇨11-B）の影響を受けて分化が進む（図2）。まず分化方向が決定されている**骨髄系幹細胞**と**リンパ系幹細胞**が出現するが，どちらも自己増殖能がある。前者は顆粒球や単球の前駆細胞，血小板前駆細胞，赤血球前駆細胞などへ分化し，ついでそれぞれに特有な分化が進み，最終分化した細胞が血中に現れる（血小板と赤血球を除いた残りの血球を**白血球**という）。後者は**B細胞**，**T細胞**，**ナチュラルキラー（NK）細胞**に分かれ，その後，最終分化する。

造血幹細胞の自己複製にホメオボックス遺伝子*HoxB4*やWntシグナル伝達（⇨9-G）がかかわることと，分化方向の決定にはポリコーム群遺伝子やエピジェネティクスがかかわることなどがわかりつつある。分化が決定された後，そこに働く因子はもっぱら外部のサイトカインであるが，これには**IL-3**，**SCF**（幹細胞因子），**GM-CSF**，**M-CSF**，**Epo**（エリスロポエチン）など，多数のものがある。

赤血球の分化を追ってみる

骨髄系幹細胞からBFU-Eへ，そして**Epo**をはじめとする種々のサイトカインによりCFU-Eへ分化し，Epoにより**前赤芽球**，**赤芽球**，**網状赤血球**（無核）に分化し，**赤血球**として末梢血に現れる。赤血球の分化には転写制御因子である**GATA因子**が必要である。GATA-1は細胞分化に必須で，GATA-2は未分化細胞維持に関与する。赤血球は2個の**α グロビン**と2個の**β グロビン**をもつ四量体で，中に鉄を含む**ヘム**が1個ずつ結合した**ヘモグロビン**をもち，酸素を運搬する。グロビン遺伝子はα，βともに，胎児型グロビン遺伝子を含むクラスターを形成しており（図3），発生に従って発現する遺伝子が交替する。

免疫機構に欠かせないリンパ球の成熟

リンパ球は免疫反応の中核をなす細胞である（⇨13-A）。B細胞〔分化器官である骨髄（bone marrow），あるいは見つかったニワトリの器官bursaから命名された〕は抗体を産生する。抗体分子を細

図1 胚発生とともに造血器官が変化する（マウスの場合）

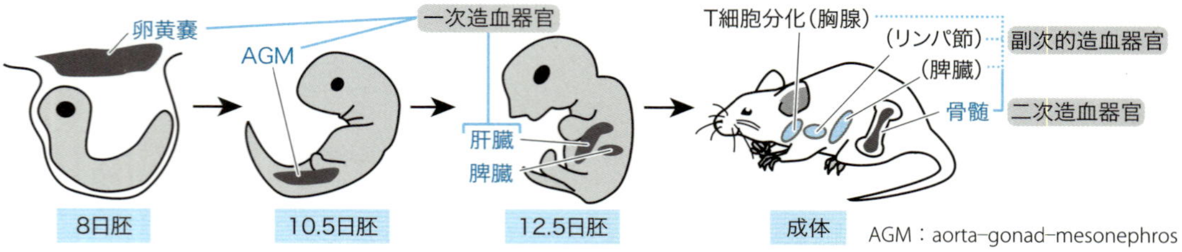

AGM：aorta-gonad-mesonephros

胞表面にもつ細胞が末梢血中で成熟B細胞，そして抗体を分泌する**形質細胞**へと分化する。一方，T細胞は**胸腺**（thymus）で分化し，表面に抗原を認識するT細胞抗原受容体をもつ。抗原が結合すると，サイトカインを分泌し，B細胞の抗体産生を調節したり（**ヘルパーT細胞**），白血球の増殖・分化・機能調節をしたり，ウイルス感染細胞，移植細胞，癌細胞を殺したり〔**細胞傷害性（キラー）T細胞**〕，自己免疫を防ぐ（**制御性T細胞**）などの機能を発揮する。

図2 血液細胞は多能性造血幹細胞から分化する

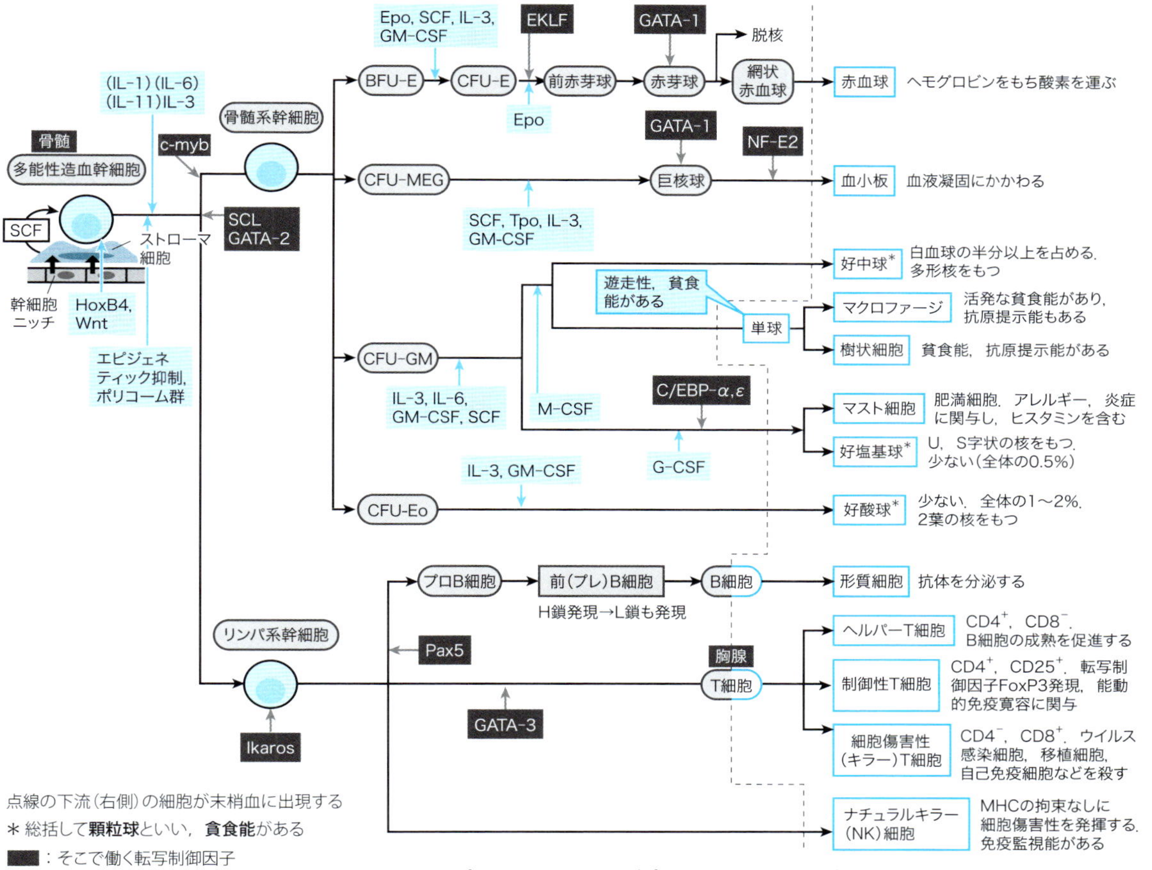

点線の下流（右側）の細胞が末梢血に出現する

＊総括して**顆粒球**といい，**貪食能**がある

■：そこで働く転写制御因子

IL：インターロイキン，SCF：stem cell factor，Epo：エリスロポエチン，Tpo：トロンボポエチン，CSF：コロニー刺激因子，G：顆粒球，M：マクロファージ，BFU：burst forming unit（前期前駆細胞），CFU：colony forming unit（後期前駆細胞），E：赤芽球，MEG：巨核球，Eo：好酸球

図3 ヒトグロビン遺伝子はクラスターを形成している

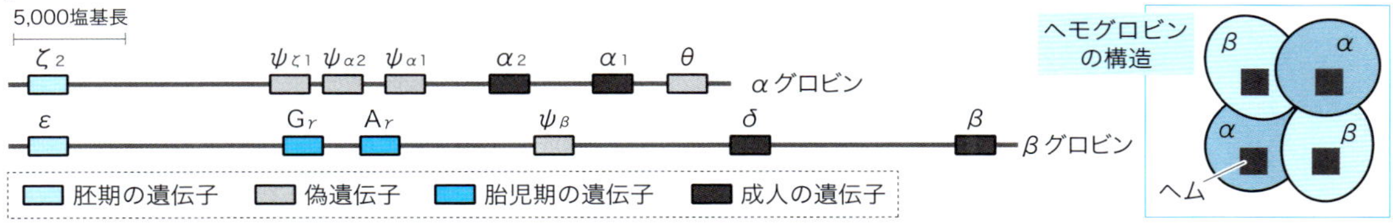

重要ワード **11-G**

神経系の形成

point 神経系は神経伝達能をもつニューロンと，それ以外の機能をもつグリアから構成される。脳と脊髄を含む中枢神経系は神経胚の外胚葉に由来する神経板から形成され，末梢神経系やグリアは神経堤の細胞から形成される。

脳はどのようにできるのか

脳は神経胚（⇨11-A）外胚葉に由来する**神経板**から形成される（図1）。神経板は**神経管**となった後，**前脳**，**中脳**，**菱脳**（りょうのう）（**後脳**）という3体節構造ができ，さらに**終脳**，間脳，中脳，後脳，**髄脳**という5つの分節ができる。哺乳類成体の脳は**大脳**（終脳），間脳，中脳，橋，**小脳**，**延髄**に分けられ，これに脊髄を加えたものを**中枢神経系**という。脳と脊髄から出る神経は**末梢神経系**を構成している。脳の形成と領域化に働く**ヘッドオーガナイザー**関連ホメオボックス遺伝子として，吻側神経板で発現する**Otx2**，Six3，ANXが知られており，Otx2欠損マウスは無頭になる。

神経系細胞を構成するニューロンとグリア

神経系細胞は神経伝達能をもつ**ニューロン**（**神経細胞**）と**グリア**（**神経膠**（こう）**細胞**）からなる。ニューロンはシグナルを受ける**樹状突起**，細胞体，シグナルを発する**軸索**からなり（図2A），多くの種類がある。グリアにはニューロンの機能補助や代謝・栄養を支える**アストログリア**，ミエリンを形成して軸索を絶

図1 胚における脳の形成（マウス神経胚において）

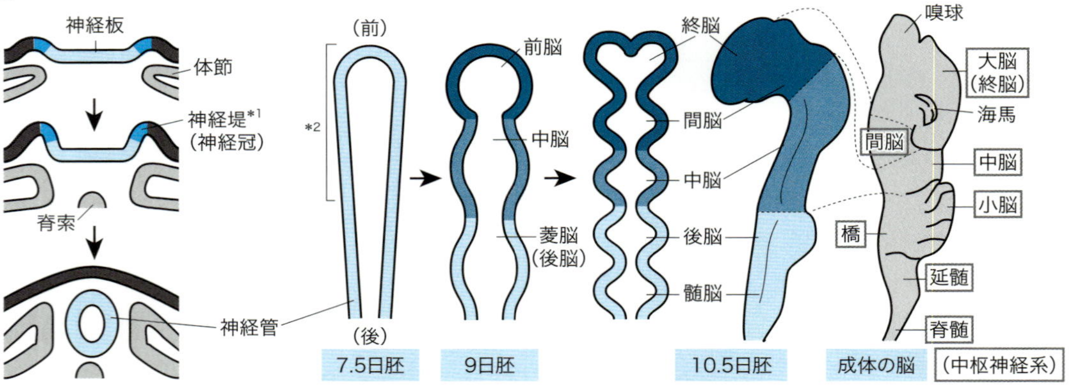

＊1 神経堤細胞は移動，分化し，間葉系細胞，色素細胞，末梢のニューロンやグリアとなる．**神経冠**ともいう
＊2 Otx2，Six3などが発現

図2 神経系細胞はニューロンとグリアからなる

A ニューロンの構造

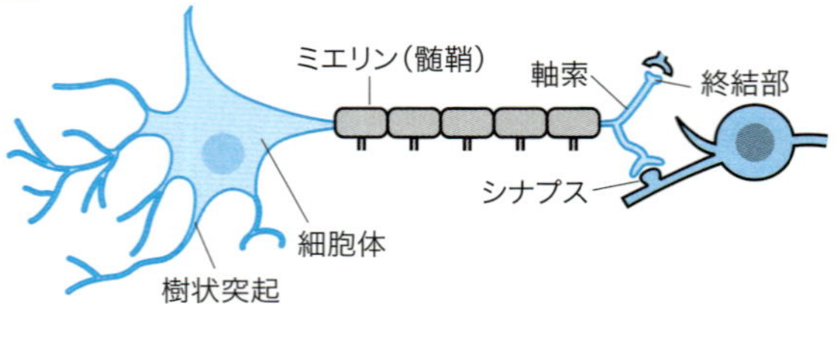

B グリアの種類

●アストログリア	ニューロンの維持，ニューロンの保護，ニューロンに栄養を与える
●オリゴデンドログリア*	ミエリンをつくる
●ミクログリア（単球由来）	ニューロンの傷害修復，貪食作用，脳内の清掃，免疫応答

＊ 末梢神経系ではシュワン細胞

縁する**オリゴデンドログリア**，単球由来でニューロンの傷害修復，脳内の清掃や免疫応答を担う**ミクログリア**が存在する（図2B）。末梢神経系のニューロンやグリアは，**神経堤（冠）**から遊走した細胞に由来する。

🔍 神経細胞はどのようにできる？

神経系細胞は**神経幹細胞**から自己複製可能なニューロン前駆細胞とグリア前駆細胞となり，それらが成熟細胞へと分化する（図3）。神経幹細胞の維持・増殖にはFGF2やEGFと転写制御因子**Sox**などがかかわり，それぞれの前駆細胞の成熟にはやはり多くのサイトカインや転写制御因子がかかわる。**神経幹細胞の非対称細胞分裂**（⇨11-B）に関連する因子として，転写制御因子**Prospero**やNotchシグナルの抑制因子Numbなどが知られている。

ニューロン分化にかかわる**神経特異的bHLH型転写制御因子**（プロニューラルbHLH）（⇨4-C）が多数知られている。神経幹細胞からニューロンへの分化には**Mash1**，**Math1/2**，**ニューロジェニン1/2**が，成熟にはNueroDやMath2が働く。また分化には**Hes**などの抑制性bHLH型転写制御因子も重要で，神経幹細胞ではむしろ分化を抑えている。神経系には分化したニューロンの脇のニューロンの分化が抑えられる**側方抑制**という現象があるが，これにはDelta-Notchシグナル伝達がかかわる（図4）（⇨9-G）。**Hes因子群**はこのシグナル系の標的因子であり，それによりMash1の機能が抑えられる。グリア細胞でもOligやHes群といった抑制性転写制御因子の機能が関与する。

図3 神経系細胞の分化とそれにかかわる因子

自己複製 ← 神経幹細胞
FGF2, EGF, Sox

Prospero, Numb → ニューロン前駆細胞
→ (PDGF, BDNF, Shh, RA, IGF-1, プロニューラルbHLH*) → ⊥ (Hes, Id, BMP) → ニューロン

神経幹細胞 → グリア前駆細胞
→ (Shh, IGF-1, PDGF, Olig) → ⊥ (Hes, Id, BMP) → オリゴデンドログリア
→ (LIF, BMP, IL-6, EGF, STAT3, Smad) → ⊥ (プロニューラルbHLH*, Olig) → アストログリア

*1 Mash1，ニューロジェニン1/2，NeuroD，Math1/2など
IGF-1：insulin-like growth factor-1
RA：レチノイン酸
Shh：ソニックヘッジホッグ
色文字は転写制御因子

図4 Delta-Notchシグナル伝達により脇のニューロン分化が抑えられる

細胞 — Delta / Notch → NID → 核 → Id遺伝子群 → ▲
→ Hes5 → ⬡
→ Hes1 → ● ⊣ Mash1遺伝子

Mash1 + Eタンパク質 → E-box → 神経分化を促進する標的遺伝子

NID：Notch intracellular domain

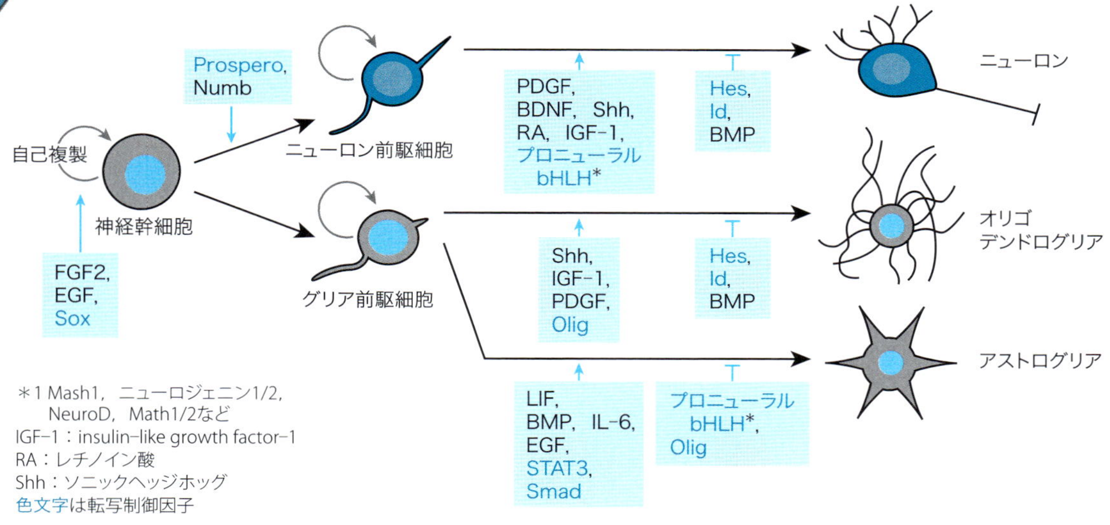

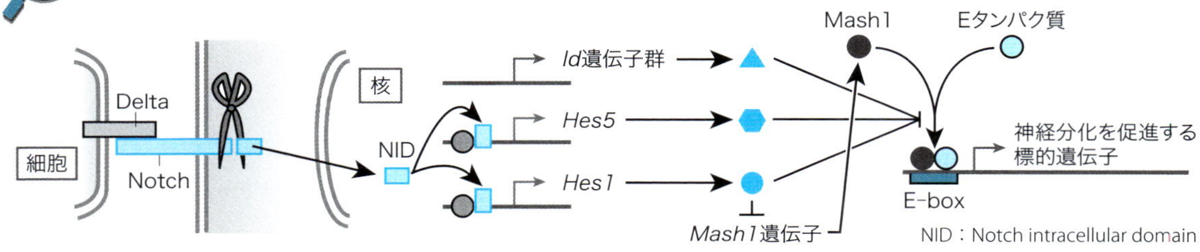

重要ワード **11-H**

骨および筋肉の形成

point 骨は神経堤，体節・側板（ともに中胚葉）に由来する間葉系幹細胞から形成され，骨芽細胞と破骨細胞の働きにより新陳代謝する。筋肉は中胚葉に由来する体節から分化し，MyoDファミリー因子はその促進にかかわる。

骨はどのように作られるか

骨格は体制維持や臓器保護にかかわり，Ca^{2+}貯蔵や造血を担う組織で，**骨**と**軟骨**がある。骨は**中胚葉**あるいは**神経堤細胞**由来の**間葉系幹細胞**（図1）から，**Runx2**，**Sox9**，**BMP**〔骨形成（誘導）因子〕などの働きによって**骨芽細胞**，**軟骨細胞**へと分化する（図2A）。骨の形成は，頭蓋骨などのごく一部は軟骨を経ない**膜性骨化**で形成されるが，大部分は**内軟骨性骨化**によって形成される（すなわち，最初に軟骨ができる）。この場合はまず**前軟骨細胞**が凝集して**軟骨化中心**ができ，続いてコラーゲンなどを産生して凝集し，膜で覆われた軟骨原基ができる（図2B）。中央部にできる成長板から細胞が成長し，やがて血管が侵入するとともに**骨芽細胞**が増殖し，基質が石灰化して骨芽細胞に置き換わる。軟骨細胞は壊され，成熟した骨が形成される（注：軟骨が骨細胞になるわけではない）。骨は，骨髄幹細胞由来で多核の**破骨細胞**による破壊・吸収と，骨芽細胞による再生との共調作用でたえず新陳代謝している。

図1 骨は間葉系幹細胞から作られる

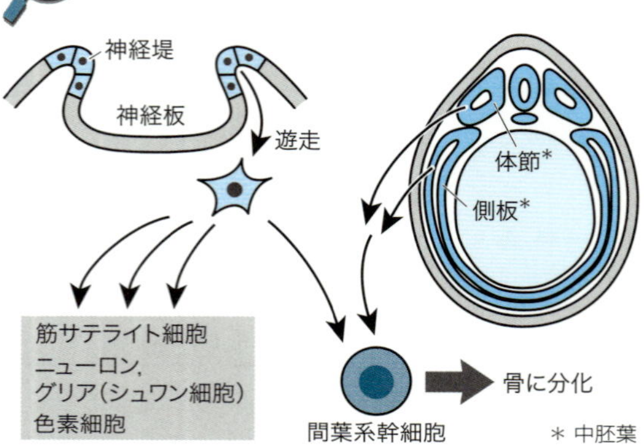

さまざまな骨形成

腕や足などの**付属肢骨格**は，**側板**から分化した**間葉系幹細胞**に由来する**肢芽**から発生する。これに対して**脊椎骨形成**は，まず神経管両脇の中胚葉由来体節から分化して**椎板**ができる。椎板は上下で融合すると同時に中央部の軟骨で融合し**椎体**となる。**頭蓋**のうち，脳を保護する神経頭蓋は主に神経堤細胞〔一部は沿軸中胚葉（体節のもとになる中胚葉）から発生する間葉系幹細胞〕に由来し，顔面を作る内臓頭蓋は神経堤細胞から分化した間葉に由来する。軟骨のなかには，関節軟骨や耳介など，骨に置換しない**永久軟骨**も存在する。

筋肉はどのようにできるのか

筋肉は基本的に中胚葉由来の**体節**から分化した，**硬節**と**皮筋節**に由来する（図3）。硬節は骨へと分化し，残った**皮筋節**から分化した**筋節**が**筋肉**になる。皮筋節側方の一部の細胞（筋前駆細胞）はその場から離れて遊走し，肢芽や横隔膜などの離れた場所で**骨格筋**に分化する。マウスの発生では上記のような過程が胎生9日から12日で起こり，骨格筋は13日目以降に現れる。体節の分化には*Wnt*，*BMP*，*Shh*（ソニックヘッジホッグ）などが，筋前駆細胞の遊走には*HGF*（肝細胞増殖因子），*Pax3*，*c-Met*などの遺伝子が関与する。**心筋**は骨格筋とは起源が異なり，側板前方に形成される原基からBMP，FGFなどの関与で発生する。

細胞レベルでみた筋分化機構

皮筋節から遊走する細胞は**Pax3/7**を発現するが，ついで**MyoD**，**Myf5**といったbHLH型転写因子群

（**MyoDファミリー**）を発現する筋芽細胞となる（図4）。この細胞は別のMyoDファミリーである**マイオジェニン**と**MRF4**が発現するとともに融合し（**メルトリン**などが関与），筋特異的ミオシンなどを発現して多核の**筋管**となり，それがさらに大きくなって**筋線維**（**筋細胞**）に成熟する。筋線維には少量の**筋サテライト細胞**やSP細胞 （⇨11-D）が随伴し，それぞれPax7と，MyoD，Pax3/7を発現し，筋切断時や細胞破壊時に**筋芽細胞**→筋細胞に分化する。

図2 軟骨細胞と骨芽細胞の発生（内軟骨性骨化を例にとり）

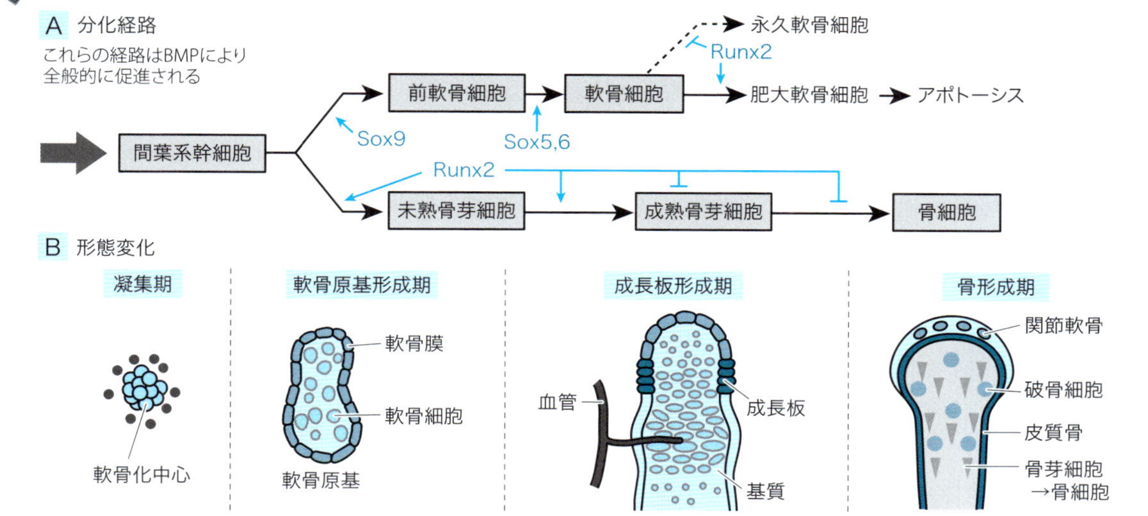

図3 骨格筋は体節から分化して形成される

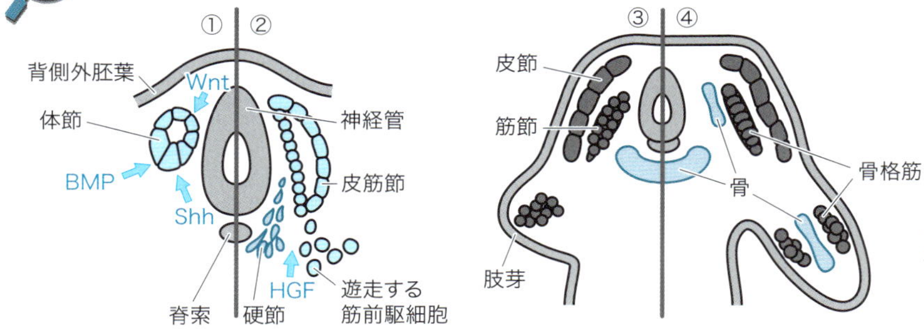

発生が①→④と進んでいく様子を示している
HGF：hepatocyte growth factor
Shh：ソニックヘッジホッグ

図4 筋分化能のある転写制御因子の働きで筋線維への成熟が進む（骨格筋の例）

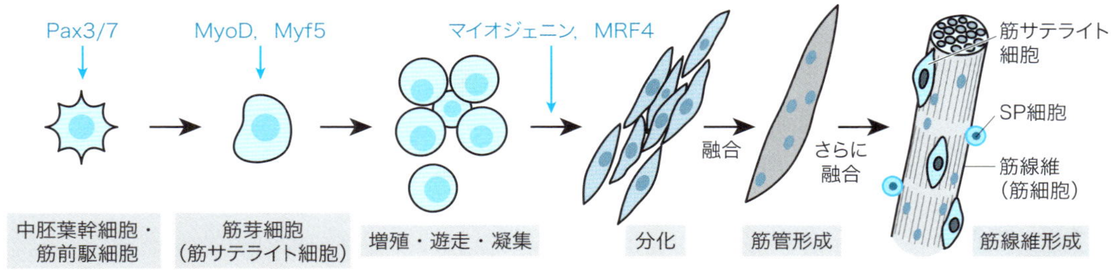

第12章

癌

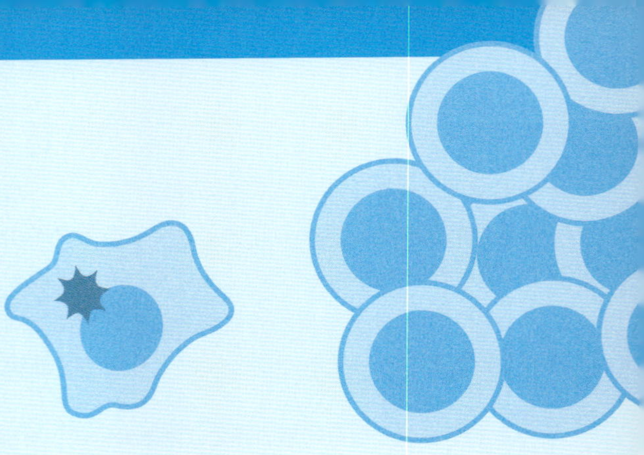

本章でわかる重要ワード

概論

正常細胞から癌細胞への突然変異（⇒12-A）により，細胞は不死化・無限増殖能とトランスフォームした細胞増殖能を獲得する。癌細胞において，突然変異はいろいろな遺伝子に起こるが，大部分は細胞の増殖制御にかかわるものに集約される。癌を起こす原因には多くの外来性の要因があるが，**ウイルス発癌**（⇒12-B）の例も意外に多い。パピローマウイルスやEBウイルスはDNA型腫瘍ウイルスで，HTLV-1やC型肝炎ウイルスはRNA型腫瘍ウイルスである。DNA型腫瘍ウイルスの原因遺伝子は宿主癌抑制遺伝子の機能を抑え，RNA型腫瘍ウイルスのなかのレトロウイルスの原因遺伝子は，細胞由来の遺伝子が変異した癌遺伝子（オンコジーン）をもつ。

細胞内には**発癌と癌抑制にかかわる遺伝子**（⇨12-C）の両方が存在する。癌遺伝子になるものは上述のように増殖促進にかかわる遺伝子である。一方，癌抑制遺伝子はそれと拮抗するように働いたり，染色体安定性やDNA修復，あるいは細胞死に効く。通常の癌は，体細胞突然変異が多段階に蓄積し，それにエピジェネティックな修飾が加わって遺伝的に変化したものであるため，**癌と遺伝**（⇨12-D）の直接の関係はない。しかし，癌のなかには遺伝性のものもあり，このような癌は生殖細胞にすでに存在する変異遺伝子が原因となっている。癌細胞のなかには自己複製と分化細胞産生という幹細胞タイプの細胞，すなわち**癌幹細胞**（⇨12-E）が少数存在する。癌幹細胞は移植によって癌に進展し，それ自身で転移能力をもつ。

発癌原因は，ゲノムレベルの小規模な突然変異だけではなく，**癌のエピジェネティクスと染色体不安定性**（⇨12-F）という，よりグローバルな事象も考慮しなくてはならない。CpGアイランドの過剰メチル化は遺伝子発現を抑制するため，癌抑制遺伝子に起こると発癌につながる。一方，DNAの低メチル化は染色体・ゲノムの不安定性を招き，やはり発癌につながる。ヒストンの修飾では転写活性に直接影響するアセチル化とメチル化が重要である。ほとんどすべての癌には，何らかの染色体異常が見つかる。

癌細胞の**増殖**（⇨12-G），癌細胞周辺の**血管新生**（⇨12-G），癌の**浸潤・転移**（⇨12-G）といった**癌の進展**（⇨12-G）には癌の微小環境，すなわち癌間質に含まれる細胞が重要な役割を果たす。癌細胞では自身の**生存**（⇨12-G）に有利な特

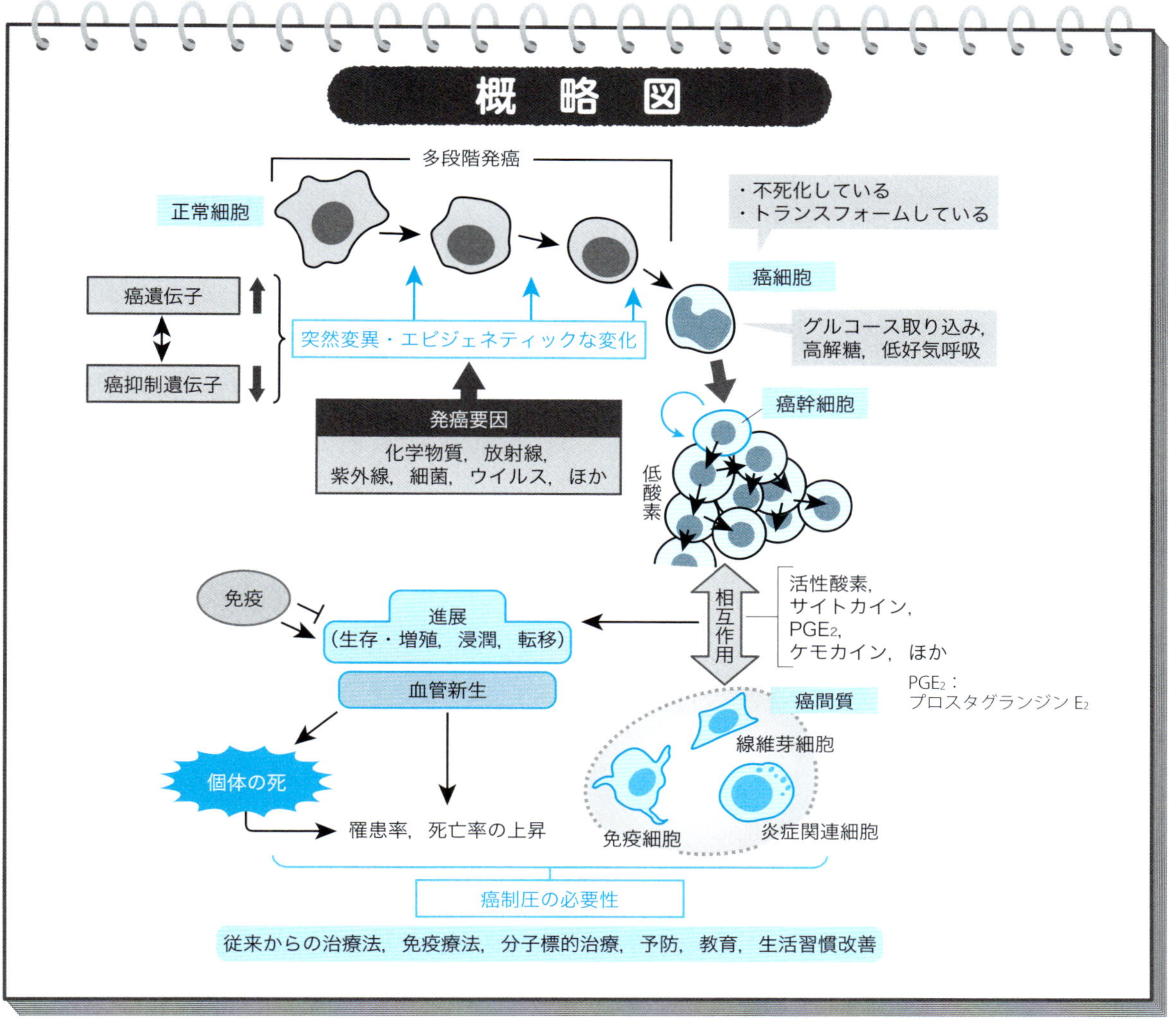

有の**代謝**（⇨12-G）がみられるが，癌間質に含まれる線維芽細胞や炎症性細胞・免疫関連細胞からは種々の活性酸素類，サイトカイン，ケモカインが産生され，それが癌の悪性化や進展を促進する。癌細胞自身も癌間質細胞を自分に有利なように変化させる。癌組織の周囲は血管が少ないために低酸素状態になりやすい。低酸素はHIF-1αの発現量上昇を含む種々の効果を癌微小環境にもたらし，それによって血管新生が誘導され，癌が進展する。

癌は日本において死亡原因の1位であり，**癌の制圧**（⇨12-H）は医学における最重要課題となっている。従来までの療法（外科，薬物，放射線）に加え，最近では免疫機能を利用した**免疫療法**（⇨12-H）や，癌細胞で優位かつ積極的に働く受容体やシグナル伝達分子を低分子物質や抗体で特異的に攻撃する**分子標的治療**（⇨12-H）などが進んでいる。**遺伝子治療**（⇨12-H）はいくつか試みられてはいるがまだ解決すべき点が多く，未だ標準的治療法にはなっていない。

重要ワード **12-A**

正常細胞から癌細胞への突然変異

point 癌細胞は無限に分裂する性質をもち，細胞社会性を失い，増殖性が亢進した変異細胞である。変異原によってDNAが損傷して突然変異が生じ，それらが固定されることにより癌細胞へと変化する。

癌細胞はずっと増殖し続ける

個体の中にある細胞を *in vitro* 培養してもクライシス（危機状態）を迎え，やがていっせいに死滅するが，癌細胞はそのようなことはなく，ずっと増殖する（図1）。これを細胞が**不死化**しているといい，癌細胞の本質的な性質である（図2A）。原因はいろいろであるが，基本的には細胞周期の制御 （⇨10-B）に異常が起こっている。細胞が複製するたびに染色体から**テロメア**が少しずつ失われ，やがて染色体が不安定化する （⇨2-D）ことが細胞寿命の一因であるが，癌細胞には，本来わずかにしか存在しないテロメア複製酵素**テロメラーゼ**が高いレベルでみられる（図1）。

培養癌細胞は特有の形質を示す

不死化は病理的癌に至る十分条件ではない。癌細胞は培養レベルでの性質が変化しており，正常細胞が増えられない状況でも増殖できる。これを**トランスフォーム**している（トランスフォーメーション）という（図2B，図3）。癌細胞は増殖因子要求性が低いが，これは増殖シグナルがなくても細胞周期がS期へ進行できることと関係がある。再生肝臓はある程度大きくなると増殖が停止するが，これは周りの細胞に触れると増殖が止まる性質（**接触阻止**）があるためである。癌細胞ではこの性質が失われており，盛り上がり，絡み合いながらそのまま増え続ける。正常細胞のなかに癌細胞があると，盛り上がった**フォーカス**として観察できる。血球系細胞を除き，細胞には基質細胞を足場にして増える**足場依存性**という性質があるが，癌細胞は軟寒天培地中あるいは浮遊しながらでも増殖することができる。正常細胞に比べ，癌細胞は一般に球形で運動性が少なく，また**カドヘリン**が消失して細胞がバラバラになりやすく，細胞間コミュニケーションが低下している。さらに癌細胞は場所を選ばず増殖することが可能である。これらを含めて**細胞社会性の喪失**という。**トランスフォーメーション**はあくまで試験管内でのことであるが，腫瘍原性をチェックする方法として，胸腺を欠き免疫

図1　テロメアが失われないと細胞は不死化する

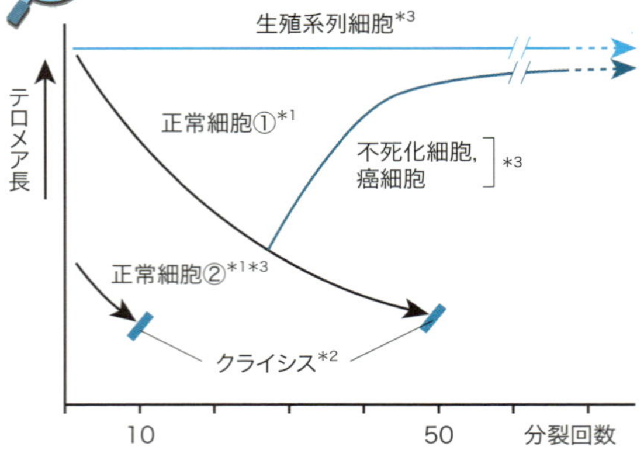

＊1　もとの細胞を得た個体の年齢が若い①，あるいは年老いている②で異なる
＊2「危機状態」．寿命がきて，突然すべての細胞が死滅すること
＊3　テロメラーゼ活性が高い

図2　癌細胞は正常細胞とは異なる性質をもつ

A　不死化している

- 常に細胞周期を回る
- 低濃度の増殖因子でも G_1 期→S期移行する
- テロメラーゼが活性が高い

B　トランスフォームしている

- 形態，運動性の変化
- 秩序だった増殖性の喪失
- 細胞社会性の喪失
- 移植により腫瘍原性を示す

能が低下している**ヌードマウス**に細胞を移植し，定着して癌組織に発達するかどうかをみる方法がある。

癌はどうして起こるのか

癌は自然にも一定の頻度で起こるが，これを高める外因性の**発癌物質**が多数あり，**変異原**（⇨2-E）の一部にもなっている（図4A）。外因性要因としては環境物質（大気汚染など）や職業に起因するもの（例：**アスベスト**，タール，X線），嗜好品（タバコ，アルコールなど），食品や食品に混在する物質，医薬品，放射線や紫外線，そしてウイルスや細菌といった生物的なもの（⇨12-B）がある。発癌物質は，癌化のきっかけとなる**発癌イニシエーター**（タールなど）と，それ自身には発癌性がないが，イニシエーターの効果を増大させる**発癌プロモーター**〔例：TPA（12-*O*-テトラデカノイルホルボール13-酢酸）などの**ホルボールエステル**〕に分けられる（図4B）。発癌イニシエーターはDNA傷害剤やDNA親和性物質であり，発癌プロモーターは遺伝子発現や細胞増殖に至る経路を刺激する作用がある。

図3 トランスフォームした細胞は独特の形態と増殖性を示す

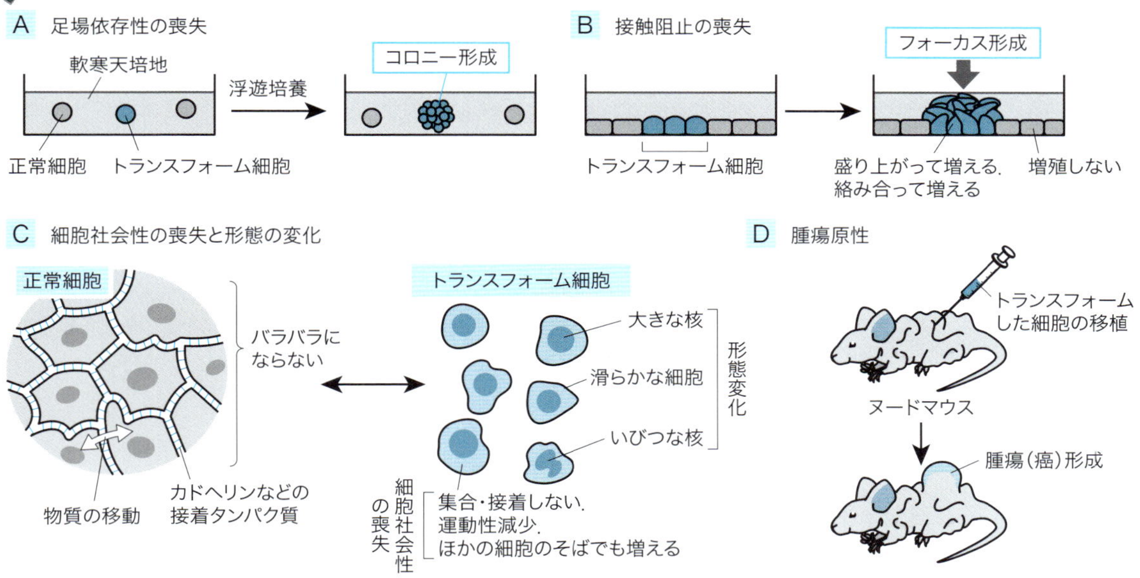

図4 発癌物質が癌の発生を高める

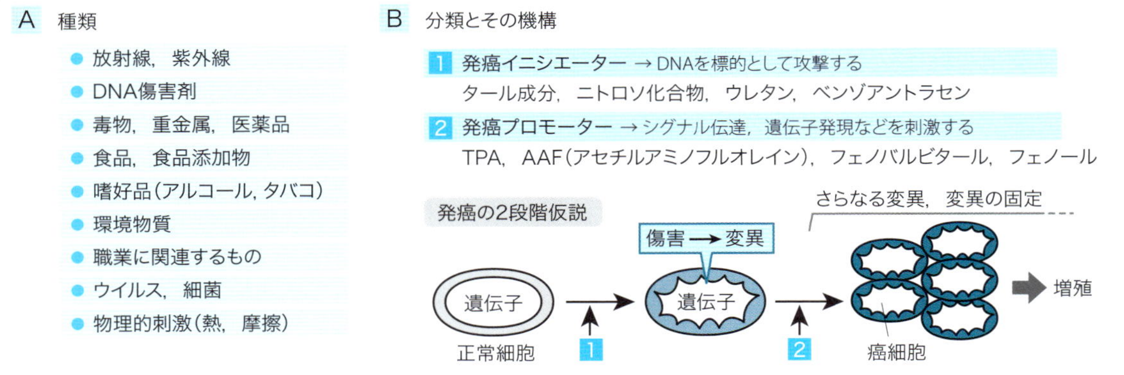

12-A 正常細胞から癌細胞への突然変異

ウイルス発癌

point ウイルスのなかには癌を起こすものがある。DNA型腫瘍ウイルスはウイルスタンパク質が宿主癌抑制遺伝子の機能を抑え，RNA型腫瘍ウイルスは，活性化型に変異した宿主由来遺伝子が癌遺伝子としての機能をもつ。

癌を起こすウイルスには2種類ある

ウイルスが細胞を殺さずに宿主細胞内に長期間潜む場合があり（宿主との関係で決まる），そのような場合，ウイルスの遺伝子が細胞を癌化させることがある。このような**腫瘍ウイルス（癌ウイルス）**にはDNA型，RNA型の両方が存在する（図1）。**腫瘍**には良性と悪性があり，**悪性腫瘍（悪性新生物**ともいう）は上皮組織に生ずる**癌**，結合組織に生ずる**肉腫**，血球細胞に生ずる**白血病**に分けられる（本書ではまとめて癌と記す）。

DNA型腫瘍ウイルスとは

パポバウイルスに属する**SV40**（サル）や**ポリオーマウイルス**（マウス），ヒトの**JCウイルス**は本来の宿主以外の動物に腫瘍を作る（ただしウイルスは増えない）。イボを作る**パピローマウイルス**は自然宿主に対して腫瘍（一般には良性）を作る。**ヒトパピローマウイルス（HPV）**のあるタイプは，**子宮頸癌**や皮膚癌の原因となる。ヒトの**アデノウイルス**や**単純ヘルペスウイルス**も実験動物に癌を作るが，後者に属する**EBウイルス**はヒトにバーキットリンパ腫や上咽頭癌を起こす。**B型肝炎ウイルス（HBV）**は輸血により感染して肝炎を発症するが，高い頻度で肝硬変を経て**肝臓癌**を起こす。癌化はウイルスの制御タンパク質（SV40のlarge **T抗原**，アデノウイルスの**E1A/B**，HBVの**pX**，HPVの**E6/7**など）（図2）と，細胞の転写や複製にかかわる因子との相互作用で起こり，転写や複製の亢進がみられる。

Memo ピロリ菌

ピロリ菌（*Helicobacter pylori*）は胃に生息する細菌で，世界の人口の約50％が感染している。分泌する酵素や毒が細胞傷害効果をもち，胃潰瘍，**十二指腸潰瘍**や**胃癌**の原因となる。

図1 動物やヒトに腫瘍を作るウイルスにはDNA型，RNA型がある

	ウイルス名	宿主	自然宿主での発癌	腫瘍の種類
DNA型腫瘍ウイルス	アデノウイルス	ヒト	−	肉腫*4
	ヒトパピローマウイルス（HPV）	ヒト	＋	乳頭腫（良性），子宮頸癌，皮膚癌
	ポリオーマウイルス	マウス	−	多くの癌，肉腫*4
	SV40（simian virus 40）	サル	−	肉腫*4
	JCウイルス*1	ヒト	−	肉腫*4
	EBウイルス	ヒト	＋	バーキットリンパ腫，上咽頭癌
	単純ヘルペスウイルス	ヒト	−（＋？）	肉腫*4（子宮頸癌？）
	伝染性軟疣腫ウイルス*2	ヒト	＋	軟疣（ゆう）腫（いぼ，良性）
	B型肝炎ウイルス（HBV）*3	ヒト	＋	肝臓癌
RNA型腫瘍ウイルス*5	ラウス肉腫ウイルス（RSV）	トリ	＋	肉腫
	トリ白血病ウイルス	トリ	＋	白血病
	マウス白血病ウイルス	マウス	＋	白血病
	マウス肉腫ウイルス	マウス	＋	肉腫
	ヒトT細胞白血病ウイルス（HTLV-1）	ヒト	＋	白血病
	C型肝炎ウイルス（HCV）*6	ヒト	＋	肝臓癌

＊1 ヒトポリオーマウイルスの一種　＊2 パラポックスウイルスの一種　＊3 ヘパドナウイルス科に属する
＊4 自然宿主以外の実験動物に癌を起こす　＊5 HCV以外はレトロウイルス科に属する　＊6 フラビウイルス科に属する

RNA型腫瘍ウイルスとは

レトロウイルス科に属するRNAウイルスは，基本的には**逆転写酵素**と増殖に必要な3つの遺伝子をもつ。RNAは感染後DNAに逆転写され（注：レトロは逆の意），染色体に組み込まれる。ウイルスDNAは両末端に繰り返し配列**LTR**をもつ**レトロトランスポゾン**（⇨8-B）の一種で，逆転写酵素はRNase H活性と組み込み酵素活性を併せもつ。遺伝子発現によってウイルス粒子が形成され，出芽によってウイルスが緩やかに放出されるため，細胞は殺さず，細胞と共存する（なかに白血病を起こすものがある）（図3）。ウイルスゲノムに変異した宿主遺伝子が取り込まれて，病原性の強い**肉腫ウイルス**や**白血病ウイルス**となることがある。取り込んだ遺伝子の分だけ本来の遺伝子が欠失するため，一般に増殖欠陥型である。ウイルスがもつ宿主由来の遺伝子を**オンコジーン**といい，もととなった宿主遺伝子を**プロトオンコジーン**（**癌原遺伝子**）という（図4）。プロトオンコジーン産物は本来は細胞増殖に必要なタンパク質であるが，オンコジーンはそれがより強い活性をもつように変異している。**ヒトT細胞白血病ウイルス**（**HTLV-1**）は完全増殖型で典型的オンコジーンをもたないが，ウイルスが選択的スプライシングで作るタンパク質**Tax**が転写活性化因子として働く。**C型肝炎ウイルス**（**HCV**）の感染経路と病理はHBVに似るが，肝臓癌へ移行する確率はHBVより高い。日本でのウイルス性肝臓癌の大部分はHCVが原因である。

図2　DNA型腫瘍ウイルスタンパク質とp53，RB

RBやp53はこれらのタンパク質に結合して不活化される

図3　レトロウイルスはRNAから変換されたウイルスDNAが染色体に入り込み，その後増殖する

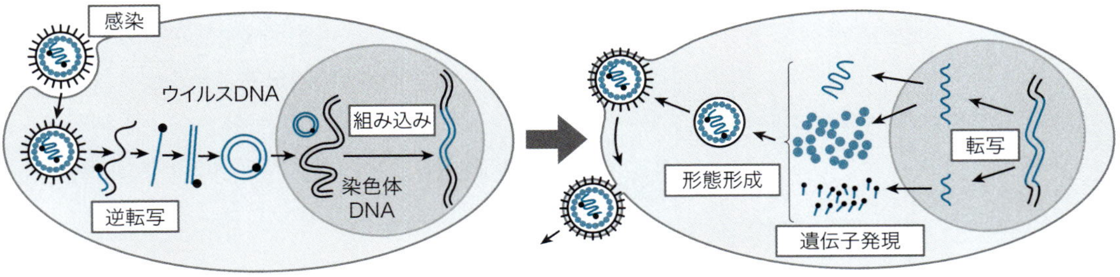

図4　RNA型腫瘍ウイルスは，レトロウイルスが宿主由来のプロトオンコジーンを取り込んでできた

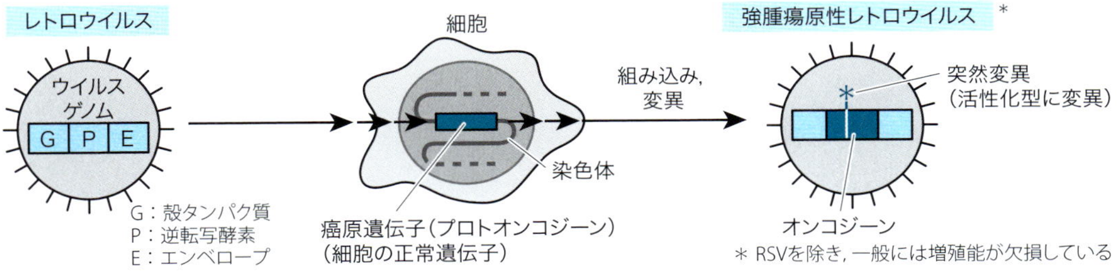

重要ワード **12-C**

発癌と癌抑制にかかわる遺伝子

point 癌を起こす遺伝子として細胞由来の癌遺伝子がある。また，細胞の癌抑制遺伝子にも多くのものがあり，癌で変異がみられる。アポトーシスやゲノム安定性にかかわる遺伝子も癌抑制に効く。

癌にかかわる遺伝子は細胞のどこで働くのか

癌にかかわる遺伝子を，その作用点から増殖因子，増殖因子の受容体，シグナル伝達因子，転写制御因子，アポトーシス関連因子，細胞周期制御因子，DNA修復因子，ユビキチン化・タンパク質分解関連因子などに分類することができる（図1）。さらに発癌に対する効果から，それらを癌化促進的に働く**癌遺伝子**と，抑制的に働く**癌抑制遺伝子**に分けることも可能である（注：後者からゲノム安定化に効く遺伝子を分ける場合もある）（図2）。

癌遺伝子はもとは悪さをしなかった

レトロウイルスがもつ癌遺伝子，**オンコジーン**（⇨12-B）の種類は多く，作用点も**増殖因子**（Sis），**受容体型チロシンキナーゼ**（**Erb-B**，Kit），**非受容体型チロシンキナーゼ**（**Src**，Yes，Abl），**低分子量Gタンパク質**（**H-Ras**，**K-Ras**），セリン/スレオニンキナーゼ（Mos），**転写制御因子**などのようにさまざまである。オンコジーンをもとに同定された細胞の遺伝子**プロトオンコジーン**（**癌原遺伝子**あるいは**原癌遺伝子**）は本来細胞機能に必要なもので，それ自身に発癌性はない。癌原遺伝子である転写制御因子の多くは核にあり（**c-myc**，**c-Jun**，c-erbAなど），**核内癌原遺伝子**といわれる。**c-Jun-c-Fos**のヘテロ二量体は発癌プロモーター**TPA**（⇨12-A）の応答配列（**TRE**）に結合する転写制御因子**AP-1**で，転写制御と癌との関連を示す例としてよく知られている。発癌遺伝子のなかにはこの他，レトロウイルスとは無関係に同定されたもの（Wntシグナル伝達系リガンドの**Wnt**やmas）や，オンコジーンのファミリー遺伝子（**ErbB2**）として見つかったものなどもある。

図1 癌にかかわる遺伝子の作用点

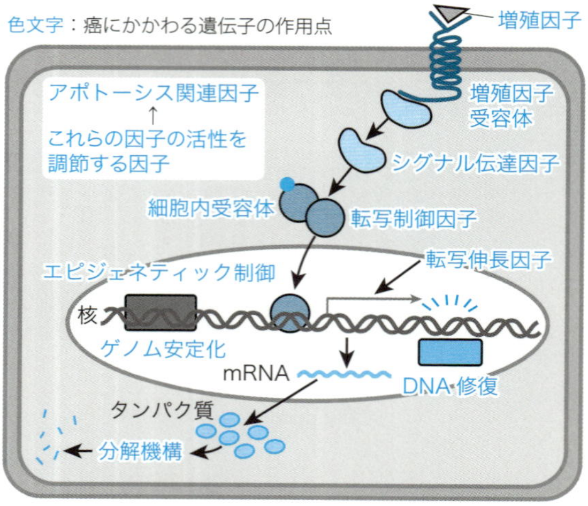

癌化を抑制する癌抑制遺伝子

大部分の変異は機能欠損になるため，癌における遺伝子変異は**癌抑制遺伝子**で見つかりやすい。癌抑制遺伝子の変異は大部分が劣性変異であるが，まれに***p53***のように（変異サブユニットも四量体に組み込まれるため）変異優性になる場合もある。癌で変

図2 癌にかかわる遺伝子のカテゴリーと相関関係

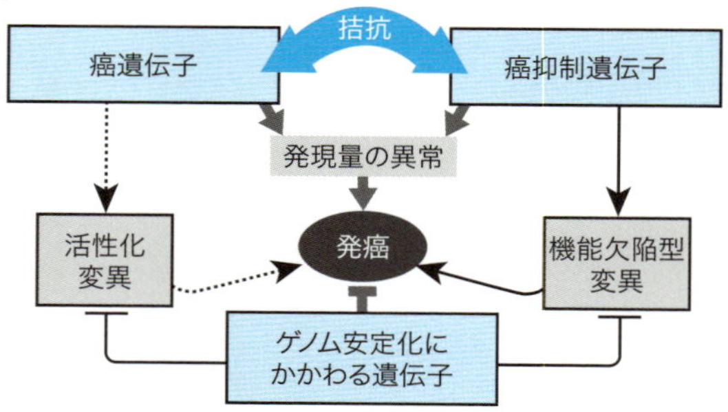

異している遺伝子の同定から，癌抑制遺伝子の存在が明らかとなり，これまでに**大腸癌**の***APC***，**網膜芽細胞腫**の***RB***，**ウィルムス腫瘍**の***WT1***など，多くのものが見出されている（図3）。**アポトーシス**や**ゲノム安定性**にかかわるものはもっぱら癌抑制に働く。

ゲノムが不安定になっても癌が起きる

DNA修復にかかわる遺伝子は発癌頻度の低下に必須な働きをしている（図4）。p53にはDNA傷害チェックポイント能があり （⇨10-C），それが癌抑制活性の一翼を担っている。**DNA二本鎖切断修復**に関与する**BRCA2**は乳癌，**ヌクレオチド除去修復酵素群** （⇨2-G） は皮膚癌（⇒**XP遺伝子群**）や大腸癌を含む重複癌（⇒**MSH2**など）と関係がある。転座，欠失，増幅といった染色体不安定性を招く遺伝子も発癌にかかわる。これに相当するものとしてプロテインキナーゼの**ATM**（**毛細血管拡張性運動失調症**）や，ATMの基質でもある**ナイミーヘン症候群**の原因遺伝子**NBS1**がある。ATMとNBS1はいずれも**家族性腫瘍**の原因となっている。

図3 主な癌抑制遺伝子

癌抑制遺伝子	異常のみられる癌	変異が検出された疾病	機能
RB	網膜芽細胞腫，肺癌，乳癌，骨肉腫	家族性網膜芽細胞腫	転写制御因子E2F抑制
p53	大腸癌，乳癌，肺癌	リ・フラウメニ症候群	転写制御
WT1	ウィルムス腫瘍	ウィルムス腫瘍	転写制御
APC	大腸癌，胃癌，膵臓癌	家族性腫瘍性ポリポーシス	βカテニン・DLG結合
p16	悪性黒色腫，食道癌	家族性悪性黒色腫	CKI（CDKインヒビター）
NF1	悪性黒色腫，神経芽腫	神経線維症Ⅰ型	GTPase活性化
VHL	腎臓癌	フォン・ヒッペル・リンドゥ病	E3リガーゼ，転写伸長調節（？）
BRCA1	家族性乳癌		転写制御，DNA修復
BRCA2	家族性乳癌		転写制御，DNA修復
DPC-4	膵臓癌		転写制御
SMAD2	大腸癌		転写制御
PTEN / MMAC1	神経膠芽腫	コウデン病	ホスファターゼ，細胞運動
MSH2，*MLH1*	大腸癌，子宮癌，腎盂癌	遺伝性非ポリポーシス大腸癌	ヌクレオチド除去修復
MEN1（メニン）	膵臓癌，下垂体腺腫	多発性内分泌腫瘍症1型	転写制御

DLG：*Drosophila* discs large

図4 DNA修復欠陥疾患は癌を併発しやすい

疾患	原因遺伝子	促進要因	起こりやすい癌
毛細血管拡張性失調症	*ATM*	DNA二本鎖切断（γ線など）	リンパ腫
ブルーム症候群	*BLM*	弱いアルキル化剤	多様な癌，白血病，リンパ腫
コケイン症候群	*CSA*，*CSB*	紫外線照射	(若年のうち癌以外で死亡しやすい)
ファンコニ貧血	*FACC*など	架橋剤	白血病
遺伝性非ポリポーシス大腸癌（家族性大腸癌）	*MSH2*など	紫外線照射，化学変異原物質	大腸癌，卵巣癌
色素性乾皮症（XP）	*XPB*，*XPD*など	紫外線照射，化学変異原物質	皮膚癌，悪性黒色腫
家族性乳癌	*BRCA2*	DNA二本鎖切断	乳癌，卵巣癌
ナイミーヘン症候群	*NBS1*	DNA二本鎖切断	さまざまな癌

癌と遺伝

point 癌には体細胞変異の蓄積で起こる非遺伝性のものと，子孫に伝わる遺伝性のものとがある。

癌は複数の変異をもつ体細胞変異が原因

普通の癌は**体細胞変異細胞**なので遺伝することはない。**癌罹患率**は60歳を過ぎると急激に上昇するため，発癌では突然変異が1回ではなく，複数回起こることが推定できる。実際の癌は，癌遺伝子や癌抑制遺伝子の変異が数〜十個蓄積された**多段階発癌**が起きた結果である。**大腸癌**において，悪性度が正常組織→腺腫（初期→後期）→癌腫と増すに従って変異が積み重なる現象（例：初期に**APC**，後期に**p53**）が観察されている（図1）。

癌には遺伝性・家族性のものもある

生殖細胞の癌関連遺伝子に変異があると，子孫に伝わる**家族性腫瘍**（**遺伝性腫瘍**）という状況になる。**常染色体優性遺伝**の形式をとるものが多く，癌が多臓器にできる**重複癌**の傾向を示すが，その顕著な例に**除去修復遺伝子**〔例：大腸菌**MutS**や**MutL**（⇨2-G）のホモログである**MSH2**や**MLH1**など（この他MSH6，PMS1/2もある）〕の欠陥が原因の**遺伝性非ポリポーシス大腸癌**（HNPCC）がある。この疾患では大腸以外にも多数の臓器に癌を発生し（**リンチ症候群**），また**マイクロサテライトDNA**（⇨8-A）の不安定性もみられる。**網膜芽細胞腫**，**家族性大腸ポリポーシス**も遺伝性である（図2）。

図1 大腸癌における多段階発癌の過程

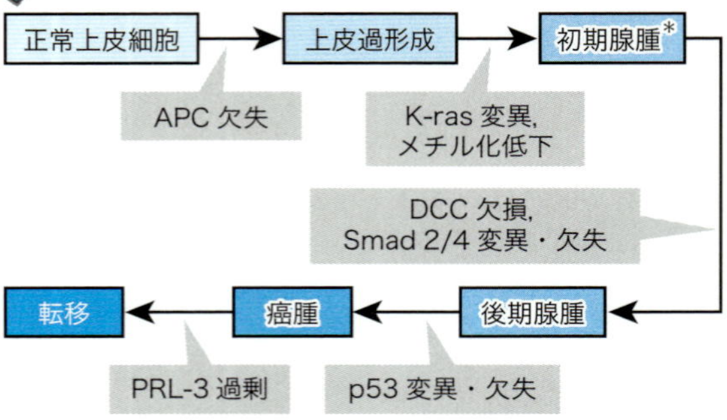

＊浸潤性の少ない良性腫瘍．ポリープとして出現する
DCC：deleted in colorectal cancer
PRL-3：転移にかかわる癌遺伝子

変異癌抑制遺伝子の遺伝形式

癌抑制遺伝子は基本的に劣性なので，発癌は遺伝子2本が変異する完全欠損が前提となる（**2ヒット仮説**）が，片方のみの変異でも，もう一方のアリルの欠失やエピジェネティックな不活化があれば（⇨12-F），発癌する。癌患者ではエピジェネティック修飾の程度が高いため，遺伝性腫瘍は優性遺伝しやすい。変異遺伝子が正常遺伝子機能を阻害する場合（**アンチモルフ**という）も**変異優性**となる（例：**p53**）。

図2 主な遺伝性腫瘍

病名＊1	発生する癌の部位＊2
遺伝性非ポリポーシス大腸癌＊3（*MSH2*，*MLH1* など）	大腸［子宮体部，胃，卵巣，小腸，腎盂，尿管］
家族性大腸ポリポーシス（*APC*）	大腸［胃，十二指腸］
遺伝性乳癌・卵巣癌症候群（*BRCA1*，*BRCA2*）	乳腺・卵巣［前立腺，膵臓］
リ・フラウメニ症候群（*p53*）	骨［乳腺，血液，脳，副腎皮質］
ウィルムス腫瘍（*WT1*）	腎臓
フォン・ヒッペル・リンドゥ病（*VHL*）	脳，神経系［腎臓，膵臓，肝臓，副腎］
網膜芽細胞腫（*RB*）	眼［骨，筋肉］
多発性内分泌腫瘍症1型（*MEN1*）	内分泌系
多発性内分泌腫瘍症2型（*RET*）	内分泌系
遺伝性黒色腫（*INK4a*）	皮膚［膵臓］

＊1（ ）は原因となる癌抑制遺伝子．ただし*RET*は癌遺伝子
＊2 主な部位．［ ］はその他の部位
＊3 HNPCC．リンチ症候群ともいう

癌幹細胞

point 癌組織中には癌細胞を作るとともに，自己複製能と多分化能をもつ癌幹細胞が存在する。

癌幹細胞とは何か？

癌組織を形成する細胞のなかには，癌細胞供給源となるような増殖性の高い少数の**癌幹細胞**が存在すると考えられるようになってきている（注：癌幹細胞のとらえ方には諸説ある）（図1）。現在提唱されている癌幹細胞の定義では，①動物に移植して癌が再現でき（**造腫瘍性**），②造腫瘍性の低い癌細胞（群）を生産する**多分化能**があり，③**自己複製能**をもつことがあげられる。造腫瘍性という最初の定義を除けば，癌幹細胞の特徴は通常の**幹細胞**（⇨11-D）の特徴に近い。

癌幹細胞はどうやって生まれた？

上記②の定義は，癌細胞に分化の階層性が存在することを意味する（注：癌組織中の細胞の分化度が不均一なことから多分化能という表現が使われるが，これには異論もある）。再生の盛んな組織には多分化能（例：**造血幹細胞**）や単分化能（例：それぞれの**組織幹細胞**）をもつ幹細胞が存在するが（⇨11-D），癌幹細胞はこのような幹細胞に変異が生じて腫瘍化したと考える仮説があり，おおむね支持されている（図2）。もう1つの仮説は，分化した細胞が変異して**幹細胞化**した（**脱分化**した）というもので，まだ不明な点も多く，これからの研究課題である。癌組織を観察していると，そのなかに分化度のより低い癌細胞が出現するという現象がみられるが，これは仮説Ⅱと合う。

癌幹細胞は難治性である

癌組織を抗癌剤処理しても少数の細胞（＝癌幹細胞）が生き残り，そこから急激に癌組織が進展するという現象が知られている。このように，癌幹細胞は高い増殖シグナル活性をもつと同時に，**難治性**である。癌幹細胞は高い薬剤排出能（例：**ABCトランスポーター**が高発現する）とDNA修復能により**抗癌剤耐性**や**放射線耐性**が亢進しており，運動性も高いことから，**浸潤**や**転移**にも積極的にかかわると考えられている。

図1 癌幹細胞の特性

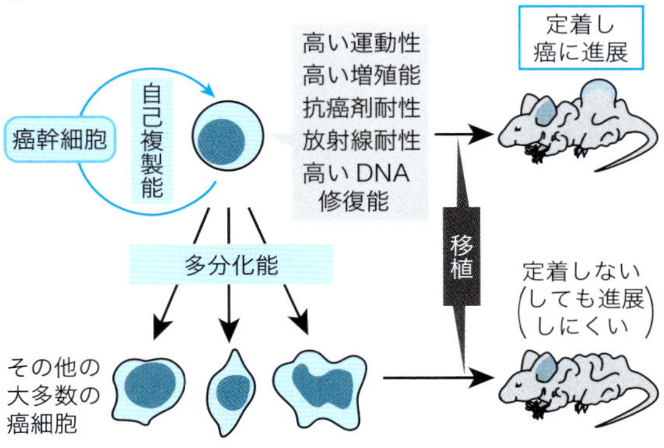

図2 癌幹細胞の起源

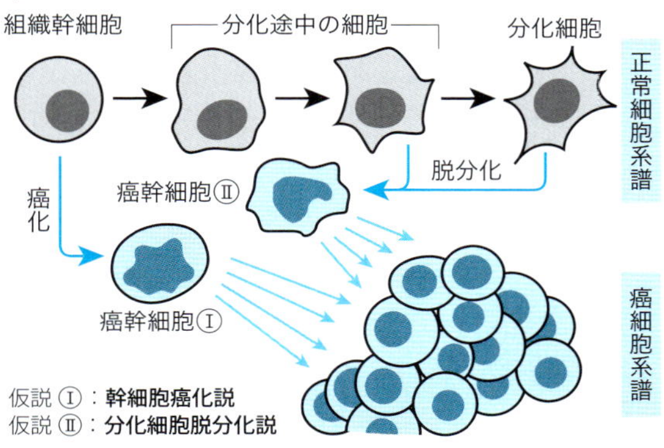

重要ワード **12-F**

癌のエピジェネティクスと染色体不安定性

point 癌化にはDNA塩基配列に起こる突然変異だけでなく，DNAメチル化異常といったエピジェネティックな修飾もかかわり，遺伝子発現の変化のみならず，DNAの安定性も影響を与える。

癌とDNAメチル化は強く関連する

遺伝形質の発現はエピゲノム（⇨4-K）でも決定されるが，なかでも**DNAメチル化異常**は癌との関連が強く，事実ほとんどの癌でメチル化異常がみられる（図1）。転写制御領域にある**CpGアイランド**の高メチル化は遺伝子発現抑制につながるが，これが癌抑制遺伝子にヒットするとメチル化亢進が発癌につながる。このような現象は癌抑制遺伝子（例：*Rb*, *p16*, *VHL*）で実際にみられている。CpGアイランドの高度メチル化蓄積状態を**CIMP**（CpG island methylator phenotype）というが，大腸癌を含む多くの癌で高いCIMP率が認められる。このようなこととは一見逆の現象だが，癌細胞は全体的にメチル化は低い。**低メチル化**は**DNA不安定性**を招き，それが原因で発癌に至るが，**DNAメチル化酵素**（**DNMT**）の欠陥が**染色体不安定性**と癌化亢進を招いたという例もある。メチル化異常は，加齢（⇒CpGアイランドでは上昇がみられる），**慢性炎症**（例：潰瘍性大腸炎），ウイルス感染（例：肝炎ウイルス，EBウイルス），そして細菌感染（⇒**ピロリ菌**の感染した胃では高メチル化がみられる）という，癌誘発危険因子とも相関している。

図1 DNAメチル化異常と発癌は強く関連する

メチル化異常→遺伝子抑制

DNA修復	（*MLH1*，*MGMT*，*WRN*，ほか）
チェックポイント	（*CDKN2A*，*p14*，ほか）
アポトーシス	（*DAPK*，*BNIP3*，*HRK*，ほか）
シグナル伝達	（*SFRP*，*DKK*，ほか）
血管新生，免疫監視	
細胞老化	（*CDKN2A*，*IGFBP7*）

（ ）は影響を受ける遺伝子

ヒストンの修飾と発癌

癌化に関連する**ヒストンの修飾**では，リジンの**アセチル化**と，リジンやアルギニンのメチル化が重要である（図2）。**HAT**（ヒストンアセチル化酵素）によるアセチル化と**HDAC**（ヒストン脱アセチル化酵

図2 エピジェネティックな変異と癌化との関連

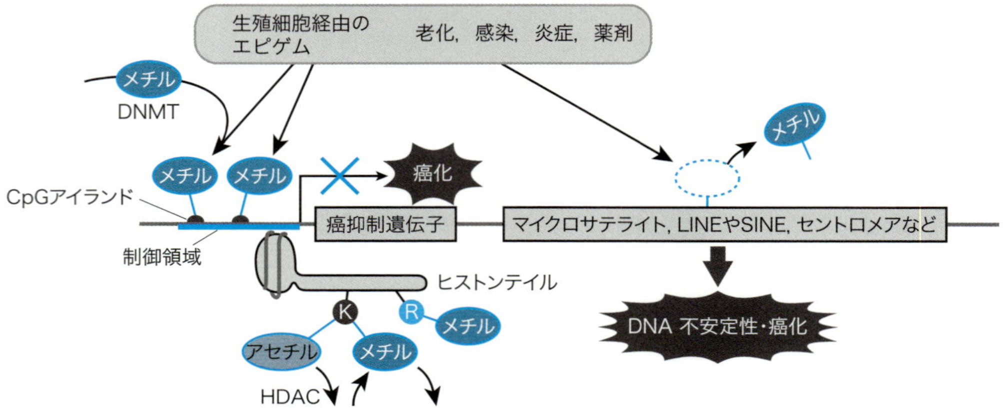

素）による脱アセチル化はそれぞれ転写の活性化と抑制を招き，癌化の亢進と抑制に相関する。**HMT**（ヒストンメチル化酵素）によるメチル化の多くは転写活性化を招くことが多いが，過度のメチル化は逆に転写抑制につながる。

エピゲノムを標的とする癌の治療と予防

癌におけるエピジェネティクス異常は，癌部と同時に非癌部でもみられ，エピジェネティクスの異常が癌誘発の原因となることを強く示唆する。エピジェネティックパターンは生殖細胞を通して次世代にも受け継がれることが多いが，ゲノム変異と異なり，エピジェネティクス異常は外部から修正できる可能性があり，エピジェネティクスの異常を修正する化学物質を抗癌剤や癌予防薬として使用する余地を残す。メチル化阻害薬（**脱メチル化薬**）として**araC**のような**シチジン誘導体**が使われていたが，近年ではDNAに取り込まれる**5-aza-2´-デオキシシチジン**（**デシタビン**）やDNAとRNAに取り込まれる**5-アザシチジン**が使われる（図3）。DNAに取り込まれたこれらの化合物がDNMT活性を阻害し，複製後の遺伝子を活性化状態に戻すと考えられ，予防薬としての効果もある。ヒストンアセチル化ではHDAC阻害薬（例：**SAHA**）が使用されており，メチル化ではHMTの阻害薬としていくつかのものが開発中である。

癌細胞における染色体不安定性

染色体分離異常で起こる**染色体異数性**が急性白血病や大腸癌の原因になり，マウスでは4倍体細胞が高率に癌化するが，このような細胞では何らかの原因で癌抑制能低下が起こっていると考えられる。欠失・組換え・重複といった染色体異常はほとんどの癌細胞でみられ，**染色体異常**を頻発する**先天異常**（例：**ブルーム症候群**，**ファンコニ症候群**，**ダウン症候群**）は発癌のリスクが高い。このような染色体異常では，癌化につながる遺伝子発現変化が起こると考えられる。癌ではアリルの一方が欠失した**ヘテロ接合性喪失**（**LOH**）がよく観察されるが，LOHが癌抑制遺伝子に起こると変異癌抑制遺伝子は優性の挙動をとる。より小さな規模のDNA不安定性に**マイクロサテライト不安定性**があるが，これにはDNAの**メチル化異常**が関係する。この現象は大腸癌でよくみられ，特に**遺伝性非ポリポーシス大腸癌**の原因遺伝子***MSH2***などの変異で頻発する。

図3 脱メチル化薬

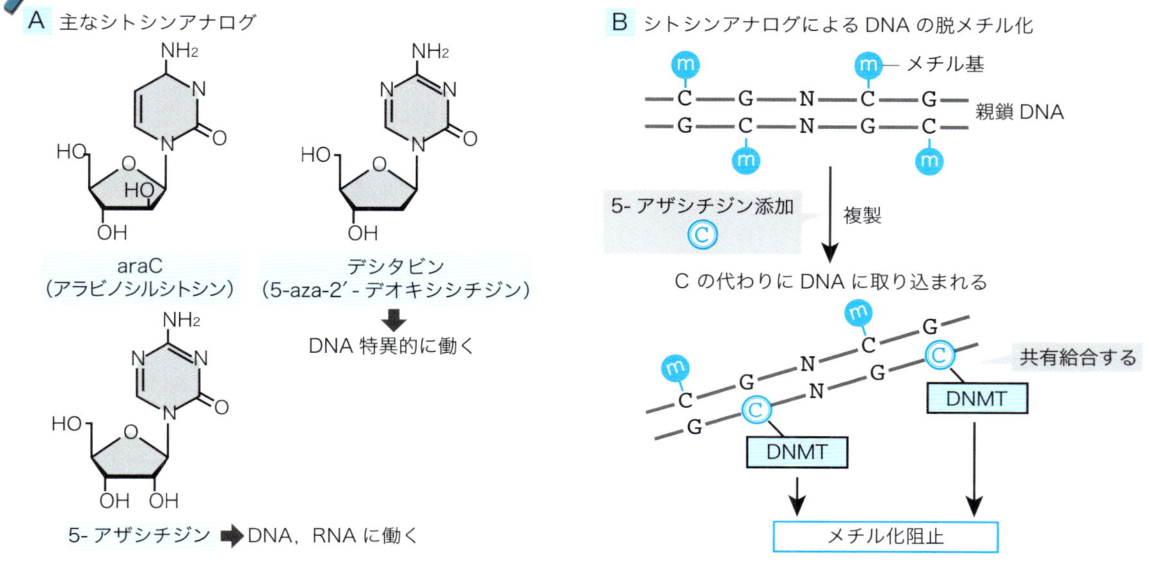

重要ワード **12-G**

癌の進展：代謝，生存・増殖，血管新生，浸潤・転移

point 増殖した癌細胞は血管を新生させながら大きな組織となり，やがて遠隔臓器に転移して全身に広がる。この現象には癌細胞にみられる特徴的な代謝と，癌間質細胞との密接な相互作用がかかわる。

癌は段階的に進展する

細胞はゲノムレベル・エピゲノムレベルの変異が蓄積し，良性腫瘍の状態を経て癌細胞となる。免疫監視機構を免れた癌細胞は組織に入り込み（**浸潤**），血管を作りながら拡大し，やがて離れた組織に到達して増殖し，最終的には個体を死に至らしめる。このような**癌の進展**（生存・増殖，浸潤・転移）には癌細胞特有の代謝，運動性，周囲の細胞・組織との相互作用がかかわる（図1）。

癌細胞は特殊な代謝をもつ

癌細胞は**グルコース取り込み能**が高く，酸素のある状況でも**解糖系**のレベルが高い（産生される**乳酸**は細胞を傷害し，癌化を促進する）一方で，クエン酸回路や**酸化的リン酸化**は低い。この**好気的解糖**ともいうべき現象は**ワールブルグ効果**として知られている（図2）。癌細胞は**低酸素**に適応しており，**低酸素ストレス**で活性化される転写制御因子**HIF-1α**（⇨9-H）の活性が高い。HIF-1αは複数の解糖系酵素の発現を高めるが，この1つにピルビン酸をクエン酸回路に導く**ピルビン酸脱水素酵素**（PDH）を阻害する**PDHキナーゼ**がある。低酸素状態では**電子伝達系**での電子負荷の増加により，ミトコンドリアでの活性酸素が上昇する。するとFe^{2+}が酸化され，酸化されたFe^{3+}がHIF-1αを不安定化に導くHIFプロリルヒドロキシラーゼを不活性化するため，低酸素ストレスがHIF-1αを安定化して癌化を進行させると考えらえる（図3）。一般に，**鉄の過剰**は発癌リスクの上昇につながる。低酸素は癌細胞がエネルギー供給低下と活性酸素増加に適応できるように，ミトコンドリアの機能的・形態的変化を誘導する（**ミトコンドリアリモデリング**）。

図1 癌進展の過程

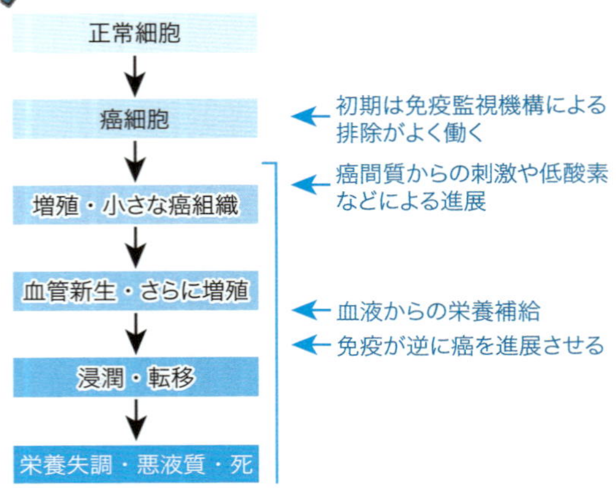

組織中での癌細胞の進展はどう起こる

癌の進展には**癌間質**といわれる周囲の**癌微小環境**がかかわる（図4）。間質は癌組織の50％以上を占め，**癌随伴線維芽細胞**（**CAF**：cancer-associated fibroblast），**炎症細胞**，血管やリンパ管，**細胞外マトリックス**からなる。CAFは血管新生に効く**VEGF**（**血管内皮細胞増殖因子**）などを産生して癌の進展を支える。

図2 ワールブルグ効果：好気的環境で解糖系が盛ん

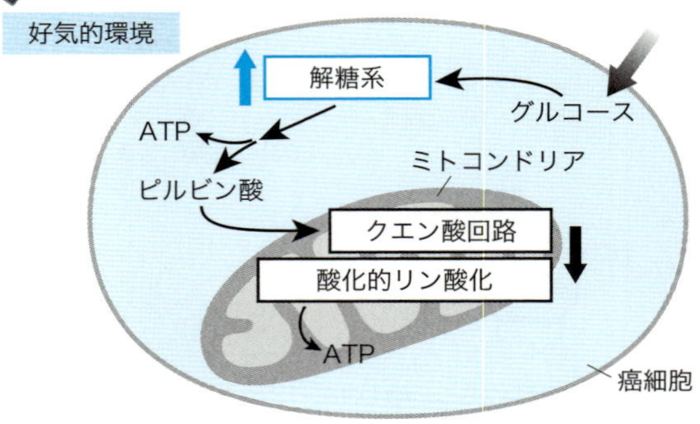

癌細胞が分泌するプロテアーゼ**MMP**（**マトリックスメタロプロテアーゼ**，特にMMP7）はVEGFに結合しているタンパク質を分解することによりVEGFを活性化し，**血管新生**を導く。このように癌間質と癌細胞は相互作用し合いながら癌の進展に働いており，**癌幹細胞ニッチ**も癌間質細胞にほかならない。**TGF-β**は正常細胞の増殖を抑制するが，癌細胞の**EMT**（**上皮-間葉細胞分化転換**。癌細胞が運動性のある形態に変化し，浸潤や転移に有利に働く）を促進し，癌細胞自身もTGF-βを出して線維芽細胞をCAFへ遷移させる。CAFはMMPも分泌し，細胞外マトリックスを分解して，浸潤に有利な"穴"を作る（図5）。癌の10～25％は炎症を伴う**炎症発癌**だが，**TAM**（**腫瘍随伴マクロファージ**）からは癌を悪化させるメディエーター，すなわち突然変異やDNAのエピジェネティック変異を誘発する**活性酸素**や**一酸化窒素**，**サイトカイン**や**ケモカイン**，そして免疫抑制に働く**プロスタグランジン**（例：PGE_2）などが分泌される。

《次ページに続く☞》

図3 低酸素は癌化を誘導し，進展させる

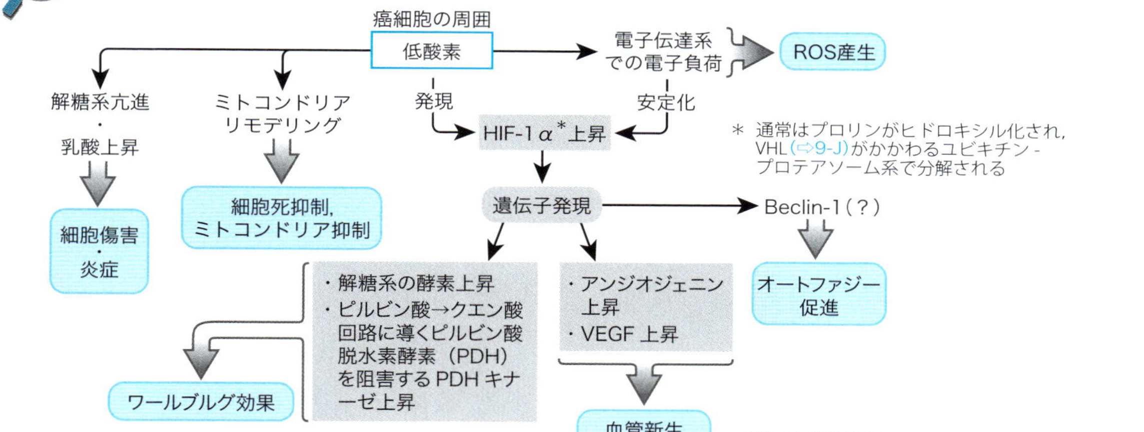

＊ 通常はプロリンがヒドロキシル化され，VHL（⇨9-J）がかかわるユビキチン-プロテアソーム系で分解される

ROS：活性酸素種

図4 癌の微小環境

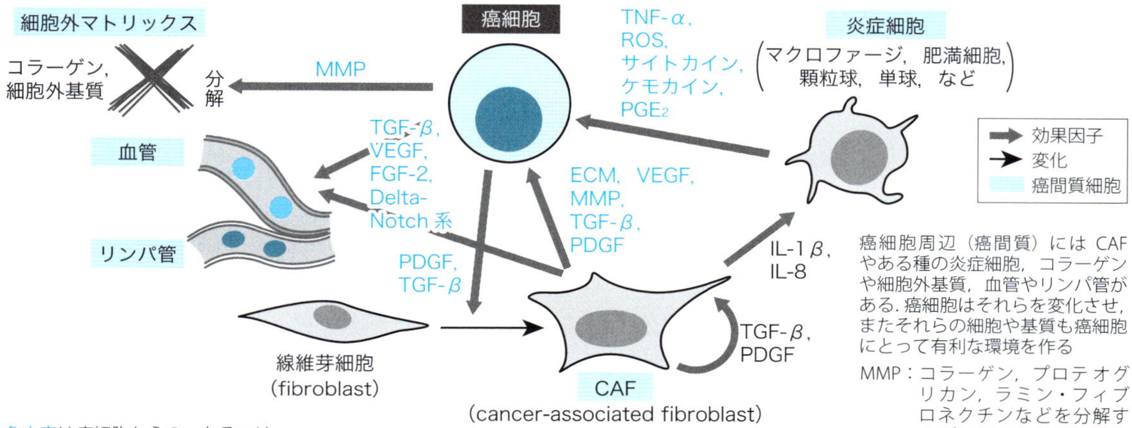

癌細胞周辺（癌間質）にはCAFやある種の炎症細胞，コラーゲンや細胞外基質，血管やリンパ管がある．癌細胞はそれらを変化させ，またそれらの細胞や基質も癌細胞にとって有利な環境を作る

MMP：コラーゲン，プロテオグリカン，ラミン・フィブロネクチンなどを分解するプロテアーゼの総称．多くの種類がある

色文字は癌細胞からの，あるいは癌細胞への作用物質を示す

血管新生で癌組織は増殖する

血管の乏しい癌組織は栄養と酸素が少ないため，血管の新生は癌の進展にとって最も重要である。**血管新生**の主要因子は癌細胞やその他の細胞が作る**VEGF**（特にVEGF-A。血管新生と内皮細胞の生存や遊走を助け，透過性を高める）で，VEGF抗体や**VEGF受容体**（チロシンキナーゼ）の阻害薬（例：**スニチニブ**）は抗癌剤となる。低酸素ストレスは**HIF-1α**の誘導を介して血管新生にかかわる遺伝子発現を制御する（図3，図6）。**FGF-2**，**TGF-β**，**Delta-Notch系**，MMPにも血管新生作用がある。癌組織では血管新生を抑える因子（**アンジオスタチン**など）の働きは弱い。癌組織では**リンパ管新生**もみられ，そこではマクロファージ由来**VEGF-C/D**が働く。

癌の転移

転移は**原発巣**の癌細胞が非連続的に遠隔臓器で増殖して**転移巣**を形成する現象で（図5），患者の生命予後に重大な影響を与えるため，癌治療の最大の課題となっている。転移は血行性以外でも，リンパ行性や播種性（例：腹腔膜を伝わる）で起こりうる。癌は新生血管に侵入しやすく，新生血管は癌細胞をなかに導きやすい構造をもつ。血中に入った癌細胞が毛細血管に捕捉される最初の臓器で転移巣を作りやすいが，転移しやすい臓器（例：リンパ節＞肺＞肝臓＞骨）もある。**リンパ節**は基底膜がなく脆弱なため，転移巣になりやすい。浸潤性の高い癌（例：大腸癌，乳癌）は血管壁を横切ることで転移するが，肝臓癌や腎臓癌では浸潤を伴わないで移動する場合もある。浸潤性転移では**MMP**や**VEGF**の関与が必須である。EMTによって高い運動性と低い**E-カドヘリン産生能**を獲得した癌細胞が，今度は転移巣で**MET**（**間葉-上皮細胞分化転換**）を起こし，周囲の微小環境に影響されて再びE-カドヘリン高発現型となって定着する（図7）。

図5 癌は浸潤と転移で全身に広がる

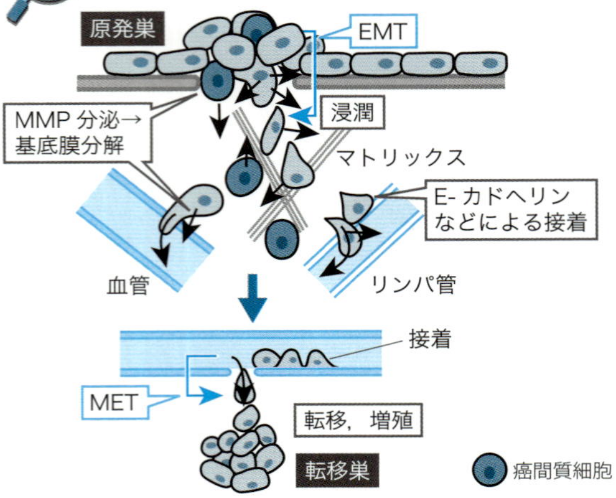

図6 癌は血管を新生させて増殖する

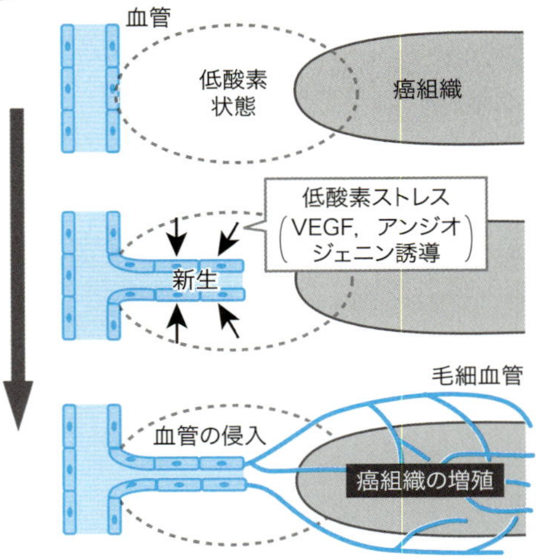

癌細胞は新生血管に浸潤しやすい

図7 癌転移でみられるEMTとMET

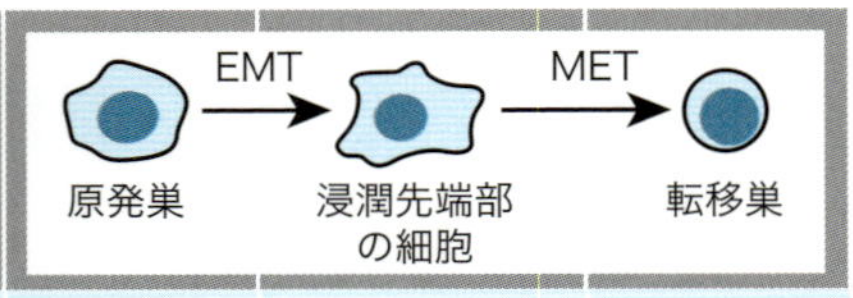

	原発巣	浸潤先端部の細胞	転移巣
運動性	低	高	低
分化度	高	低	高
E-カドヘリン発現	高	低	高

EMT：epitherial-mesenchymal transition（上皮 - 間葉細胞分化転換）
MET：mesenchymal-epitherial transition（間葉 - 上皮細胞分化転換）

重要ワード 12-H

癌の制圧：免疫療法，分子標的治療，遺伝子治療

> **point** 癌の制圧は健康に関する最大の関心事であるが，従来の治療法に加え，近年は，免疫療法や分子標的治療が現実的な治療法として注目されている。遺伝子治療はまだ際立った効果が上がっていない。

癌の罹患率は日本でとても高い

日本では年間約67万人（2005年）が**癌**（統計用語は**悪性新生物**）に罹患している。癌は死亡原因のトップで（図1），年を追うに従いその割合が上昇しており，世界的にも感染症を抜いて1位になる勢いである（2008年時点）。胃癌は罹患率が低下しているが，ほかの癌は増加しており，肺癌，肝臓癌，大腸癌などの死亡率上昇が目立つ（図2）。癌の制圧にはさまざまな取り組みが必要である（図3）。

癌は免疫を抑制して悪化する

癌細胞が生まれる初期，生体は**NK（ナチュラルキラー）細胞**や**エフェクターT細胞**による**免疫監視**で癌細胞を死滅させる（**免疫排除**）が，排除を免れた（**免疫逃避**）癌細胞により，体内にとって不都合な免疫学的プロフィールができる（**免疫編集**）（図4）。癌進展時，癌間質には免疫や炎症に関連する細胞，すなわち**マクロファージ**，**肥満細胞**，顆粒球，単球が集まり，活性酸素，サイトカイン（例：TNF-α），ケモ

《次ページに続く☞》

図1 主な死因別死亡数の割合

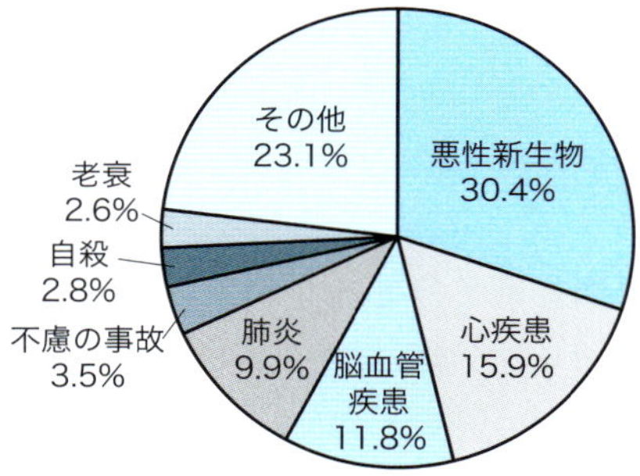

- 悪性新生物 30.4%
- 心疾患 15.9%
- 脳血管疾患 11.8%
- 肺炎 9.9%
- 不慮の事故 3.5%
- 自殺 2.8%
- 老衰 2.6%
- その他 23.1%

（平成18年のデータ）厚生労働省人口動態統計月報年計より引用

図3 癌制圧のポイント

予防	●生活習慣を改善 ●リスクファクターを遠ざける	定期検診 早期発見 カウンセリング
治療	●タバコなどの断念 ●ストレスのない生活 ●免疫力を上げる ●感染症を避ける ●かたよった食事をしない	外科療法 薬物療法 放射線療法 免疫療法 遺伝子治療 分子標的治療

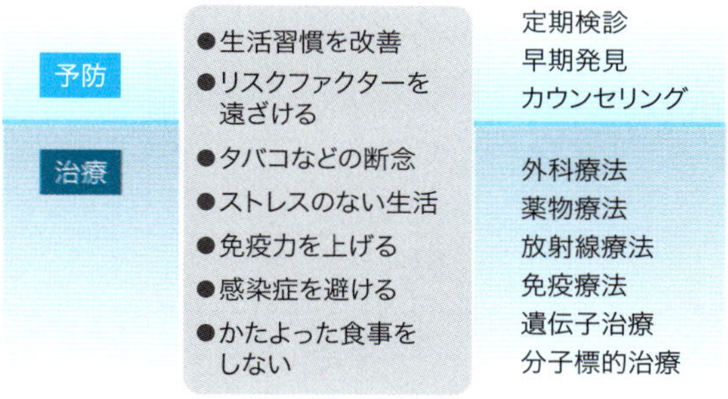

図2 悪性新生物の主な部位別死亡率（人口10万対）の年間推移

男性：肺，胃，肝，大腸
女性：胃，大腸，肝，肺，乳房，子宮

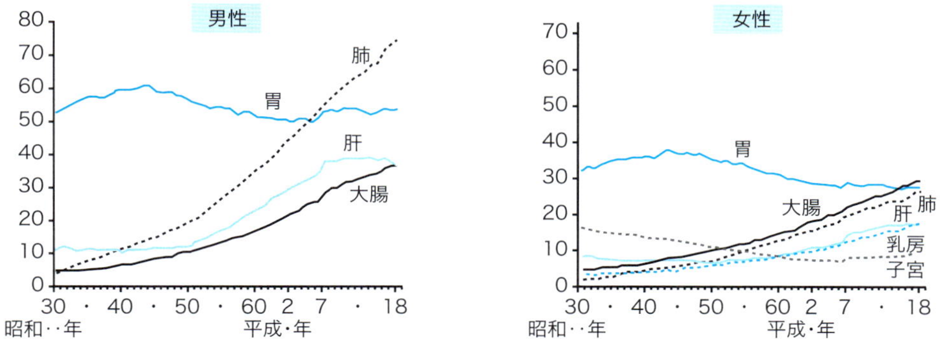

（平成18年のデータ）厚生労働省人口動態統計月報年計より引用

カイン，増殖因子を放出するが（⇨12-G），これら因子は癌細胞の増殖を高め，免疫能を抑制し，癌のさらなる悪化を招く。また癌間質細胞から産生されるサイトカインは，転移先に転移に適した環境（**前転移ニッチ**，**癌幹細胞ニッチ**）を作る。このような理由により，免疫排除されずに残った癌細胞が，免疫機構の人為的操作で簡単に排除できるかどうかは楽観的でないが，以下のようないくつかの取り組みがなされている。

免疫療法：免疫を利用する

免疫療法には能動的なものと受動的なものがある（図5）。**能動的免疫療法**には，非特異的に免疫力を賦活化したり（例：BCG），**アジュバント**やサイトカインで免疫を増強させる方法が1つある。ほかの方法は腫瘍特異的タンパク質などを用いる**癌ワクチン**で（実際に使用されているものもある），ゲノムに組み込ませたタンパク質を生合成させて抗原とする**DNAワクチン**という方法もある。別に，抗原で感作した樹状細胞や修飾癌細胞を投与する方法や，腫瘍を破壊させて内在性抗原に対する免疫を得ようとする試みもあるが，能動的免疫療法で標準法として確立されているものはほとんどない。

これに対し，免疫的攻撃に働くものを投与する**受動的免疫療法**はすでに用いられている。その中心は**抗体療法**で，Her2やCD20を癌抗原とする抗体療法は標準法として確立しており，新規の抗原も精力的に検索されている。抗体療法に比べ，細胞性免疫（⇨13-B）による免疫療法は，健康な人から提供された同種造血幹細胞（骨髄）移植による造血器腫瘍に対する**細胞移入療法**以外は未だ標準法が確立していない。体内の免疫抑制的な環境を抗体や薬剤によって解除する方法や，患者末梢リンパ球を抗原やサイトカインなどで賦活化し，含まれる腫瘍抗原特異的T細胞を体内に戻す**養子免疫療法**などは現在開発中である。現行あるいは開発中の免疫療法単独で劇的な効果を現わすものは少ないため，これらを組み合わせて総合的に癌を制御する必要がある。

分子標的薬：分子を狙い撃ちする

非特異的な**化学療法薬**と異なり，疾患悪化の原因となる受容体やシグナル伝達にかかわる分子を標的

図4 癌の進行に伴って免疫応答が変化する

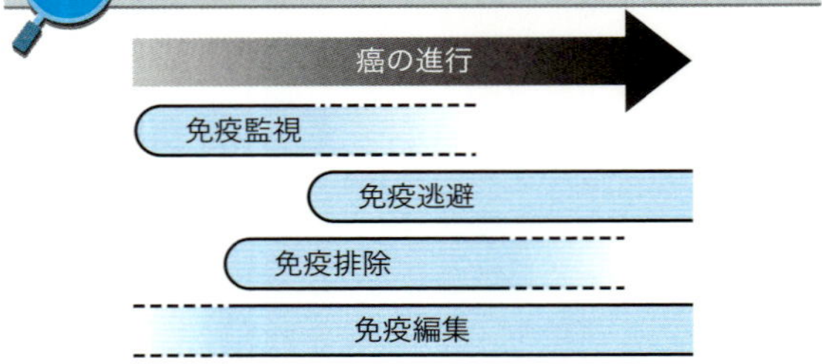

図5 免疫療法の概要（開発中のものから実用化されているものまで）

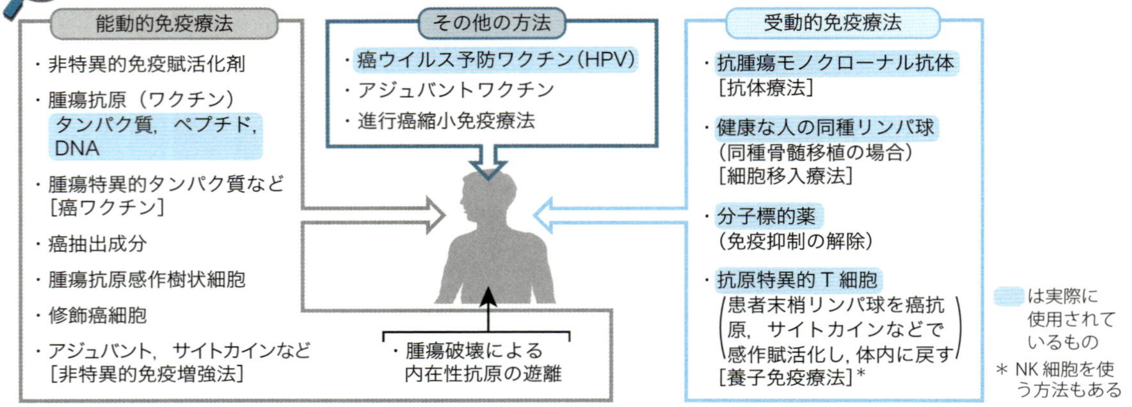

図6 分子標的薬の作用点と特徴

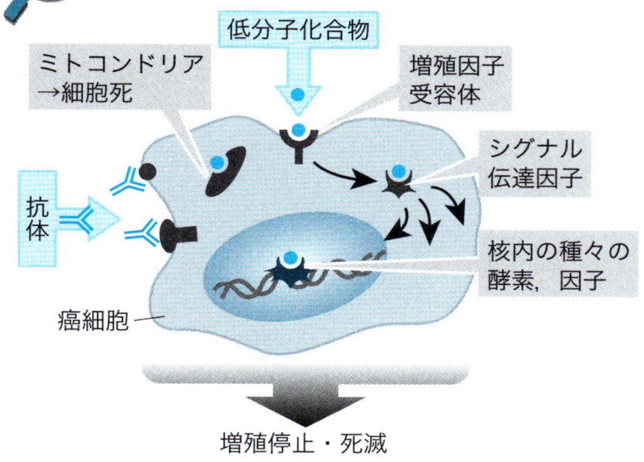

分子標的薬	化学療法薬
・標的分子を選択して作製 ・*in vitro*系アッセイで検索し，*in scilico*でスクリーニングする ・特異性は高く，少ない副作用を期待 ・新たな副作用の可能性はある	・はじめは標的不要 ・単純な殺細胞効果でスクリーニング ・作用機構は後でわかる ・正常細胞にも毒性がある→副作用は前提

in silico：パソコン，ITによる解析（実験は行わない）

図7 遺伝子治療の方法

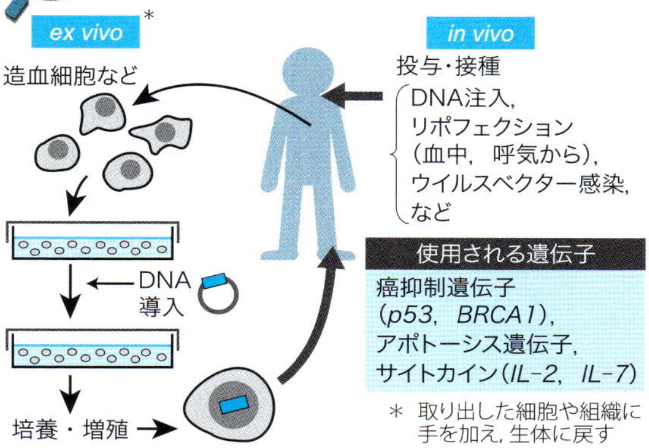

＊ 取り出した細胞や組織に手を加え，生体に戻す

とするものを**分子標的薬**といい（その療法を**分子標的治療**という），もっぱら癌治療のために使われる（図6）。癌に対する選択毒性は強く，薬剤に特徴的な副作用は低い。すでに流通している分子標的薬は低分子化合物と抗体に分けられる。前者には**チロシンキナーゼ阻害薬**〔例：**イマチニブ**，**ゲフィチニブ**（イレッサ®）〕，**Rafキナーゼ阻害薬**，**細胞死促進因子**，TNF-α阻害薬などがある。後者の**抗体医薬**（**γ-グロブリン製剤**）は抗原抗体反応で特定機能を阻害するほか，**ADCC**（**抗体依存性細胞介在性傷害**）効果や**CDC**（**補体依存性細胞傷害**）効果が期待できる。抗体はマウスで作るが，抗体の骨格がヒトで，可変部（⇨13-B）をマウス型にした**キメラ抗体**（語尾がキシマブ），可変部の特定領域をヒト型にした**ヒト化抗体**（語尾がズマブ），さらにトランスジェニックマウスで産生される完全なヒト抗体（語尾がムマブ）があり，記述の順に副作用は少ない。

遺伝子治療：正常遺伝子を外から導入する

遺伝子治療は病気の根本にある遺伝子やその発現に手を加えて病気を治そうというもので（生殖細胞を対象にした治療は禁止されている），日本では1995年の**ADA**（アデノシンデアミナーゼ）**欠損症**に対する治療が最初であった。遺伝子治療の対象となる疾患は慢性疾患や単一遺伝病〔重症複合免疫不全症（SCID）など〕もあるが，中心は癌で，癌抑制遺伝子（例：*p53*），HLA（MHC）（⇨13-B），アポトーシス関連遺伝子などを使った治療の例がある。遺伝子治療は試験管内で遺伝子操作した細胞を体に戻す方法と，体内の細胞・組織を直接標的にする方法に分けられる（図7）。遺伝子を細胞に導入する場合は，**アデノウイルス**や**レトロウイルス**といった**ウイルスベクター**（⇨6-B）が使われ，移入する遺伝子としては，cDNA，アンチセンスRNAやsiRNA，さらにはDNAの欠損部分を修復させるように工夫されたものがある。遺伝子治療で明らかな効果が認められた**ADA欠損症**や**SCID**の例もあるが，まだ多くの例では際立った成果が出ていない。この理由として，低い遺伝子導入効率，導入DNAやウイルスベクターによる事故（白血病発症，死亡）の問題がある。

第13章

生体制御システムとその破綻

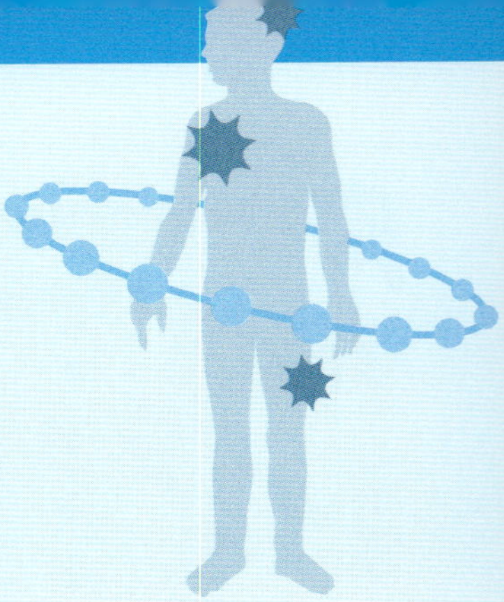

本章でわかる重要ワード

- 13-A　生体防御と免疫
- 13-B　免疫における多様性の獲得と細胞応答
- 13-C　免疫のかたよりや欠陥によって起こる疾患
- 13-D　神経機能
- 13-E　記憶・学習とシナプス可塑性
- 13-F　神経変性疾患とプリオン病
- 13-G　老化と寿命
- 13-H　生活習慣病とメタボリックシンドローム
- 13-I　システムバイオロジーと概日リズム

概　論

多細胞動物はウイルスなどの外敵や毒物からの攻撃に対し，高度で多様な生体制御システムを使って自らの生存と健全性を維持しており，このシステムの破綻はさまざまな疾患という形で現れる。生物は外界からのストレスや毒物，そして病原体などから身を守る**生体防御**（⇨13-A）の機構を複数もっている。これにはストレス応答，DNA修復などが含まれるが，なかでも特に重要なものは，病原体から身を守るために発達した**免疫**（⇨13-A）である。免疫のなかには生物に普遍的に備わっている自然免疫と，脊椎動物に特有で，抗原抗体反応という高い特異性と強い反応性が特徴の獲得免疫がある。自然免疫には体表面で働く外的防御と，体内で働く内的防御がある。内的防御では貪食細胞やリンパ球など，獲得免疫でも働く細胞が関与する。免疫の本質は自己と非自己の識別であるが，これは**免疫における多様性の獲得**（⇨13-B）とそれをもとにした**細胞応答**（⇨13-B）というメカニズムによって支えられている。獲得免疫は，抗原を攻撃する主体が細胞の細胞性免疫と，主体が抗体の体液性免疫に分けられる。適切な免疫応答は生体にとって大切であり，免疫応答が不必要に強すぎると自己免疫病や過敏症を引き起こし，逆に弱すぎるとエイズなどのような免疫不全症に陥ったり，癌の誘引となるなど，**免疫のかたよりや欠陥によって起こる疾患**（⇨13-C）が多数ある。

多細胞動物個体の生理機能と運動を制御・統合するものに，内分泌系と神経系という2つの代表的な制御システムがある。**神経機能**（⇨13-D）は，イオンチャネルやポンプ，そしてイオンの膜透過性によって生じるニューロンによる興奮伝導と，ニューロン同士の連絡部位で起こるシナプス伝達を基本とし，このような単位が多数，複雑に連絡して構築される神経回路網によって支えられている。シナプス伝達には，化学物質による化学シナプスと，ギャップジャンクションを利用して神経興奮が直接伝わる電気シナプスがあるが，情報伝達の融通性や機動性という観点から化学シナプスが多く使われる。**記憶・学習**（⇨13-E）といった現象は神経高次機能の代表的なものであるが，この現象は**シナプス可塑性**（⇨13-E）に基づいている。また，脳神経細胞が徐々に死滅する**神経変性疾患**（⇨13-F）が多数知られており，このなかにはアルツハイマー病やパーキンソン病，そして狂牛病やクロイツフェルトヤコブ病といった**プリオン病**（⇨13-F）が含まれる。

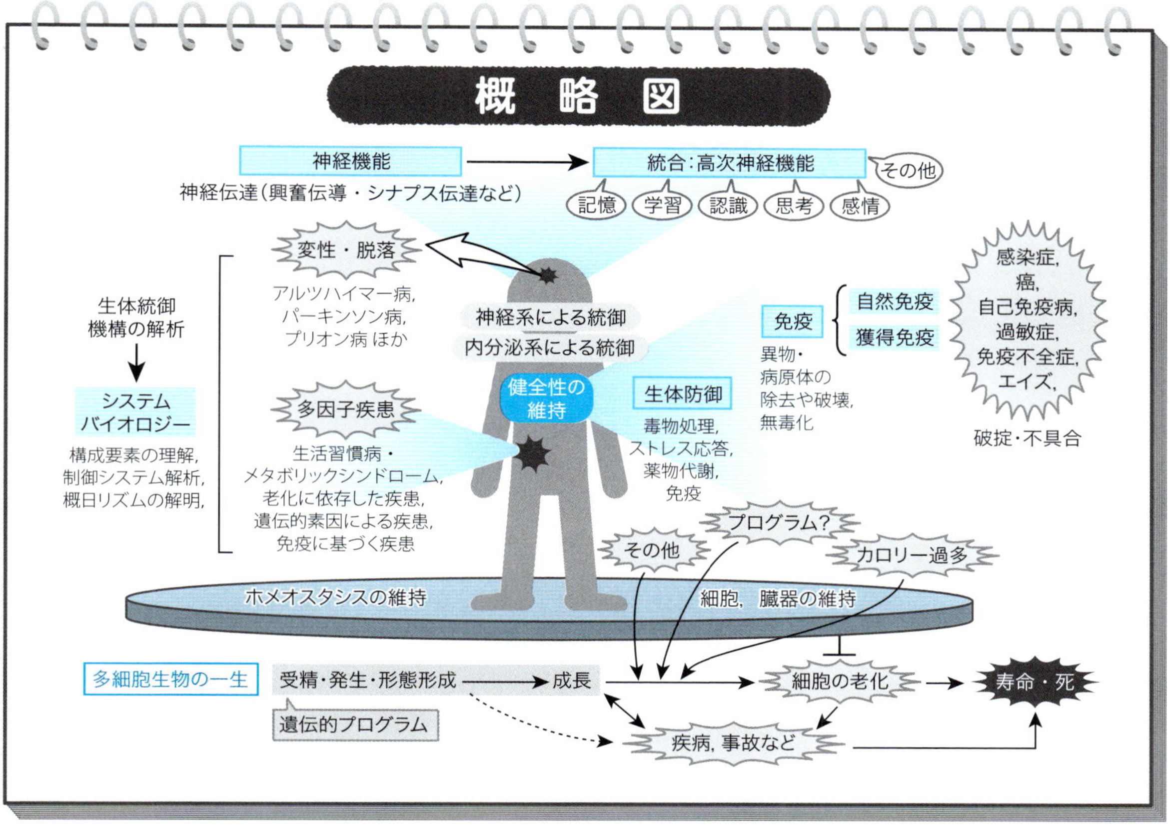

老化と寿命（⇨13-G）は生物にとって不可避な生理現象であるが，老化にはいくつかの遺伝子が関与することがわかっている。多細胞動物の老化の直接の原因は臓器の機能不全であるが，その根本は器官を構築する個々の細胞の増殖性や機能の低下，すなわち細胞の老化や寿命である。この細胞機能低下の主因は構成分子に蓄積されるエラーと考えられ，これを生む要因に，テロメアの短縮や高分子を傷害する活性酸素などがある。活性酸素は好気呼吸で大量に発生するため，摂取カロリーとの相関が考えられるが，実際，カロリー制限には寿命延長効果がある。複製に伴って起こる染色体の段階的傷害も，細胞の寿命と関係している。また，テロメアは染色体の安定性にかかわり，この短縮も細胞寿命に大きな影響を与える。糖尿病や肥満症はその発症に生活習慣が深くかかわるため，**生活習慣病**（⇨13-H）といわれるが，生活習慣や環境，そして多くの遺伝的素因が加わって発症する病気のほとんどは多因子疾患である。**メタボリックシンドローム**（⇨13-H）はインスリン抵抗性と脂肪細胞の肥大（肥満）を基調とする病態で，糖尿病発症や，心筋梗塞などと深いかかわりがある動脈硬化と密接に関連する。肥満は脂肪細胞から分泌される多様なアディポカイン，PPARγ，サーチュインなどにより，正あるいは負に制御されている。

複雑な生命システムは**システムバイオロジー**（⇨13-I）によって解析することができ，生命時計〔**概日リズム**（⇨13-I）〕もこの手法により明らかにされた。

重要ワード **13-A**

生体防御と免疫

point 生体防御の中心をなす免疫には，生物に普遍的にみられて初期に働く自然免疫と，脊椎動物がもつ強力で特異的な獲得免疫があり，リンパ球と貪食細胞を中心に病原体などの抗原に対処する。

生体防御のなかで免疫は最も重要

生体は**ストレス応答**，**解毒**，**DNA修復**などの機構で生物的，非生物的侵襲から自らを守っている（図1）。このような生体防御機構のなかで最も重要なものは，病原体などの異物（**抗原**という）を特異的に排除する**免疫**である。免疫は脊椎動物では**自然免疫**と**獲得免疫**に分けられるが，そこには多様な器官や細胞がかかわる。主要な免疫細胞である**白血球**は，**顆粒球**（**好中球**，**好酸球**，**好塩基球**），**リンパ球**，**単球**（それに由来する**マクロファージ**と**樹状細胞**も含む）に大別されるが，**肥満細胞**（**マスト細胞**）も免疫に関与する（図2）。リンパ球は**胸腺**で成熟する**T細胞**（**Tリンパ球**），**骨髄**で成熟する**B細胞**（**Bリンパ球**），そして**NK**（**ナチュラルキラー**）**細胞**に分けられる（⇨11-F）。

まず自然免疫の外的防御機構が働く

免疫ではまず自然免疫が働く。自然免疫は生まれながら備わっており，下等生物や植物にも存在する。特異性は低いが，侵入物がもつ分子の共通の構造パターンを認識し，初期に速やかに働く（図3）。自然免疫のうち最初は**外的防御**が働くが，これには角質化などによる**物理的バリアー**，**抗菌性物質**（例：**リゾチーム**，**抗菌ペプチド**）の分泌，**常在細菌**による排除（例：腸内の乳酸菌）などがある。

図1　生体に対する負荷とそれに対する生体防御機構の種類

- **ストレス応答**
  酸化・還元，熱，浸透圧，細胞傷害剤など
- **DNA傷害の修復**
  紫外線，放射線，DNA親和性物質など
- **薬物代謝（解毒）**
  化学物質，薬，毒
- **タンパク質修復**
  不適切な折りたたみ
- **インターフェロンおよびRNAi**
  ウイルス，核酸の侵入
- **免疫**
  細菌，ウイルス，異種細胞，癌細胞，毒素など

次に自然免疫の内的防御機構が働く

異物が生体内に侵入すると第二段階として自然免疫の**内的防御**が働くが，これにはいくつかの機構がある。異物に集まった**肥満細胞**は**ヒスタミン**を分泌して血管透過性を亢進させ，さらに抗体，補体，そしてマクロファージなどの貪食細胞やリンパ球が集まり，局所に発赤や発熱，腫脹や疼痛を伴う**炎症**を起こす（図4）。炎症は悪ではなく，組織防衛と細胞活動の活性化につながる。**貪食細胞**（マクロファージ，好酸球，樹状細胞）が異物を貪食し，マクロファージと樹状細胞は**抗原提示**を行って獲得免疫にも関与する。内的防御では肝臓などで作られる**補体**も関与する。補体は肥満細胞からの**ヒスタミン放出**，マクロファージからの**ケモカイン**（遊走促進物質）**放出**（⇒貪食促進），そして細胞の直接攻撃（⇨13-B）を促進する。**インターフェロン**はウイルス侵入により白血球などから分泌され，**抗ウイルス作用**を発揮する。

異物を強力かつ特異的に排除する獲得免疫

自然免疫で処理しきれないものは**獲得免疫**で処理

図2　免疫系の構成

- 組織・器官 ― 骨髄，胸腺，脾臓，リンパ節など
- 細胞 ――― 白血球
  - リンパ球（T細胞，B細胞，NK細胞）
  - 顆粒球（好酸球，好中球，好塩基球）
  - 単球（＋マクロファージ，樹状細胞）

  肥満細胞，その他

される（図5）。獲得免疫は脊椎動物がもつ免疫で，反応は特異的でかつ強い。同じ免疫反応が2度目に起こる**二次免疫応答**が，最初に起こる**一次免疫応答**よりも強く起こる**免疫記憶**がみられる。免疫を得るため人為的に接種する抗原を**ワクチン**という。抗原認識は，B細胞によって作られるIgGといった**抗体**（物質的には**免疫グロブリン**）や**T細胞受容体**によって行われる。これらはあらゆる抗原に正確に応答する高度な特異性と多様性が特徴で，**非自己**（異物）を自己と区別し，非自己を攻撃する。1個のリンパ球は1種類の抗原にしか反応しないが，免疫系は多様なリンパ球クローンから構成されており，抗原が入ると対応する応答クローンが刺激されて増殖する（**クローン選択**）。自己抗原に反応するクローンは胸腺で破壊され，免疫応答は起こらない。（これを**免疫寛容**といい，胎生期での抗原感作でも働く）。

図3 自然免疫と獲得免疫の違いと特徴

	自然免疫	獲得免疫
特徴・機構	初期に働き，弱いが反応が早い．補体活性化．抗菌性物質，ヒスタミン，ケモカイン，インターフェロン産生．炎症の発生．貪食を促進するオプソニン効果	後期に働く．対応に時間がかかるが，強く特異的．免疫記憶がある．抗体（体液性免疫）と細胞性免疫の2種
役割	外敵除去，獲得免疫誘導	外敵除去
反応特異性	分子構造をグループ分けして対応．病原分子のパターンをPRR（パターン認識受容体）で認識	抗原に対して1対1で対応．膨大な多様性がある
働く細胞	マクロファージ，顆粒球，NK細胞，樹状細胞，肥満細胞など	樹状細胞，マクロファージ，リンパ球

図4 自然免疫の一環としての炎症の発生とその効果

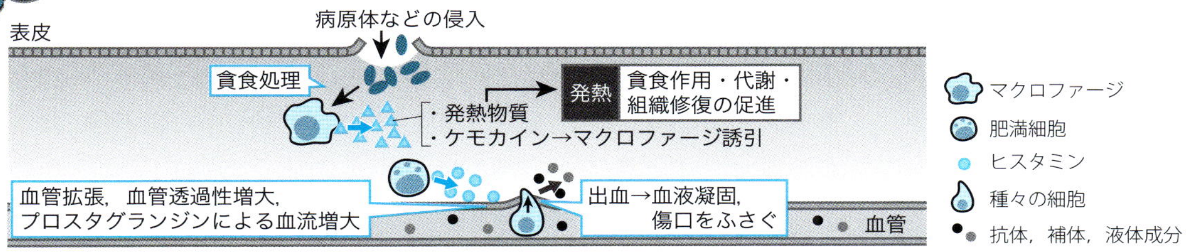

図5 まず自然免疫が非特異的に病原体を排除し，処理しきれないとより強力な獲得免疫がそれに対処する

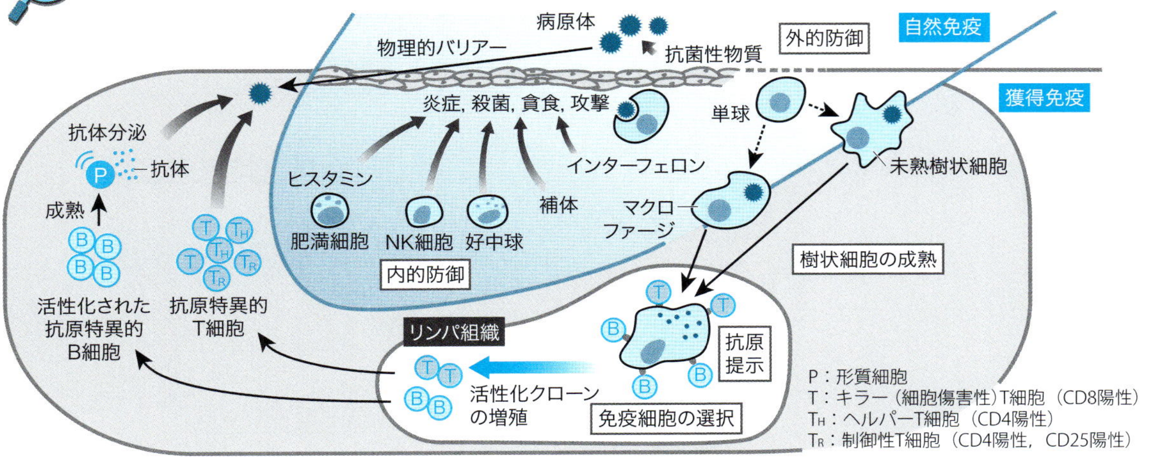

重要ワード **13-B**

免疫における多様性の獲得と細胞応答

point 抗体は，複数ある可変部と数種類の定常部遺伝子の再構成，そしてそれに続くスプライシングやRNAエディティングなどにより，高度な多型性を示す。特異的T細胞の出現と増幅には，抗原提示細胞における抗原処理とMHC（主要組織適合抗原）分子の発現が関与する。

異物を認識する抗体は驚くほど多様である

抗体（antibody）は2分子の**重（H）鎖**と2分子の**軽（L）鎖**で構成され，抗体ごとにアミノ酸配列が異なる可変（V）部と，共通の定常（C）部をもつ（図1）。可変部は，それぞれ約300個，20個以上，6個の遺伝子をもつV，D，J領域がもとは離れて存在しているが，B細胞に分化するときにVDJ（L鎖ではVJ）が連結され，定常部と結合して発現される（図2）。このVDJ再構成機構により，H鎖で10^5，L鎖で10^3，都合10^8通りの多様性が生まれる。さらに遺伝子再構成時には高頻度の点変異（**体細胞超突然変異**），塩基付加，そして転写後にRNA中の塩基が変化するRNAエディティングが可変部に生じるため，多様性はさらに10,000倍以上に上昇する。α鎖とβ鎖からなるT細胞表面の**T細胞受容体**（**TCR**）も，類似の機構で多様性を獲得する。多様性を生むマスター遺伝子として，***AID***〔体細胞超突然変異やクラススイッチ（後述）にかかわる〕や***RAG***（**VDJ再構成**にかかわる）が発見されている。

異物の認識と排除はどう起こるのか

遺伝的背景が異なる動物・個体の組織の**排除**（**拒絶**）**反応**はT細胞によって起こる。T細胞は**MHC**（ヒトでは**HLA**，マウスでは**H-2**）に結合した抗原を非自己抗原として認識し，細胞を攻撃する。MHCは個体ごとに多型を示すが，抗原が自己MHCに結合した場合にのみTCRで認識される（図3）。MHCにはクラスⅠとⅡがあり，**クラスⅠMHC**-抗原複合体は主に**CD8**陽性（CD8⁺）の**キラー**（**細胞傷害性**）**T細胞**（**Tc細胞**）（⇨11-F）のTCRで，**クラスⅡMHC**-抗原複

図1 抗体の分子構造（IgGの例）

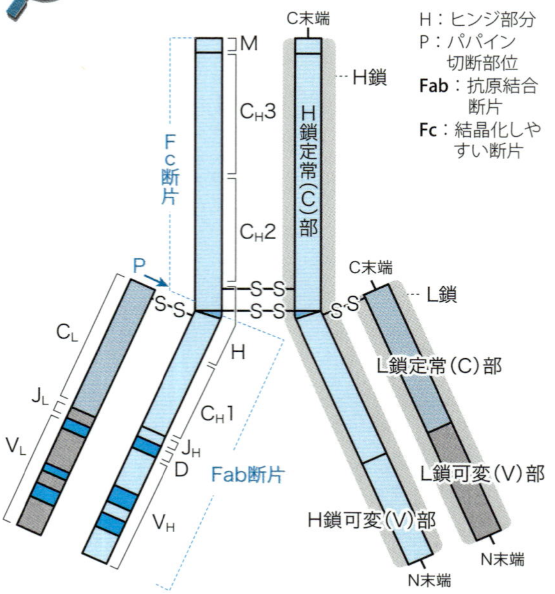

図2 抗体の多様性を生む機構（分泌型H鎖の場合）

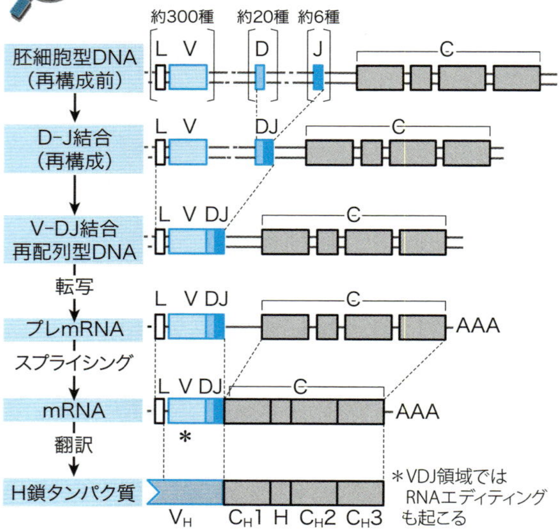

合体は**CD4**陽性（CD4⁺）の**ヘルパーT細胞**（**Th細胞**）のTCRで認識される。

T細胞への抗原提示では，まず**樹状細胞**や**マクロファージ**，B細胞といった**抗原提示細胞**が細菌などのタンパク質をペプチドに分解し，できたペプチドのうち**クラスⅡ MHC**と結合したものが細胞表面に発現される。ウイルスを含む内在性タンパク質は，分解後**クラスⅠ MHC**と結合してから細胞表面に現れる。T細胞がTCRを介して抗原と結合すると，T細胞が活性化され増殖する。活性化したTc細胞は抗原を有する細胞を**補体**（⇨13-A）の関与で破壊する。一方，**Th1細胞**はマクロファージを活性化して**IL-2**を分泌させて**細胞性免疫**（抗原を攻撃する主体が細胞）を活性化し，**Th2細胞**は**B細胞**を活性化して**体液性免疫**（抗原を攻撃する主体が抗体）を活性化する。

抗体は複数クラスに分けられる

抗体はH鎖定常部の違いにより5つのクラス（**抗体のクラス**）に分類される（図4A）。B細胞の分化し始めには膜結合型**IgM**が発現し（部分的に**IgD**も発現する），**形質細胞**に成熟すると分泌型**IgG**を発現する。その後さらに**IgA**や**IgE**を産生するようになる場合もある。抗体のクラスの変換を**クラススイッチ**といい，選択的スプライシング（IgMとIgDや，同一クラス内における異なるサブタイプへの変換）と組換えがかかわる。組換え後に再度の組換えが起こると，より下流の遺伝子領域が発現されるようになる。各定常部遺伝子の前後には**S（スイッチ）領域**があり（Cμ とCδ の間にはない），組換えはこの間で起こる（図4B）。

図3 T細胞は，抗原提示細胞がMHCとともに提示した抗原を認識する

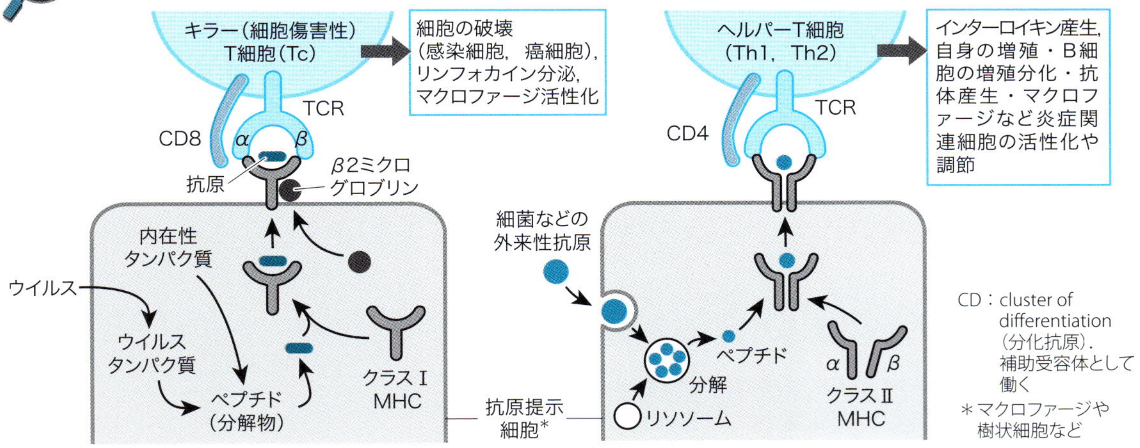

図4 抗体の種類（クラス）とクラススイッチ

A 抗体のクラス

クラス	H鎖	比率(%)
IgM	μ	5
IgD	δ	1
IgG	γ	80
IgA	α	14
IgE	ε	<1

B クラススイッチ

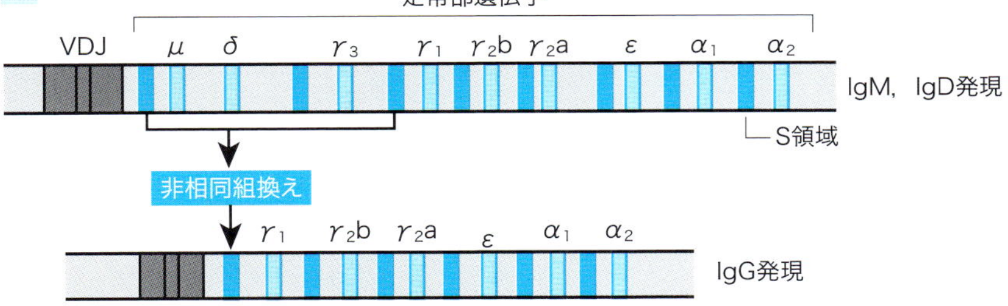

重要ワード **13-C**

免疫のかたよりや欠陥によって起こる疾患

point 生体は自己・非自己の抗原に対して適正な強さの免疫で対応する必要があるが，これがかたよると，アレルギー，自己免疫病，免疫不全という，病的な状態になる。

アレルギーは非自己抗原に対する過剰反応

免疫は自己抗原と非自己抗原，いずれに対しても適正な応答をすることが必要で，それがかたよることによりアレルギー，自己免疫病，免疫不全といった状態に陥いる（図1）。免疫が過剰に働いて生体に有害な影響をもたらす現象を**アレルギー**（**過敏症反応**）といい，アレルギーの原因となる抗原（**アレルゲン**）の繰り返しの侵入・感作で発症する。**花粉症**（Ⅰ型），**血液不適合**で起こる急性病変（Ⅱ型），**血清病**（動物血清の再注射により起こる病変）（Ⅲ型），**ツベルクリン反応**（結核菌抗体有無の検査）（Ⅳ型）もすべてアレルギー反応である（図2）。

制御性T細胞が自己免疫病を抑えている

自己抗原に対するT細胞はアポトーシスで処理されるため（⇨10-F），通常，自己成分に対する免疫はできないが，これが機能せず，自己の組織が攻撃されたり，それに伴う炎症により**自己免疫病**（例：**インスリン依存性若年性糖尿病**，**多発性硬化症**，**リウマチ**）となる。CD4とCD25のいずれも陽性のT細胞を除くと自己免疫病が起こることから，自己免疫を負に制御する（**免疫寛容**を導くことにより自己免疫を抑える）T細胞の一群が発見されたが，これを**制御性T細胞**という（図3）。現在では上記以外のT細胞亜群も複数見つかっている。**免疫抑制性サイトカイン**（例：**IL-10**，**TGF-β**）分泌T細胞や，**インターフェロンγ**，**IL-4**を産生する**NK**（**ナチュラルキラー**）**細胞**にも免疫抑制能がある。

免疫力の低下が招く疾患

非自己抗原に対する免疫が弱いと感染症を起こしやすくなるが，この病態を**免疫不全**といい，先天的なもの〔例：**無γグロブリン血症**，**重症複合免疫不全症**（**SCID**）〕と後天的なものがある。後天的なものはウイルス感染，薬，癌・白血病，栄養障害が原因となるが，このなかに**HIV**（**ヒト免疫不全ウイルス**）1型の感染が原因で発症する**AIDS**（**エイズ**，**後天性免疫不全症候群**）がある。

図1 免疫応答と疾患との関連

抗原の種類	免疫応答の強さ 弱い	強い
自己抗原	癌	自己免疫病
非自己抗原	免疫不全	アレルギー

図2 アレルギー反応は4つに分類される

	Ⅰ型	Ⅱ型	Ⅲ型	Ⅳ型
関与因子	IgE	IgG（IgM）	IgG	T細胞
抗原	可溶性抗原，花粉，ダニ，食品	細胞表面抗原	可溶性抗原	可溶性抗原
作用機序	肥満細胞活性化，ヒスタミンなどの放出	Fc（抗体分子のFc部分）受容体発現細胞，補体	Fc受容体発現細胞，補体	マクロファージ
代表的疾患	アレルギー性鼻炎，喘息，アナフィラキシー	薬物アレルギーによる白血球減少	血清病，ループス腎炎	接触性皮膚炎，ツベルクリン反応

エイズはHIV1により起こる

HIV1はレトロウイルス科−**レンチウイルス亜科**のRNAウイルスで，サルにも類似ウイルスが存在する（⇒このため，「HIV1のサルのウイルス起源説」がある）。補助受容体は**CD4**で，ヘルパーT細胞が主な標的となる。感染後に，**逆転写**によるDNA合成，宿主染色体へのウイルスDNAの組み込み，遺伝子発現とタンパク質の加工を経て，細胞の表面からウイルスが出芽で血中に放出され続ける（図4）。***gag***，***pol***，***env***という増殖に必要な遺伝子のほか，***tat***，***rev***などの調節遺伝子が選択的スプライシングで発現する。

エイズはどのように進行するのか

HIV1感染後1～2週間は急性の単核球症様の症状（例：異常リンパ球出現，発熱，リンパ節の腫れ）を呈し，いったんウイルス量が低下する（図5）。ついで抗体と少量のウイルスが存在する**潜伏期**（無症状のウイルスキャリアー期間・数カ月～10年間）の段階に入る。血中ウイルスは抗体と細胞傷害性T細胞で抑制されている。このウイルス産生と免疫機能がバランスをとっている状態を経た後，やがて免疫機能が低下して発病する。発病すると**免疫不全**の状態になり，真菌感染症を含む**日和見感染症**（⇨5-A）を起こし，**カポジ肉腫**が発生し，末期には神経組織が侵され，精神障害を呈して死に至る。HIV1感染と増殖阻止を目的とするさまざまな抗ウイルス薬が作られているが（図4），ウイルスの完全な駆逐は困難である。この原因はウイルスゲノムの高い突然変異と，ウイルスを染色体中に潜伏感染させている**リザーバー細胞**の存在である。

図3 自己免疫病：発症機構と種類

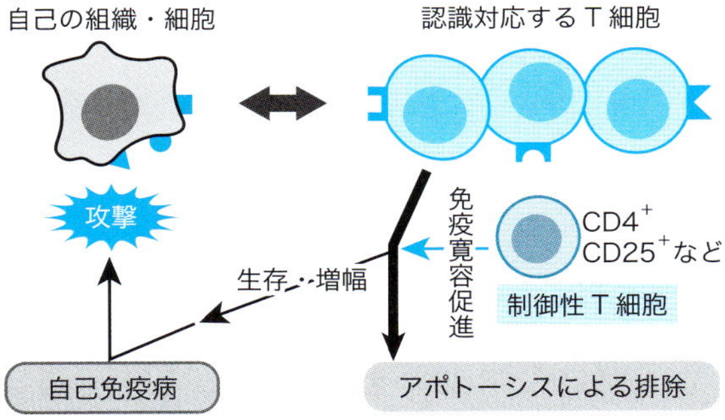

主な自己免疫病
- インスリン依存性若年性糖尿病
- バセドウ病
- リウマチ熱
- 悪性貧血
- 全身性エリテマトーデス（SLE）
- シェーグレン症候群
- 橋本病
- 多発性硬化症
- 慢性関節リウマチ

図4 HIV1の生活環と抗ウイルス薬の作用点

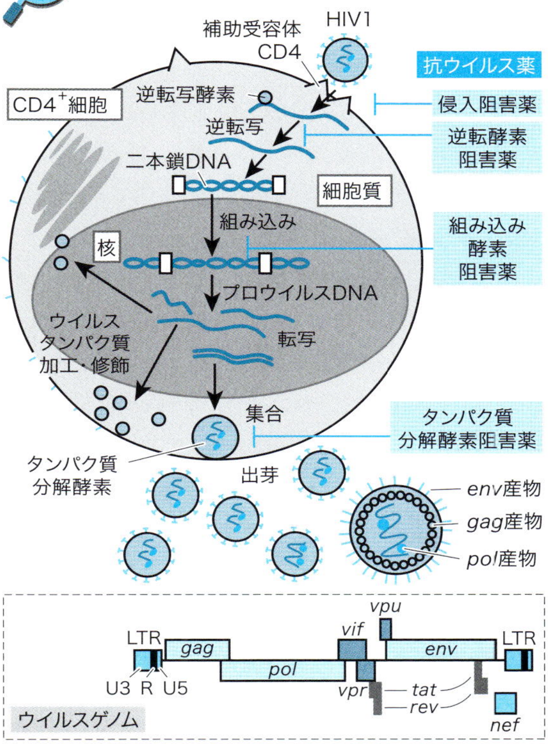

図5 エイズ発症までウイルス潜伏期間がある

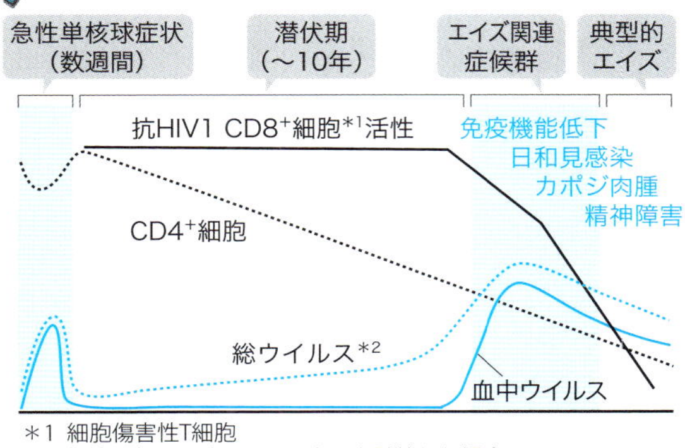

＊1 細胞傷害性T細胞
＊2 細胞に組み込まれているものも計算した場合

神経機能

point 神経活動はニューロンで起こる興奮伝導と，ニューロン全体から構成される回路網で支えられている。情報の伝達は活動電位の移動と，シナプスにおける神経間伝達からなる。

神経の情報はどのように伝わるのか

神経活動は，個々の**神経細胞**（**ニューロン**）の**軸索**で**電位差**に依存して起こる**興奮伝導**と**神経間伝達**（**シナプス伝達**），そして多数のニューロンで構築される**神経回路網**により実行される（図1）。大部分のシナプス伝達は，調節しやすく，興奮の逆行性伝播を防ぎ，情報の集約や棄却が容易という理由により**化学シナプス**が使われる（後述）。一方，心筋や平滑筋，そして特定のニューロンではイオンが**ギャップジャンクション**（⇨9-A）を通過する**電気シナプス**が使われる（後述）。神経興奮は軸索の根元（**トリガーゾーン**）で発生し，隣接する部位に伝播して**神経終末**に達する。1つのニューロンの情報が多数のニューロンに伝わったり，逆に集約されたり，また神経伝達物質の種類により，情報を抑制的に伝えることもできる。

情報を電位差にして伝える

細胞内外にはイオン濃度の差による電位差が生じており，この電位差を利用してイオンが**イオンチャネル**を通過する。チャネルには開閉が電位により行われる**電位依存性チャネル**（例：Na^+チャネル）と，神経伝達物質がチャネルに結合することで行われる神経伝達物質受容体チャネルがある（図2）。通常，細胞は**Na^+–K^+ ATPase**（**ナトリウムポンプ**）が働いて内側でK^+，外側でNa^+が高くなっている。**K^+チャネル**には外に向かって漏れがあるため，細胞は内部を約−60 mVにして（**静止電位**）バランスをとり，安定している（図3）。この状態を**分極**しているという。膜に−40 mVより高い電位がかかって**Na^+チャネル**が開くとNa^+が細胞内に流入し，+50 mVまで電位が上昇する（静止電位より電位が高い状態を**脱分極**しているという）。その後Na^+チャネルは閉じ，K^+チャネルが開いて電位が急速に下がる（**再分極**）。やがてNa^+–K^+ ATPaseが働き，K^+チャネルも閉じ，もとの静止電位にもどる。この一連の電位の変化を**活動電位**といい，活動電位が生ずることを**神経興奮**という。

情報はシナプスで次の神経に受け渡される

化学シナプスにおいて，**シナプス前部**の**シナプス小胞**から放出される**神経伝達物質**は，**シナプス後部**の受容体に結合するが（図4A），受容体の多くはイオンチャネルなので，シナプス後部細胞の電位が変化する。**興奮性シナプス**では**EPSP**が発生して脱分極し，**抑制性シナプス**では**IPSP**が発生して**過分極**（電

図1 神経活動はニューロンで構築される神経回路網によって支えられている

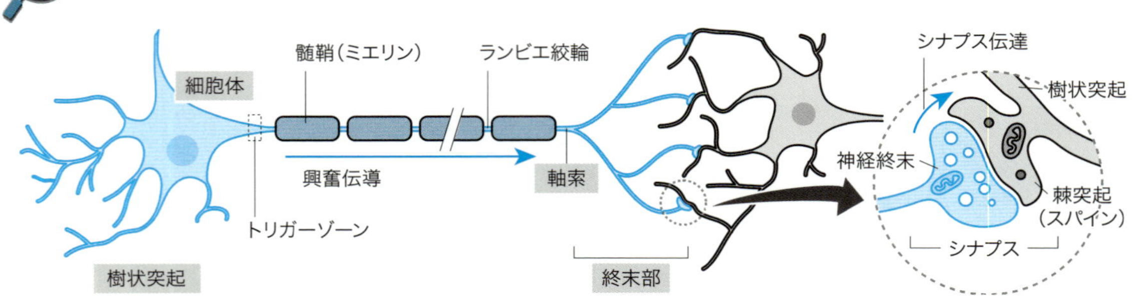

位が静止電位以下になる）する。シナプス前部に興奮が到達すると，中枢の興奮性シナプスでは Ca^{2+} チャネルが開いて Ca^{2+} が流入し，シナプトタグミンなどの Ca^{2+} 結合性タンパク質が働いて，**シナプス小胞**の膜と細胞膜が融合して**神経伝達物質**であるグルタミン酸が放出される。Ca^{2+} の流入から放出までの時間は0.2ミリ秒と短い。役目を終えた神経伝達物質の多くは神経終末から取り込まれて再利用されるが，**アセチルコリン**は**コリンエステラーゼ**で分解される。化学シナプスにおける神経伝達物質には**アセチルコリン**，**カテコールアミン**（**ドーパミン**，**アドレナリン**など），**セロトニン**，アミノ酸（**グルタミン酸**，**GABA**，グリシンなど），ペプチド（**ニューロペプチドY**など）等があり，ニューロンの種類や作用の別（興奮性か抑制性か）により特異的なものが使われる（図4B）。

Memo 電気シナプス

心筋，平滑筋，中枢の特定のニューロンでみられる。**ギャップジャンクション**でできており，連絡する膜を介して神経興奮が伝達される。

Memo 興奮伝導のスピード化

ミエリンをもつ**有髄神経**は活動電位が**ランビエ絞輪**でとびとびに発生し，**跳躍伝導**という速い伝導が起こる。

図2 イオンチャネルには種類がある

電位依存性チャネル	
Na^+ チャネル	活動電位発生（脱分極）
Ca^{2+} チャネル	Ca^{2+} 依存性生体反応を起こす
K^+ チャネル	脱分極状態をもとに戻す（再分極）
神経伝達物質受容体チャネル	
アセチルコリンチャネルスーパーファミリー	
ニコチン性アセチルコリン受容体チャネル	Na^+，K^+，Ca^{2+}
セロトニン受容体チャネル	Na^+，K^+，Ca^{2+}
γ-アミノ酪酸（GABA）受容体チャネル	Cl^-
グリシン受容体チャネル	Cl^-
グルタミン酸受容体ファミリー（⇨13-E）	
プリン受容体チャネルファミリー	

図3 Na^+ の流入で活動電位が生ずる

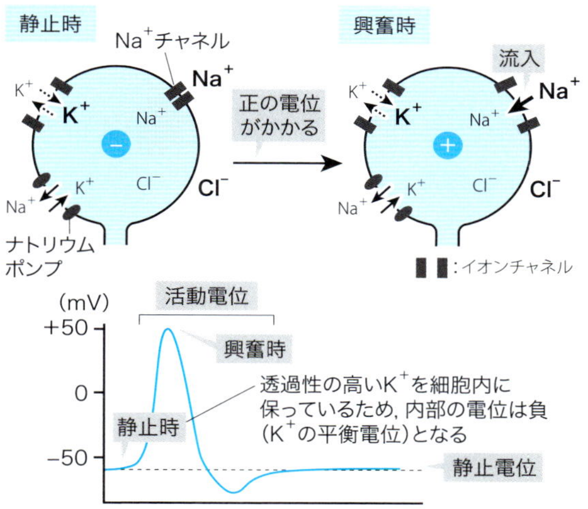

図4 化学シナプスにおけるシナプス伝達の原理

A 中枢の興奮性シナプスなどの例

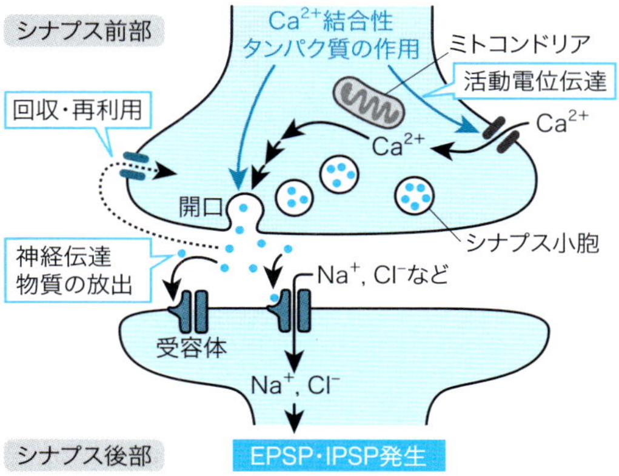

B 主な神経伝達物質の作用

伝達物質	受容体	透過イオン	シナプス電位
グルタミン酸	AMPA受容体 カイニン酸受容体 NMDA受容体	Na^+, K^+ Na^+, K^+ Na^+, K^+, Ca^{2+}	EPSP EPSP EPSP
アセチルコリン	ニコチン性受容体	Na^+, K^+	EPSP
セロトニン	セロトニン受容体	Na^+	EPSP
GABA	$GABA_A$ 受容体	Cl^-	IPSP
グリシン	グリシン受容体	Cl^-	IPSP

EPSP：興奮性シナプス後電位　IPSP：抑制性シナプス後電位　AMPA：アミノヒドロキシメチルイソキサゾールプロピオン酸　NMDA：*N*-メチル-D-アスパラギン酸

13-D 神経機能

記憶・学習とシナプス可塑性

point 記憶や学習にはシナプス伝達効率の上昇と神経伝達時間の持続，すなわちシナプス可塑性が関与している。可塑性成立の機構として，長期増強や長期抑制，シナプスの増加や形態変化などがある。

記憶や学習はシナプス伝達効率の上昇

記憶や**学習**，あるいは**条件づけ**などが起こるのは，シナプス伝達が持続し，その効率も上昇するためであるが，この現象を**シナプスの可塑性**（plasticity）という（図1）。可塑性は**長期増強**（**LTP**：long term potentiation），**長期抑制**（**LTD**：long term depression）（後述），シナプスの形態や数の変化，機能変化などで説明される（図2）。

変化を持続させる長期増強と長期抑制

LTPは**記憶中枢**である**海馬**（詳しくは錐体細胞への入力）を高頻度電気刺激により刺激すると，EPSP（⇨13-D）の振幅が持続するという現象で見つかった。シナプス後部には**AMPA受容体**と**NMDA受容体**があるが（図3），通常，後者はMg^{2+}でブロックされている（図4）。LTPで**グルタミン酸**が放出され，AMPA受容体の脱分極が起こると，**Mg^{2+}ブロック**が外れてCa^{2+}が入る。Ca^{2+}はCaMK IIを介してAMPA受容体の活性化，続いてAMPA受容体の増加やリン酸化による恒常的活性化を起こす。この他，**代謝型グルタミン酸受容体**（**mGluR**）と**PKC**を介したNMDA受容体の活性化や，**電位依存的Ca^{2+}チャネル**（**VDCC**）によるCa^{2+}の流入という機構もある。LTPは**記憶**と**学習**のもとになる現象として発見されたが，ニューロンに一般的にみられる。

LTDは小脳に弱い低頻度刺激を与えるとEPSPが弱くなり，それがその後も持続するという現象から見つかった。**AMPA受容体**にグルタミン酸が結合すると，その近傍のVDCCが活性化され，Ca^{2+}–**プロテインキナーゼG**（**Gキナーゼ**）活性化という経路が働き，

図1 シナプス可塑性の例

1. アメフラシ感覚神経におけるK^+チャネル不活性化反応
2. 扁桃体における長期増強
3. 海馬における長期増強（→高頻度反復刺激）
4. 小脳における長期抑圧（→低頻度反復刺激）
5. 副嗅球部におけるグルタミン酸受容体活性化反応

図2 シナプス可塑性成立のメカニズム

1. シナプス伝達効率の継続的な上昇によるLTP，LTD
2. シナプスの表面積・数の増加，活性型シナプスの増加
3. ニューロンの新生
4. 神経伝達物質の放出量上昇（？）
5. 新たな遺伝子発現*
   →シナプスの増加
   →BDNF（脳由来神経栄養因子）の分泌
   →転写制御因子の活性化
6. アストログリアからの調節因子分泌（？）

＊ 2 3にも関連する
注）4と6以外はシナプス後部（⇨13-D）で起こる

図3 グルタミン酸受容体にはさまざまな種類がある

イオンチャネル型	
AMPA型	GluR1～GluR4（フリップ/フロップ*）
カイニン酸型	GluR5～GluR7（低親和性） KA-1～KA-2（高親和性）
NMDA型	NR1（グリシン酸結合サブユニット） NR2A～NR2D（グルタミン酸結合ユニット） NR3A～NR3B（修飾サブユニット）

代謝型		
グループI	mGluR1(a～d) mGluR5(a, b)	PLC活性化(IP_3, DAG増加) 細胞内Ca^{2+}増加
グループII	mGluR2 mGluR3	cAMP減少 細胞内Ca^{2+}減少
グループIII	mGluR4(a, b) mGluR6 mGluR7(a, b) mGluR8(a, b)	cAMP減少 cGMP減少 細胞内Ca^{2+}減少

PLC，IP_3，DAGについては⇨9-F参照.
＊ ヘテロ四量体各サブユニットの多型性により，このように呼ばれる2種類のアイソフォームの形をとる

AMPA受容体が抑えられるという機構が考えられる（図5）。この他mGluR–**プロテインキナーゼC**–AMPA受容体抑制という機構や，グリアの1つであるアストログリア （⇨11-G）からの影響も関与するらしい。**小脳**は**共同運動**（運動の統合）や**運動記憶**を司るが，LTDはこの機能にかかわる。LTDは**海馬**など，ほかのニューロンにもみられ，**記憶の保存**にかかわる。

長期増強・抑制で起こるシナプスの変化

LTPやLTDが起こると，**樹状突起**とシナプスを作る**棘突起**（**スパイン**）（⇨11-D）の表面積が増えたり，新しいシナプスが形成されたり，AMPA受容体がない静止シナプスから受容体がある活動シナプスへの変換がみられ，これにより伝導効率向上の長期継続，すなわち**長期記憶**が成立すると考えられる。ニューロン自体が増える機構もある。

長期記憶の成立には遺伝子発現が必要

長期記憶は新たな**遺伝子発現**が必要である。LTP誘導時にはCa^{2+}の増加に起因するMAPK （⇨9-E），**CaMK Ⅱ/Ⅳ**，**プロテインキナーゼA**の活性化が起こり，その標的である転写制御因子**CREB**（cAMP応答配列結合因子）がリン酸化される（一酸化窒素により活性化される機構もある）（図6）。CREBは転写制御因子c-fosやzif268などの活性化を通してシナプスのタンパク質や**BDNF**（脳由来神経栄養因子）を発現させる。CaMK ⅡやCREBをノックアウトした動物は記憶・学習能力が低下する。

図4 海馬における興奮性シナプス伝達とLTP誘導

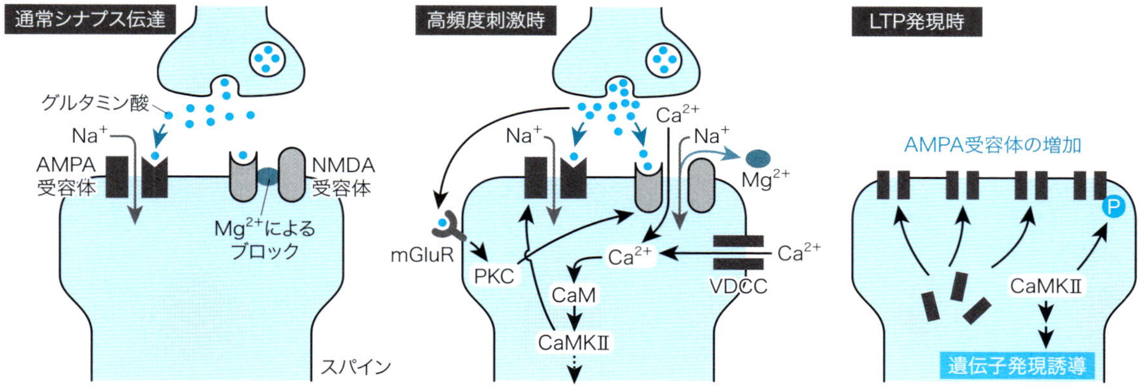

CaM：カルモジュリン，CaMKⅡ：CaMキナーゼⅡ，PKC：プロテインキナーゼC

図5 小脳におけるLTD

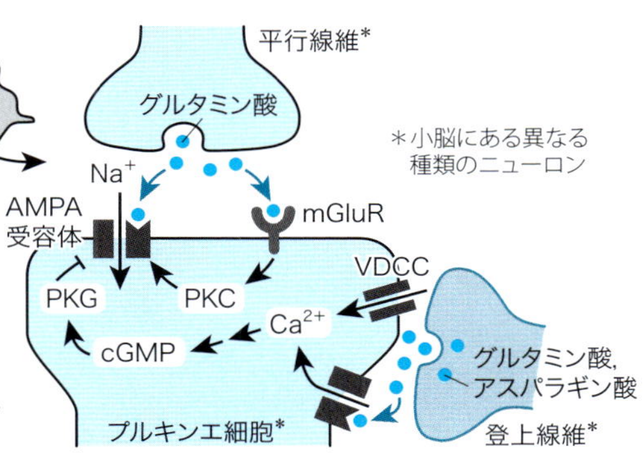

PKG：プロテインキナーゼG

図6 LTPや長期記憶にかかわる転写制御因子CREB

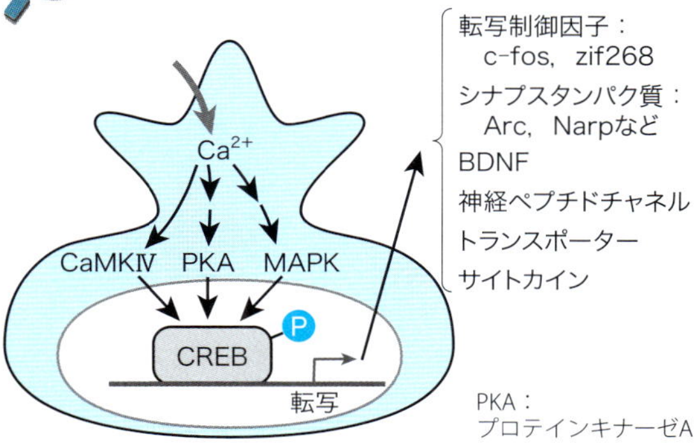

PKA：プロテインキナーゼA

重要ワード **13-F**

神経変性疾患とプリオン病

point アルツハイマー病，パーキンソン病，ポリグルタミン病などの神経変性疾患では，不溶化タンパク質が脳に沈着する。プリオン病も，異常プリオンの出現・感染を経て脳に沈着し，発病する。

脳神経細胞が徐々に死ぬ神経変性疾患

脳の神経細胞死はいろいろな疾患に由来し，これにより脳神経細胞が変性すると，不可逆的に脳が萎縮して死に至る（図1）。**神経変性疾患**の多くは内因性で，原因遺伝子があり，慢性に経過する。**アルツハイマー病**は記憶・認知障害，実行機能障害，意識障害を特徴とし，原因物質である**βアミロイドタンパク質**（Aβ。前駆体から切り出された43アミノ酸部分）と**タウ**（ニューロンにある微小管結合タンパク質）の脳細胞への沈着と蓄積が起こる（図2）。**パーキンソン病**は振戦（しんせん）（ふるえ），歩行障害，無動を特徴とし，遺伝性のものは**α-シヌクレイン**の沈着，ユビキチン化E3酵素活性 （⇨9-J） をもつ**パーキン**の欠陥などが原因として知られている（図3）。

ポリグルタミン病と神経変性疾患の共通原因

神経変性疾患のなかにはいくつかの**ポリグルタミン病**（CAGなどのコドンが繰り返すので**トリプレットリピート病**ともいう）（図4）がある。これらの疾患では遺伝子内部にCAG単位の繰り返しができ，この結果，タンパク質に連続したグルタミンの配列が生ずる。このなかには**脊髄小脳失調症**，**筋緊張性ジストロフィー**なども含まれるが，舞踏運動や精神・知能障害を主徴とする**ハンチントン病**が特に有名で，患者の原因遺伝子**ハンチンチン**の内部に通常よりも長いグルタミン連続配列が出現する。神経変性疾患は年代を重ねるほど症状が重くなり，また**変異優性**という特徴がみられるが，変異が原因で生じた不溶性タンパク質の脳細胞への沈着と，それによる細胞の変性と死が共通のメカニズムとして存在する（図5）。これとは別に，ハンチンチンの断片が転写を活性化する機構もある。変性タンパク質は**βシート構造**をとって溶解度が低下し，分解されにくくなる。

プリオン病はヒトにも動物にも存在する

クロイツフェルトヤコブ病（CJD）や家族性致死性不眠症などの神経変性疾患の原因は，**プリオン**

図1 神経細胞死はいろいろな疾患に由来する

1. **感染症**
   ウイルス感染病（日本脳炎など．一部プリオンの感染）
2. **虚血性脳疾患**
   脳梗塞など
3. **物質毒性**
   グルタミン酸毒性
4. **慢性の神経変性疾患**
   プリオン病，アルツハイマー病，パーキンソン病，ポリグルタミン病，筋萎縮性側索硬化症（ALS）

図2 アルツハイマー病の特徴

主要症状	記憶障害，認知障害，実行機能障害，意識障害
経過	5～12年
病理所見	老人班アミロイド（アミロイド沈着），神経細胞死
蓄積物質	βアミロイドタンパク質（Aβ），タウ
原因遺伝子	アミロイド前駆体タンパク質，プレセニリン-1/-2
危険因子	アポリポタンパク質E4

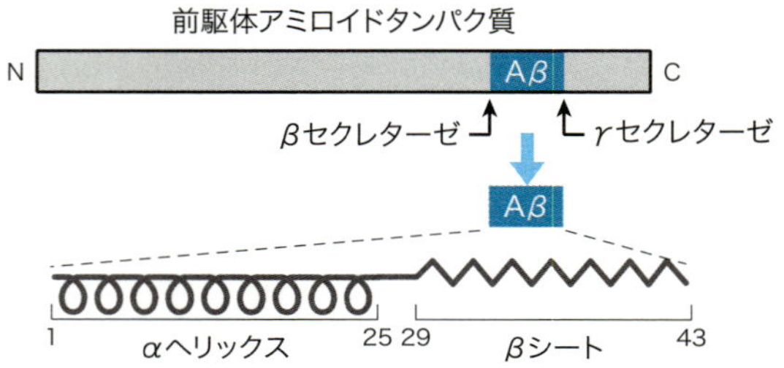

（prion）といわれるタンパク質（253個のアミノ酸からなり，おそらく睡眠や脳機能にかかわる）である。プリオン病はヒツジの**スクレイピー**，**ウシ海綿状脳症**（BSE：いわゆる**狂牛病**）など，動物にも散発的に発生する（図6A）。なかに感染性のものもある〔死者の脳を食べる習慣があったニューギニア現地人にみられた**クールー**，プリオン病動物の脳などを人為的に摂取させた家畜（例：飼料としての牛肉骨粉から）〕。プリオンの宿主域が広いため，ウシやシカのプリオンもヒトに感染し，BSE感染ウシを摂取したヒトへの感染・発症例（**変異型CJD**）が多数報告されている。

プリオン感染のメカニズム

プリオンの危険性は，タンパク質が熱や一般の消毒剤に対し非常に安定なことにある。正常プリオンと異なり，異常プリオンは長い**βシート構造**をもち，不溶性なうえタンパク質分解酵素耐性で，多量体化しやすい。プリオンが自己複製することはないが，正常プリオンの高次構造を異常プリオンが異常型に変化させる触媒的働きにより「感染」が成立すると考えられている（図6B）。

図3 パーキンソン病で起こっていること

- α-シヌクレインのレビー小体への凝集
- パーキンの変異

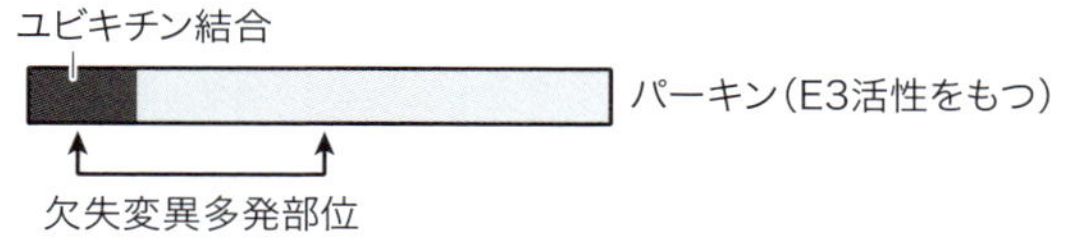

- タウが変異により不溶化，蓄積する

図4 主なポリグルタミン病

疾患名	原因遺伝子
ハンチントン病（HD）	ハンチンチン
多くの脊髄小脳失調症（SCA）	アタキシン，Ca^{2+}チャネル，ホスファターゼ，TATA結合タンパク質（SCA17）
フリードライヒ失調症	フラタキシン
マシャド・ジョセフ病	MJD1
球脊髄性筋委縮症	アンドロゲン受容体
筋緊張性ジストロフィー	ミオトニンキナーゼ

図6 主なプリオン病とプリオン感染のメカニズム

A プリオン病

ヒト	
遺伝性	クロイツフェルトヤコブ病（CJD）：孤発性，遺伝性 ゲルストマン・ストロイスラー・シャインカー病（GSS） 家族性致死性不眠症（FFI）
感染性	変異型CJD（BSE由来） 医原性CJD（硬膜移植などによる） クールー

動物	
スクレイピー	（ヒツジ，ヤギ）
ウシ海綿状脳症（BSE：狂牛病）	（ウシ）
慢性消耗性疾患	（シカ）
ネコ海綿状脳症	（ネコ）

B プリオン「感染」のメカニズム（仮説）

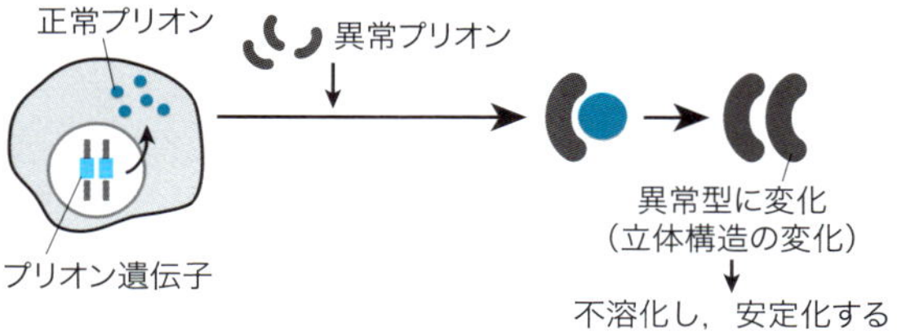

図5 神経変性疾患の病状や原因には共通の特徴がある

- 老化と相関する
- 遺伝的要素が強い
- 優性遺伝形質をとりやすい
- 障害部位での神経細胞の変性・脱落
- 原因タンパク質の不溶化，構造変化

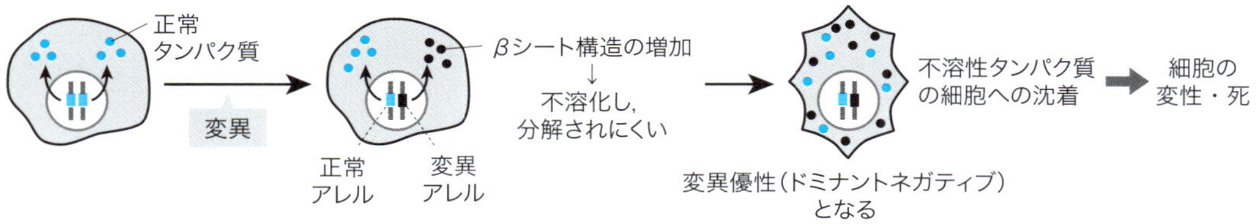

13-F 神経変性疾患とプリオン病

老化と寿命

point 細胞は活性酸素などによる細胞内分子への攻撃や，テロメア短縮などが原因となって老化し，それがもとで個体を構成する組織や器官が疲弊し，恒常性や免疫力を維持できなくなって寿命を迎える。

老化はどのように起こるのか

特別な病気がなく感染症に罹らなくとも，生物は年をとり（**加齢**），**老化**し，**寿命**に達して死ぬ（ヒトで約120歳）。酵母からヒトまで，真核生物には共通に老化という現象があるが，寿命にかかわる多くの変異体が存在するという事実から，老化や寿命にはさまざまな遺伝子が関与することが明らかになっている。多細胞生物の老化・寿命は，細胞老化に起因する器官や組織の変調と，それに続く**恒常性**（**ホメオスタシス**）の破綻の結果ととらえることができる（図1A）。抗老化遺伝子*Klotho*はCa^{2+}ホメオスタシスに関与する。

寿命までの細胞分裂回数は決まっている？

細胞寿命の原因として，外因性のものと自身がもつ内因性なものの2つが考えられる（⇒**エラー破局説**と**プログラム説**）。老化が内因性に決められているという考え方（正常細胞の分裂回数が有限であるため）の根拠の1つとして，**テロメア**が複製のたびに失われ，細胞にはテロメアを複製する**テロメラーゼ**がない（不死化すると出現する）という事実がある（注：これにあてはまらない生物も多い）（⇨2-D）（図2）。

老化細胞には傷害が蓄積している

細胞が老化するとさまざまな指標が変化する（図1B）。細胞レベルの老化を起こす主因は，細胞内分子に生じる傷害，あるいは合成のエラーである。**細胞傷害**にはDNA損傷やタンパク質変性，タンパク質の異常修飾や**ミトコンドリア**（活性酸素が多く，修復酵素も少ない。高齢者はミトコンドリア機能が低下している）の傷害などがある（図3）。傷害の引き金は主に**活性酸素**（**ROS**）であるが，その主な発生源は，エネルギー産生で酸素を大量に消費する**ミトコンドリア**である。ROSが原因でエラーが蓄積し，細胞レベルの老化（場合によっては癌化）が進むと考えられる（老化や癌に**抗酸化作用**のあるビタミンCやEが効くという俗説はこの理屈に合う）。**DNA損傷**は細胞にとって致命的であり，細胞はそれを修復する多くの酵素をもつが，そのなかでも**DNAヘリカーゼ**などの**除去修復酵素**が重要である。ヒトの**早期老化症**（**ウエルナー症候群**など）は**RecQ様**DNAヘリカーゼ遺伝子の欠陥が原因である。

ストレス応答としての細胞老化

細胞老化の原因を細胞が受けるストレスととらえることができ，この意味で老化は**ストレス応答**の結

図1 細胞の老化が寿命につながる

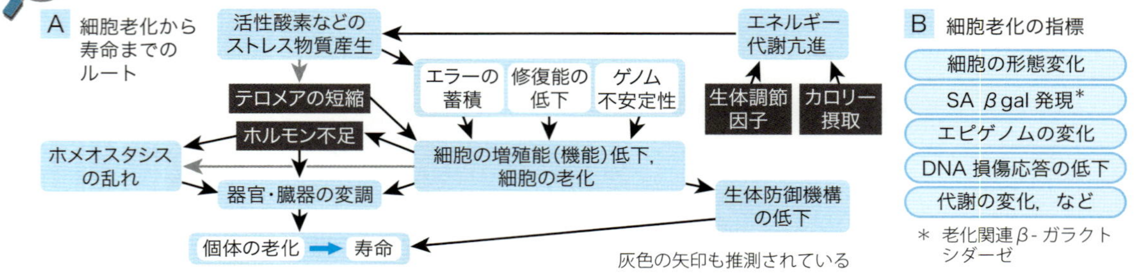

果とみることができる。DNA傷害性ストレスを受けた細胞ではATM，ATRを経由する**p53**の活性化が起こるが，これが**p21**$^{\mathrm{Waf1/Cip1}}$の活性化と**RB**の抑制を介して増殖抑制を誘導し（⇨10-C），それが細胞老化に至ると考えられる（図4）。ストレス要因として，エネルギー代謝過程で発生する**ROS**やDNA複製，あるいは**テロメア短縮**の影響は無視できず，細胞の生存や増殖自体が，細胞にとってストレスになっているという見方もある。

図2 細胞分裂の回数は寿命へのカウントダウン

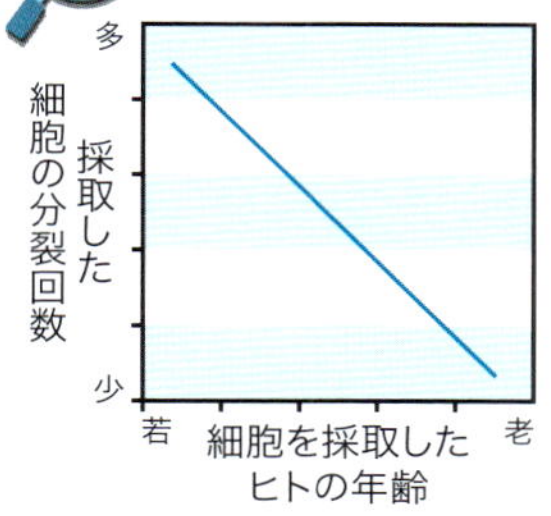

- テロメラーゼノックアウトマウスは老化傾向が早く出る
- 不死化したヒトの細胞や癌細胞はテロメラーゼをもつ
- 老化に伴いテロメアが短くなる

図3 活性酸素（ROS）が細胞傷害を起こす

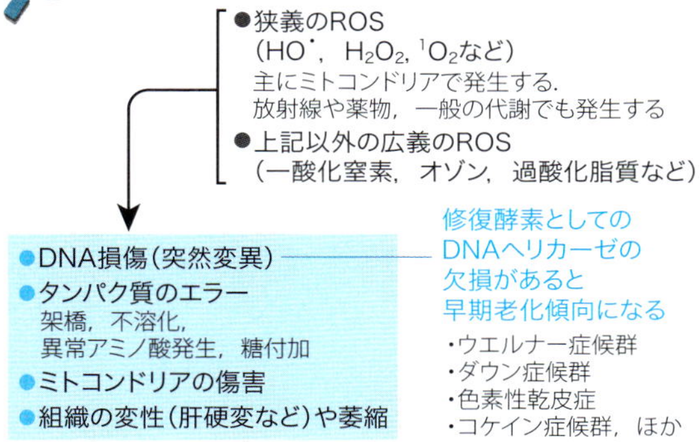

カロリーの取り過ぎは寿命を短縮させる

大腸菌からマウスに至るまで，生物の摂取エネルギー量と寿命には負の相関があり，**カロリー制限**（**CR**）が老化を抑制するという考えは広く受け入れられている。上述の理由により，カロリー制限→好気呼吸の低下→ROSの低下が考えられ（図5），事実ミトコンドリアDNAを欠く酵母は老化が抑制される。

CRはROS産生低下のみならず，**サーチュイン**（**SIRT**）（⇨13-H。SIRT1〜7）の活性化にもかかわり，事実，SIRTノックアウトマウスは早期老化や短命といった特徴を示す。SIRTはCRで発現量が上昇するが，これにはNAD^+/NADH比の上昇や**NAD^+の合成促進**（?）がかかわる。機能をもったSIRTは転写制御因子やヒストンの脱アセチル化を通して細胞内の転写量を変化させ，また**癌**，**心疾患**，**メタボリックシンドローム**，**インスリン感受性低下**といった疾患の関連因子の修飾を通して個体の健康状態を向上させ，結果として抗老化・延命効果を発揮するものと思われる。

図4 ストレスは細胞老化を招く

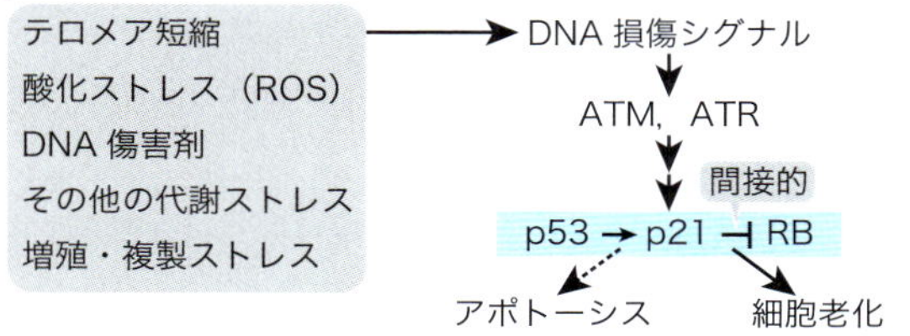

図5 カロリー制限（CR）による老化抑制のメカニズム

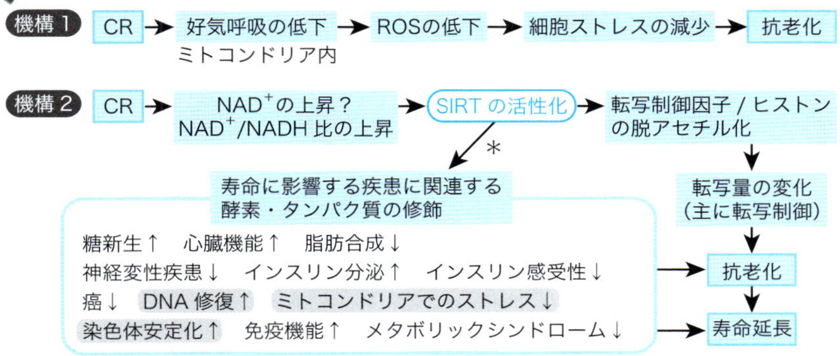

ROS ：reactive oxgen species
NAD^+：ニコチンアミドアデニンジヌクレオチド
SIRT ：サーチュイン（NAD^+依存ヒストン脱アセチル化酵素）
＊転写を介するルートと厳密な差別はない．網かけは主に細胞レベルのできごと
注）機構2には推測のものも含まれている

13-G 老化と寿命

重要ワード **13-H**

生活習慣病とメタボリックシンドローム

point 疾患のなかには生活習慣や複数の遺伝子がかかわって起こるものが多数ある。複合病態であるメタボリックシンドロームは，動脈硬化症や虚血性心疾患，さらには糖尿病進行と関連が深い。

生活習慣病とはどのようなものか

老化に伴い**肥満**，**糖尿病**，**循環器疾患**（高血圧症，高脂血症，心筋梗塞など），**癌**，痛風などにかかりやすくなるが，これらの病気は生活習慣で改善できるため**生活習慣病**といわれる。骨粗鬆症，歯周病，白内症，更年期障害も老化に相関して発症するため広い意味では生活習慣病である。またこれらのような“ありふれた”疾患の多くは多数の遺伝子と外的要因が複雑にかかわるため，**多因子疾患**あるいは**多遺伝子病**といわれる。遺伝的要素の強い原因不明の免疫関連疾患や神経精神疾患（例：アレルギー，認知症）も多因子疾患的要素をもっている（図1）。

メタボリックシンドロームとは？

メタボリックシンドローム（メタボリック症候群）はこれまでは**インスリン抵抗性症候群**と呼ばれていた。肥満と**インスリン抵抗性**（インスリン効力の低下）が基盤となって，**高血圧**，**脂質代謝異常**，**高脂血症**が共存する病態で，動脈硬化の前駆状態であり，脳血管障害や虚血性心疾患に関連する。近年になり，脂肪細胞（特に内臓脂肪）と病態悪化との関連が指摘され，**腹部肥満**，**高血糖**，高血圧，**高中性脂肪**，**低HDL**というメタボリックシンドロームの診断基準が発表され，今日に至っている。日本では，一定以上の腹囲があったうえで①脂質濃度異常，②血圧異常，③血糖値異常のうち2項目を満たす場合をメタボリックシンドロームとしている（図2）（注：この診断基準には曖昧さがあるため，異論も多い）。

脂肪細胞はさまざまな調節因子を分泌する

肥満とは体脂肪が過剰に蓄積した（⇒脂肪細胞に中性脂肪が大量に蓄積された）状態をいい，摂取カロリーと消費カロリーのバランスの破綻で発生する。**脂肪細胞**には**白色脂肪細胞**（主に中性脂肪を貯蔵する）と**褐色脂肪細胞**〔主に中性脂肪を燃焼（酸化）させて熱を発生させる〕があり，貯蔵組織や代謝組織であると同時に多様な調節因子（**アディポカイン**と総称する。**アディポサイトカイン**ともいう）を分泌する内分泌器官でもある（図3）。脂肪細胞からは**レ**

図1 主な多因子疾患

A 生活習慣病でもあるもの

●循環器関連	脳出血，脳梗塞，心筋梗塞，狭心症
●癌	肺扁平上皮癌，大腸癌
●代謝関連	2 型糖尿病，メタボリックシンドローム，肥満，アルコール性肝炎，痛風，高脂血症
●その他	歯周病，慢性閉塞性肺疾患，骨粗鬆症，白内症，更年期障害

B 遺伝的要因の強いもの

●免疫関連	喘息，アレルギー，自己免疫病
●内分泌関連	成長障害，低 HDL コレステロール血症
●精神，神経関連	そううつ病，認知症，統合失調症，自閉症
●その他	クローン病，川崎病，先天性心疾患

HDL：高比重リポタンパク質

図2 メタボリックシンドロームの診断基準

A	腹囲（男性 85 cm 以上，女性 90 cm 以上）	
B	①脂質濃度異常	中性脂肪 150 mg/dL 以上，あるいは HDLコレステロール40 mg/dL 未満
	②血圧異常	最高血圧 130 mmHg 以上，あるいは 最低血圧 85 mmHg 以上
	③血糖値異常	空腹時血糖 110 mg/dL 以上

A があったうえで B のうち 2 項目以上を満たす場合をメタボリックシンドロームとする（日本の場合）

図3 脂肪細胞からは多くのホルモン・ホルモン様因子（アディポカイン）が分泌される

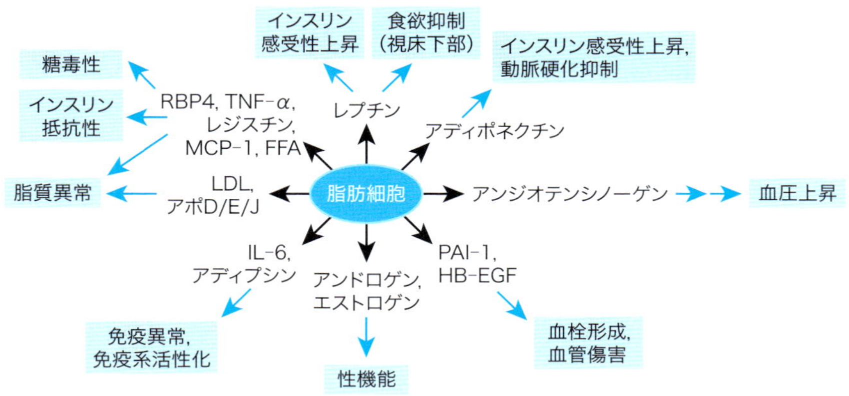

プチンやインスリン感受性上昇に関与する**アディポネクチン**など，生活習慣病の改善につながる物質が分泌されるが，**アディポネクチン**は脂肪細胞の肥大とともに減少する。この一方で，脂肪細胞からは**TNF-α**，**レジスチン**，LDL（低比重リポタンパク質），アポD/E/Jなどのメタボリックシンドロームの悪化を招くアディポカインも多く分泌される。このような「悪玉」アディポカインはとりわけ**内臓脂肪**では多く作られる。脂肪細胞からは，この他プラスミノーゲンアクチベーターインヒビター1（**PAI-1**：血栓形成を誘導する）や**IL-6**，**アディプシン**なども分泌される。

肥満に関連するホルモン：レプチン

レプチンは脂肪細胞から分泌されるアディポカインの1つで，脳の視床下部に作用し，食欲促進ホルモンである**ニューロペプチドY**などを抑えて**食欲抑制作用**を示す。遺伝性肥満マウスの原因遺伝子として発見され，**肥満遺伝子**（***ob*** **遺伝子**）ともいわれる。レプチンはインスリン感受性を上げるなどしてエネルギー消費を高めるため，その遺伝子異常，受容体異常，下流遺伝子（**4型メラノコルチン受容体**）の異常は著しい肥満を呈する。肥満患者はレプチン抵抗性の状態にあるため，レプチン濃度の上昇がみられる。

高脂肪食が肥満を助長する理由

肥満を促進するものとして，食事刺激で消化管から放出され，インスリンの分泌を上げる**インクレチン**，中性脂肪合成にかかわるジアシルグリセロールアシル基転移酵素，脂肪細胞分化誘導性転写制御因子PPARγなどがある。脂肪細胞の主要制御因子である**PPARγ**は**核内受容体**で（⇨4-H），リガンドは脂質代謝産物（例：ある種のプロスタグランジン，酸化LDL）である。肥満には**インスリン**のほかPPARγが大きくかかわる（図4）。インスリン受容体からのシグナルは**PI3キナーゼ**から**Akt**へと入り，グルコース取り込み上昇（⇒グルコースは脂肪酸合成に使われる）と脂肪酸分解の低下を招き，脂肪細胞を肥大化させる。これらの結果，脂肪酸の取り込みに関する遺伝子〔例：*LPL*（リポプロテインリパーゼ）〕や

図4 脂肪細胞肥大：インスリンとPPARγ

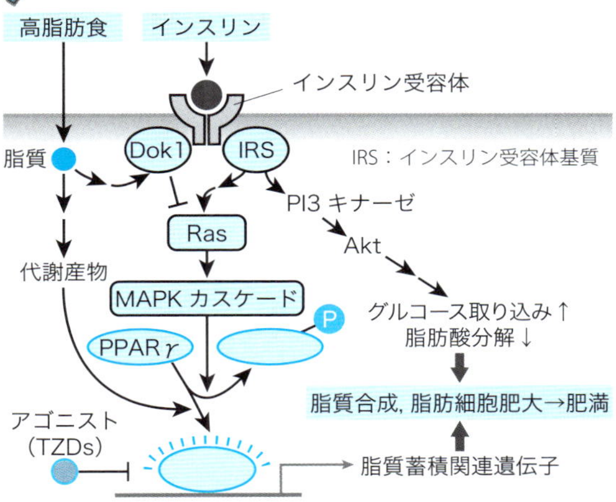

《次ページに続く☞》

13-H 生活習慣病とメタボリックシンドローム

合成に関する遺伝子〔例：*FAS*（脂肪酸シンターゼ）〕，そして*SREBP*（sterol regulatory-element binding pretien）遺伝子などが上昇する。一方，**高脂肪食**はインスリン感受性を低下させるためインスリン濃度が上がり，脂肪酸分解抑制とグルコース取り込み亢進を起こす。さらに高脂肪食はPPARγを活性化させるため，脂質蓄積に働く遺伝子が活性化する。PPARγの機能をうまく利用する趣旨から，**PPARγアゴニスト**（例：**TZDs**）が高脂血症治療薬やインスリン抵抗性改善薬として使用されている。他方，インスリンシグナルには**Ras-MAPKカスケード**を動かし，PPARγをリン酸化して抑制（⇒肥満を抑える）するという，一見相反する作用もある。**Dok1**はインスリン受容体基質の1つで，肥満促進因子でもある。Dok1はRas-MAPKカスケードを抑える働きがあるが，高脂肪食はDok1の発現を高めるため，それによりPPARγが恒常的に活性化すると考えらえる。

コレステロール代謝と動脈硬化

高脂血症は**コレステロール**や中性脂肪の多い状態である。コレステロールはアポタンパク質と結合した**リポタンパク質**として存在するが，**LDL**や高比重リポタンパク質（**HDL**）などに分けられ，前者は動脈硬化病巣に取り込まれやすく，動脈硬化を進行させる（HDLはLDLを肝臓に戻す）（図5）。**動脈硬化症**のなかで主要なものは**アテローム性（粥状(じゅくじょう)）動脈硬化症**で，メタボリックシンドロームの各要素や喫煙が危険因子となる。血管内膜下に**リポタンパク質（コレステロール）**が蓄積して発生し，やがて粥状の隆起となり

図5 コレステロールは体内を循環している

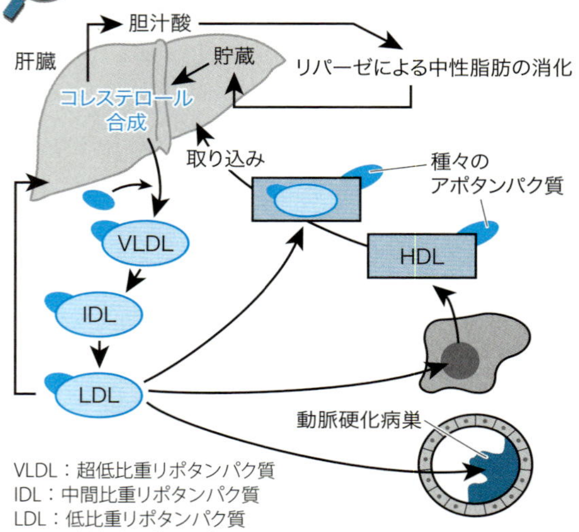

VLDL：超低比重リポタンパク質
IDL：中間比重リポタンパク質
LDL：低比重リポタンパク質
HDL：高比重リポタンパク質

図6 2型糖尿病の成因（A）とインスリンの作用（B）

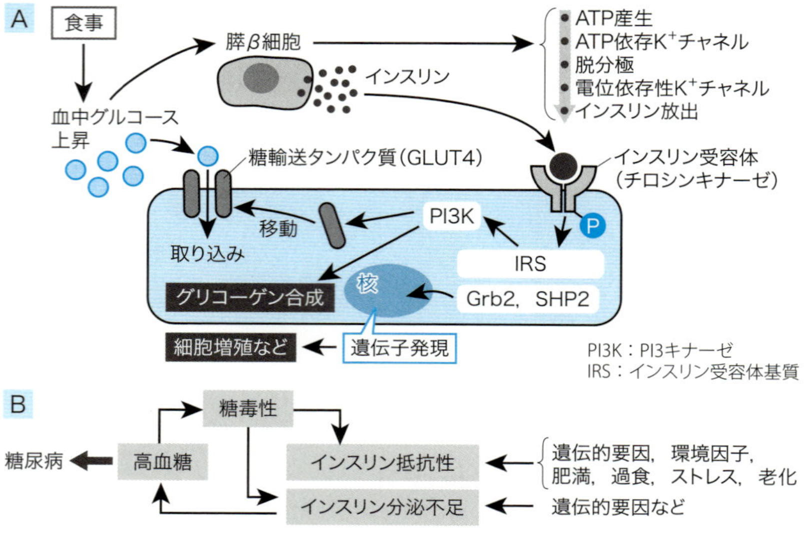

PI3K：PI3キナーゼ
IRS：インスリン受容体基質

(⇒一種の炎症反応)，血管内部が狭くなる。血栓で詰まりやすく，心筋梗塞や脳梗塞などの引き金になる。

インスリンと2型糖尿病

膵β細胞（インスリンを分泌する）の破壊により**インスリン**が欠乏する1型糖尿病と異なるが，**2型糖尿病**はインスリン分泌低下と**インスリン抵抗性**の上昇が発病にかかわる。食事で血中グルコースが上昇すると**膵β細胞**がそれを感知してインスリンを分泌する（図6A）。グルコースは**インスリンシグナル伝達系**（IRS–PI3キナーゼ系）で活性化された**糖輸送タンパク質**（**グルコーストランスポーター**）によって細胞内に運ばれ，代謝される。糖の過剰供給が続くと**インスリン抵抗性**となり，また糖がさまざまな分子と結合して重篤な病気（**糖毒性**：腎症，失明，壊疽）とともに**循環器疾患**を誘導し，老化や生活習慣（肥満，過食，運動不足，ストレスなど）によって悪化する（図6B）。2型糖尿病にかかわる遺伝子として上述の**アディポネクチン**や**PPARγ**，そしてカルパイン10，β3アドレナリン受容体などが同定されている。

サーチュイン

酵母で同定された**Sir2**は，その後，哺乳類ホモログ**SIRT1**の同定につながり，やがて7種類（SIRT1～7）がファミリーをなしていることが明らかとなった。現在このファミリーは**サーチュイン**と呼ばれている。サーチュインは**NAD⁺依存性ヒストン脱アセチル化酵素**（**HDAC**）活性を示す（**ADPリボシル化**も触媒する）（図7A）。細胞質や核に局在するものと，ミトコンドリアに局在するものがある（図7B）。**転写制御因子**などの修飾を通して多くの細胞機能の調節（例：ストレス応答，細胞周期制御，DNA修復）にかかわる。SIRT1などは糖新生，脂肪酸酸化，インスリン分泌，アディポカイン制御などにかかわることにより，結果的にメタボリックシンドロームの改善に働き，またPPARγの機能を高める。食事や運動，NAD⁺，ある種の**ポリフェノール**（例：**レスベラトロール**）によって活性化する。

図7 サーチュインとその役割

A サーチュインが触媒する反応

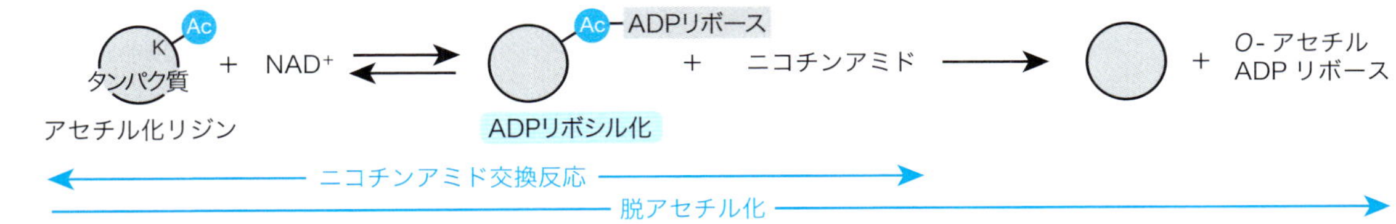

B 種類と役割

サーチュイン	脱アセチル化反応	ADPリボシル化反応	局在	役割
SIRT1	○		核，細胞質	糖新生，脂肪酸酸化，脂肪酸動員，アディポカイン制御，コレステロール制御，インスリン分泌，神経保護，ストレス応答，カロリー制限効果の媒介
SIRT2	○		核，細胞質	チューブリン脱アセチル化，細胞周期制御
SIRT3	○		ミトコンドリア	タンパク質アセチル化，酢酸代謝制御，ATP産生，脂肪酸酸化
SIRT4		○	ミトコンドリア	インスリン分泌，脂肪酸酸化
SIRT5	○		ミトコンドリア	尿素回路制御
SIRT6	○	○	核	塩基除去修復，DNA二本鎖切断修復，解糖系制御，トリグリセリド産生制御，NF-κB系の制御
SIRT7	○		核小体	pol Ⅰ転写制御，ストレス応答，細胞死の制御

pol Ⅰ：RNAポリメラーゼⅠ

システムバイオロジーと概日リズム

point 複数の制御経路や制御分子からなる統御ネットワークの解析を通して，複雑な生命現象を総合的，論理的に理解しようとするアプローチをシステムバイオロジーといい，概日リズム発生のメカニズムの解明にも役立っている。

システムバイオロジーがめざすもの

生物は究極の複雑系であるため，形質の理解は個々の分子の機能を解明するだけでは不十分である。分子生物学におけるこの弱点を克服する手段として，生物をシステムとしてとらえる**システムバイオロジー**（**システムズバイオロジー**ともいう。SB）がある。SBは関連する個々の分子制御反応の背後にある原理を見出し，ひいてはその原理に基づいて未知の制御経路や制御分子の推定も行う。生命システムの制御には膨大な数の**シグナル伝達系**と**転写制御系**がかかわるため，**バイオインフォマティクス**が必須のアプローチとなる（図1）。

制御情報は2つの動的経路で伝達される

生物にみられる制御情報の伝達方式は2つに分けられる。1つは入力から出力へ一方方向の制御が起こる**フィードフォワード制御**（図2A）である。活性化シグナルと不活化シグナルが同時に活性化されると，タイミングと相対的強さ，そして刺激の持続性に依存して，一過的な活性化波形が発生する。生物は多くの局面でアナログ刺激をon / offというデジタル出力に変換し，さらにはそれを増幅して利用しているが，このような場合は入力刺激に対する**過剰感応性**が現われ，二次・三次反応といった高次反応がみられる〔例：四次反応であるヘモグロビンと酸素の親和性は，アロステリック効果（⇨1-F）により，反応がシグモイド（S字型）曲線に従う〕。

図1 システムバイオロジーの構成要素と研究手法

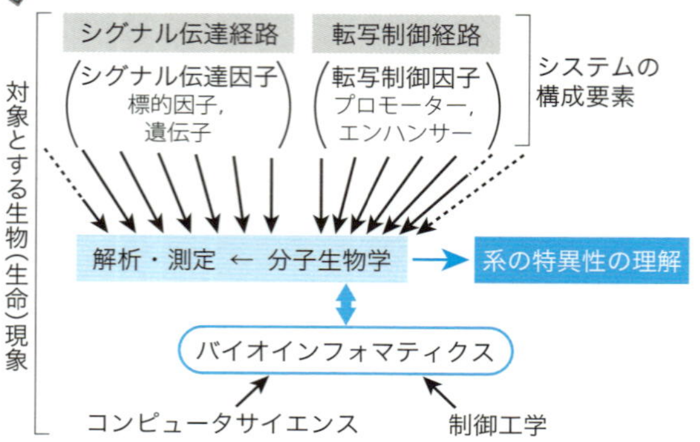

フィードバック制御という方式もある

もう1つは，出力が再び入力刺激となる**フィードバック制御**で，出力が入力を促進する**ポジティブフィードバック**（PF）と抑制する**ネガティブフィードバック**（NF）に分けられる（図2B）。PFがあると最初の入力がなくなった後も系が活性化される，つまり入力記憶が生じる（ただし，フィードバック入力に一定以上の強さが必要）。これに対して，NFは入力が一定して入る条件下で，周期的な振動状態の出力を発生できる。入力が大きくなっても振幅が大きくなるだけで振動数は変化しないが，PFとNFとが共存すると，入力強度に従って振動数が増加する（注：ただし，PFがNFより速いと自律振動は起きない）。

システムバイオロジーの具体例：概日リズム

生物・細胞は外部からの振動刺激を受けることなしに，約24時間周期の**生物時計**（**概日リズム**，**概日時計**ともいう。ヒトでは24時間より少し長く，マウスでは24時間より少し短い）を動かすことができる。概日リズムはフィードバック制御系で作られ，**時計遺伝子**として***CLOCK***，***BMAL1***，***PER2***，*CRY1*，*RORa*などがある。正の転写制御因子CLOCK-BMAL1複合体が**E-box**に結合し，負の転写制御因子のPER2や

CRY1を産生し，作られた産物がCLOCK–BMAL1発現を抑制する（NF経路）（図3）。一方，E–boxをエンハンサー（⇨4–E）にもつ転写制御因子**DBP**が**D–box**に結合し，転写活性化因子RORを発現させるが，RORは*CLOCK–BMAL1*遺伝子上流にあるRRE配列に結合する（PF経路）。このような制御系を含む複数の制御回路の協調作用により「時計」が動く。酵素反応は温度が10℃上昇すると反応速度は約2倍に上昇するが，このシステムは温度による影響をほとんど受けない（このメカニズムを**温度補償性**という）。

Memo DBP（D–box結合タンパク質）

DBPは，概日リズムに従って肝臓で発現するアルブミン遺伝子のエンハンサー結合因子として同定された。その後DBP自身も概日リズムを示すことが明らかとなった。

図2 制御情報は2つの動的経路で伝達される

A　フィードフォワード制御

① 効果分子の強さ，安定性，受容体（分子）の特性，相互作用のタイミングにより，いろいろな波形となる

② アナログ刺激をデジタル刺激に変換することができる

B　フィードバック制御

① ポジティブフィードバック

② ネガティブフィードバック

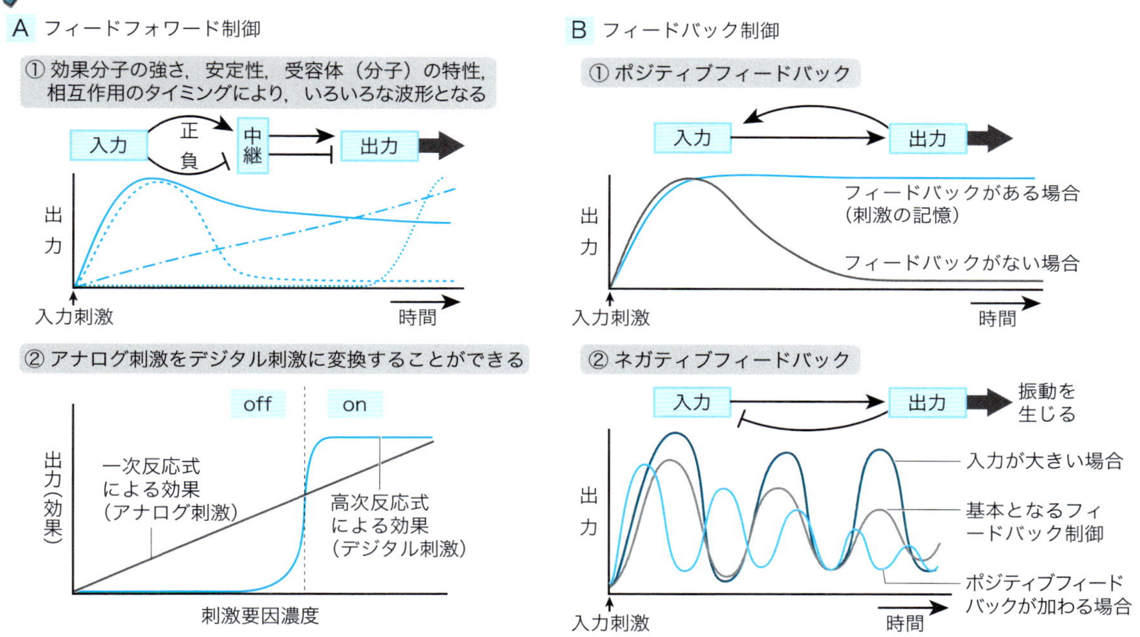

図3 生物時計は巧妙な制御回路で構成されている

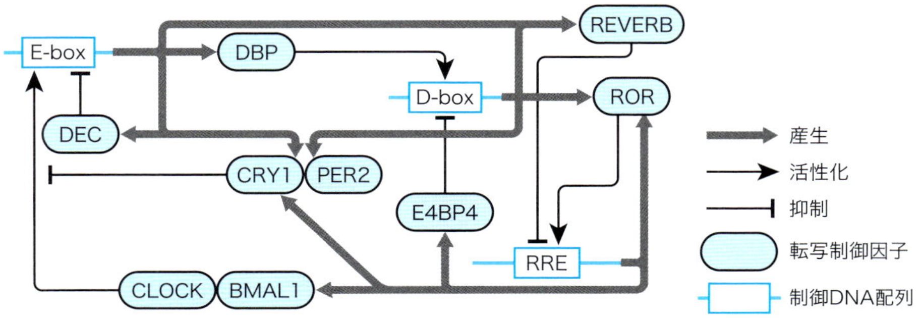

13-I システムバイオロジーと概日リズム

索 引

数 字

－10領域 78
－35領域 78
1段増殖 102
2型糖尿病 17, 251
2-ハイブリッド法 138
2ヒット仮説 222
2 μm DNA 106
2′, 3′-ジデオキシヌクレオシド三リン酸 134
3′→5′エキソヌクレアーゼ 40
4型メラノコルチン受容体 249
5′→3′エキソヌクレアーゼ 40
5-アザシチジン 225
5-aza-2′-デオキシシチジン 225
6-4光産物 47
7回膜貫通型受容体 165, 168
7-メチルグアノシン 60
7S RNA 152
14-3-3 σ 187, 188
30 nm線維 94, 155
260 nmの紫外線 46, 128

ギリシャ文字

αグロビン 208
α-シヌクレイン 244
αチューブリン 162
αヘリックス 27
βアミロイドタンパク質 244
β-カテニン 174, 175
β-ガラクトシダーゼ 79, 116, 139
βグロビン 208
β構造 27
β酸化 25
βシート構造 244, 245
β線 130
βチューブリン 162
βラクタマーゼ 108
χ配列 54
γ-グロブリン製剤 231
γ線 130
γ線滅菌 19
λファージ 103
λリプレッサー 105
ρ因子 78
σ因子 78

欧 文

A

Aキナーゼ（プロテインキナーゼA） 88, 166, 168, 243
A部位 66
ABCトランスポーター 223
Abl 167
ADA欠損症 231
ADCC 231
ADPリボシル化 251
AGOサブファミリー 74
AGOファミリータンパク質 74
AhR 176
AID 236
AIDS 238
Akt 173, 249
*Alu*配列 152
*Alu*ファミリー 152
AMPA受容体 242
APエンドヌクレアーゼ 48
AP-1 176, 220
Apaf1 194
APC 175, 221, 222
APC/C 180, 186, 187, 191
araC 225
Arf 168, 169
ARF 188
ARS 36, 106
ATF-2 176
ATM 186, 187, 188, 221
ATP 24
ATP加水分解 22
ATP合成 16
ATP合成酵素 25
ATP枯渇 192, 193
ATR 186, 187, 188
Aβ 244

B

B型肝炎ウイルス 218
B型DNA 29, 30
B細胞 208, 234, 237
Bリンパ球 234
BAC 116
BACトランスジェネシス 159
Bak 16, 194
Bax 16, 194
BCG 230
Bcl因子 16
Bcl-2 194
BDNF 243
BER 48
BH3-only因子群 194
Bid 194
BLAST 145
BMAL1 252
BMP 199, 212
BMP4 206
BRCA2 221
BrdU 131
BSE 245
b-Zip 87

C

C型肝炎ウイルス 219
Cキナーゼ（プロテインキナーゼC） 89, 172, 243
C値 150
C値パラドックス 150, 153
C末端繰り返し領域 80
C末端保存領域 84
CⅠ 105
Ca^{2+} 172
CAD 194
CAF 226
CAK 186
CAKモジュール 85
CaMKⅡ 191, 243
CaMKⅣ 243
cAMP 28, 79, 166, 168
CAP 79
CAT 139
CBP 92
CCAATボックス 86
cccDNA 30
CCT 71
CD4 237, 239
CD8 236
CDC 231
Cdc2 185
Cdc6 187
Cdc14 187
Cdc25 186, 187, 188
Cdh1 187
CDK 185, 186
CDKインヒビター 186
CDK活性化キナーゼ 85, 186
CDK-サイクリン 38
CDK-サイクリンモジュール 93
CDK1 185, 190
CDK2 189
CDK4/6 189
Cdk7 85
CDK8 93
CDKI 186
cDNAライブラリー 121
c-Fos 88, 220
CHDサブファミリー 95
Che-1 188
ChIP 141
ChIPシークエンシング 135
ChIP-on-chip 141
Chk1/2 187, 188
CIMP 224
Cip/Kipファミリー 186
CJD 244
c-Jun 88, 176, 220
CKI 186, 188
CLOCK 252
ClustalW 145
c-myc 220
c-Myc 206
CoA 23
ColE1 107
*cos*部位 42, 104
Co-Smad 174
Cot 157
CoTC 32, 60, 81
CPD 47, 52
CpGアイランド 96, 224
CpG配列 96
CPSF複合体 83
CR 247
CRE 88
Creリコンビナーゼ 42, 105
CREB 88, 243
c-Rel 90
Cre-*loxP*システム 105, 125
Cro 105
CRP 79
CS 50
CTD 60, 81, 82, 85, 93
Cul1 180
Cy3 131, 142
Cy5 131, 142
CypD 193

D

DAG 172
D-box 253
DBP 253
ddNTP 134
deathリガンド-受容体システム 194
Delta 175
Delta-Notch系 228
Delta-Notchシグナル伝達 211
Dicer1 74
Dicer2 74
DIG 131
Dishevelled 175
DNA 28
DNA塩基配列分析 128
DNA組換え操作 114
DNAグリコシラーゼ 48
DNAクローニング 120
DNA結合領域 87
DNA合成依存性アニーリング 55
DNA合成酵素 40
DNAシークエンサー 134
DNAシークエンシング 134
DNA指紋 151
DNA修復 30, 48, 234
DNA傷害剤 45, 46
DNA傷害チェックポイント 186
DNA損傷 46, 246
DNAチェックポイント 53
DNAチップ 141, 142
DNA抽出 128
DNA定量 128
DNA二重らせん構造 29
DNA二本鎖切断修復 221
DNA不安定性 224
DNA複製 184
DNA複製スリップ 151
DNA複製チェックポイント 186
DNAプロテインキナーゼ 55
DNA分離法 128
DNAヘリカーゼ 30, 246
DNAポリメラーゼ 40
DNAマーカー 135, 151, 157
DNAマイクロアレイ 142, 159
DNAメチラーゼ 118
DNAメチル化異常 224
DNAメチル化酵素（DNAメチル基転移酵素，DNAメチルトランスフェラーゼ） 96, 224
DNAライブラリー 120
DNAリガーゼ 118
DNAワクチン 230
DnaA 36
DnaB 36
DnaC 36
DnaGプライマーゼ 36
DNaseⅠ 118
DNA polⅠ（DNAポリメラーゼⅠ） 37, 40, 118
DNA polⅡ 40

X

X-gal 116
XIC 73
Xist 73
XP 50
XP遺伝子群 221
XP-B 85
XP-D 85
X染色体不活化 97
X染色体不活化センター 73

Y, Z

YAC 106, 116
Z型DNA 30

和 文

あ 行

アガロースゲル 128
悪性腫瘍 218
悪性新生物 218, 229
アクチビン 174, 199
アクチベータータギング 158
アクチン 162
アクチン線維 162
アグロバクテリア 123
足場依存性 216
足場タンパク質 171
アジュバント 230
亜硝酸塩 46
アストログリア 210
アスベスト 217
アセチル化 224
アセチルコリン 241
アセチルCoA 25
アディプシン 249
アディポカイン 248
アディポサイトカイン 248
アディポネクチン 249, 249, 251
アデニン 28
アデニル酸シクラーゼ 166, 168
アデノウイルス 43, 218, 231
アテローム性動脈硬化症 250
アドヘレンスジャンクション 163
アドレナリン 241
アニール 132
アノテーション 144
アプタマー 33
アポトーシス 16, 165, 192, 194, 221
アポトーシス誘導能 188
アミノアシル部位 66
アミノアシルtRNA 66
アミノアシルtRNA合成酵素 64
アミノアシルtRNAの校正機能 65
アミノ基 27
アミノ酸 25, 27
アラインメント 145
アラビノースオペロン 79
アルキル化剤 46
アルコール 20
アルゴリズム 145
アルツハイマー病 244
アレルギー 238
アレルゲン 238
アロステリック部位 23
アンカー分子 163
アンキリンリピート 90
アンジオスタチン 228
アンチコドン 32
アンチモルフ 222
安定同位体 130
アンピシリン耐性遺伝子 119
イートミーシグナル 195
硫黄欠乏性毛髪発育異常症 50
イオン化傾向 27
イオンチャネル 240
異化 22
鋳型鎖 58
胃癌 218
移行シグナル 70
維持メチル化酵素 96
異常組換え 156
位置効果 122
一次共生 12
一次抗体 137
一次造血 208
一次免疫応答 235
1段増殖 102
一酸化窒素 164, 227
一般形質導入ファージ 102
一本鎖構造多型 128
遺伝暗号表 64
遺伝子改変植物 123
遺伝子間スペーサー 150
遺伝子関連領域 150
遺伝子組換え実験 114, 115, 116
遺伝子組換え植物 123
遺伝子クローニング 120
遺伝子工学 114
遺伝子診断 133
遺伝子数 150
遺伝子刷り込み 97
遺伝子ターゲティング 124
遺伝子多型 157
遺伝子地図 109
遺伝子治療 123
遺伝子導入生物 122
遺伝子トラップ法 158
遺伝子ノックダウン法 74
遺伝子破壊 124
遺伝子発現 58, 243
遺伝子ファミリー 150
遺伝子変換型 54
遺伝子密度 150
遺伝子ライブラリー 120
遺伝性腫瘍 222
遺伝性非ポリポーシス大腸癌 222, 225
イニシエーター 36
イノシトール 172
イノシトール三リン酸 172
イノシトールリン脂質 89
イマチニブ 231
インクレチン 249
インサート 116
飲作用 15
インスリン 20, 249, 251
インスリン依存性若年性糖尿病 238
インスリン感受性低下 247
インスリンシグナル伝達系 251
インスリン受容体 166
インスリン抵抗性 248, 251
インスリン抵抗性症候群 248
インターフェロン 13, 165, 234
インターフェロンγ 238
インターロイキン 165
インタラクトーム 139
インタラクトーム解析 143
インテグラーゼ 152
インテグリン 163
イントロン 62
インポーチン 179
ウイルス 12, 116, 218
ウイルスベクター 231
ウィルムス腫瘍 221
ウエスタンブロッティング 137, 138
ウェット解析 144
ウエルナー症候群 246
ウシ海綿状脳症 245
裏打ちタンパク質 163
ウラシル 28
運動記憶 243
永久軟骨 212
エイズ 238
エキソン 62
液胞 14
エクシジョナーゼ 105
エクスポーチン 179
壊死 192
枝分かれ部位 63
エチジウムブロマイド 129
エチジウムブロマイド染色 128
エネルギー源 20
エネルギー代謝 24
エピゲノム 96
エピジェネティクス 94
エピソーム 101
エフェクターT細胞 229
エラー破局説 246
エレクトロポレーション 107
エロンギン 82
塩化セシウム 129
塩基 28
塩基修飾 46
塩基除去 46
塩基除去修復 48
塩基性アミノ酸 27
塩基対の相補性 29
塩基配列解析 134
塩酸グアニジン 129
炎症 90, 234
炎症細胞 226
炎症発癌 227
延髄 210
エントーシス 193
エンドサイトーシス 15
エンドソーム 14
エンハンサー 86, 88
エンハンサートラップ法 159
エンハンスソーム 86
応答配列 88
オーガナイザー 199
オートクレーブ 18
オートファゴソーム 17, 71, 192
オートファジー 16, 17, 71, 192
オートラジオグラフィー 120, 130, 136, 140
オートリソソーム 17, 192
岡崎フラグメント（岡崎断片） 37
雄菌 109
オゾン層 46
オペレーター 79
オペロン 79
オミクス 142
オリゴデンドログリア 211
オルガネラ 14
——の膨潤 193
オンコジーン 219, 220
温度補償性 253

か 行

開環状DNA 30
介在分子 163
開始因子 66
開始カスパーゼ 194
開始コドン 64
概日時計 252
概日リズム 252
解析プログラム 144
外的防御 234
解糖系 24, 226
ガイドRNA 74
海馬 242, 243
外胚葉 198
回文構造 31, 115
開放型複合体 78
解離 111
解離因子 66
解離酵素 110
化学シナプス 240
化学反応 22
化学療法薬 230
架橋 46, 47
核 15
核移行 90
核移行シグナル 70, 179
核移植 146
核局在シグナル 179
核孔 178
核酸 28
核酸変性剤 128
拡散防止措置 115, 117
学習 242
核小体 15
核小体内低分子RNA 33, 60
核除去 146
獲得免疫 234
核内癌原遺伝子 220
核内受容体 91, 164, 249
核内低分子RNA 33, 62
核膜 15, 178
核膜孔 178
核膜輸送 169
核様体 18
核ラミナ 178
過剰感応性 252
カスケード 170
カスパーゼ 165, 192, 194
カスパーゼ3 194
カスパーゼ8 194
カスパーゼ9 194
家族性腫瘍 221, 222
家族性大腸腺腫症 222
カタボライトリプレッション 79
褐色脂肪細胞 248
活性化エネルギー 22
活性酸素 16, 176, 227, 246
活性中心 23
活動電位 240
カテコールアミン 241
カドヘリン 163, 216
過敏症反応 238

過分極 240
花粉症 238
芽胞 18
カポジ肉腫 239
顆粒球 234
カルシウム波 191
カルス 123
カルタヘナ法 115, 116
カルボキシ基 27
加齢 246
カロリー制限 247
癌 96, 218, 229, 247, 248
——の進展 226
植物の—— 123
癌遺伝子 220
癌ウイルス 218
癌化 46
癌幹細胞 223
癌幹細胞ニッチ 227, 230
癌間質 226
環境ホルモン 91
還元 24
癌原遺伝子 219, 220
幹細胞 204, 223
癌細胞 43
幹細胞化 206, 223
幹細胞癌化説 223
癌細胞増殖抑制効果 13
環状DNA 42
癌随伴線維芽細胞 226
感染 107
肝臓癌 218
乾熱滅菌 19
癌微小環境 226
間葉系幹細胞 204, 207, 208, 212
間葉-上皮細胞分化転換 228
癌抑制遺伝子 188, 220
癌罹患率 222
癌ワクチン 230
キアズマ 54, 191
偽遺伝子 150, 153
記憶 242
——の保存 243
記憶中枢 242
器官形成遺伝子 203
奇形腫 205, 207
基質 23
基質特異性 23
基質レベルのリン酸化 24
キネシン 162
機能ゲノミクス 159
基本転写因子 80
キメラ 121, 146
キメラ抗体 231
キメラ個体 122
逆遺伝学 158
逆転写 239
逆転写酵素 41, 118, 152, 219
逆転写反応 43
キャッピング 60
ギャップ 40
——の修復 48
キャップ依存的翻訳開始 67
ギャップ遺伝子 200
キャップ構造 60, 63
ギャップジャンクション 163, 240, 241
キャプチャー 143
吸エルゴン反応 22
キュリン1 180
狂牛病 245
胸腺 209, 234
共挿入体 111
共同運動 243
莢膜 18
供与核酸 115
局在化 70
局在化シグナル 70
極体 190
棘突起 243
拒絶反応 236
キラー因子 106
キラーT細胞 209, 236
均一ラベル法 131
筋芽細胞 213
筋管 213
筋緊張性ジストロフィー 244
筋細胞 213
筋サテライト細胞 213
筋収縮 162
筋節 212
筋線維 213
筋肉 212
グアニン 28
クールー 245
クエン酸回路 25
鎖切断 46
鎖停止反応 134
組換え 44, 54, 109
組換え機構 51
組換え修復 48, 51
組み込み酵素 152
クラウンゴール 123
クラススイッチ 237
クラスⅠMHC 236, 237
クラスⅡMHC 236, 237
グルタチオン *S*-トランスフェラーゼ 176
グラム陰性 100
クランプ 37
クランプローダー 37
グリア 210
繰り返し配列 110
グリコサミノグリカン 20
グループⅠイントロン 63
グループⅡイントロン 63
グルコース 20
グルコース効果 79
グルコーストランスポーター 251
グルコース取り込み能 226
グルココルチコイド 91
グルタチオンビーズ 138
グルタミン酸 241, 242
クレノーフラグメント 118
クレブス回路 25
クロイツフェルトヤコブ病 244
クローン 120
クローン化 120
クローン選択 235
クロマチン 15, 154
クロマチン修飾 94
クロマチン免疫沈降 141
クロマチンリモデリング因子 95
クロラムフェニコールアセチルトランスフェラーゼ 139
蛍光物質 130
軽鎖 236
形質細胞 209, 237
形質転換 107
形質導入 102, 107
形態形成 200, 202
形態形成誘導因子 199
血液不適合 238
血管新生 227, 228
血管内皮細胞増殖因子 226
欠失変異 44
血清病 238
欠損症 231
解毒 234
ゲノミクス 142
ゲノミックライブラリー 120
ゲノム 36, 150
(——の)修復 41
ゲノム安定性 221
ゲノムインプリンティング 97, 147
ゲノム刷り込み 97
ゲノム多型 157
ゲフィチニブ 231
ケミカルゲノミクス 142
ケモカイン 165, 227
——放出 234
ケラチン 162
ゲルシフト法 140
ゲル電気泳動 128
限外濾過膜 18
原核生物 12, 18
原癌遺伝子 220
原口 198
原口背唇部 199
原子(団)の運搬 23
減数第一分裂 190
減数第二分裂 190
減数分裂 54, 190
原腸 198
原腸胚 198
限定分解 23
原発巣 228
コアクチベーター 91, 92
コアヒストン 154
コアプロモーター 80, 86
コアメディエーター 93
高圧蒸気滅菌 18
抗ウイルス作用 234
高エネルギー物質 24
好塩基球 234
抗癌剤 47, 181
抗癌剤耐性 223
後期エンドソーム 15
好気呼吸 16
好気的解糖 226
抗菌性物質 234
抗菌ペプチド 234
高血圧 248
高血糖 248
抗原 234
抗原提示 234
抗原提示細胞 195, 237
交差型 54
抗酸化作用 246
好酸球 234
高脂血症 248, 250
高脂肪食 250
恒常性 246
甲状腺ホルモン 91
校正機能 40, 79
合成酵素 118
後成的遺伝 94
構成的転写制御因子 92
硬節 212
酵素 23
抗体 235, 236
——のクラス 237
抗体依存性細胞介在性傷害 231
抗体医薬 231
抗体療法 230
好中球 234
高中性脂肪 248
後天性免疫不全症候群 238
後脳 210
高分子 20
興奮性シナプス 240
興奮伝導 240
高メチル化 96
コード領域 64
コケイン症候群 50
古細菌 12
コザック配列 67
コスミド 116
誤対合 46
骨髄間葉系幹細胞 205
骨髄系幹細胞 208
個体識別 157
骨格筋 212
骨芽細胞 212
骨髄 208, 234
古典的MAPKカスケード 170
コドン 64
——の縮重 64
——の揺らぎ 64
コネキシン 163
コピア 152
コヒーシン 185, 191
コピー数 106
コファクター 92
コリシン 107
コリプレッサー 91, 92
コリンエステラーゼ 241
ゴルジ体(ゴルジ装置) 14, 70
コレステロール 250
コレラ毒素 168
コロニー 19, 101
コンカテマー 43
コンセンサス 78
コンディショナルノックアウト 125
コンピテントセル 107

さ 行

サーチュイン 247, 251
細菌 18
サイクリン 185, 186
サイクリン依存キナーゼ 185
サイクリンボックス 185
サイクリンB 185, 190
サイクリンC 93
サイクリンD 189
サイクリンE 189
サイクリンH 85
最少培地 100, 101
再生 204
再生医療 147, 206
再生工学 147
サイトカイン 164, 227
サイトカイン受容体 174
再プログラム化 206

再分極 240
細胞 14
細胞移入療法 230
細胞運動 162, 169
細胞運命決定因子 201
細胞外マトリックス 226
細胞間シグナル伝達 164
細胞形態変化 169
細胞工学 146
細胞骨格タンパク質 162
細胞サイズチェックポイント 186
細胞死 192
細胞死促進因子 231
細胞質 14
細胞社会性の喪失 216
細胞周期 184
細胞寿命 43
細胞傷害 246
細胞傷害性T細胞 209, 236
細胞小器官 14
細胞小器官輸送 162
細胞性免疫 237
細胞増殖 173
細胞増殖停止 47
細胞内環境維持 17
細胞内共生 12
細胞分裂 184
細胞膜 14
細胞融合 146
細胞老化 246
サイレンサー 86
サイレントな変異 45
サウスウエスタン法 137
サザンブロッティング 136
殺菌 18
サテライトDNA 151
サブユニット 27
サプレッサー変異 45
サプレッサーtRNA 45
左右軸 200
酸化ストレス 176
酸化的リン酸化 16, 24, 25, 226
散在性反復配列 150
酸性アミノ酸 27
三染色体性 156
三量体Gタンパク質 165, 168
ジアシルグリセロール 166, 172
ジエチルピロカーボネート 129
肢芽 212
紫外線 176
色素性乾皮症 50
色素体 14
時期特異的転写 86
磁気ビーズ 138
子宮頸癌 218
雌菌 109
軸索 210, 240
シグナル伝達系 252
シグナル伝達経路 88
シグナル配列 70
シグナルペプチド 70
シグナロミクス 142
シクロブタン環 47
始原生殖細胞 190
ジゴキシゲニン 131
自己スプライシング 32, 63
自己複製能 223
自己免疫病 195, 238
自死 192
脂質 21
脂質代謝異常 248
脂質二重層（脂質二重膜） 14
自食 16, 71
シス 73
シススプライシング 63
システムバイオロジー（システムズバイオロジー） 144, 233, 252
シストロン 58
シス配列 78
シス領域 78
ジスルフィド結合 27
次世代シークエンサー 134
自然免疫 234
シチジン誘導体 225
実行カスパーゼ 194
質量作用の法則 22
質量分析 139, 141
質量分析機 143
質量保存の法則 22
ジデオキシ法 134
シトクロムc 16, 194
シトシン 28
——のメチル化 96
シナプス可塑性 242
シナプス後部 240
シナプス小胞 240, 241
シナプス前部 240
シナプス伝達 240
ジフテリア毒素 168
四分子 191
脂肪細胞 248
脂肪酸 21, 25
姉妹染色分体 184
ジャイレース 31
シャイン・ダルガルノ配列 64
シャトルベクター 116
シャペロニン 71
シャペロン 71
シャペロン活性 176
自由エネルギー 24
重合分子 20
重鎖 236
終止コドン 45, 64
重症複合免疫不全症 238
修飾酵素 118
シュードウリジン 60
十二指腸潰瘍 218
終脳 210
重複遺伝子 150
重複癌 222
修復系 48
繊毛運動 162
縦列反復配列 150
粥状動脈硬化症 250
樹状細胞 234, 237
樹状突起 210, 243
受精 190
受動的細胞死 192
受動的免疫療法 230
寿命 246
腫瘍 218
腫瘍ウイルス 218
腫瘍壊死因子ファミリー 165
腫瘍随伴マクロファージ 227
受容体 164
受容体型チロシンキナーゼ（受容体型PTK） 166, 170, 173, 220
主要4元素 20
循環器疾患 248, 251
純粋培養 101
条件づけ 242
条件的再生組織 204
常在細菌 234
小サブユニット 66
ショウジョウバエ 202
脂溶性リガンド 91
常染色体優性遺伝 222
少糖 20
消毒 18
小脳 210, 243
上皮-間葉細胞分化転換 227
小胞 14
——の出現 193
小胞体（ER） 14, 17
小胞体（ER）ストレス 17, 195
小胞体ストレス応答 17
小胞輸送 71, 169
小Maf 176
初期エンドソーム 15
初期化 206
初期胚 198
初期胚操作 146
除去修復 48
除去修復遺伝子 222
除去修復酵素 246
食作用 15
植物極 198
植物の癌 123
食欲抑制作用 249
ショットガンシークエンシング 157
自律複製配列 106
真核細胞 12
真核生物 12
新規メチル化酵素 96
心筋 212
ジンクフィンガー 87
神経回路網 240
神経管 210
神経冠 211
神経幹細胞 211
——の非対称細胞分裂 211
神経間伝達 240
神経膠細胞 210
神経興奮 240
神経細胞 210, 240
神経終末 240
神経堤 211
神経堤細胞 212
神経伝達物質 164, 240
神経特異的bHLH型転写制御因子 211
神経胚 198
神経板 210
神経変性疾患 244
人工多能性幹細胞 206
心疾患 247
浸潤 223, 226
親水性アミノ酸 27
伸長因子 66
伸長促進因子 81
親電子性物質 176
水素結合切断試薬 132
スイッチ領域 237
髄脳 210
膵β細胞 251
スーパー幹細胞 204
頭蓋 212
スキャフォールドタンパク質 171
スクレイピー 245
ステムループ 31
ステロイド 21, 91
ストリンジェント型プラスミド 106
ストレス 176
ストレス応答 234, 246
ストレス応答性転写制御因子 88
ストレス活性化キナーゼ 176
ストレスキナーゼ 17
ストロマ細胞 208
スニチニブ 228
スパイン 243
スピンドル 185
スピンドルチェックポイント 185, 186, 187
スプライシング 60, 62, 68
スプライソソーム 62, 83
スライサー活性 74
刷り込み 97
生活習慣病 248
制御性T細胞 209, 238
制御点 184
静菌 18
制限エンドヌクレアーゼ 114
制限酵素 114
制限（酵素）地図 114
制限修飾系 114
精細胞 190
精子 190
静止電位 240
星状体 14, 185
生殖幹細胞 204
生殖系列細胞 190
生殖細胞 190
性線毛 109
生体恒常性維持機構 194
生体ホメオスタシス 192
生物学的封じ込め 117
生物情報学 144
生物時計 252
性ホルモン 91
生理的再生組織 204
セカンドメッセンジャー 166, 168, 172
赤芽球 208
脊髄小脳失調症 244
脊椎骨形成 212
セキュリン 185
セグメントポラリティー遺伝子 200, 203
赤血球 208
接触阻止 163, 216
接着斑 163
セパリン 185
セリン／スレオニンキナーゼ 174
セリン／スレオニンキナーゼ型受容体 165
セリンプロテアーゼ 194
セレノシステイン 69
セロトニン 241
全ゲノム修復 49
前後軸 200
線状DNA 30, 42
染色質 15
染色体 156
——の凝集 184

染色体異常 225
染色体異数性 225
染色体不安定性 97, 224
染色体分配 162
染色体分配異常 44
染色体分離チェックポイント 186, 187
前赤芽球 208
選択的スプライシング 62
選択マーカー遺伝子 116, 124
先天異常 225
前転移ニッチ 230
セントラルドグマ 58
セントロメア 156
前軟骨細胞 212
前脳 210
全能性幹細胞 204
潜伏期 239
線毛 18
早期老化症 30, 246
造血 208
造血幹細胞 204, 223
造血器官 208
相互組換え 54
相互作用プロテオミクス 143
桑実胚 198
造腫瘍性 223
増殖因子 165, 220
増殖因子受容体 166
相同組換え 54, 124
挿入配列 109, 110
挿入変異 44
ゾーン遠心分離法 129
側鎖 27
側板 212
側方抑制 211
組織幹細胞 204, 207, 223
組織特異的転写 86
組織ホメオスタシス 192, 204
疎水性アミノ酸 27
ゾル-ゲル遷移 162
ソレノイド構造 155
損傷トレランス 53
損傷乗り越え複製 41
損傷乗り越え修復 51

た 行

ターゲット 143
ターゲティングベクター 124
第一次停止 190
体液性免疫 237
ダイオキオシン処理 176
胎仔 198
体細胞クローン 147
体細胞超突然変異 236
体細胞変異細胞 222
大サブユニット 66
体軸 200
代謝 22
代謝型グルタミン酸受容体 242
代謝経路 22
代謝調節 23
耐性遺伝子 108
耐性因子 108
体性幹細胞 204, 207, 223
耐性決定因子 108
耐性伝達因子 108
体節 200, 212
大腸癌 221, 222
多遺伝子病 248
タイトジャンクション 162
第二次停止 190
ダイニン 162
耐熱性DNAポリメラーゼ 133
大脳 210
多因子疾患 248
タウ 244
ダウン症候群 44, 156, 225
タギング 158
タグ 138, 158
多孔質フィルター 136
多剤耐性因子 108
多糸染色体 156
多段階発癌 222
脱水素 24
脱分化 223
脱分極 240
脱メチル化薬 225
多糖 20
多能性幹細胞 204
多能性成体前駆細胞 204
多能性造血幹細胞 208
多発性硬化症 238
ダブルノックアウト細胞 125
ダブルマイニュート 156
多分化能 223
単球 234
単クローン抗体 146
単純ヘルペスウイルス 218
単糖 20
単能性幹細胞 204
タンパク質 26
——の一次構造 27
——の高次構造 27
タンパク質相互作用領域 87
タンパク質ダイナミクス 17
チェックポイント 186
チップテクノロジー 142
チミン 28
中間径線維 162
中心小体 14, 15
中心体 14, 15, 185
中心体周辺物質 14, 15
中枢神経系 210
中脳 210
中胚葉 212
中胚葉誘導 198
長期記憶 243
長期増強 242
長期抑制 242
超高速シークエンサー 134
超高速シークエンシング 159
長鎖ncRNA 73
重複遺伝子 150
重複癌 222
直接修復 48, 51
チロシンキナーゼ 165, 166
チロシンキナーゼ阻害薬 231
沈降解析 139
椎体 212
椎板 212
通性嫌気性桿菌 100
ツベルクリン反応 238
低酸素 177, 226
低酸素ストレス 226
ディファレンシャルディスプレイ 159
ディファレンシャルディスプレイプロテオミクス 143
低分子 20
低分子ガイドRNA 33
低分子量Gタンパク質 168, 178, 220
定方向合成 40
低メチル化 97, 224
定量PCR 133
低HDL 248
データベース 144
デオキシリボース 28
デシタビン 225
デスドメイン 165, 194
デストラクションボックス 186
デスモソーム 163
デスリガンド-受容体システム 194
鉄の過剰 226
テトラサイクリン耐性遺伝子 119
テラトーマ 205
テロメア 43, 156, 216, 246
——のリセット 43
テロメア短縮 247
テロメラーゼ 41, 43, 216, 246
転移 223, 228
電位依存性チャネル 240
電位依存的 Ca^{2+} チャネル 242
電位差 24, 240
転移巣 228
電気シナプス 163, 240, 241
電子伝達系 25, 226
転写 58
——の組織特異性 136
転写開始 78
転写開始前複合体 80
転写活性化タンパク質（転写調節タンパク質） 78, 86
転写活性化領域 87
転写共役修復 49
転写コリプレッサー 95
転写終結 78, 81
転写伸長 78, 81, 82
転写制御因子 78, 86, 200, 202, 220, 251
——の活性化 170
転写制御系 252
転写制御領域 87
転写単位 58
転写調節タンパク質（転写活性化タンパク質） 78, 86
転写補助因子 92
転写-翻訳の共役 58
転写メディエーター 93
転写誘導 88
転写抑制 93
点突然変異 44
テンプレートスイッチ 51
テンペレートファージ 105
点変異 44
電離放射線 47
糖 20
同位体 130
同一性解析 145
同化 22
同義コドン（同義語コドン） 45, 64
動原体 156, 185
動原体微小管 185
統合オミクス 142
同質倍数体 156
等電点電気泳動 143
糖毒性 251
糖尿病 248
糖付加 70
動物極 198
動脈硬化症 250
糖輸送タンパク質 251
ドーサル 200
ドーパミン 241
特殊塩基 60
特殊形質導入ファージ 102
時計遺伝子 252
ドッキング相互作用 171
ドッキングタンパク質 167
突然変異 44, 46
ドデシル硫酸ナトリウム 137
ドナー 147
トポイソメラーゼ 30
ドライ解析 144
トランスクリプトーム 72, 142
トランスクリプトーム解析 159
トランスクリプトミクス 142
トランスジェニック生物 122
トランスジェニックマウス 122, 146
トランススプライシング 63
トランスに働く因子 78
トランスファーRNA 32
トランスフェクション 107
トランスフォーム 216
トランスフォーメーション 107, 119, 216
トランスポーチン 179
トランスポザーゼ 110
トランスポゾン 75, 108, 110, 152
トランスポゾン型組換え 55
トランス翻訳 69
トリアシルグリセリド 21
ドリー 147
トリガーゾーン 240
トリコスタチンA 95
トリソミー 44, 156
トリチウム 130
トリプトファンオペロン 79
トリプレットリピート病 244
トリミング 60
トレーサー 130
貪食細胞 234
貪食処理 192

な 行

内臓脂肪 249
内的防御 234
内軟骨性骨化 212
内胚葉 198
内部細胞塊 198, 205
内膜系 14
ナイミーヘン症候群 221
ナチュラルキラー（NK）細胞 208, 229, 234, 238
ナトリウムポンプ 240
ナノス 200
軟骨 212
軟骨化中心 212
軟骨細胞 212
ナンセンスコドン 45, 64
ナンセンス変異 45
難治性 223
肉腫 218
肉腫ウイルス 219

二次共生 12
二次元電気泳動 143
二次抗体 137
二次造血 208
二次胚形成 199
二次免疫応答 235
二重微小染色体 156
ニック 30, 48
ニックトランスレーション 40
ニッチ 201
ニトロソ化合物 46
二本鎖切断 47
二本鎖切断修復モデル 51, 54
乳酸 24, 226
乳糖オペロン 79
ニューロジェニン1 211
ニューロフィラメント 162
ニューロペプチドY 241, 249
ニューロン 210, 240
尿素 128, 132
ヌードマウス 217
ヌクレオシド 28
ヌクレオシド誘導体 47
ヌクレオソーム 94, 154
ヌクレオソームアレイ 154
ヌクレオソーム形成因子 154
ヌクレオチド 28
ヌクレオチド除去修復 48, 85
ヌクレオチド除去修復酵素群 221
ヌクレオポリン 178, 179
ネオマイシン耐性遺伝子 124
ネガティブフィードバック 252
ネクローシス 192, 193
ネクローシス様細胞死 192, 193
ネクロプトーシス 193
熱ショックタンパク質 176
熱ショック転写制御因子 176
稔性因子 109
粘着末端 115
脳 210
能動的細胞死 192
能動的免疫療法 230
脳変性疾患 17
ノザンブロッティング 136
ノックアウト 124
ノックアウトマウス 146
ノックイン 124
ノンストップmRNA 69

は 行

パーキン 244
パーキンソン病 244
胚 198
バイオインフォマティクス 144, 252
排除反応 236
ハイスループット解析 143
胚性幹細胞 204
胚性生殖細胞 206
培地 19, 101
胚盤胞 146, 198, 205
背腹軸 200
ハイブリダイゼーション 132
胚葉 198
培養 101
ハウスキーピング遺伝子 86
破壊ボックス 186
白色脂肪細胞 248
バクテリオファージ 102
破骨細胞 212
発エルゴン反応 22
発癌イニシエーター 217
発癌物質 217
発癌プロモーター 217
白血球 208, 234
白血病 218
白血病ウイルス 219
発現プロテオミクス 143
発現ベクター 116
発生 198, 202
発生工学 146
パッセンジャー鎖 74
パピローマウイルス 218
パフ 156
パポバウイルス 218
パリンドローム構造 31, 115
パルス-チェイス法 39, 130
パルスフィールド電気泳動 128
半減期 130
半合成培地 101
バンコマイシン 108
ハンチンチン 244
ハンチントン病 244
バンドシフト法 140
反応の共役 22
反応の平衡 22
反復配列 150
半保存的複製 36
非アポトーシス細胞死 192
ビオチン 131
尾芽胚 198
光修復 51
光リン酸化 24
皮筋節 212
ビコイド 200
非コード低分子RNA 33, 72
非コードRNA 72, 97
非自己 235
非受容体型チロシンキナーゼ（非受容体型PTK） 167, 174, 220
微小管 156, 162, 185
ヒスタミン 164, 234
——放出 234
ヒスチジノール耐性遺伝子 125
ヒストン 154
——のアセチル化 94
——の修飾 94, 224
ヒストンアセチル化酵素（ヒストンアセチルトランスフェラーゼ：HAT） 91, 93, 94, 224
ヒストンオクタマー 154
ヒストンコア 154
ヒストンコード 94
ヒストンシャペロン 154
ヒストン脱アセチル化酵素（ヒストンデアセチラーゼ：HDAC） 91, 93, 95, 224, 251
ヒストンテイル 94, 154
ヒストンフォールド 154
非相同組換え 55, 110
非相同末端結合モデル 51
非対称細胞分裂 201, 204
ビタミン 164
ビタミンD 91
ヒト化抗体 231
ヒトゲノム計画 157
ヒトT細胞白血病ウイルス 219
ヒトパピローマウイルス 218
ヒト免疫不全ウイルス 238
ピノサイトーシス 15
非複製型トランスポゾン 110
非普遍暗号 64
非翻訳領域 64
肥満 17, 248, 249
肥満遺伝子 249
肥満細胞 229, 234
ビメンチン 162
非メンデル遺伝 97
ピューロマイシン耐性遺伝子 125
病原性大腸菌 100
標識 130
標準還元電位 24
標的配列 110
表面プラズモン共鳴法 139
病理的細胞死 193
日和見感染症 100, 239
ピリミジン塩基 28
ピリミジンダイマー 47, 52
微量注入 107
ピルビン酸 24
ピルビン酸脱水素酵素 226
ビルレントファージ 105
ピロリ菌 218, 224
非LTR型レトロトランスポゾン 152
ファーウエスタン法 137
ファージ 116
ファゴサイトーシス 15
ファゴソーム 15
ファゴリソソーム 15
ファンコニ症候群 225
フィーダー 205
フィーダー細胞 206
部位特異的組換え 55, 105
フィードバック制御 252
フィードバック阻害 23
フィードフォワード制御 252
フィラデルフィア染色体 44, 156
フィルター結合解析 140
フェノール 128
フォーカス 216
フォーカストプロテオミクス 143
フォールディング 71
フォトリアーゼ 51
フォワードジェネティクス 158
複合型トランスポゾン 110
複製 36
——の泡 36
——のフォーク 37
——のライセンス化 38
——における末端問題 42
複製型転移 110
複製型トランスポゾン 110
複製起点 36, 156
複製時修復 48, 51
複製中間体 102
複製ブロック 51
複製前複合体 38
腹部肥満 248
不死化 216
フシタラズ 200
付属肢骨格 212
物質輸送 162
物理地図 114
物理的バリアー 234
物理的封じ込め措置 117
負の超らせん 30
普遍形質導入ファージ 102
普遍的転写制御因子 84
プラーク 102
プラークアッセイ 102
プライマー 40, 42
プライマー合成 39
プライマーゼ 39
プライモソーム 37
プラスミド 106, 116, 129
ブランチ部位 63
プリオン 17, 244
プリブノウボックス 78
プリン塩基 28
ブルーム症候群 225
フレームシフト 69
フレームシフト変異 45
不連続なDNA合成 37
プレmRNA 32, 60
プロウイルスDNA 152
プローブ 120, 132
プログラム説 246
プロスタグランジン 164, 227
プロセス型（偽）遺伝子 153
プロタミン 155
ブロッティング 136
プロテアソーム 71, 181
プロテアソーム阻害剤 181
プロテインキナーゼ 88
プロテインキナーゼ活性 38
プロテインキナーゼA（Aキナーゼ） 88, 166, 168, 243
プロテインキナーゼC（Cキナーゼ） 89, 172, 243
プロテインキナーゼG（Gキナーゼ） 242
プロテインチップ 139
プロテインマイクロアレイ 139
プロテオーム 142, 143
プロテオミクス 142, 143
プロトオンコジーン 219, 220
プロトン 25
プロファージ 104
プロファージ誘発 105
プロモーター 58, 86, 110
プロモータークリアランス 81, 82
ブロモデオキシウリジン 131
不和合性 106
不和合性グループ 106
分化 198
——の可塑性 205
——の全能性 205
——の多能性 205
分解酵素 118
分化細胞脱分化説 223
分化転換 205
分極 240
分子 20
分子クローニング 120
分子系統樹 157
分子スイッチ 168
分子標的治療 215, 231
分子標的薬 231
分離培養 101
ペアルール遺伝子 200, 202
平滑末端 115
閉環状DNA 30
閉鎖型複合体 78
ベクター 112, 116
ヘッジホッグ 201
ヘッドオーガナイザー 210
ヘテロクロマチン 15
ヘテロクロマチン化 94

ヘテロ接合性喪失 225
ヘテロ二本鎖 54
ペニシリン 108
ペプチジルトランスフェラーゼ 66
ペプチジル部位 66
ペプチド 26
ペプチドグリカン層 18
ペプチド結合 26
ペプチド鎖解離因子 68
ペプチド伸長 66
ペプチド性ホルモン 164
ヘミメチル化 96
ヘム 208
ヘモグロビン 208
ヘリカーゼ活性 85
ヘリックス・ターン・ヘリックス 87
ヘリックス・ループ・ヘリックス 87
ペリプラズム間隙 18
ペルオキシソーム 14
ヘルパーT細胞 209, 237
変異 44
変異型CJD 245
変異ゲノミクス 142
変異原 45, 217
変異優性 222, 244
変異誘発効果 111
変性 30
鞭毛 18
抱合 176
放射性同位元素 130
放射線耐性 223
放射線被曝 130
放射能 130
紡錘体 185
紡錘体微小管 14
胞胚 198
補酵素 23, 24
ポジティブフィードバック 252
ポストゲノム 158
ポストラベル 131
ホスファターゼ 118
ホスファチジルイノシトール 172
ホスホリパーゼC 166, 172
母性効果遺伝子 200, 202
保存型トランスポゾン 110
補体 234, 237
補体依存性細胞傷害 231
ホットスポット 54
骨 212
ホメオスタシス 246
ホメオティック遺伝子 200, 202
ホメオティックセレクター遺伝子 202
ホメオティック変異 202
ホメオドメイン 202
ホメオドメインタンパク質 202
ホメオボックス遺伝子 200, 202
ポリアクリルアミドゲル 128
ポリオーマウイルス 218
ポリグルタミン病 244
ポリシストロニック転写 58
ポリソーム 66
ホリデイ構造 54
ポリテン染色体 156
ポリヌクレオチドキナーゼ 118, 131
ポリフェノール 251
ポリペプチド 26
ポリメラーゼスイッチ 39
ポリメラーゼ連鎖反応 133
ポリユビキチン化 71, 180
ポリリジン 69
ポリA鎖 60, 63
ポリAシグナル 60, 81
ポリAレトロトランスポゾン 152
ホルボールエステル 217
ホルムアミド 128, 132
ホルモン 164
ホロpol Ⅱ 93
翻訳 58, 64, 66

ま 行

マイオジェニン 213
マイクロインジェクション 107
マイクロコッカルヌクレアーゼ 154
マイクロサテライト不安定性 225
マイクロサテライトDNA 151, 222
マイクロRNA 33, 72, 74
マイトファジー 16, 71
マウス乳癌ウイルス 89
マクサム・ギルバート法 134
膜性骨化 212
マクロファージ 229, 234, 237
マスト細胞 234
間違いがちな複製 53
末梢神経系 210
末端タンパク質 43
末端デオキシヌクレオチド転移酵素 41
末端ラベル法 131
マトリックスメタロプロテアーゼ 227
マルチクローニング部位 116
慢性炎症 224
ミオシン 162
ミクログリア 211
ミクロフィラメント 162
水 20
ミスセンス変異 45
ミスマッチ塩基 49
密度勾配平衡遠心分離法 129
ミトコンドリア 12, 14, 16, 24, 194, 246
——の品質管理 16
ミトコンドリア外膜透過性遷移 16
ミトコンドリア脳筋症 16
ミトコンドリア膜透過性遷移 193
ミトコンドリア膜透過性の亢進 194
ミトコンドリアリモデリング 226
ミニサテライトDNA 151
ミニジーン 122
ミネラルコルチコイド 91
ミューファージ 110
無機物 20
無γグロブリン血症 238
雌菌 109
メタゲノム解析 135
メタボリックシンドローム 247, 248
メタボローム 142
メタボロミクス 142
メチシリン 108
メチラーゼ 114
メチル化 94, 96
メチル化異常 225
メチル化酵素 114
メチル化DNA結合タンパク質 96
メチルトランスフェラーゼ 51
滅菌 18
メッセンジャーRNA 32
メディエーター 82, 93
メルトリン 213
免疫 234
免疫監視 229
免疫寛容 195, 235, 238
免疫記憶 235
免疫グロブリン 235
免疫系 90
免疫抑制性サイトカイン 238
免疫沈降法 138
免疫逃避 229
免疫排除 229
免疫不全 238, 239
免疫ブロッティング 137
免疫編集 229
免疫療法 230
毛細血管拡張性運動失調症 221
網状赤血球 208
網膜芽細胞腫 189, 221, 222
モータータンパク質 162
モチーフ構造 87
モノシストロニック転写 58
モノユビキチン化 180
モルフォゲン 199, 201

や 行

薬剤耐性遺伝子 116
宿主 116
山中4因子 206
融解温度 132
有機物 20
雄菌 109
誘導的遺伝子発現 88
誘導的転写 86
輸送小胞 14
ユニーク配列 150
ユビキチン 94, 180
ユビキチン-プロテアソーム系 71, 181, 185, 186
ユビキチンリガーゼ 180
溶菌 102
溶菌サイクル 104
溶菌斑 102
溶原化 105
溶原菌 105
養子免疫療法 230
葉緑体 12, 14
抑圧変異 45
抑制性シナプス 240
予定運命 199
予定細胞死 192, 194
読み過ごし 69
読み枠 64
四分子 191

ら 行

ライセンス因子 38
ライセンス化 187
ラギング鎖 37
ラクトースオペロン 79
ラベル 130
ラミン 162, 178
ラムダファージ 42
ラリアット構造 63
卵 190
卵割 198
卵細胞 190
卵成熟因子 185
リアニール 132
リアルタイムPCR 133
リーダー配列 70
リーディング鎖 37
リーディングフレーム 64
リードスルー 69
リウマチ 238
リガーゼ 48
リガンド 164
リガンド結合領域 87
リコーディング 69
利己的DNA 111
リザーバー細胞 239
リソソーム 14, 192
リゾチーム 234
リゾルベース 110
リバースジェネティクス 158
リプレッサー 79
リボース 28
リボザイム 32, 66, 81
リボザイムRNA 63
リボスイッチ 33
リボソーマルRNA 32
リボソーム 64, 66, 178
リボソームリサイクル因子 66
リポタンパク質 250
リポフェクション 107
流動モザイクモデル 14
量効果 122
菱脳 210
リラックス型プラスミド 106
リンカー 119
リンカーヒストン 155
リン酸化 23
リン酸ジエステル結合 28
リン脂質 21, 172
リンチ症候群 222
リンパ管新生 228
リンパ球 208, 234
リンパ系幹細胞 208
リンパ節 228
リン32 130
ルシフェラーゼ 139
ルシャトリエの原理 22
レギュロン 79
レジスチン 249
レスベラトロール 251
レチノイン酸 199
レチノイン酸 91
レトロウイルス 69, 231
レトロウイルス科 219
レトロウイルス様トランスポゾン 152
レトロトランスポゾン 75, 152, 219
レプチン 248, 249
レフティ 200
レプリケーター 36, 38
レプリコン 36
連結酵素 118
レンチウイルス亜科 239
老化 246
ローリングサークル型複製 102, 109

わ 行

ワールブルグ効果 226
ワクチン 235

著者プロフィール

田村　隆明（たむら　たかあき）

1974年北里大学衛生学部卒業．'76年香川大学大学院農学研究科修了．'77年慶応義塾大学医学部微生物学教室助手（高野利也教授），'81年基礎生物学研究所助手（御子柴克彦教授），'91年埼玉医科大学助教授（村松正實教授）を経て，'93年より千葉大学理学部生物学科教授．2007年より千葉大学大学院理学研究科教授を兼任．2017年定年により退官．この間博士研究員として1984～'86年までストラスブール第一大学（L. パスツール大学）P. シャンボン研究室に留学．転写制御機構，転写制御因子，遺伝子発現機構の研究に従事．TBPやTBP類似因子（TLP）などの制御因子TIP120Bを用い，細胞増殖制御や細胞分化制御の研究を行ってきた．

主な著書・編集書籍（羊土社発行分）

◆改訂第3版　分子生物学イラストレイテッド（田村隆明，山本　雅／編）
◆ライフサイエンス試薬活用ハンドブック（田村隆明／編）
◆バイオ実験法＆必須データポケットマニュアル（田村隆明／著）
◆改訂　バイオ試薬調製ポケットマニュアル（田村隆明／著）
◆改訂第3版　遺伝子工学実験ノート　上・下巻（田村隆明／編）
◆イラストでみる　超基本バイオ実験ノート（田村隆明／著）
◆基礎から学ぶ遺伝子工学　第2版（田村隆明／著）

重要ワードで一気にわかる
分子生物学超図解ノート　改訂版

2006年 3月 20日　第1版第1刷発行
2011年 2月 10日　第4刷発行
2011年 10月 15日　第2版第1刷発行
2020年 8月 5日　第6刷発行

著　者　田村隆明
発行人　一戸裕子
発行所　株式会社　羊　土　社
〒101-0052
東京都千代田区神田小川町 2-5-1
TEL　03(5282)1211
FAX　03(5282)1212
E-mail　eigyo@yodosha.co.jp
URL　www.yodosha.co.jp/

ISBN978-4-7581-2027-2
印刷所　三報社印刷株式会社

羊土社発行書籍

大学で学ぶ　身近な生物学
大学生物学と「生活のつながり」を強調した入門テキスト．身近な話題から生物学の基本まで掘り下げるアプローチを採用．
吉村成弘／著　本体 2,800 円（税別）　B5 判　255 ページ　ISBN 9784758120609

やさしい基礎生物学　第 2 版
豊富なカラーイラストと厳選されたスリムな解説で大好評，多くの大学での採用実績をもつ教科書の第 2 版．基礎固めに最適な一冊！
南雲　保／編著　今井一志，大島海一，鈴木秀和，田中次郎／著　本体 2,900 円（税別）　B5 判　221 ページ　ISBN 9784758120517

Ya-Sa-Shi-I Biological Science（やさしい基礎生物学 English version）
豊富なカラーイラストと厳選されたスリムな解説で大好評，多くの大学での採用実績をもつ教科書の第 2 版．基礎固めに最適な一冊！
南雲　保／編著　今井一志，大島海一，鈴木秀和，田中次郎／著　田中次郎／著　豊田健介，程木義邦，大林夏湖，David M. WILLIAMS ／英訳
本体 3,600 円（税別）　B5 判　230 ページ　ISBN 9784758120708

基礎から学ぶ生物学・細胞生物学　第 3 版
高校で生物を学んでいない人にもわかりやすい定番教科書が改訂．紙で α ヘリックスをつくる等，手を動かして学ぶ「演習」を追加．
和田　勝／著　髙田耕司／編集協力　本体 3,200 円（税別）　B5 判　334 ページ　ISBN 9784758120654

基礎から学ぶ遺伝子工学　第 2 版
豊富なカラー図解で，理工系学部の授業用教科書としても好評．改訂により，次世代シークエンサーやゲノム編集など近年の進展技術を追加．
田村隆明／著　本体 3,400 円（税別）　B5 判　270 ページ　ISBN 9784758120838

基礎からしっかり学ぶ生化学
理工系ではじめて学ぶ生化学として最適な入門教科書．翻訳教科書に準じたスタンダードな章構成で，生化学の基礎を丁寧に解説．
山口雄輝／編著　成田　央／著　本体 2,900 円（税別）　B5 判　245 ページ　ISBN 9784758120500

はじめの一歩の生化学・分子生物学　第 3 版
超ロングセラー教科書の改訂版！イメージしやすいイラストと初学者にわかりやすい文章で，簡単にポイントをつかめます．
前野正夫，磯川桂太郎／著　本体 3,800 円（税別）　B5 判　238 ページ　ISBN 9784758120722

改訂第 3 版　分子生物学イラストレイテッド
わかりやすいイラストと解説で大好評のテキストが改訂！基本を押さえつつ，最新知見を補充．分子生物学の今が学べる一冊！
田村隆明，山本　雅／編　本体 4,900 円（税別）　B5 変型判　349 ページ　ISBN 9784758120029

生命科学　改訂第 3 版
東京大学発の必修教科書が改訂．理工系を始め，どの分野に進む人にも必要な生物学的知識が身に付く，必ず読んでおきたい一冊！
東京大学生命科学教科書編集委員会／編　本体 2,800 円（税別）　B5 判　184 ページ　ISBN 9784758120005

現代生命科学　第 3 版
教養の生命科学決定版テキストが改訂！高大接続を重視し，日本学術会議の報告書「高等学校の生物教育における重要用語の選定について（改訂）」を参考に用語を更新！
東京大学生命科学教科書編集委員会／編　本体 2,800 円（税別）　B5 判　198 ページ　ISBN 9784758121033

理系総合のための生命科学　第 5 版　分子・細胞・個体から知る“生命”のしくみ
各分野の基礎を 22 章に整理し直し，Advance として「がん」「創薬」「生物情報」など新規収録．倫理に対する配慮，遺伝子表記法も加筆．
東京大学生命科学教科書編集委員会／編　本体 3,800 円（税別）　B5 判　343 ページ　ISBN 9784758121026

演習で学ぶ生命科学　第 2 版
物理受験・化学受験といった高校生物非選択の学生に，解きながらシミュレーションしながら，生命科学を概説．生物＝暗記を覆す理工系テキスト．
東京大学生命科学教科書編集委員会／編　本体 3,200 円（税別）　B5 判　199 ページ　ISBN 9784758120753

よくわかるゲノム医学　改訂第 2 版　ヒトゲノムの基本から個別化医療まで
ゲノム創薬や遺伝子検査など，昨今の研究・社会動向をふまえ，内容をアップデート．次世代シークエンサーやゲノム編集技術による新たな潮流も加筆．
服部成介，水島-菅野純子／著　菅野純夫／監　本体 3,700 円（税別）　B5 判　230 ページ　ISBN 9784758120661